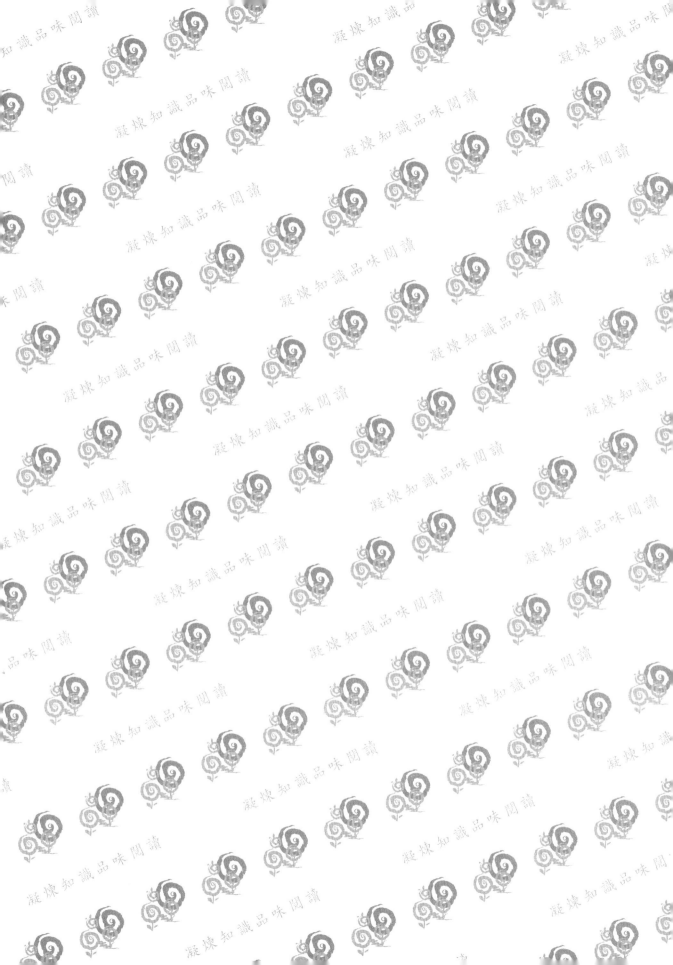

新產品開發與分析法

陳耀茂　編著

五南圖書出版公司 印行

序 言

　　企業中的問題在各時代中均有不同。特別是製造業，新產品的開發競爭更爲激烈。爲了在市場上處於競爭優勢，產品機能的提高、開發期間的縮短、成本的降低均有所要求。可是，無法因應這些問題，仍想將機能不夠完善之新產品引進市場的企業也有。此種企業因開發中的事件增加而造成交期延誤、成本提高，產品引進市場後的事件增加因而使客訴增多，結果，市場上的信用下降，造成甚大的損失。

　　在新產品企劃、開發與設計上應解決的課題有 3 項：

1. 新產品要被市場接受，且要使銷貨收入成長。

2. 比競爭公司更早地將新產品引進市場。

3. 開發設計中的事故要少，即使是引進到市場上，也要使新產品的客訴減至最少。

　　國內有 95% 的製造業是以不佳的效率開發新產品，特別是開發過程中各種數據的解析場面，出現難以置信的開發事例。此類企業的新產品開發並未能順利進行，也未能認知是什麼原因所造成。

　　本書爲了解決此等課題，提出許多方法，包括如下：

1. 爲了提高企劃、開發、設計的效率，以階段別的方式介紹各階段所需的方法。

2. 爲了使企劃、開發、設計的技術課題明確，提出品質機能展開（QFD）的手法。

3. 爲了解決企劃、開發、設計的技術課題，實現可行的創意，提出 TRIZ 與 USIT 以及各種的創意發想法等的手法。

4. 在開發、設計的實驗中，爲了在短期間取得有效的產品開發資訊，提出實驗計畫法與田口方法的損失函數、SN 比等。

5. 在企劃、開發、設計中出現的數據，爲了有效率的分析，提出常用的統計方法與多變量分析等的方法，另外也介紹聯合分析、約略集合論等方法。

新產品開發與分析法

　　企劃、開發與設計的管理書籍有不少，但具體涉及各階段所使用的技法之類的書籍較少。本書的重點是放在方法、技術（know-how）的介紹上，對於想學習充實企劃、開發、設計之方法、技術，本書會是最佳的入門書。

　　本書內容共有 3 篇，分別是：

■ 第 1 篇是創意發想篇，共有 7 章，分別為：

第 1 章：最強的發想法

第 2 章：TRIZ 的技法與活用法

第 3 章：USIT（簡易的 TRIZ）

第 4 章：TRIZ 的應用事例

第 5 章：發明原理圖解

第 6 章：利用 TRIZ 提出創意的步驟

第 7 章：其他創意的發想法

■ 第 2 篇是分析篇，共有 7 章，分別為：

第 8 章：產品開發與統計分析

第 9 章：基礎統計分析

第 10 章：多變量分析

第 11 章：實驗計畫法

第 12 章：品質工程

第 13 章：聯合分析

第 14 章：約略集合論

■ 第 3 篇是產品開發篇，共有 2 章，分別為：

第 15 章：品質展開法

第 16 章：品質機能展開中的其他展開法

　　本書可作為大專院校開設「產品開發與分析法」之教材，亦適合作為企業內部訓練之用。

　　最後，期盼從事產品企劃與開發的人員，若能有效地應用在實際的新產品企劃與開發的場合時，更是與有榮焉。

陳耀茂

謹誌於東大企管系所

CONTENTS 目　錄

■分析篇

創意發想篇

第1章　最強的發想法

1.1　何謂 TRIZ

1.1.1 TRIZ 有何助益

以阻礙產生革新的要因來說，TRIZ（萃智，萃思）對入門者有如下說明。

1. 心理的惰性：侷限在特定的概念，容易在過去的思考框架中思考，過度依賴過去的經驗。
2. 範圍狹窄的知識：容易偏向於自己的專門領域的知識。
3. 不適切的開發目標：未充分掌握系統的問題點。
4. 權衡（trade-off）式的解決對策。

像圖 1-1 那樣，TRIZ 的效用多彩多姿，有「新商品、系統的創造」、「成本削減」、「縮短開發期間」、「專利與技術的保護、擴充」、「提高研究者、技術者的業務流程」、「經營領域或日常生活領域中的應用」等。

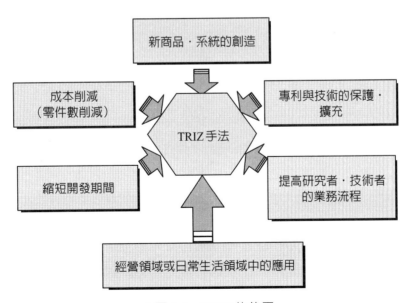

▲圖 1-1　TRIZ 的效用

美國每年舉辦之國際性 TRIZ 研討會得以證實這些效果。在大會上，有日

本的企業因達成 V 字型而復甦，也有韓國的三星企業發表了最佳實踐（Best Practice）的案例等而受到矚目。對於因知識不足而感到苦惱的企業來說，也是攀草求援的一種想法。而且，參加者的正經嚴肅，令人印象深刻。

　　TRIZ 中的問題解決手法，是運用公式導出解答的一種過程。如無此工具時，會變成一面嘗試錯誤一面尋找解答的情況，導致花費許多的時間與成本。

　　TRIZ 以專利為基礎，主要是活用在技術領域，但 TRIZ 的大部分工具，即使不是技術領域，也能直接或類比的應用。亦即，在行銷、策略制定等經營領域、日常生活領域中，也能有體系地定義問題，為解決而提供有效的構想。

1.1.2 TRIZ 的由來

　　圖 1-2 中簡要地整理了 TRIZ 的由來。TRIZ 意謂 "Theory of Inventive Problem Solving"（發明式的問題解決理論）以俄文的第一字母為源頭改成英文字母來稱呼的。俄人亞齊修勒（Genrich S. Altshuller）調查為數甚多的發明而加以體系化，進而建立了基礎。

■ TRIZ：發明式的問題解決理論（以俄文的第一字母為源頭改成英文字母）。
■ 俄國科學家 Genrich S. Altshuller（1926-1998）在 1946 年開始研究。
■ 根據高達 250 萬件的專利的統計分析提出問題解決技法。
■ 在發明式的問題解決上是最科學、有體系的理論。

▲圖 1-2　TRIZ 的由來

　　Altshuller 以統計的方式分析高達 250 萬件的專利，在完全不同領域或時代的專利中，發覺出相同的原理重複被使用。從中導出問題方法的原理、原則。強調可在其他不同領域的技術中發現其解決對策的提示與線索甚為有效。

　　此處，從 TRIZ 的歷史來涉獵。Altshuller 在 1946 年的 20 歲時，在俄國浮現出 TRIZ 的基礎概念而提出建言，1949-1954 年被逮捕，在強制收容所中更加深 TRIZ 思想。1956 年發表 TRIZ 的最初論文，並於當地開始研討活動。1970 年於巴克開設 TRIZ 學院。1992 年隨著蘇聯的瓦解，弟子們在美國與歐洲推廣 TRIZ。此代表性的顧問公司即為開發資料庫軟體 TOPE 的 Invention Machine 公司（IM 公司）與開發 IWB 的 Ideation International 公司（I I 公司）。

目前 TRIZ 的研究，並不只在美國、日本，也在比利時、英國、法國、德國、義大利、以色列、越南、韓國、中國、臺灣等正普及著。

1.1.3 與其他的手法有何不同？

此處試比較大家所熟知的 QC（Quality Control）及 VE（Value Engineering）看看。圖 1-3 說明其要點。

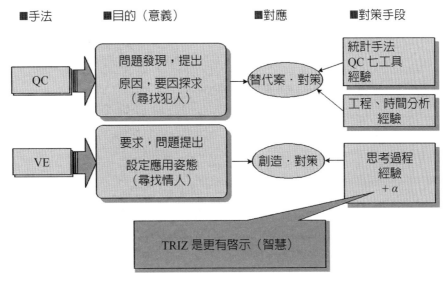

▲圖 1-3　QC/VE 與 TRIZ 的不同

QC 是以現狀為基礎發現問題，探討原因或要因設法解決，相對的，VE 是從顧客需求設定「應有的姿態」考慮實際要如何做。前者可以說是「尋找犯人」，後者可以說是「尋找情人」。

VE 的基本想法是藉由改善物體或服務的機能與成本的均衡，謀求價值的提高。

公式如下：

$$V（價值）＝ F（機能）÷ C（費用）$$

只是 VE 無法提供解決對策，譬如，想要 F 與 C 雙方同時滿足，就需要突破。

以 VE 提出問題，把進行了機能定義的課題以 TRIZ 思考時，想必能以自己的能力找到解決對策吧。並且，TRIZ 可以明示解決對策的探討方法。

1.1.4 TRIZ 的海外及國內活用狀況

圖 1-4 說明目前引進 TRIZ 較具代表性的企業。由此看來，TRIZ 無關業種地開始普及。除此之外，中國與歐洲等地也在推廣，正在向全世界普及中。

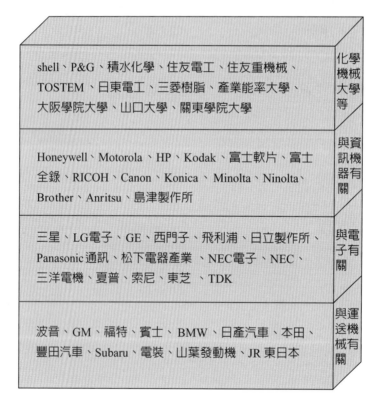

shell、P&G、積水化學、住友電工、住友重機械、TOSTEM、日東電工、三菱樹脂、產業能率大學、大阪學院大學、山口大學、關東學院大學	化學機械大學等
Honeywell、Motorola、HP、Kodak、富士軟片、富士全錄、RICOH、Canon、Konica、Minolta、Ninolta、Brother、Anritsu、島津製作所	與資訊機器有關
三星、LG電子、GE、西門子、飛利浦、日立製作所、Panasonic通訊、松下電器產業、NEC電子、NEC、三洋電機、夏普、索尼、東芝、TDK	與電子有關
波音、GM、福特、賓士、BMW、日產汽車、本田、豐田汽車、Subaru、電裝、山葉發動機、JR 東日本	與運送機械有關

▲圖 1-4　日本及全世界主要引進 TRIZ 之企業、大學

以收集 TRIZ 的研究成果與活用事例等的發表會來說，舉辦有 TRIZCON（美國）、ETRIA（歐洲）。日本從 2000 年起三菱總合研究所（以下簡稱總研）主辦有 IM usergroup meeting（目前是 M‧R‧I Research Associates 主辦的 IM 研討會），2005 年日本社團法人 TRIZ 協議會主辦有 TRIZ 研討會。

特別是美國 Shell、P&G、Motorola、HP、Ford、Kodak 等企業，從 1991 年

起以教育及顧問活動爲中心進行著普及活動。獨自設置資格制度進行認定的企業也有。韓國的三星企業從俄國長期邀請 TRIZ 顧問，開發 DVD、洗衣機、半導體雷射等獲得甚大的成果。俄國據說從小學 1～3 年起即進行著 TRIZ 的教育。

日本以三菱總研、產業能率大學、日經 Journal 等爲中心實施普及活動，TRIZ 軟體已在 100 家左右公司中引進，其中，像日立製作所、松下電氣、Panasonic 通訊等，由上而下進行 1 萬人、1 千人規模單位的教育訓練之企業也有。在大學、研究所中，像日本的大阪學院大學、山口大學、關東學院大學等，也規劃專門教育的課程開始進行教育。

國內許多大專院校也開設此類課程，中華萃思學會也舉辦相關的研討會，工研院產業學院爲培訓產業界 TRIZ 技術顧問或種子講師，經由此課程說明會，將引進 TRIZ 國際認證課程，以擴大提升各產業之 TRIZ 技術創新能力，目前正大力推廣中。

1.2　TRIZ 的體系

1.2.1 TRIZ 的各種工具

關於 TRIZ 的各種工具的解說，會在各章中詳述，但會有哪些的工具呢？我們就主要的工具，以圖 1-5 的 TRIZ 的體系來想像吧。TRIZ 即使整理成體系想必也有各種意見。此處，以 TRIZ 相關的演講、講習會的意見調查爲基礎，以入門者的觀點來分類。

主要的有衝突矩陣、物質－場分析、技術進化的趨勢、知識資料庫＊（效應：effects）等基礎性的工具。並且，9 畫面法（system operator）、最終的理想解、自助 X（self-X）、資源（resourse）、智慧小矮人（smart little people）、USIT（簡易 TRIZ）等作爲進階的工具。另外，以強化 TRIZ 整體的工具來說，有 ARIZ、機能－屬性分析、S 曲線分析以及原因－結果分析（2.2.1「WHY-WHY展開」及 3.2.5「根據原因的記述」）。

實際上，在實際活用的 TRIZ 場合中，從過去的經驗來說，只是活用 TRIZ 的工具，很難與成果相結合的情形似乎也有不少。像課題與創意的整理、創意的評價等方面，與 QFD、邏輯思考（logic thinking）、系統思考、田口方式

（Taguchi method）等設法結合時，效果會更大。

　　註：知識資料庫是 TRIZ 提供的工具之一，此資料庫搜集了大量物理、化學、生物等相關原理、現象與實施案例之跨領域技術，是大量科學效應資料的集合。透過查閱資料庫的資訊，可作為解決問題時之提示與參考。如果使用者所知道的科學效應數量越多，所能產生創意解決方案的機會也就越高。

　　要如何做才可以在短期間內獲得成果呢？要如何做才可以創造出合乎標的的創意呢？對於如此的課題來說，TRIZ 不只是技術的領域，對經營管理的領域、日常生活領域等的課題解決也有助益，可以說是最強的有體系的工具。

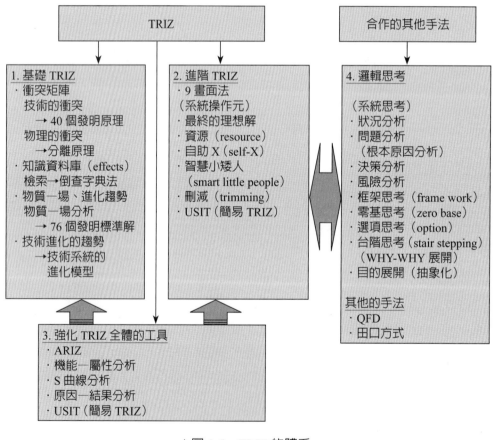

▲圖 1-5　TRIZ 的體系

1.2.2 將創造性具體化的要因與因子

在「**創造性工程師**」（Creative Engineer：日經 BP 發行，1987 年）一書中，日人三浦克己把創造性具體化的要因整理出來。依據此書，主要有精神要因與資質要因 2 種，這些各分成 5 個要因（圖 1-6）。從這些事項來看，創造性與年齡幾乎無關。

其中，以精神要因來說，有發想轉換（5%）、柔軟性（5%），以資質要因來說，有創意（20%）、新知識（10%），在創造性開發技法中，被認為是能支援的因子。換言之，TRIZ 工具為了具體實現創造性，約 40% 的比率是能支援的。

但是，創造性開發技法中，對於除了能支援的因子以外，其他的要因項目也隱藏著重要訊息。換言之，以濃厚的興趣去著手事物，並去挑戰新的事物，一旦咬住時即不輕易離手的能耐（行動、思考特性），此種之資質也是非常重要的。

有許多研發人員年輕時並未接觸到 TRIZ，只接觸到歐斯本的**查檢表**或 **NM 法**（中山正和提出的發想法），而且一直活用這些方法。可是，這些主要是在片面性的場合中活用。如果，能更早就接觸 TRIZ，一面進行思考訓練且年年持續有體系的發想時，專利等的知性生產力，想必能飛躍地提高。

Tea Break

解決問題，要從分析問題開始，分析問題需要運用一定的思維方法。正確的思維方法能夠幫助我們在最短的時間內，找到最有效的方法，使問題得到解決。在求解發明問題時應該重視創新發明創造方法與工具的選擇，它們在創新中的價值遠遠超過其自身價值的總和。利用解決發明問題求解之「技術衝突」的解法，既方便實用又可提高發明與解決問題的效率。TRIZ 理論正是提供了這樣一種分析問題的方法，它將矛盾細化，並逐個加以解決。

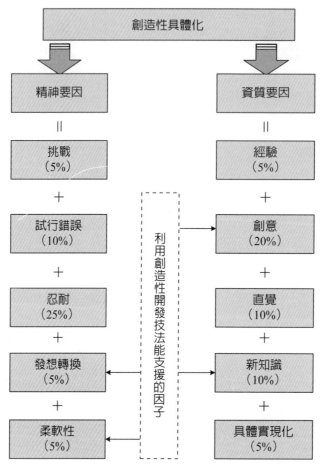

（出處：三浦克己，クリエイティブエンジニア，日経 BP）

▲圖 1-6　將創造性具體化的要因與因子

1.2.3 主要的創造性開發技法的種類與特徵

像表 1-1 那樣，將思考法分成兩大類時，可分成**收斂技法**與**發散技法**（出處：高橋誠，問題解決手法的知識，日經文庫）。收斂技法的代表例子有**矩陣法**、**KJ**（川喜田二郎）**法**、**工作抽樣法**。發散技法的代表例子則有**腦力激盪法**、**歐斯本的查檢表法**、**NM**（中山正和）**法**、**突破法**（**break through**）、**TRIZ**。

▼表 1-1　主要的創造性開發技法的種類與特徵

	思考法分類		特徵
	發散技法	收斂技法	
腦力激盪法	○		依據嚴禁批評、自由奔放、追求量、組合–改善的規則去實行的簡單技法。
矩陣法		○	評估由 2 個要素所構成的 2 元表的交點，由此發想改善法。QFD 是應用事例。
KJ（川喜田二郎）法		○	從現實所發生的事項產生新解釋的簡單技法。將資訊寫在標籤中，確認其關聯性進行集群化重複此事。最後畫出全體的關聯圖並文章化。
歐斯本的查檢表	○		轉為他用？借用創意的話？變更的話？擴大的話？縮小的話？更換的話？相反的話？結合的話？依據 9 項的查檢表去發想的技法。
NM（中山正和）法	○		為了讓任何人都能活用直觀力進行異質統合，以幾個步驟思考的技法。主要的步驟是：1. 將主題抽象化，以動詞、形容詞等表示。2. 進行圖解。3. 進行觀察。4. 將觀察內容浮現在暗示中。5. 從為數甚多的暗示中當作創意發想。將主題單純化、明確化之後，以自然界的東西為提示，企圖使發想飛躍。
突破法	○		展開目的之目的，拓展手段的範圍，去發想實現它的代替手段。目的展開有助於打破各種前提條件與思考的限制條件。
工作抽樣法		○	ＩＥ是問題解決法的一種，從重新定義的目的之處開始，藉由建構新的體系達成重新定義的目的，謀求問題解決的演繹性發想法。
TRIZ	○	○	從 ARIZ、40 個發明原理等的方法論與專利等的資料庫所構成的有體系的發想法。另外，探究衝突也包含在內時，也成為收斂技法。

　　收斂技法主要是被當作管理工具而廣泛被人使用。發散技法以前主要是活用在技術領域的創意發想法。收斂技法也被定位在創造性開發技法中，也能當作發想法活用。

　　但是，除此之外，在日本誕生且值得一提的創造性開發技法也有。此即是市

川龜久彌教授所開發的等價變換理論 *（Equivalent Transformation）。當比較 A 與 B 的兩個事件或事實時，「兩者如存在有共同的本質時，A、B 即當作等價」的想法。譬如，樹蔭所以會陰涼，是因為樹葉的水分蒸發時的汽化潛熱造成周邊空氣的冷卻所致，此原理想成是與冷氣機的原理是等價的。這是非常接近突破思考的想法。

在這些創造性開發技法之中，TRIZ 是出類拔萃的。因為從問題定義、問題解決以及到資料庫為止均廣泛涵蓋，是已加以體系化的技法。它具備有即使未上過研修課也能活用的效應／知識庫（**effects**）與 **40 個發明原理**，或未使用軟體以略微的訓練即可提出許多創意的「USIT 法」等。

1.2.4 TRIZ 的問題解決的想法

TRIZ 的問題解決中應意識到的重要想法，可以歸納成以下 4 個項目：

1. 將課題、問題當作**一般化**（**抽象化**）來思考。

2. 將問題當作**系統**來掌握。

3. 事先思考**理想解**。

4. 探究**衝突**並進行突破。

以圖表示基本的思考流程時，即如圖 1-7 所示。

 Tea Break

> 等價變換法或稱等值變換法（**Equivalent Transformation**）是日本的市川龜久彌教授依照蠶變成飛蛾、桑繭變成蠶絲的自然現象而總結出來的一種創造技法。亦即，透過模擬、借鑑、產生聯想來改變原來的對象來進行創造的一種想法。市川龜久彌把自然界的各種等值變換形式，歸結為 3 種類型：
> 第一，自我成長型等值變換，即類似於蠶從幼蟲變化為成蟲的變換過程。如宇宙的演化過程、生物進化過程等。
> 第二，被加工型等值變換，即類似於從桑葉到蠶絲這一變換過程。
> 第三，綜合型等值變換，即綜合上兩種特點的一種等值變換。

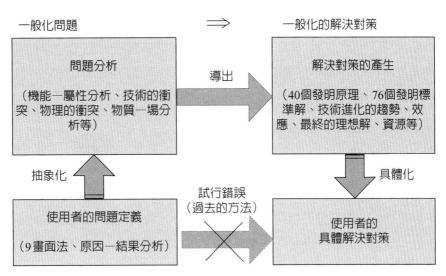

▲圖 1-7　TRIZ 的問題解決的想法

　　此處，「一般化」的目的，在於使思考的寬度、範圍擴大。譬如，試展開「鉛筆」的目的時，就很容易理解。在不抽象之下，思考鉛筆的目的時，只能湧現「寫字」之類的發想。如以抽象化思考時，如圖 1-8 即可浮現出許多的目的（創意）。

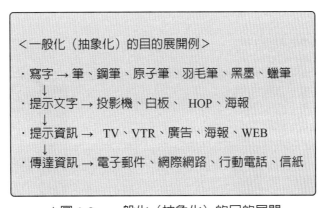

▲圖 1-8　一般化（抽象化）的目的展開

　　其次，所謂「以系統掌握問題」，是將問題以一個群來掌握，一面俯瞰全體一面去掌握之謂。如此一來就變得容易掌握本質上的根本性問題。譬如，不只是此系統，而且可以俯瞰到它的上位系統或下位系統。並且，對於此系統來說，為

了得到所規定的輸出，需要多少的輸入等也可以思考。

如事先思考「理想解」時，就不會受限於眼前的暫定對策，可得出恆久對策，或連結到有用的專利。這近似演繹法考察應有姿態的思考方法。

關於衝突來說，有技術上的衝突與物理上的衝突，是使用 40 個發明原理即可求解。

過去，自學 TRIZ 難度非常高。今後，利用此教材或新的 TRIZ 教科書（Darrell Mannt 等著，中川徹監譯：「TRIZ 實踐與效用 (1)——體系的技術革新」，SKI）學習，與揭載有豐富事例的「TRIZ 網頁」等都是有幫助的。利用這些，即使自學也能學習，相信許多人都能在日常生活中應用。另外，由小組有組織的展開學習時，USIT（簡易 TRIZ）想必是很有效的。

1.3　高明地使用 TRIZ

1.3.1 TRIZ 的手法別引進分配

TRIZ 的哪一個手法可以用於業務，此處列舉出以各年度的資料來表示（圖 1-9）的例子。但這是限定在日本富士全錄的 TRIZ 研究會上所發表的課題之資料。

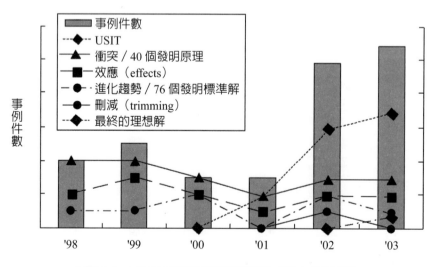

▲圖 1-9　TRIZ 的活用手法的變遷（富士全錄例）

依據此，知 40 個發明原理與效應（effects）經常被使用，並提出相當的成果。另外，USIT 獲得的成果更為明顯。USIT 主要是由小組一面討論一面解決問題的工具。亦即，在個人層次方面，呈現即使是初級者也能簡單使用 40 個發明原理與效應（effects），在小組方面則呈現 USIT 較能容易使用。

1.3.2 有組織的展開法

以組織的展開方法來說，日本已開始出現數家像日立製作所或松下電器集團等，設置有推進專門組織，由上而下展開的企業。許多企業是最初先聘請顧問，從培訓專家與建立事例開始。可是，因為是創造性開發手法，由上而下引進的企業還很少。

以許多企業所採行的非正式活動的代表性活用事例來說，此處介紹以體系化在推進的富士全錄的例子。從 1997 年起，從試驗性的購買英語版開始檢討以來，由有意願者組織成非正式的 TRIZ 研究會設法滲透到全公司。研究會中，進行著公司內部事例發表會，透過公司外部的事例來進行教育。視需要，針對具體的課題組成分科會，組織中的關鍵人物（keyman）提供諮詢。派遣關鍵人物到講習會上，也促進工具的網路活用。

在促進活用的考量上，採用了迄今為止已經澈底研究過的主題，儘管如此也證明了還是可以降低成本或提出專利。

圖 1-10 介紹典型的非正式型推進，被認為是今後中小行業在引進初期的推進類型（富士企業的引進、展開事例）。

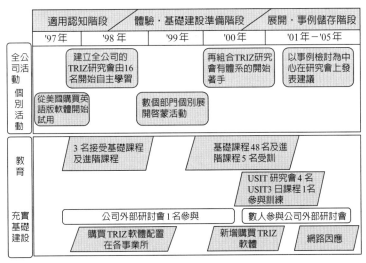

▲圖 1-10　富士全錄的 TRIZ 引進・展開事例

1.3.3 在專利上的活用

依據日本知名律師西森浩司的說法，是否成為「良好的專利明細書」，只要詢問以下事項就能清楚明白：

1. 在請求專利範圍內的各請求項目，在技術上是否為廣泛概念？
2. 用語是使用上位概念的嗎？
3. 權利的行使選擇了容易發明的類別嗎？
4. 不含有不需要的發明特定事項嗎？
5. 從物、方法、裝置開始到材料、製造方法、產品、它的使用方法、用途的發明是否網羅了呢？

並且，專利在其他公司申請後，如不到 1.5 年是無法閱覽申請內容的。其間，不可垂涎羨慕、等待。活用 TRIZ 可以期待以下效果：

1. 對客訴、申請專利明細表的水準提高有貢獻。
2. 即使是先行技術無法調查的期間、無法引用分析的期間，個人差異較少的合理預測也是可行的。
3. 刪減申請費用。
4. 請求策略性申請審查的可否判斷。
5. 策略性的權利維持，執照申請的可否判斷。

▼表 1-2　撰寫良好專利明細表的 TRIZ 工具

No	條件	TRIZ 的強化工具
1.	在專利請求範圍內的各請求項目，在技術上是否為廣泛概念？	技術進化的趨勢、9 畫面法、40 個發明原理、76 個發明標準解等
2.	未包含不需要的發明特定事項？	
3.	用語是否使用上位概念？	9 畫面法等
4.	權利行使選擇了容易發明的類別？	知識資料庫等
5.	從物、方法、裝置開始到材料、製造方法、產品、它的使用方法、用途的發明是否網羅了呢？	知識資料庫等

1.3.4 各種手法的活用場合

　　那麼，TRIZ 可以用在何種場合呢？根據以往的發表事例，按工作的每一流程試圖繪製如下（圖 1-11）。依據此圖知，各手法雖然依情況可在各種場合中活用，但 TRIZ 與系統思考一樣，是應用範圍廣的手法。

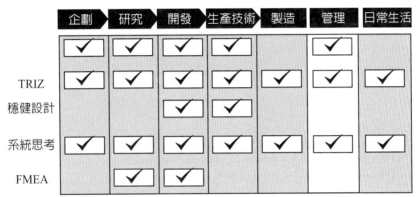

系統思考：狀況分析、決策分析、問題分析、風險分析

▲圖 1-11　在工作流程中的活用場合

1.4　主要的支援軟體

　　最近，TRIZ 軟體已有相當的進展，專利搜尋或專利地圖（Map）的製作均有可能，且配備有語意分析搜尋引擎的軟體也已出現。與此同時，雖然是英文版，卻比過去約價廉 1/8 的軟體也已上市。此處為了能讓讀者客觀的判斷，擬從 M · R · I Research Associates 所提供的資料部分轉載 Goldfire Innovator（Invention Machine 公司）；從創造開發 Initiative 的網頁部分轉載 TOPE（Invention Machine 公司）；從日本產業能率大學的網頁部分轉載 IWB（Ideation 公司）；從創造開發 Initiative 的網頁部分轉載 Innovation Suite（CREAX 公司）。最後，考量到只是如此仍無法判斷優劣的人士，加入了個人自己的想法，試著比較主要的軟體。

1.4.1 高機能 DB 軟體 GFIN 及 TOPE

　　GFIN（Goldfire Innovator）是補強、擴充 TRIZ，將過去的 TOPE、

Knowledgist 從 VE（價值工程）的觀點重新改造，強化機能的全面性解決（Total Solution）產品。在過去的 TOPE（TechOptimizer）、Knowledgist（專利分析工具）中追加如下的主要機能。它的體系圖顯示於圖 1-12（在變更機能中附加〔新〕）。

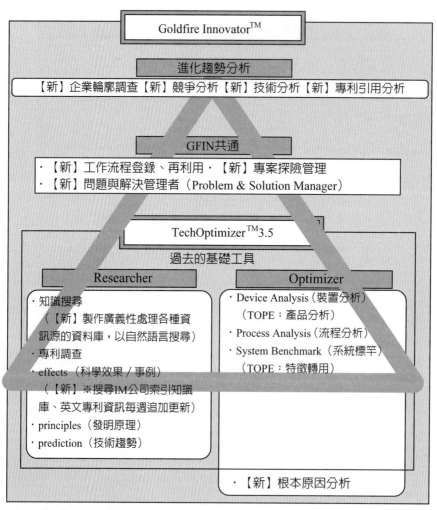

（註）【新】新增的機能

▲圖 1-12　Goldfire Innovator（GFIN）的體系圖

此產品從 2004 年起在 Ｍ・Ｒ・Ｉ Research Associates 已開始銷售。

■ 根本原因分析（**Root Cause Analysis**）

從更高的、更概念性的層次去看問題，鎖定基本的課題，查明設計或製程中問題的根本原因，並且對問題的種種部位所探討的影響使之可見化，進行支援。藉由此事，即可著手根本的問題解決，而非表面的問題解決，可以有效的活用寶貴的時間與資源。

■ 解決管理者（**Solution Manager**）

通過支援產品設計課題的具體解決方案，從超越概念的產生到解決對策的產生為止都可執行。問題如被定義時，利用 Goldfire Innovator 的語意分析技術與研究技術可以自動產生解決對策。

■ 知識搜尋（**Knowledge Search**）

知識搜尋引擎部分，引進 Invention Machine 公司取得專利的獨特語言分析技術。與一般的關鍵字搜尋不同，可以利用文章的意義分析來搜尋。取出文章的主旨，可以進行符合技術者意圖的搜尋。

其次，TOPE 已改訂到 3.5 版。將其概要介紹如下。

執行 TechOptimizer（Ver. 3.0）軟體，選擇 New Project 之後，可出現如圖 1-13 所示畫面，內含七大模組的圖示與簡單說明。前 3 個模組旨在協助使用者了解並能準確定義元件或系統的問題。Product Analysis 與 Process Analysis 是以分析產品或製程涉及的工程系統元件（elements of engineering system）和外界系統元件（super-system elements）的功能（function）為基礎，進而分析整個系統。Feature Transfer 模組是提供由類似物件／系統中選取最佳特性並予以組合移入同一物件的工具。何謂類似物件／系統，係指可達到同一功能，但優點與缺點各具互補性的物件／系統所形成的集合。

接下來的 3 個模組則在協助使用者解答問題和產生新觀念。Effects 是提供超過 4,000 個專利資料的分析與物理、化學、數學、熱力、熱傳、工力、材力、流力等工程基礎知識之整理，並以動畫方式顯示效應與實例。Principles 是有效解決系統內矛盾的工具，軟體提供 40 個準則（principles），並以動畫和實例協助。使用者了解如何應用這些準則。Prediction 是改進系統效能的觀念創新工具，也可用來預測未來科技的發展。由專利成果的分析，本軟體整合工程技術發展的軌跡，認為其有一定的準則：系統元件的選擇，元件的改進，系統的動態化和系

統的自行發展。Prediction 提供 14 個科技發展的準則，49 個改進系統效能的方法。

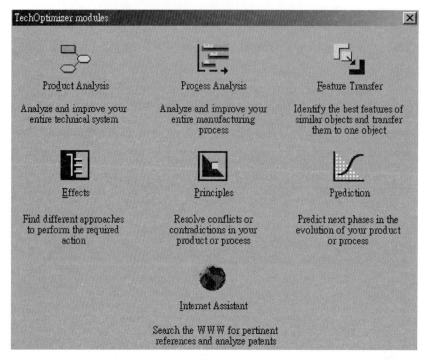

▲圖 1-13　執行 TechOptimizer 的畫面

以下分別簡介各模組的內容。

■ 產品分析模組（**Product Analysis Module**）

此模組是定義所要求的機能，評估系統的構成要素間的相互作用，提出能提高系統之價值的方法。指定系統的主要要求機能，產生正確的問題記述。建構工程系統的機能模式，記述要素間的有用及有害的相互作用。

■ 流程分析模組（**Process Analysis Module**）

此模組是在製造系統中分析所進行的一連串技術上的操作，此模組包含有價值、分析成本分析、機能分析，可以有效率地進行流程的規劃及再設計等。以圖形的方式表現流程的各步驟及其間的關係。

■ 效應模組（**Effects Module**）

此模組提供有 8,500 個以上的科學技術效應與事例的存取。使用此模組時，基於所要求的機能可以選擇效應。透過控制機能與連接機能，以組合數個效應達成設計目標，可以創出能提高所選擇效應之性能的新概念。知識庫所包含的各個效應與事例，記述著解說、優點、限制、式子、參考資料等。

■ 發明原理模組（**Principles Module**）

如使用此模組，可以解決技術上衝突的問題。此模組針對問題應用發明原理，帶給使用者突破。此發明原理是從各種領域分析了 250 萬件以上的事例所得之結果，為了說明各原理，從多方面的技術領域顯示諸多的事例。

■ 預測模組（**Prediction Module**）

如使用此模組，可以解決物體間相互作用有關的技術問題，使主要的技術趨勢明確，且預測未來的技術動向，使使用者經常能保持優位的競爭力。此模組包含各產業領域的應用事例，以及由專利所萃取出來之技術進化的趨勢及參考資料。

1.4.2 高機能 DB 軟體 IWB

IWB 是 Ideation 公司所開發的 Innovation Workbench（革新工具箱）軟體，主要是用在技術系統的開發與改善。此 IWB 是由稱為 IPS（Inventive Problem Solving：創新的問題解決）的一連串問題解決流程，以及分成問題別類型及創意發想型的模組所構成。IPS 的步驟是由 5 個步驟所構成，亦即，問題的共有化、問題的構造化、問題解決的方向、解決案的構想開發、最適案的選擇─評估。問題解決者依對話形式的詢問，一面選取選項一面進行思考。創意發想部分的構造形成樹狀形式，將選項的問題類型從大致詢問到具體詢問去進行選取。圖 1-14 說明 Ideation 公司的軟體的體系圖。

AFD（Anticipatory Failure Determination）是一種決定不同要因與研擬其對策的技法。要如何才不受制於先入為主的觀念，正確且有效率地發現故障原因呢？或者發現此後可能會發生的故障原因呢？因應此等要求所開發的技法，AFD 是停止直接尋找故障原因與要因，要如何才可以確實地使故障發生呢？反轉、增幅再建立假設，其次為了去驗證而進行逆轉的發想。假設的建立是活用發明指南

（Innovation Guide）與過去的事故事例。對策的研擬也使用 TRIZ 的發明原理。

DE（Directed Evolution：已定位方向的進化）是爲了將來的新產品以及開發企劃新事業的一種決策方法論。它是從各方面去尋找將來有可能發生的方向性，思考自己的公司應向哪一方向進行，縱使市場的要求是向未意料的方向進行，但具備它會更高明的一種想法。日本產業能率大學進行著應用 DE 進行新事業開發、技術開發策略等的諮詢。

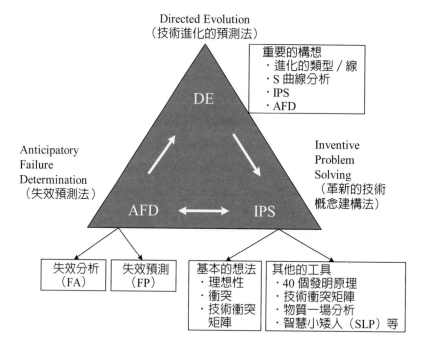

▲圖 1-14　Ideation 公司的軟體的體系圖

1.4.3 簡易軟體 Innovation Suite

Innovation Suite（CREAX 公司）的英文版雖然低廉，但 TRIZ 的基本工具幾乎均有網羅，這是對應所推薦之參考書「TRIZ 實踐與效用（1）──體系的技術革新（Darrell Mann 等著，中川徹監譯，SKI）」所採用的軟體。併用兩者即使英語版也可以較爲容易地活用。

此產品的特徵，在於不只是技術領域，就是經營管理的優良手法也可以萃取

並加以體系化。並且，本身進化的可能性所使用的雷達表在短時間內可以做成。這是指定全體進化中成為界限之要素，如使用所指示的趨勢時，即可預測革新流程的下一個步驟。該產品提供工具的選擇方法，並且也提供說明進化趨勢的經營管理領域版。

1.4.4 主要支援軟體的比較

表 1-3 試著綜合比較目前所介紹的主要支援軟體，配合企業的特性，選擇要引進的軟體即可。

▼表 1-3　主要的支援軟體的比較

種類 比較項目	TOPE & GFIN （IM 公司）	IWB （II 公司）	Innovation Suite （CREAX 公司）
比較主題 （what）	任何情形（生物關聯中的事例少）	任何情形（與生物、軟體關聯的事例少）	任何情形（經營管理領域的事例也有所追加）
對象者 （who）	個人＞小組	個人≧小組	個人＞小組
活用法 （how）	主要是自律性的活動（一部分、諮詢）	諮詢是有效的	主要是自律性的活動，但目前是英文版、法文版
時間 （when）	不滿 1 小時的活用也可以	利用 ARIZ（IPS）需要有協議的時間	不滿 1 小時的活用也可以
場所 （where）	standalone & netwok	standalone	standalone
價格 （how much）	約 70 萬元／件＋維護費用＋研修費用	約 40 萬元／件＋研修費用	約 10 萬元／件
DB 數	約 8,500 事例	約 1,500 事例	約 1,500 事例
發展性	DB 的追加 意義解析機能的追加	DB 的追加與 DE 的併用	附加軟體事例

Tea Break

■ 想想看，您會怎麼辦？

很多國家的人已經想出如何減少大型開放式儲存槽中油的浪費。的確，夏天陽光加熱儲存槽，很多油會蒸發。使用「漂浮」蓋子保護油似乎很容易，這些「浮體」隨著油位之下降而下降。但是儲存槽壁不是直的，這會在浮體和槽壁間產生間隙，使油蒸發。人們已設計出有伸縮面的蓋子，蓋子很複雜且昂貴。因此這裡有科技衝突：減少油的浪費卻使蓋子建造複雜。突然出現很簡單的方法。用比網球小的浮球蓋住儲存槽中油的表面，浮球會非常可靠的蓋住油，同時會以儲存槽的形狀覆蓋。

這不是一個很簡單的解答嗎？

當他人用簡單的方法解決複雜問題，真正的發明家於是出現。

■ 發明與發現

發明必定有 4 個特徵：它應該是一問題的科技解答，它應該是新的，它應該實質上與其他已知解答不同，它應該產生一有用的效應。

舉例來說，訓練動物新方法不是發明，因為沒有科技問題的解答。有四輪或五輪的腳踏車不是發明，因為前世紀的人們已發展出這些腳踏車。

讓我們結合油漆刷和鏟子，這顯然是某種新的東西。但是，油漆刷和鏟子仍以相同的方式使用，這新結合沒有產生新的東西。假如沒有產生新的、重要的、不同的性質，不是發明。

人們經常搞不清楚發明與發現。發明只是某種現今不存在的東西。舉例來說，第一架飛機是發明。

發現意謂找到某種現今已存在自然界的東西。只是還不知道。不是發明重力，是發現重力。牛頓定律、歐姆定律、水分解成氫與氧等等是發現。

任一技術系統之目標為能提供某些功能，在傳統的工程思考強調：「為傳送某一功能，我們必須建立能滿足此功能之機構與裝置。」而 TRIZ 的思考則強調：「為傳送某一功能，我們不需導入新的機構與裝置至系統即可達成。」理想化則強調的是：「任何技術系統在其全部生命週期皆傾向於變為更可靠、簡單化與有效能。」換言之，更具理想性。每當要改善一技術系統，我們期望系統更接近理想性，亦即系統需要更少成本、更少空間與浪費更少能源等。

理想性總是反映出對系統內外之已有資源做最有效利用，系統越能自由方便利用資源，此系統越具理想性。

一般以理想化程度，作為判定一發明工作之基準，一發明越遠離理想性，其技術系統越複雜，反之亦然。當一技術系統達成理想性，將產生什麼狀況？此時系統機構消失，而功能乃可被執行運作。

今舉一例說明。南非一肉品工廠以空運方式把肉品運送至美國，為了把肉品冷凍故需冷凍設備，基於競爭力，工廠老闆尋找減低運送成本方法，例如：每次運輸必須增加肉品數量，最好的方式以肉品重量取代冷凍設備重量，最後採取方式為飛機飛至高度約 15,000∼25,000 英尺，在大氣溫度 32°F 下飛行，如此不再需要冷凍設備。

結論：利用外在不需成本資源，使技術系統更接近理想性。

第2章 TRIZ 的技法與活用法

2.1 TRIZ 的活用流程與工具的選擇

再次回想 TRIZ 的問題解決的想法（1.2.4）中所敘述的基本想法。

1. 將課題、問題當作「一般化（抽象化）」來思考。

2. 將問題當作「系統」來掌握。

3. 事先思考「理想解」。

4. 探究衝突並進行突破。

TRIZ 原有的優點是在於能使智慧有效率地提出的一種思考過程與思考方法。特別是入門者，常在工具的使用方法上過度勞神，而有受制於工具的傾向。從使用的經驗來判斷，不要拘泥於形式，如理解 TRIZ 的體系與思考方法的本質時，從容易使用的工具開始活用是比較容易會有好結果的。

美國一些幹練的 TRIZ 顧問，似乎是事先準備好 ARIZ 以配合顧客所要求的課題來承擔課題的解決。ARIZ 會在後頭詳細說明，但它是相當於 TRIZ 的活用流程或 TRIZ 的活用手冊。如果您有熟悉 TRIZ 的顧問，您可以專注於原本的問題，而無需使用 ARIZ 或其他工具。對入門者來說，需要有更簡單且容易理解的活用流程。TRIZ Journal 的 Ellen Domb 與 Darrell Mann 也提議簡單的活用流程。

此處提議入門者即使一個人也可活用的實踐性活用流程（圖 2-1）。這是根據 Ellen Domb 與 Darrell Mann 的流程，透過公司內外的諮商與講習會，與受訓者商討要如何做才容易普及所得出的改良型。

對入門者想推薦如下的活用流程：

1. 問題分析、問題定義。

2. 工具的選擇。

3. 解決對策的產生。

4. 創意的結合、重新整理。

5. 解決對策的評價。

首先，使問題或課題更為明確是很重要的。問題定義的流程如果可以如願以償，可以認為已經解決了一半以上的問題與課題。對問題與課題來說，可以考慮

演繹式的探討與歸納式的探討。演繹式的探討是以目的展開重新定義本質上的課題，亦即最終的理想解（應有姿態）。歸納式的探討，是進行原因（why-why）展開與機能‧屬性分析，鎖定根本原因是課題解決的捷徑。

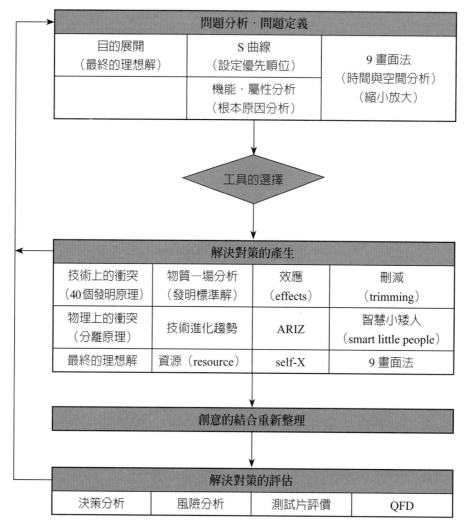

問題分析‧問題定義		
目的展開 （最終的理想解）	S 曲線 （設定優先順位）	9 畫面法 （時間與空間分析） （縮小放大）
	機能‧屬性分析 （根本原因分析）	

工具的選擇

解決對策的產生			
技術上的衝突 （40個發明原理）	物質一場分析 （發明標準解）	效應 （effects）	刪減 （trimming）
物理上的衝突 （分離原理）	技術進化趨勢	ARIZ	智慧小矮人 （smart little people）
最終的理想解	資源（resource）	self-X	9 畫面法

創意的結合重新整理

解決對策的評估			
決策分析	風險分析	測試片評價	QFD

▲圖 2-1　TRIZ 的活用流程

　　在問題定義中進行 S 曲線的分析，是為了掌握商品的引進期、成長期、成熟期、衰退期，決定它的優先順序，判斷哪一個解決工具最合適。並且使用 9 畫面法，認識「時間與空間」的重要性，以微觀及巨觀層次縮小或放大，是為了容

易排除心理上的惰性（成見）。

其次，工具的選擇並非是特定的工具不可。如從經驗論來判斷時，建議按以下的步驟發想，產生解決對策。

1. 進行 S 曲線分析，掌握商品等的引進期、成長期、成熟期、衰退期，決定它的優先順序，判斷何者的解決工具最合適。
2. 對於系統不存在或系統本身的改善與改革課題來說，使用最終的理想解與 9 畫面法。
3. 對衝突問題來說，使用物理上的衝突或技術上的衝突，從分離原理與 40 個發明原理去發想。
4. 對於不充分的作用與過剩的作用，使用技術進化趨勢、effects（知識庫：倒查字典法）或物質－場分析，76 個發明標準解。
5. 對於刪減成本來說，使用刪減（trimming）與資源（resources）
6. 強化專利來說，使用技術進化趨勢、效應（知識庫）與 9 畫面法。

將所萃取的創意再琢磨，可以結合所萃取的創意或重新整理。TRIZ 因為未具有解決對策的評價法，因之要活用過去的管理工具，亦即決策分析、風險分析、QFD（Quality Function Deployment：品質機能展開）再進行評估。另外，為了以最小的成本進行可行性評估實驗，可實施測試件（test piece）評估。

2.2　問題分析・問題定義

2.2.1「目的展開」與「原因展開」

定義問題與課題的過程，幾乎可以想成是與後述的 USIT 的問題定義相同。問題設定是將問題分成目標、課題、限制狀況等，以 1～2 列的文句記述並定義。而且，為了容易掌握問題狀況，了解問題的結構，要繪製簡潔的概念圖。到此地步，小組的成員才能共有課題與問題點。雖然許多的人想來已有經驗，但如能鎖定本質的問題與課題，那麼幾乎所有的課題與問題點，即使說是已解決也不為過。

此處，在圖 2-2 中，介紹鎖定本質的目的、根本原因的方法。所謂目的展開是針對所設定的目的，「它的目的是什麼？」、「它的目的是什麼？」一直去展

開直到將目的展開到最終的理想解（應有姿態）為止，以鎖定原本目的之一種方法。所謂原因展開，是針對所設定問題，以重複 5 次「為什麼」的詢問以鎖定根本原因的方法。

　　目的展開是演繹式的思考法，原因展開是歸納式的思考法。前者是尋找情人，後者是尋找犯人。

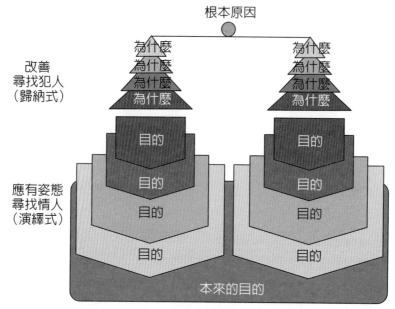

▲圖 2-2　目的展開與原因展開

　　具體上，目的展開要如何做才好呢？圖 2-3 列舉大家經常所使用的的物品來考察。這是針對「撥打行動電話」本來的目的是什麼而進行目的展開的事例。即使是「撥打行動電話」之目的，也因限制而有甚大的不同。此處，也引進「場的設定」之想法。撥打電話給對方也依顧客與上司而有不同。

　　原因展開要如何做才好呢？圖 2-4 中試提出 2 個日常生活中會碰到的問題。以此考察來看看。

　　「道路塌陷」或「不想去公司」的根本原因是什麼？至少重複 5 次為什麼去尋找根本原因。在圖 2-4 的例子中，「道路塌陷」的根本原因是「地下水減少」；「不想去公司」的根本原因是「與同僚的溝通不足」。實際上數次展開為什麼，從最後的 2、3 個項目的理由鎖定根本原因即可。

〈場的設定〉	〈場的設定〉
· 誰〈who〉：經營人士 · 何處〈where〉：與顧客會話的場面 · 何時〈when〉：工作中的場面	➢ 誰〈who〉：經營人士 ➢ 何處〈where〉：與上司會話 ➢ 何時〈when〉：工作中
〈目的展開〉	〈目的展開〉
· 打電話 （它的目的是？）↓ · 取得約定 （它的目的是？）↓ · 商談 （它的目的是？）↓ · 銷售產品 （它的目的是？）↓ · 提供附加價值	➢ 打電話 （它的目的是？）↓ ➢ 報告 （它的目的是？）↓ ➢ 商談 （它的目的是？）↓ ➢ 確認策略 （它的目的是？）↓ ➢ 做決策

▲圖 2-3　目的展開的例子

（例 1）道路塌陷

　　　　為什麼→卡車的往來頻繁

　　　　為什麼→道路的高低不一致

　　　　為什麼→卡車的震動激烈

　　　　為什麼→鋪設的強度不足

　　　　為什麼→地下水減少

（例 2）不想去公司

　　　　為什麼→工作不順利

　　　　為什麼→與上司的意見不合

　　　　為什麼→工作未照計畫進行

　　　　為什麼→計畫的安排不足

　　　　為什麼→與同僚的溝通不足

▲圖 2-4　原因展開的例子

利用此種的目的展開與原因展開，課題與問題點一旦被明確化時，理應無限地可以接近目標。即使如此仍不夠時，使用機能‧屬性分析、S 曲線分析、9 畫面法，再往下挖掘課題也是可行的。

2.2.2 機能‧屬性分析（根本原因分析）

機能‧屬性分析的目的，是找出系統內的下位系統與**物件**（構成要素）的機能關聯，使**根本原因**（最基本的要因）明確。結果，有時也可刪減不需要的物件。圖 2-5 說明基本的機能‧屬性模式。各物件（構成要素）具有各自的屬性，這些是以機能結合的模式。

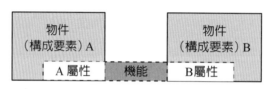

▲圖 2-5　基本的機能‧屬性模式

此處，所謂**機能**是指變更對象物的屬性（參數）或妨礙屬性變更的什麼。所謂**屬性**是表示形狀、味道、重量、大小、密度、彈性、顏色、內部能源等性質之用語。並且，紅色、20ug、5°C、12.4 公分等具體的表現是屬性之值，並非屬性本身。

所謂**物件**（objects）它本身是存在的，能與其他的物件保持接觸，藉此可以保持機能。譬如，像是飛機、鐵釘、鉛筆、電子、引擎、空氣、光子、資訊等。

具體言之，要如圖 2-6 那樣記述。譬如，換成如下的表現「活塞的溫度有害油品」或「硫磺改善油品的潤滑性」，試著去面對問題的根本原因即可。現實中，未記述屬性，以機能模式記述的情形似乎較多。

機能模式不只是技術課題，對於管理課題等也可應用。圖 2-7 是以人才開發為主題記述機能模式。此處，人才開發的目的，是使員工可以出現高的成果。它與僱用環境、社會的價值觀、組織、風土等也有關係。因此，被認為是問題點的有害作用，進行原因展開探索根本原因，以 TRIZ 尋找解決對策。請一併參考後述的事例。

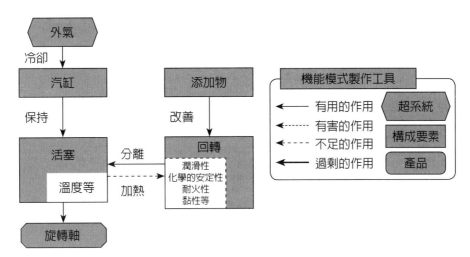

▲圖 2-6　機能‧屬性模式的具體例子

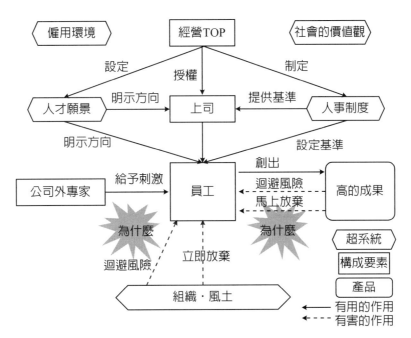

▲圖 2-7　機能模式的管理事例

2.2.3 S 曲線分析（優先順位設定）

科學家、技術專家、經濟學者們發現當各種系統在進化時，其具有 S 字型
的特徵。縱軸當作價值或理想性，橫軸當作時間軸時，存在有明顯的 S 字型的

進化情形（圖2-8）。此S字型曲線是經由引進、成長、成熟以及衰退的階段一事，Altshuller也確認過。如能鎖定是在S曲線的哪一個階段時，工具的選擇也變得較爲容易。

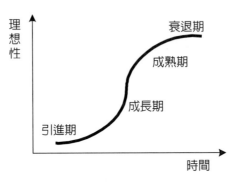

▲圖2-8　S曲線分析

　　某技術在S線的初期時，系統也許還未存在，或是利用改善來附加機能的階段。處於成熟期時，很容易判斷改善是處理不了的。處於衰退期時，改善或機能的附加變得不適用，不如刪減零件數量（trimming）等也許較爲有效。

　　某技術在畫S曲線時，發明數、發明水準以及利益如何變遷之情形，例示於圖2-9。換言之，依S曲線之位置，專利策略會改變。

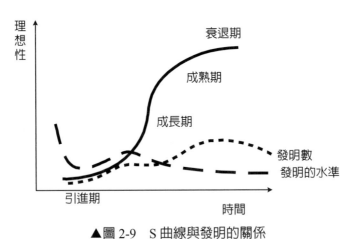

▲圖2-9　S曲線與發明的關係

　　問題完成階段，活用S曲線之目的，是爲了有效率的判斷在哪一階段，焦點

對準哪一個技術，要使用那一種工具才好設定優先順序。當焦點對準在發明時，它的想法（Darrell Mann 等著：TRIZ 實踐與效用（I）──體系的技術革新）概要表示在圖 2-10 中。於圖的右側，顯示出由下而上技術性焦點的各階段。

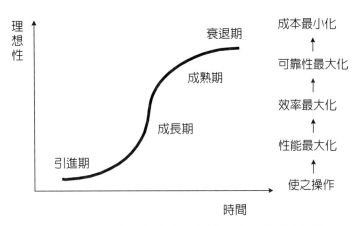

▲圖 2-10　S 曲線上的位置與發明的焦點間之相關

2.2.4 9 畫面法（時間空間分析）

9 畫面法是在「時間與空間」之中所思考的概念，是克服目前只能以系統層次思考的成見（心理上的惰性）。舉例來說，以目前的系統掌握原子筆的架構，顯示於圖 2-11 之中。

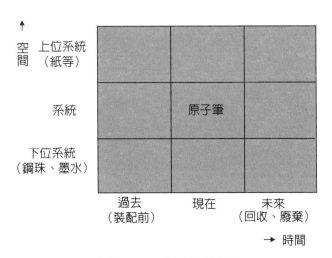

▲圖 2-11　9 畫面法的想法

將視野連續性地一面「放大（zoom in）、縮小（zoom out）」，一面看事物的想法是非常有效的（參考 2.3.7 節的 9 畫面法）。9 畫面法的創意，可以有意地讓我們從一個觀點很容易的跳到另一個觀點。即使是問題定義的場面，在時間與空間的場中，可以讓我們很容易理解的進行整理，並且提供新的觀點。

2.3　解決對策的產生

2.3.1 技術上的衝突與物理上的衝突

此處以大家在進行發表時經常所使用的「指示棒」為例來考察衝突問題看看。像圖 2-12 那樣，以改善指示棒的參數來說有「想長些」，以惡化的參數來說有「體積加大」，其間的關係為了要權衡（trade-off）而發生衝突。此關係稱為「技術上的衝突」。並且，對於指示棒要收納在口袋時，「想增長」且「想變短」也發生衝突。此關係稱為**「物理上的衝突」**。

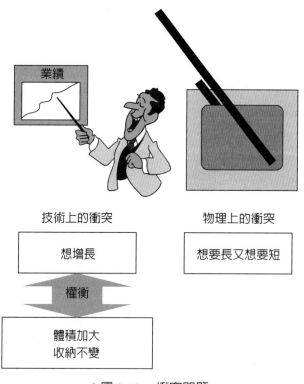

▲圖 2-12　衝突問題

　　TRIZ 之中有一種稱之為 Altshuller's Matrix 表（39×39）。最近，改良此表也已出版新版的衝突矩陣（Contradiction Matrix）（TRIZ 實踐與效用(2)）。縱軸、橫軸上配置參數，從縱軸選擇「要改善的參數」，橫軸選擇「會惡化的參數」，在兩者的焦點上，顯示出可用於克服此技術性衝突的「原理（principle）」（圖 2-13）。以此原理及過程為提示去發想創意。此即為 40 個發明原理（表 2-1）。在指示棒的例子中，從惡化的參數「長度」，與想改良的參數「體積」的交點「7：套匣原理」中所發想的母子套匣構造的天線型指示棒，即為解決對策的一種。此即為「**技術上的衝突**」。

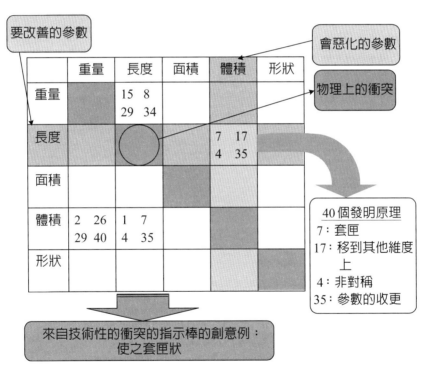

▲圖 2-13　衝突矩陣的用法

　　又「長度」與「長度」的交點，並無 40 個發明原理的號碼。此即為「物理性的衝突」。

　　所謂「物理性的衝突」，像某商品等構成要素（物件）的「大且小」、「存在且不存在」、「熱且冷」、「重且輕」之類，指的是要改善特性與會惡化的特性之參數均為相同時之謂。

▼表 2-1 　40 個發明原理

No	發明原理	No	發明原理
1	分割原理	21	高速實行原理
2	分離原理	22	轉禍為福原理
3	局部性質原理	23	回饋原理
4	非對稱原理	24	媒介原理
5	組合原理	25	自助原理
6	泛用性原理	26	替代原理
7	套匣原理（母子套原理）	27	低廉短壽命勝於高價長壽命原理
8	平衡原理	28	機械性系統替代原理
9	先行反作用原理	29	流體利用原理
10	先行作用原理	30	薄膜利用原理
11	事前保護原理	31	多孔質利用原理
12	等位勢原理	32	變色利用原理
13	逆發想原理	33	均質性原理
14	曲面原理	34	排除／再生原理
15	動態性原理	35	參數原理
16	大致（about）原理	36	相變化原理
17	他次元移行原理	37	熱膨脹原理
18	機械的振動原理	38	高濃度氧氣利用原理
19	週期的振動原理	39	不活性氣氛利用原理
20	連續性原理	40	複合材料原理

衝突矩陣中，兩者的焦點號碼形成空白。物理上衝突的解決方法是將此衝突的兩個要件以某一觀點使之分離，即可去除。以其解決方法來說，使用以下 4 個分離原理：

1. 以「空間」來分離。

2. 以「時間」來分離。

3. 利用「相變化」。

4. 移行到「上位（下位）系統」。

為了在物理的衝突中解決指示棒的問題，譬如，在 4 個分離原理之中，試著

使用以「空間」來分離的原理看看。銀幕上指示的點與手持指示棒的空間如考慮到能否以某種東西結合時，即可發想到光。因此，雷射光筆即為一個解決的對策。

　　實務上問題發生時，會變得恐慌，精神上的寬裕似乎難於出現。定義「要改善的參數」與「會惡化的參數」，依循著從衝突矩陣鎖定發明原理的過程，產生出解決對策，被認為需要甚多的訓練。

　　意外地，以有效果的方法來說，推薦平日就要熟悉「40 個發明原理」；或者在可以理解的範圍內，掃描「40 個發明原理」之用語的意義並發想。未理解 TRIZ 本身，限於困境而想要攀草求援時，即可成為強力的提示集。本書備有 40 個發明原理的圖解版，應該是強力的武器，不妨參考一試。

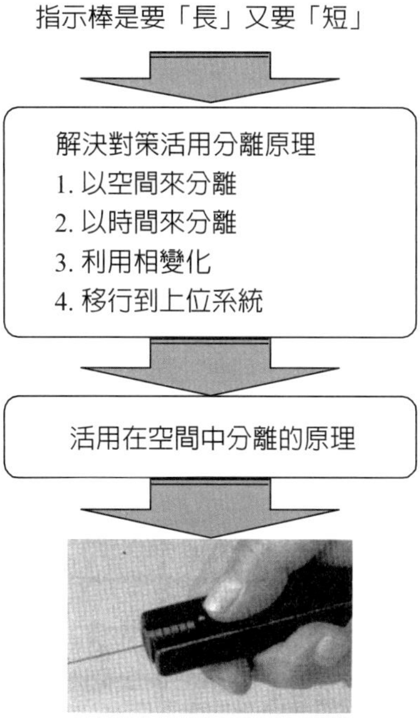

指示棒是要「長」又要「短」

解決對策活用分離原理
1. 以空間來分離
2. 以時間來分離
3. 利用相變化
4. 移行到上位系統

活用在空間中分離的原理

▲圖 2-14　物理上衝突的解決法

　　另外，對於「相變化」來說，請參照第 5 章「發明原理圖解」之中的「36 相變化原理」。

　　此處，從 40 個發明原理之中介紹具體的事例。

■材料開發領域的事例：輪胎的性能提高

汽車輪胎廠商 D 公司存在著「駕駛與舒適感的權衡」課題（圖 2-15）。

對此不使用衝突矩陣，只使用 40 個發明原理，依序掃描有關的發明原理，一面試著發想。

結果，從「5.組合原理」、「40.複合材料原理」（表 2-1）浮現出在垂直方向將已精鍊有伸縮性的短纖維的橡膠新素材貼在輪胎側面部分的創意。

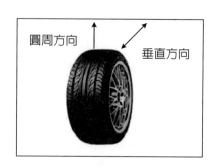

▲圖 2-15　輪胎的問題解決事例

實際上，D 公司的改善事例是在實車行駛模擬中也進行驗證，收集證據並使之實現化。這是分析 4 個輪胎因車輛的行徑而變化的負荷變動。開發了圓周方向剛性高、垂直方向有柔軟性質的輪胎，精鍊出圓周方向難以伸縮、垂直方向有伸縮性的短纖維的橡膠新素材（圓周方向的強度是垂直方向的 15～20 倍）貼在輪胎側面，在無損搭乘舒適性下使駕駛的操作性提高。

換言之，在旋轉方向使用橡膠新素材，防止轉彎時輪胎向橫方向彎曲，可以極力減少輪胎的形狀改變，提高對路面的反應性。

■商品開發事例：吸塵器的權衡問題

讓吸塵器的性能提高時，一般都是想到讓吸塵力提高（增大排氣量）。可是，如考慮到別人的健康時，就想到要降低排氣量。此處，發生了**權衡的問題**（trade-off）（圖 2-16）。這是「想增大排氣量且想減少排氣量」，因之稱為**物理性的衝突**（改善的特性與惡化的特性的參數相同）。因之，從「以空間來分離」、「以時間來分離」或「移行到上位系統」等去發想也行。

此處，為了突破它，單純地掃描被認為需要的 40 個發明原理再去發想看看。從表 2-1 之中，譬如，以「13.逆發想原理」、「22.轉禍為福原理」為提示可以去發想。譬如，浮現出消除排氣並使之循環的創意。

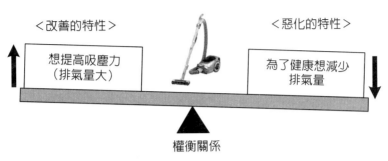

<改善的特性>　　　　　　　　<惡化的特性>

想提高吸塵力　　　　　　　　　為了健康想減少
（排氣量大）　　　　　　　　　排氣量

權衡關係

▲圖 2-16　吸塵器的課題解決事例

■ 提高零售業的銷售收入對策

　　這是章魚燒的銷售案例。原先一盒 10 個高品質的章魚燒以 100 元販售。這些年的銷售不停地在遞減。因此，試著實施顧客意見調查。結果發現，價格過高是原因。一般的對策來說，以 VE 來思考時，讓材料費、用人費降低，每一盒改為 80 元，或不管價格去增加附加價值之類的發想。可是，以此發想雖然銷售增加，但銷售收入的營業利潤率從以往的 10% 變成 5%。

　　那麼，以 TRIZ 來發想時，情形又是如何呢？譬如，從 40 個發明原理的「1. 分割原理」（表 2-1）發想，考察分割成兩份看看。具體言之，是將一盒的章魚燒的個數變成 6 個看看。價格雖然可以是 60 元，但此處將其設定在 70 元也是可行的。此結果至少可以維持銷售收入的營業利益率 10%。如果 70 元的設定可以順利時，銷貨收入的營業利益率在 20% 以上也是可能的。配合獨居者的增加或健康取向，對增加銷售與利潤率兩者均有貢獻。

■ 在選擇住宅中物理性衝突的解決對策

　　想在狹窄的土地上建造有幾間寬闊房間的獨棟住宅時，庭院變得過窄的情形是常有的事。此課題是「寬與窄」（改善的特性與惡化的特性之參數相同）的例子。此處，TRIZ 是課題解決的方法，當無法同時解決衝突時，使用如下的「分離」的方法。

　　為了實現隔間寬的住宅，「以空間來分離」為提示發想時，可以考慮向上延伸的 3 樓住宅，「以時間來分離」為提示發想時，那麼改變時日選擇居住，亦即，在別的場所租借公寓的辦法即浮現出來。如果解決對策總是一籌莫展時，移到上位概念重新定義問題，找出解決對策的過程也是需要的。

 Tea Break

下表是歐斯本（即腦力激盪的開發者）的查檢表。好好觀察的話一定會發覺這是 TRIZ 的「40 個發明原理」的基本。

確認項目	意義	例子（鐘錶的情形）
轉用	用於其他如何？	鬧鐘
應用	借用創意如何？	加上日期
變更	變更得如何？	加上夜光塗料夜間可見
擴大	擴大時如何？	鐘錶座
縮小	縮小時如何？	掛錶
代用	代用時如何？	當作裝飾品
再利用	更換時如何？	乾電池→太陽電池
逆轉	相反時如何？	左右相反的鐘錶（鏡子是正常可以看見）
結合	結合時如何？	自動裝置鐘錶

2.3.2 物質—場分析與 76 個發明標準解

■ 物質—場分析

所謂物質—場分析是以物質與場的觀點認識對象系統，將它模式化，套用事先已被類別化可成為問題解決提示的工具（76 個發明標準解），以發現具體的解決方案的手法。

此手法的本質雖然單純，但因為非直覺性的，不熟悉的人似乎很多。「要好好發揮一個機能，至少需要 2 個「物質 S（substances）」與 1 個「場 F（field）」的法則。此 3 個分別稱為物質 S_1，物質 S_2，以及場 F，通常以三角形繪製（圖 2-17）。所謂「物質」並非具體的意義，不妨想成「具有物質的什麼」之類的形象。所謂「場」被視為是意指「在系統中存在的位置型態的形象」。具體來說，有力學上的場、熱的場、化學上的場、電氣上的場、生物學上的場、工學上的場、磁場的場等等。

此處，同時具有的「想改善的特性」、「會惡化的特性」之衝突問題的物

質—場模式，可以畫成如圖 2-18。

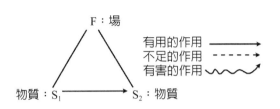

▲圖 2-17 物質—場模式的基本形狀與相互作用線的種類	▲圖 2-18 衝突問題的物質—場模式

■ 物質—場模式的事例：電鍋

試以煮飯的情形作為模式來考察看看。瓦斯鍋當作 S_1，米飯當作 S_2，因瓦斯造成的熱當作場 F_1。此處，如有以瓦斯鍋煮的米飯不好吃或甚花時間之類的事情時，這些視為不足的作用，要尋找其他的解決對策。以新的場來說，如施加壓力 F_2 時，即可加速煮出好吃的米飯，如只是不好吃的不足作用時，將瓦斯造成的熱場 F_1 改變成利用高周波熱造成 I H 的場或利用電氣造成的能源熱場 F_3。或者，將米飯 S_2 改變成其他的品牌的米飯 S_3。圖示這些即為圖 2-19。

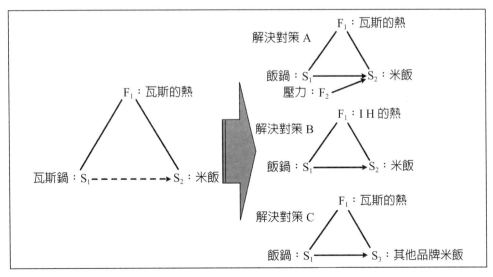

▲圖 2-19 煮飯的物質—場模式的應用例

■76 個發明標準解

其次，介紹 76 個發明標準解的概略。76 種的數字是 Altshuller 所發表的。Mann 在其著書「TRIZ 實踐與效用 (1)──體系的技術革新」之中，也將之放入其中。對入門者而言，難以使用的工具也許是此標準解。另外，想深入了解發明標準解的詳細情形，請參閱 Mann 的前述著書。

以 76 個發明標準解的體系來說，可分成 4 大類，這些再加以細分化。

A. 針對不完全的「物質─場」

B. 針對測量、檢出問題

C. 針對有害的效果

　　C1 變更既有的物質

　　C2 變更場

　　C3 引進新的物質

　　C4 引進新的場

　　C5 引進新的物質與場

　　C6 移到下位系統

　　C7 移到上位系統

D. 針對不足或過剩的關係

　　D1 變更既有的物質

　　D2 變更場

　　D3 引進新的物質

　　D4 引進新的場

　　D5 引進新的物質與場

　　D6 移到下位系統

　　D7 移到上位系統

此處，介紹幾個 76 個發明標準解的事例。

■76 個發明標準解的事例：微波爐

日常所使用的微波爐，是 76 個發明標準解中的一個「使對象物質的固有振動數與場的周波數一致」，此事例會在後述中說明。此發明標準解當然也可以在經營場合中使用。譬如，在 1999 年的日本經營品質獎中，得獎企業的理光公司

的櫻井社長，以微波爐的機能爲提示，「與顧客的周波數（要求）一致」當作經營的重要課題，「掌握顧客的潛在要求與貫徹商品化」作爲重點課題去執行而獲獎。

■ 76 個發明標準解的事例：微波爐用金屬鍋

N 公司所開發的微波爐是可以使用金屬鍋，以 TRIZ 求解如下。

從發明標準解的「變更場」與「引進新的物質」去發想。具體言之，可以考量邊緣的形狀改善微波爐的調理容易性（提高控制性），或在不鏽鍋上附加新的物質即鋁，實現高的傳導性（圖 2-20）

> **發明標準解：改變場**
>
> 讓場的周波數與對象物質的固有
> 振動數一致
> ⟶ 微波爐的原理

> **發明標準解：改變場**
>
> 將未控制／控制不足的場以更容
> 易控制的場來更換
> ⟶ 鍋的邊緣形狀的考量

> **發明標準解：引進新的特質**
>
> 引進具有特殊性質的新物質
> ⟶ 不鏽鋁的兩層鋼

▲圖 2-20　微波爐可以使用金屬鍋的 TRIZ 應用例

2.3.3 技術進化趨勢

Altshuller 等人，對於看似無程序流程的技術，也找出有規則性的進化模型。此機能對過去的設計，提供改良、進化的提示。把目前想要進行的設計，以構成零件、物質及它們的處置方式來表現，指定如何讓它的處置改變，提示出能

應用的改良案。

　　與 S 型曲線或商品的壽命循環一樣，技術會沿著某類型在進化。掌握其趨勢的方向性，在開發的技術上目前是處於哪一個階段？今後會變成如何？預測應該也是可能的。以它為提示可以再向新的發明去結合。即使目前還是不可行的技術，但經過突破，實現的可能性即變高，可想成是與革新的技術相結合。

　　譬如，在書中最後所顯示的 10 個技術進化的趨勢中，建築物的門以「可動性」為視角，由一扇門、左右兩扇門、折摺門、上捲門、空氣簾、光簾去進化。以它為提示創出新的創意。

▼表 2-2　14 個技術進化的趨勢

	技術進化
1	引進新的物質
2	引進改良物質
3	類似物的單個—雙個—多個（mono-bi-poly）構造的進化
4	異質物的單個—雙個—多個（mono-bi-poly）構造的進化
5	將物質或物體系分化
6	將空間細分化
7	將表面細分化
8	使可動性提高
9	講求旋律的調和
10	講求作用的調和
11	讓控制性提高
12	像構造的幾何學變化
13	立體構造的幾何學變化
14	使修整增大

（出處：山田郁夫等，圖解 TRIZ，日本實業出版社）

2.3.4 效應（effects）

　　此機能是從想實現的機能中，引出似乎可以有使用效果的一種「倒查字典」法。世界中種種過去的好方法也可依循追隨。據說優秀的技術者至多只能浮現出

20～30 種存在的原理、法則。在此字典中數千個原理、法則已被資料庫化（圖
2-21）。

阿基米德的原理	磁氣偏形	導電性流體的電池流體
氣力揚升效果	磁力	（MHD）加速
巴斯卡法則	自由對流	熱機械效果
柏努利定理	昇華	熱磁氣對流效果
羅倫茲力量	蒸氣揚水效果	熱對流的不安定效果
法線應力效果	蒸發	氣泡的利用
施加在壓電桿縱方向的超音	浸透	毛細管壓力
波震動	靜電誘導	毛細管效果
圓錐毛細管效果	對流	毛細管效果（液體的表面張
因溫差作用引起之輪環	彈性體的變形	力係數的影響）
形狀封閉系統之中的流動	超音波氣體流中的衝擊波	毛細管效果（毛細管的直徑
慣性	超音波振動的磁氣偏形	的影響）
強磁性	勵起（能源移轉）	融解生成物中的超音波毛細
凝縮	超音波毛細管效果	管效果
均質流動媒體的人工重力	超流動	螺旋
固體的熱膨脹	電氣浸透流	漏斗效果

（出處：TOPE（Invention Machine 公司））

▲圖 2-21　效應的資料庫事例

　　譬如，IM 公司資料庫軟體 TOPE 的效應，如選擇自己想實現的機能時，則
實現它的自然科學法則、原理與物質的特性會以附帶漫畫來提示。並且，利用關
鍵字也能搜尋。

　　即使未具有 TOPE 等的 TRIZ 軟體，最近即使活用專利局的專利資料庫、
Yahoo 或 Google 的搜尋引擎等，也幾乎能進行相似的搜尋。

2.3.5 刪減（trimming）

　　TRIZ 的工具之中雖然「試著刪減」是很單純，但將它制訂成解決對策並不
單純。以刪減零件數量（trimming）來說，「機能・屬性分析」模式是基本的出
發點。刪減主要的目的是將會影響成本增加，不一定需要的構成要素從系統中刪
除。然後，哪一構成要素是刪減的對象？應以哪一順序來檢討？有需要先決定
好。

另外，VE 的基本想法，是透過改善物品或服務的機能與成本的均衡，謀求價值的提高。

公式與手段（由①到④）即為如下。

$$V（價值）＝F（機能）／C（成本）$$

①機能維持之下，降低成本以提高價值。

②成本維持之下，提高機能以提高價值。

③降低成本、提高機能以提高價值。

④成本、機能均提高以提高價值。

換而言之，刪減零件數量（trimming）可以說是「①機能維持之下，降低成本提高價值」的手段。

可是，為了有效率地進行刪減零件數量，試著進行可以幫助發想的幾個詢問也是有效果的。

雖然也可以依據 TRIZ 的其他工具來實行，但此處為了容易理解，介紹前記 Mann 的著書中所提倡的詢問。

1. 此部分所提供的機能是需要的嗎？

2. 在系統中或週邊的其他的哪一個是無法發揮此機能呢？

3. 既存的資訊（resources）無法發揮機能嗎？

4. 以低成本的替代品無法發揮此機能嗎？

5. 此部分對其他部分有需要相對性的移動嗎？

6. 此部分無法與所組合的物件一體化嗎？

■刪減物件零件數量事件：列印機零件數量的刪減

富士全錄的事例，是在列印機零件的 VE 中，從機能模式分析（產品分析）實施刪減，一直實施到零件數量刪減為止。零件單品雖然少數，但以量產零件的效果金額來說，卻是很大的。

具體而言，首先描畫機能模式（產品分析），試著思考「系統中或週邊的其他的哪一個無法發揮此機能？」、「此部分無法與所組合的物件一體化嗎？」。結果，將圖 2-22 的零件「STUD」之機能使之具有「CHARGE」而達成刪減。

刪減數量後的機能模式（產品分析）即為刪減後的圖形。實務上，通常描畫此程度的圖形。此處，很顯然，不重要的構成要素之零件即從檢討對象中刪除。

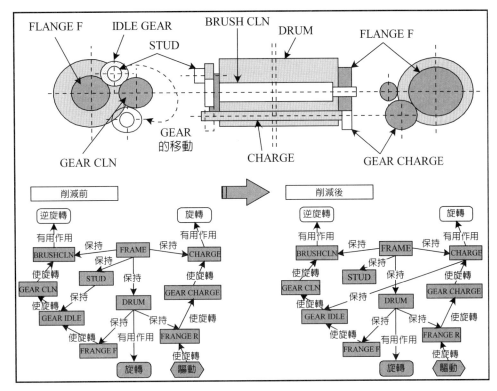

▲圖 2-22　列印機零件的刪減數量概要與機能模式

2.3.6 解決發明問題的程序

所謂 ARIZ 是意謂解決發明問題的程序，將俄文的第一個字母換成英文。基於「不管何種困難都能處理，首先適切定義複雜的問題，接著設法使之能解決」。Altshuller 想出 ARIZ 此種 TRIZ 的思考程序。依序去回答數十種的詢問，摸索找出解決的對策。換言之，也可以說是符合上級者活用 TRIZ 工具的檢查表或手冊。

實際上，一旦使用時，卻相當難以普及。入門者被認為有此種想法能夠理解即可。ARIZ 經長期的研究及實踐所驗證的結果，引進新的發明原理與知識庫再不斷加以改良。每年加以改訂並以年號來稱呼（ARIZ85C 等）。圖 2-23 說明

ARIZ 的思考流程。

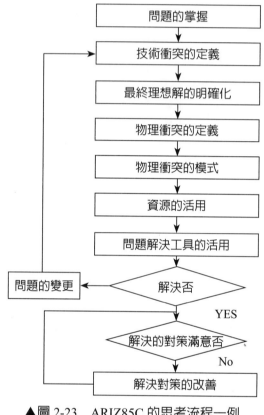

▲圖 2-23　ARIZ85C 的思考流程一例

2.3.7 9 畫面法

9 畫面法，也稱為系統操作元（system operater）、多螢幕（multiscreen），是在**時間與空間**之中所思考的概念，克服目前只在系統層次中思考（心理的惰性）之工具。接著，一面連續性的「擴大（zoom in）、縮小（zoom out）」，一面觀察事物的想法，可提供新的觀點非常有效。

9 畫面法並非只是問題定義，而是加入時間與空間觀點的發想工具。因為是簡單的工具，從技術領域到管理領域，不管任何領域均是有效的。

■9 畫面法的事例：行動電話

　　將大家幾乎都持有的行動電話以系統掌握時，在過去、未來以及下位系統、上位系統的視角中整理時，像圖 2-24 那樣發想，可以彌補不足的觀點。

空間	過去	現在	未來
上位系統	電話線 交換機 電線桿	通信網 基地台 天線	衛星通信 世界共通規格
系統	固定電話	行動電話	可穿戴的 （wearable） 資訊終端機
下位系統	擴音器	液晶 CCD相機 電池	摺疊式顯示器 （眼鏡型－HMD） 高級能燃料電池

時間 →

▲圖 2-24　行動電話的 9 畫面之事例

2.3.8 最終的理想解、自助 X（self-X）、資源（resource）

　　如定義理想性時，可以如下表示。

$$理想性 ＝（所認識的）效用／（成本＋弊害）$$

　　如果讓系統進化到它的極限時，系統即變好，不好的即消失。將此種進化的狀態稱為**最終的理想解**（IFR: Ideal Final Result）。

　　如根據「收穫遞減法則」時，以目前的系統當作出發點時，在持續性的改善上付出了甚大的努力，也僅止於系統內的改善，效果會慢慢地變小。並且，每次改善系統即變得複雜也是一般的情形。

　　相對的，從最終的理想解開始，思考可以不花成本或可以無害地達成的機能是什麼時，活用無限的「資源（resource）」與「自助 X（self-X）」的想法，並

且實現它。

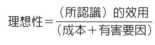

$$理想性 = \frac{（所認識）的效用}{（成本＋有害要因）}$$

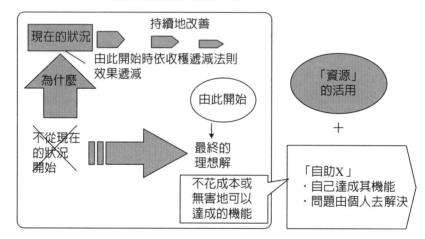

活用無限的「資源」與「自助X」想法，不花成本、無害地實現

◆以現在的基準來想時，系統變得複雜，在收穫遞減的法則下價值降低

（出處：Darrell Mann 等著，TRIZ 實踐與效用 (1)——體系的技術革新）

▲圖 2-25　最終的理想解、資源、自助 X 的概念

那麼，最終的理想解（IFR）要如何做才可以定義問題呢？依據 Mann 的做法，如表 2-3 那樣，可以針對最終的理想解（IFR）的問題定義詢問項目，依序去實施即可。

▼表 2-3　最終理想解的問題定義詢問項目

NO	最終理想解的問題定義詢問項目
1	系統的最終目標是什麼（挑戰的機能）？
2	最終的理想解 IFR 是什麼？
	（無成本或無害地提供最終目的）
3	什麼妨害此 IFR？

NO	最終理想解的問題定義詢問項目
4	妨害它的理由是什麼？
5	要如何做才可以消除障礙物？
6	哪一個資源是有幫助的？
7	有誰曾解決過此問題？
由專利所萃取出來的「self-X」的相關機能群	
調節、試驗、清洗、定位、補正、開關、補正、密閉 除去、黏著、開始／停止、點燈、充填、滅火、研磨、其他	

（出處：Darrell Mann 等著，TRIZ 實踐與效用 (1)──體系的技術革新）

　　並且，思考可以不花成本或無害地達成的機能時，基於由自己去達成其機能，問題由個人去解決之意，活用「自助 X」時是很有效果的。如表 2-3 所示，像「自助─清洗」、「自助─除去」、「自助─潤滑」可試著在 X 之中套用機能看看。此外，如表 2-4 的例子那樣，是否可以利用周圍的「資源（resource）」呢？試著考察看看。

▼表 2-4　資源的例子

區分	資源的例子
空間	地球的質量、頭髮、水、蒸氣、冰、鹽、煙、空氣等等
時間	日照計
介面	太陽週期、月、星、地球磁場、日光、雲、雨、閃電、紫外線、紅外線等等
機械的	工作機械、鍛造、放電加工、電子焊接等等
化學的	氧化、烷基化、氨基化、氯化處理等等
物質	各種金屬性 & 合金、聚合體、半導體等等
人間	大小、高度、形、生理、固有振動數、脈搏、感覺等等

（出處：Darrell Mann 等著，TRIZ 實踐與效用 (1)──體系的技術革新）

■ 自助 X 之事例：應用光觸媒的清洗

　　定期地清洗建築物的牆壁等，需要維護成本。因此，為了要降低清洗牆壁等的成本，要如何做才好。一般來說，或許會想到以高壓噴射水流清掉汙垢或以清潔劑清洗吧。

相對的,考慮最終的理想解,以「自助 X」的想法來說,試考察有無以「自助一清洗」不劣化牆壁可以實現的方法呢?因此,以「資源(resources)」來說也可以想到有什麼可以利用。譬如,UV 光是「資源」,接觸到 TiO_2 可以分解微生物與沾汙的「光觸媒」技術即可實現(圖 2-26)。

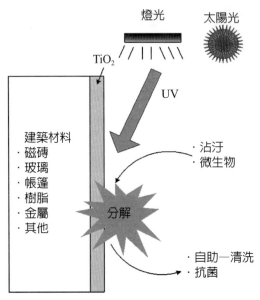

▲圖 2-26 「自助一清洗」的發想例

換言之,簡單說明光觸媒的原理:

1. 光碰到光觸媒(二氧化鈦)時,它的表面跳出電子。

2. 出現正孔,正孔具有強的氧化力,由空氣內水分中的 OH^- 等會奪去電子。此時,被奪去電子的 OH^- 非常地不安定。

3. 因 OH^- 具有強力的氧化力,乃從附近的有害物質奪去電子,自己本身變得安定。

4. 被奪去電子的有害物質,將結合分解,變成二氧化碳與水,發散於大氣中。

2.3.9 智慧小矮人（smart little people）

　　智慧小矮人的模式建構（modelling），以打破心理上惰性的工具來說，是略爲高度的工具。Altshuller 首先考慮理想解，以智慧小矮人或魔法粒子（USIT 的 paticles 法的活用）之眼光思考東西，或寄託智慧小矮人或魔法的粒子去尋找解決對策。這是一面解釋智慧小矮人或魔法粒子之行爲，一面思考智慧小矮人或魔法粒子實現其行爲的性質。視需要縮小至分子、原子層次爲止。

　　譬如，有如下的無防滑釘（studless）輪胎的問題（圖 2-27）。

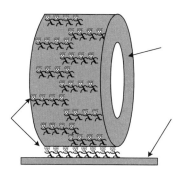

▲圖 2-27　智慧小矮人（smart little people）的想法

　　「過去輪胎是打進稱爲防滑釘（stud）的金屬針，在路面結凍時更換輪胎」。

　　對此問題，思考理想解，將解決對策寄託給智慧小矮人或魔法粒子看看。換言之，在輪胎之中（內部、側壁、上部、下部、其他）存在著智慧小矮人，對冰與雪來說，一面使用各自的手與腳一面牽著手，使之可以減少滑動。

　　如此去想時，譬如，浮現出可以考慮微級（microlevel）的摩擦材料。以這個例子來說，此即爲開發微小級的無數玻璃纖維的新素材使之埋進輪胎之中的想法吧。

2.4　解決對策的評價

2.4.1 解決對策評價的想法

　　先從結論來說時，很遺憾地 TRIZ 並未提示評價解決對策的手法。這可以使用既有的管理工具。此處，推薦在系統思考（KT 法：Kepner-Tregoe）之中，活用決策分析與風險分析。因為，這是被認為簡單、有優先順位，且具有說服力的手法。

2.4.2 決策分析

　　此處雖非創意本身的評價，為了加速對手法的理解，將大家所熟悉的噴墨印表機在購買時的評價，試列舉在表 2-5 中。以什麼為目標、在何種條件下達成目標使之明確對決策分析是很重要的。條件以 MUST 與 WANT 區分，再進行目標值的加權，選擇贏得競手的方案。必須要能選擇令人讚嘆的方案。

　　首先，將畫質與價格設定成 MUST 項目。其次，以評價項目來說，為了詳細比較，再次將畫質設定成優先順位 NO.1，實售價格設定成 NO.2。接著，包含速度與服務性在內設定 10 項左右的比較項目。對各比較項目設定比重乘上各個分數。將它們合計時即為分數合計。表 2-5 的事例，是選擇及購買 B 公司製的印表機。利用 TRIZ 所創出的許多創意，像這樣來判斷被認為也是可以的。此處，重要的要素是評價項目與評價基準。表 2-6 並不只是創意，也例示了在日常判斷中所需的泛用性評價項目與評價基準。

▼表 2-5　決策分析事例（W：比重，S：分數）

目標	W	A 公司製印表機 資訊	GO/NOGO	S	W×S	B 公司製印表機 資訊	GO/NOGO	S	W×S	C 公司製印表機 資訊	GO/NOGO	S	W×S
MUST 評價項目													
1. 畫質 1,200dpi×600dpi	10	1,440×720	GO			1,200×1,200	GO			1,200×600	GO		
2. 價格 $50,000 以下	9	$42,800	GO			$35,800	GO			$41,800	GO		
WANT 評價項目	**W**	**資訊**		**S**	**W×S**	**資訊**		**S**	**W×S**	**資訊**		**S**	**W×S**
1. 畫質	10	1,440×720 =1,036+（詳細再現力）		10	100	1,200×1,200 =1,440k		10	100	1,200×600 =720k+（9 段調）		9	90
2. 賣售價格	9	$42,800		7	63	$35,800		10	90	$41,800		8	72
3. 速度（black）	9	0.32ppm		6	54	0.35ppm		10	90	0.34pm		9	81
4. 速度（color）	8	0.35ppm		10	80	0.33ppm		8	64	0.06ppm		6	48
5. 營運成本（B/W）	7	3.2$/A4		9	63	3.0$/A4		10	70	4.7$/A4		7	49
6. 營運成本（COLOR）	6	22.3$/A4		8	48	12.6$/A4		10	60	20.1$/A4		9	54
7. 耐水性	5	弱		6	30	中		7	35	耐水強化處理		10	50
8. 耐環境（噪音）	5	49dB		6	30	42dB		10	50	49dB		6	30
9. 大小	4	W425×H165×L282		10	40	W446×H185×L355		8	32	W467×H218×L313		6	24
10. 服務體制	4	消耗品等的取得性容易		8	32	消耗品等的取得性略難		6	24	消耗品等的取得性非常容易		10	40
分數合計					510				615				538

▼表 2-6　評價項目與評價基準例

評價項目	內容	評價基準	
1. 性能	· 生產能力的高低 · 自我診斷性能	· 週期時間 · 生產數	秒 個／月
2. 經濟性	· 投資回收的良好性 · ROI · 營運成本	· 投資回收件數 · ROI	年 %
3. 實現性	· 交期、替代廠商 · 技術性的難易度與替代案 · 海外工廠的移植性（規格等）	· 交期	個月
4. 信賴性	· 設備利用率的良否 · 產品的品質	· 設備利用率 · MTBF/MTBA · 產品產出率	% H %
5. 面積效率	· 系統的占有面積	· 占有面積	m²
6. 泛用性 （柔軟性）	· 機種變更容易否（10 分內換模） · 其他產品的轉用性（改遠的可否） · 布置變更的容易否	· 準備時間	分
7. 安全性	· 安全設計的考慮	· 不正常停止的 SW 次數 · 人的保護	個 蓋子的有無
8. 環境保護 對策	· 噪音、振動對策 · 清洗層次 · 噪音層次 · 靜電層次	· 噪音層次 · 清靜度 · 靜電	dB 等級 V
9. 維護性	· 保守、維護的容易性	· 定期點檢制度 · 故障修理時間	次／年 分
10. 操作性	· 操作的容易性	· 操作失誤發生的可否 · 事故復原方法簡單否	
11. 服務性	· 事故時的服務體制 · 零件的互換性	· 交換零件的交期 · 服務人員的迅速性	日 H
12. 獨自性	· 與其他公司可否差別比	· 新機構 · 控制方式 · 精度 · 成本績效	部位

（出處：粕谷茂，專業工程師，テクノ）

2.4.3 風險分析

　　對策方案如決定後，有需要再評估實行方案的風險。圖 2-28 說明風險分析的想法。風險分析在計算風險時，受害規模與發生機率是很重要的。並且，風險評估要在「保有」、「刪減」、「迴避」、「移轉」的視角之中思考。

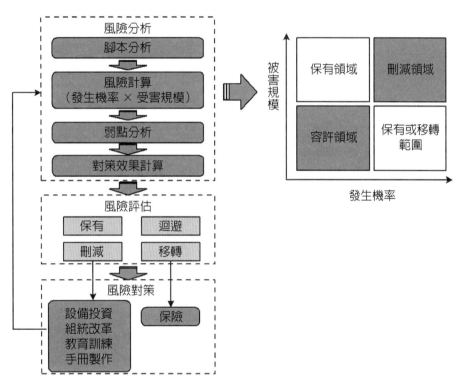

▲圖 2-28　風險分析的想法

☕ Tea Break

　　工人搬移鐵軌時，數個人放桿子在鐵軌下，一聲令下，不斷翻轉鐵軌直到正確位置，這是辛苦而危險的工作，只要一工人打瞌睡，鐵軌就會拉開手中的桿子……怎樣幫助工人呢？我們使用簡易法則處理此問題。

■ **法則一：確認問題為何會發生？**

　　為什麼移動鐵軌會困難呢？是因為鐵軌重？但是用很小的力就能很容易地滾轉相同重量的水管，此乃意謂鐵軌不「知道」如何滾轉。

Tea Break（續）

■ 法則二：矛盾的推論

鐵軌應該是圓的，以方便滾轉；同時應該是軌狀，以作為鐵道軌路。這裡我們必須使用我們的想像力。我們加入了矛盾的要求——軌道應該仍然是鐵軌，同時應該像管子一樣的滾動。

■ 法則三：想像理想的解答

發揮你的想像力，理想解答應該像這樣：鐵軌滾動時，就像神話般變成可滾動。假如可以不用考慮代價而解決問題，答案即很簡單，在鐵軌兩端放置兩個輪子。為了放置輪子，你必須升起鐵軌，所以需要有升降機械。再一次，只有能讓你達到結果而不使系統複雜的這些解答才是好解答。

工程師 B. Bogaenco 以一個簡單的方法得到專利。使用 4 個半圓磁性插入物，鐵軌每邊各兩個，暫時使鐵軌變圓，以方便旋轉。插入物亦方便安裝和移除。

第3章　USIT（簡易的 TRIZ）

3.1　USIT 的體系

3.1.1 USIT 成立的背景與想法

USIT 主要是在如圖 3-1 的歷程之下普及起來的。Altshuller 的弟子移居以色列後確立了 SIT 法，之後被稱爲 ASIT（以色列的有體系發明思考法）。

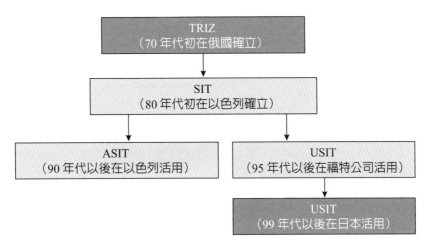

▲圖 3-1　USIT 的歷史

並且，從 SIT 法得到啓示，福特汽車公司的 Ed Sickafus 加以改良，命名爲 USIT（Unified Structured Inventive Thinking；統合的構造化發明思考法）。將 TRIZ 簡易化，不需要使用手冊或軟體的工具，強調可迅速解決問題，並可產生數個解決對策之構想。美國約從 1995 年而日本的中川徹教授則從 1999 年，開始研修並大力推廣。

USIT 的效用是在思考過程所有情境中可得出解決對策之概念。並非只是圖解，記述的文字或所說的話，提供作爲隱喻（metaphor）的牽引，使思考明確化，並觸發思考。USIT 是澈底追求解決對策之構想。解決對策之構想，是從定性的分析所導出，並以物理、化學、生物學、數學等作爲基礎。

將 USIT 在活用上不順利的情況加以歸納時，即爲如下。換言之，最好是注

意到這一點再進行。

1. 如果在不清楚、抽象的問題（課題）下活用時，結果也容易變得不明。

2. 欠缺該領域的基礎專門知識時。

3. 打算只採用該領域的專家來思索時。

4. 固執於過去技術、知識、想法時。

3.1.2 USIT 的體系

圖 3-2 是將 USIT 法的流程與 TRIZ 之關聯性加以整理後的體系圖。USIT 法的整個流程，相當於 TRIZ 所說的 ARIZ 程序。

問題定義中，要儘可能使構成問題的物件結構明確地予以圖解。不斷重複為什麼，與突破法（break through）與 KT 法（Kepner-Tregoe）的問題定義相同，要定義根本原因。

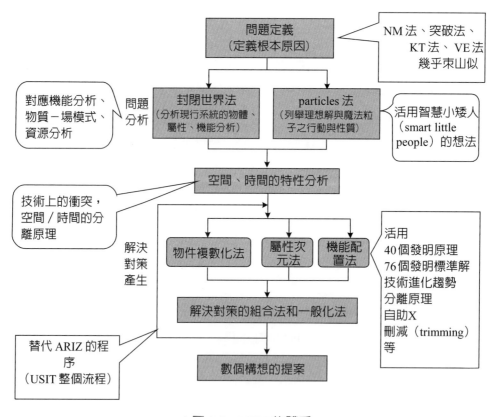

▲圖 3-2　USIT 的體系

對改善、改良來說，封閉世界法（3.3.1 中詳細解說）是合適的。以提出新的構想來說，particles（魔法粒子）法是合適的。封閉世界法是進行現行系統的物件與期間的機能分析。相當於 TRIZ 中的機能分析與物質－場分析等。此外，還繪製圖形並表達了這些變化。particles 法是活用 smart little people（智慧小矮人的模式化）。換言之，是對 particles 之本身進行思考的方法。空間、時間特性分析是將問題的特性以空間與時間的圖形表現，在空間及時間中找出「特異性」或「有特徵的性質」。藉此與物理上衝突的分離原理相結合。

解決對策的構想產生，Ed Sickafus 加上機能連結法後提倡 4 個。圖 3-2 是歸納成 3 個後將機能連結法更換成解決對策的組合法。解決對策的一般法，是將各具體對策更換成一般性的表現後，使其他的創意容易出現。解決對策的產生法，可以想成是改變 40 個發明原理、76 個發明標準解、進化趨勢等的視角。

3.1.3 USIT 的流程圖

USIT 的流程圖顯示於圖 3-3 中。在問題定義方面，於原因（why-why）展開中鎖定根本原因，正確地設定問題（課題）是很重要的。因之，圖解後將不理想的效果取出並進行萃取，列舉物件群。所謂過濾的去除，是意指刪除使思考停止的限制條件、顧客需求、技術的細節、數值、成本、交期等。

問題如可定義時，可以利用兩個分析法。第一個方法是封閉世界法，是針對固定的物體進行。第二個方法是 particles 法，此方法是一面比較理想解與問題狀況一面思考的探討方法。

解決對策產生法，視需要活用時間‧空間分析（相當於物理上的衝突）、4個方法及構想的一般化。USIT 的主要目標是效率。浪費時間是不行的。

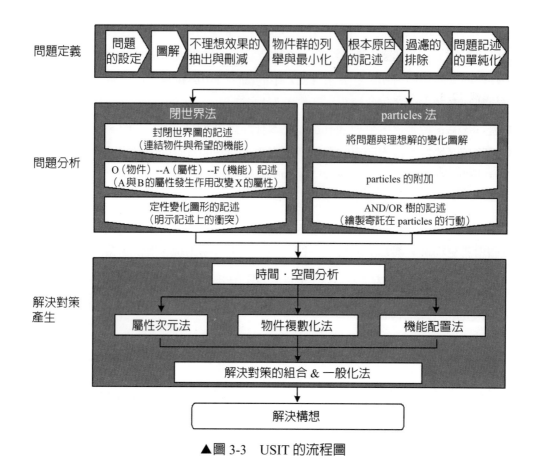

▲圖 3-3　USIT 的流程圖

3.1.4 32 個 USIT 解決對策產生法

　　日人中川教授重新整理 TRIZ 的解決對策產生法（發明原理、發明標準解、進化的趨勢及分離原理）後，統合在 USIT 的架構中，簡化成 5 種 32 個項目（表 3-1）。這像歐斯本的查檢表一樣，若應用在會議上的創意提出與小組的創意提出等時，即使不知道 USIT 也是有幫助的。

▼表 3-1　32 個 USIT 解決對策產生法

1. 物件複數化法	3. 機能配置法
(1) 消去	(1) 機能配置在其他物件上
(2) 多數（2, 3, …, ∞個）	(2) 分割、分擔複合機能
(3) 分割	(3) 統合 2 個機能
(4) 將數個整理成一個	(4) 引進新機能
(5) 新引進／變相	(5) 機能在空間上的變化、移動／震動
(6) 由環境引進	(6) 機能在時間上的變化
(7) 由個體改變成粉體、液體、氣體	(7) 檢出、測量機能
	(8) 適應、調整、控制機能
	(9) 其他的物理原理
2. 屬性次元法	**4. 解決對策組合法**
(1) 不使用有害屬性	(1) 機能上的組合
(2) 使用有用屬性	(2) 空間上
(3) 強調有用、控制有害	(3) 時間上
(4) 引進空間屬性 　　屬性（質）的空間變化	(4) 構造上
(5) 引進時間屬性 　　屬性（質）的時間變化	(5) 在原理層次上
(6) 改變相、改變內部構造	(6) 移到超系統
(7) 細微層次的屬性	**5. 解決對策一般化法**
(8) 系統全體的性質·機能	(1) 用語的一般化與具體化
	(2) 解決對策的階層式體系

3.2　問題的定義

　　問題定義中應加以記述的項目，即為圖 3-4 所示的項目。另外，此事例的概要如下。

　　「門閥（gate value）的工作精密度要求甚高，在製造的最後階段需要檢查門閥的洩漏。門閥的實際用途是石油與瓦斯。為了檢查簡單而使用水。當施加高壓時，有無少量的漏水，想在 1 分鐘內進行 2～3 滴左右的確認。」

　　以下所敘述的各個檢討項目，是為了使圖 3-4 所表示的項目更為明確而加以解說。

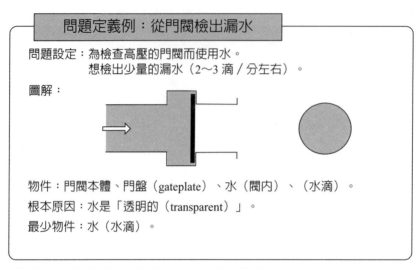

問題定義例：從門閥檢出漏水

問題設定：為檢查高壓的門閥而使用水。
　　　　　想檢出少量的漏水（2～3 滴 / 分左右）。

圖解：

物件：門閥本體、門盤（gateplate）、水（閥內）、（水滴）。
根本原因：水是「透明的（transparent）」。
最少物件：水（水滴）。

（出處：中川教授「TRIZ 網頁」，USIT 應用事例，1997 年 7 月）

▲圖 3-4　問題定義的記述例

3.2.1 何謂物件、機能、屬性

　　物件是指「它本身存在，可以與其他物件保持接觸，藉由它可以保有機能」。譬如，像是飛機、鐵釘、鉛筆、電子、引擎、空氣、光子、資訊等。並非物件者像是洞、熱、重量（重力）、磁場、顏色等。

　　機能是意指「變更屬性或妨害屬性的變更」。譬如，改變高度、變更常數、固定位置、力的反作用、改變顏色、增加熱容量等。

　　屬性則是「物件加上特徵，用以區別者」。屬性存在於一個物件整體的也有，或者在其中存在的也有。屬性是能以某種一般性用語加以記述的性質。USIT 為了從所有的問題去除數值、規格、尺寸，因之將特性值或定量值不當作屬性來使用。譬如：形狀、味道、重量、大小、密度、彈性、顏色、內部能源等即為屬性。並非屬性者，像是紅色、20kg、5°C、12.4cm 等。

3.2.2 問題的設定與圖解

　　問題設定是將問題區分為目標、課題、限制狀況等，以 1～2 列的文章定義。圖解是繪製簡潔的概念，為了能容易掌握問題狀況，以及在問題的結構清楚

明白。使之可以從這些適切地判斷問題的狀況。如果，不易理解問題時，直到能理解問題為止，可試著數次重複此過程。

3.2.3 不理想效果的抽出與刪減

檢討問題的設定與利用圖解記述，盡可能地抽出不理想的效果。將它們加上優先度，選擇其一。之後，重新檢討問題的設定與利用圖解的記述，將不理想的效果從檢討對象中去除。

3.2.4 物件群的列舉與最小化

首先，為了表現問題，列舉所需的物件群。其次，只鎖定最少所需的物件。特別是要注意不理想的效果所存在的物件與物件的關聯部分。

3.2.5 根本原因的記述

為了適切的定義問題，抽出根本原因是捷徑所在（圖 3-5）。詳細檢查各物件，找出與不理想效果有關的原因，即可鎖定幾個原因。其次，將各原因看成是不理想的效果，再進行原因展開（why-why），鎖定根本的原因。各原因的最下段以屬性的表現來結束。最下段前後的各屬性，即為一種可能的根本原因。

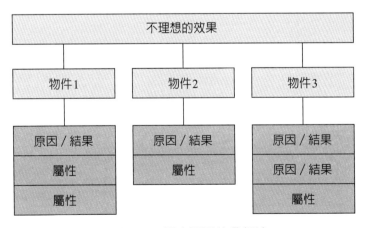

▲圖 3-5　根本原因的分析法

3.2.6 過濾的排除

所謂過濾的排除，是意指排除只會讓創意之提出停止的限制條件，如「顧客需求」、「管理的需求」、「技術的詳細」、「數值」、「成本」、「交期」等。

3.2.7 問題記述的單純化

在正確定義問題的過程中，將問題記述的單純化。它的目標是將技術上詳細地記述的事項，變化成更為一般化（抽象化）的記述（在 1.2.4 詳細解說）。這如能順利進行時，似乎可以抽出更多的創意。

3.3　問題分析

3.3.1 利用封閉世界法的分析

封閉世界法是針對已被固定的物件（封閉世界）去應用。封閉世界法的分析是限定於最少所需的物件再進行（圖 3-6）。首先，製作封閉世界圖形，之後針對不理想效果詳細確認，繪製定性變化圖形。一般來說改善、改良可以說是適合於封閉世界法。

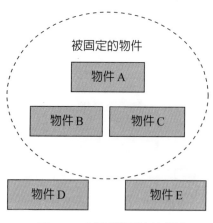

▲圖 3-6　封閉世界法的概念

　　再說得更容易理解些，所謂封閉世界法是就與目前的問題有關的屬性／機能進行分析。並且，所列舉的屬性／機能分別有何影響，要如何做才好等也進行分析。

　　封閉世界圖的構成，如圖 3-7 那樣記述，它的規則如下：

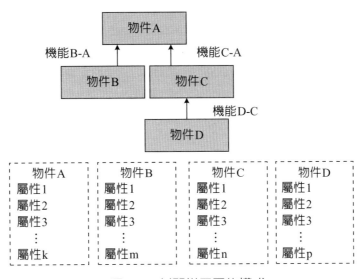

▲圖 3-7　封閉世界圖的構成

1. 將最重要的物件放在最上面（物件 A）。

2. 將從屬性的物件，使用機能鏈與最上位的物件連結。

3. 如果去除它的上位物件時，此物件的機能即不需要。

4. 向下的分歧可以被允許，但向上的分歧則不被允許。

5. 機能必須是理想的機能。譬如，B 是產生 A，B 是使 A 的參數改變，B 是將 A 去除等。如果 A 被去除時，B 即不需要。

6. 列舉所有物件的屬性，覺得有關聯者不管什麼都寫出。

　　圖 3-8 是封閉世界的具體例。此處，將「能讓我們知道漏水的狀況」當作「資訊（物件 A）」。接著，將「水（物件 B）」的屬性只要能想到的都要列舉。

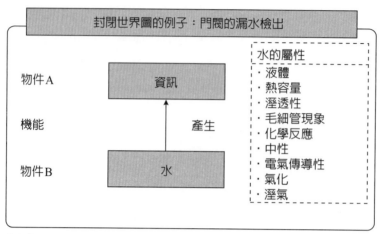

（出處：中川教授「TRIZ 網頁」，USIT 應用事例，1997 年 7 月）

▲圖 3-8　封閉世界圖的具體例

其次畫出如圖 3-9 那樣的定性變化圖形。將「不理想的效果」或「視為目的的機能」取成縱軸，橫軸則選擇封閉世界物件中的「活性的屬性」製作圖形。「不理想效果」是將軸的向上方向取在「惡化」的方向。

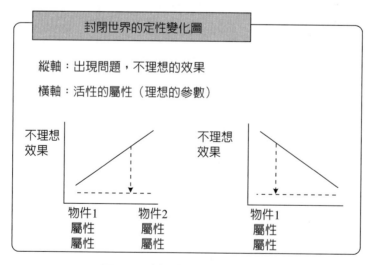

▲圖 3-9　封閉世界的定性變化圖

「視為目的的機能」是將軸的向上方向取在「改善」的方向。左側的圖形是當屬性增加時，不理想的效果即增加，右側的圖形是當屬性減少時，不理想的效

果即增加。這等於是技術性的衝突。

　　不去意識圖中詳細的數字，只要知道主要的關係傾向即可。解決問題時，應該要掌握使哪一屬性在哪一個方向變化。

　　圖 3-10 是在問題定義中所使用事例的定性變化圖形範例。上段是記述想獲得的效果。本例當作是「資訊的產生」，將「視爲目的之機能」取成縱軸。下段左側之水的屬性，譬如，增加「液體的體積」時，資訊的產生效果即增加（發覺漏水），以如此的想法去記述。下段右側的水的屬性，即爲增加「透明」程度時，資訊的產生效果即下降（未察覺漏水）。

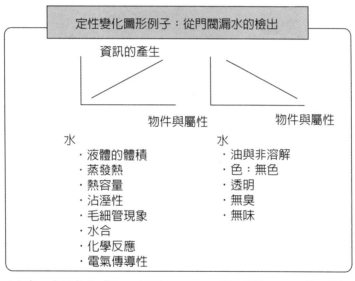

（出處：中川教授「TRIZ 網頁」，USIT 應用事例，1997 年 7 月）

▲圖 3-10　定性變化圖形事例

3.3.2 利用 particles 法的分析

　　particles 法是將 smart little people（智慧小矮人的模式化）另稱之爲 particles（魔法粒子），以增加抽象性。particles 定義爲「具有任意的性質可以任意行動之魔法的物質／場」。此處所謂「場」是指力、相互作用、場所、能源等。

　　考量對此 particles 給予何種行動好呢？具有何種的性質呢？視需要可變小至分子、原子的層次。創出新的概念，particles 法可以說是合適的。particles 雖然

是「什麼都行的魔法物質或場」，但最終而言是依據自然的法則來實現。

　　具體而言，針對圖 3-11 的 particles 法的問題定義的例子去確認看看，說明問題的概要時，即為如下。

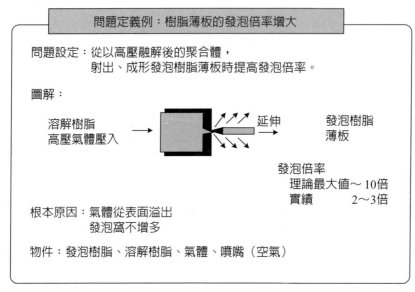

問題定義例：樹脂薄板的發泡倍率增大

問題設定：從以高壓融解後的聚合體，
　　　　　射出、成形發泡樹脂薄板時提高發泡倍率。

圖解：

溶解樹脂　　　　　　　　　　　　延伸　　　　發泡樹脂
高壓氣體壓入　　　　　　　　　　　　　　　　薄板

　　　　　　　　　　　　　　　發泡倍率
　　　　　　　　　　　　　　　　理論最大值～10倍
　　　　　　　　　　　　　　　　實績　　　　2～3倍

根本原因：氣體從表面溢出
　　　　　發泡窩不增多

物件：發泡樹脂、溶解樹脂、氣體、噴嘴（空氣）

（出處：中川教授「TRIZ 網頁」，USIT 應用事例，1997 年 7 月）

▲圖 3-11　　particles 法的問題定義例

　　「這是製造發泡樹脂薄板時，為了使發泡性提高的問題。將加熱後已融解的聚合體（polymer）從噴嘴射出的同時將之拉長，在做成連續性的薄板時，對融解的聚合體以高壓使氣體溶解。射出之同時使表層冷卻並將氣體關進內部再釋放壓力，氣體在聚合體內形成泡狀，即可形成有氣墊性的多孔薄板。使此發泡倍率提高。」

　　圖 3-12 說明 particles 法的圖解事例。首先從理想解出發，因為追溯至現狀的問題來思考，為了清楚地了解它的結構，試著圖解看看。

　　為了創造出所需的效果，寄託在 particles（魔法粒子），從此角度去思考。在問題狀況與理想解中，有變化的位置（希望發泡的部分）畫上 × 記號，將此想成「particles」。圖 3-12 也對樹脂表面進行配置。它的理由被認為是該部分為了不使氣體溢出而引起的變化。其次，將分析的詳細情形畫成 AND/OR 的邏輯樹形圖（行動／性質圖形）。

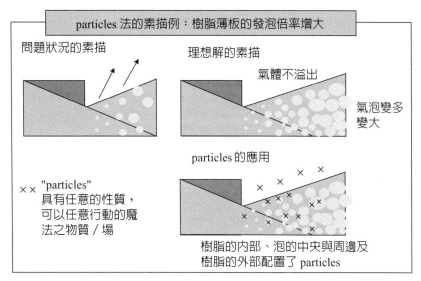

（出處：中川教授「TRIZ 網頁」，USIT 應用事例，1997 年 7 月）

▲圖 3-12　particles 法的素描例

以圖 3-13 的事例表示此 AND/OR 樹的構造。這些要素有需要同時發生時，當作 AND，任一者發生均可時，當作 OR。

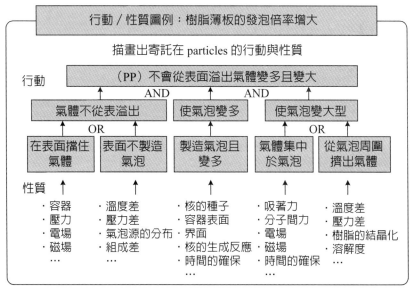

（出處：中川教授「TRIZ 網頁」，USIT 應用事例，1997 年 7 月）

▲圖 3-13　行動／性質圖例

　　AND/OR 樹的最上位是記述理想解。選擇的範圍廣，因之建議使用複合文。其次的層次，是將復合文按節分解，使各節成為 AND/OR 樹之新枝的前端那樣予以記述。從理想解的描述開始，依序詳細確認各節，為了達成此節的要求行動，particles 在圖中要進行何種的行動，試著自問自答看看。這些當作 particles 的「行動」，在 AND/OR 樹中以 3～4 段左右填入。接著，在各個枝的最下段記述所需的性質（屬性）。

　　特別要叮嚀的是，如記述 particles 的初期化與結束處理時，有時容易產生解決對策之構想。「在問題的素描中所描畫的場所，particles 是如何的發生呢？」以及「結束工作時，以 particles 來說會發生什麼？」以如此的觀念再次考量看看。

3.4　空間‧時間特性分析

　　空間、時間特性分析也稱為獨特性分析（uniqueness）。將有關空間與時間的系統之特徵，以定性的圖形表現。縱軸取成「機能」或「效果」，橫軸取成表示系統特徵之有關時間與空間的座標。並不需要是線形。空間‧時間特性分析，即為 TRIZ 的物理性衝突（分離原理）的基本。圖 3-14 及圖 3-15 是將前述的問題設定例，進行空間‧時間特性分析者。

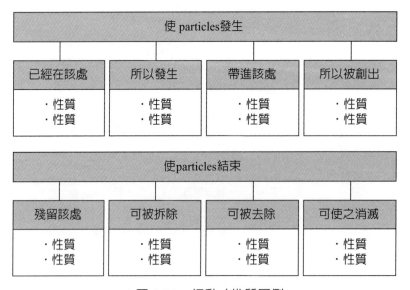

▲圖 3-14　行動／性質圖例

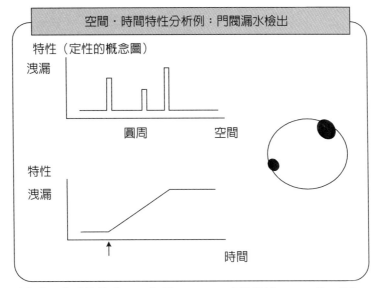

（出處：中川教授「TRIZ 網頁」，USIT 應用事例，1997 年 7 月）

▲圖 3-15　空間‧時間特性分析例

另外，圖 3-16 是記述樹脂的密度（表面與內部）與氣泡的特性。並且，上段右側的空間特性圖，也顯示出在產生膜的膜厚方向的斷面上所見到的特性。

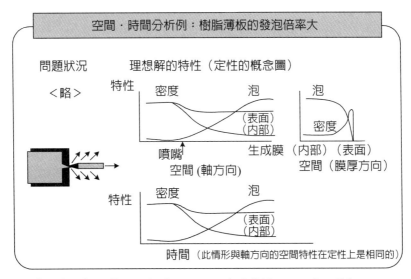

（出處：中川教授「TRIZ 網頁」，USIT 應用事例，1997 年 7 月）

▲圖 3-16　空間‧時間特性分析例

　　如在這些素描中發現獨特的特徵時，考察它的替代方案後求出新的解決對策構想。譬如，如下考察看看。

1. 如果機能分離時，將它們相反、重合或複合化看看。

2. 如果機能相互重疊時，將它們相反、分離或複合化看看。

3. 如果機能複合化時，將它們相反、統合化、或使之重合，再嘗試創出 / 變更 / 破壞它們的週期性。

3.5　解決對策的產生法

　　以下的 4 種工具可依其課題靈活運用。

3.5.1 屬性次元法

　　屬性次元法是將焦點鎖定在屬性。利用封閉世界法的定性變化圖與 particles 法的 AND/OR 樹，特別注意有關聯的屬性，以屬性次元法創出解決對策構想。屬性次元法是將屬性活化或非活化，交雜時間與空間的變換等再創出創意。屬性次元法的本質，是使物件的各種屬性在時間或空間的次元上使之變化。圖 3-17 說明針對前面出現的課題，使用屬性次元法創出創意的例子。

屬性次元法例：從門閥漏水的檢出

屬性次元法：有效利用物件的獨特性

·液體的體積	→花時間停留
·蒸發熱	→使之接觸加熱棒且使之蒸發
	→利用電熱偶測量因蒸發熱引起的溫度變化
	→聽聽蒸發時的聲音
	→以小型麥克風擴大蒸發時的聲音
·溫性、毛細管現象	→碰觸紙巾確認是否沾溼
·水合	→使用因水合而發色者
	例：將浸泡硫酸銅水溶液的紙使之高溫乾燥再製造試紙。有水時水合後變藍色。
·電傳導性	→製作微小間隙的電極。有水時即通電。
·中性	→以酸性與中性使用顏色不同的試紙。
·溼氣	→使用溼度計的原理。

（出處：中川教授「TRIZ 網頁」，USIT 應用事例，1997 年 7 月）

▲圖 3-17　屬性次元法例

3.5.2 物件複數化法

　　物件複數化法是將焦點鎖定在物件，使之可以形成各種用途的新物件。具體而言，像是刪減物件、做成多數、分割（1/2、1/3 等）、將數個整理成一個、引進新的物件、引進資源（resources）、改變型態（由固體變液體等）。這是將零到無限大作為對象。圖 3-18 說明其例。

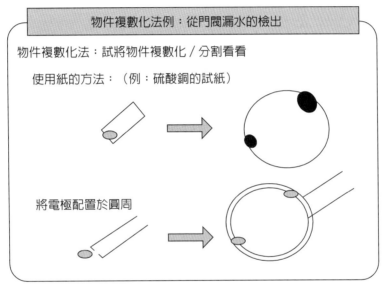

（出處：中川教授「TRIZ 網頁」，USIT 應用事例，1997 年 7 月）

▲圖 3-18　物件複數化法例

3.5.3 機能配置法

　　所謂機能配置法是將焦點鎖定在機能。試著進行操作機能的衝突、變更、重合、分離、複合等。

　　以機能配置法的例子來說，以如下的事項當作身邊的課題或許容易理解吧。以個人電腦輸入密碼時，手指按鍵盤，鍵盤將信號轉變成文字，文字再將信號轉變成密碼。此處，如將按鍵的機能轉移到密碼時，即可發想出指紋認證。

3.5.4 解決對策的組合法

所謂解決對策的組合法，是從各種觀點去組合數個解決對策，互補各種解決對策的優點與缺點，創出更新的或適切的解決對策。以方法來說，可以廣義的解釋。譬如，包含以下的方法：

1. 以機能的方式組合解決對策。

2. 以空間的方式組合解決對策。

3. 以構造的方式組合解決對策。

另外，雖然也有 Fd. Sickafus 所考慮的機能連結法，但解決對策的組合法是將機能連結法擴張，涵蓋更廣的範圍。

3.5.5 解決對策的一般化法

一般化法（抽象化法）是將具體策略換成抽象表現，使之容易提出其他創意。將所萃取的概念做成樣板（templet）使之觸發新的創意。圖 3-19 說明它的具體例。

<一般化（抽象化）的目的展開例>

・寫字→筆、鋼筆、原子筆、羽毛筆、素描筆、墨
　　↓
・表示文字→投影機、白板、 OHP、海報
　　↓
・表示資訊→ TV、VTR、廣告、海報、 WEB
　　↓
・傳播資訊→電子郵件、網路、行動電話、信紙

（出處：日比也省三，PAPA・MAMA 創造理論，講談社）

▲圖 3-19　一般化法則

目前為止，以解決對策的產生來說，雖然是就屬性次元法、物件複數化法、機能配置法、解決對策的組合法、解決對策的一般化法予以敘述，當然，也不需要受限於這些方法。工具的名稱因為不易表現，因之不需要執著於它，不如仿效各工具的事例，套用具體的問題，試著提出創意。與其學習不如習慣吧。

3.6　USIT 小組活化問題解決

　　USIT 與其由個人不如由小組活用時更具效果。因為，在 USIT 的成立過程中，福特（Ford）公司一直是由小組在活用，像 TRIZ 那樣不使用軟體也行，從問題設定到解決對策產生為止，相當於 ARIZ 的程序等可以不受制地使用，此點是 USIT 的特徵所致。

　　在實務上的活用場面，能以較短的時間即可發想問題解決對策與創意，由此事來看，今後可以預料 USIT 會擴大普及。雖然是個人的經驗，但舉辦大約為 2～3 小時 ×3 次的創意提出會，在提出會的空檔中整理習題，提出數十到數百的創意也仍是可能的。

　　屬性次元法或物件複數化法等的用語或意義不易記住，此點被認為是課題。按照福特公司 Ed Sickafus 的說法，這似乎是在意識上不易記住而一旦記住時就不易忘記的戰術。對各位來說，將事例當成範式不斷地去提出創意，是學習 USIT 的捷徑。

　　過去的腦力激盪法，只能片面提出創意，但活用 USIT 可從多彩多姿的視角提出許多的創意，此事可以使創意提出會或參與的小組成員活化且覺得有趣。活用在像是專利提出會等，有望擴大專利覆蓋範圍，有利於防止申請範圍的疏漏。

☕ Tea Break

　　你能相信用 40 則發明原理就可以解決包括科學發明、商業模式、生活日常等大小問題嗎？

　　常常聽到有人說缺乏靈感，但擁有本書以後，當需要創意時，您只要將需要解決的問題列出，並按書中所提供的圖解工具即可查詢到解決問題的方法，你能想像會有多麼方便嗎？

　　萃智與萃思均是 TRIZ 的中譯，兩者都是代表 TRIZ。萃思是中華萃思學會的翻譯，有「萃取前人思想」之隱義。萃智是中國大陸的翻譯，有「萃取前人智慧」之意涵。國際創新方法學會認為「萃智」比「萃思」翻得更貼切，更符合 TRIZ 的精神，而發音也更接近，故採用「萃智」的中譯，此處則兩者兼用。

第4章　TRIZ 的應用事例

4.1　漆包線的品質與改善

　　以下摘錄自日立製作所的有田節男等人的小組所進行的事例。這是非常容易了解的衝突問題事例。

　　近年來由於變流器（inverter）的普及，變流器激變（surge）的影響，在漆包線間發生一部分放電，漆包線發生了無法長時間維持的問題，對此問題從衝突矩陣應用 40 個發明原理而創出了解決方案。

　　過去的對策方案，是為了使耐激變性提高，混合了無機質系電器絕緣材料。可是，只是如此時，雖然耐激變性提高，但可撓性卻因而惡化。

　　從衝突矩陣（此處取材自 Darrell Mann 等著，TRIZ 實踐與效用 (2)——新版衝突矩陣），選出「信賴性」當作改善參數，以惡化參數來說，則選出「操作的容易性」。結果，如觀察衝突矩陣的改善參數與惡化參數的交點所記述的發明原理時，「28. 機械性系統替代原理」、「1. 分割原理」、「40. 複合材料原理」、「29. 流體利用原理（空氣壓與水壓的利用）」是符合的，從中，選出「1. 分割原理」。亦即，由此原理去發想。

　　基於此原理，「將粉末使之『微細』後再混合」，耐激變性則維持，改善可撓性，得以解決了問題。

 Tea Break

> 　　漆包線（enamelled wire、magnet wire）係指在高純度、高導電率的金屬材（銅、鋁、合金）表面適當塗布一層或多層之絕緣漆膜，再經過烘烤成形的電氣產品用線。
> 　　主要用途為製造電子元件、電機馬達、重電（變壓器、發電機）、家電（冷氣、冰箱）、汽機車及 3C（電腦、手機）產品中的各類線圈為主。

4.2　沖水馬桶的省水對策（物理性衝突）

以下摘錄自韓國 Kyeong-Won Lee 等人的發表事例。這也非常容易理解。

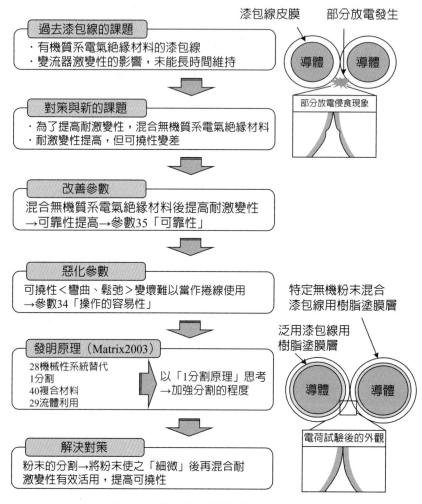

▲圖 4-1　變流器耐激變性漆包線的事例

　　沖水馬桶使用多量的水。因此，許多人為了省水，在馬桶的水箱中加入磚瓦。可是，以如此的手段可以節省的水量，只有 1 公升而已，並且，磚瓦的置入會減弱馬桶的洗淨力。髒物無法完全流掉的顧慮也有。將沖水馬桶的動作原理表示於圖 4-2 的上段。

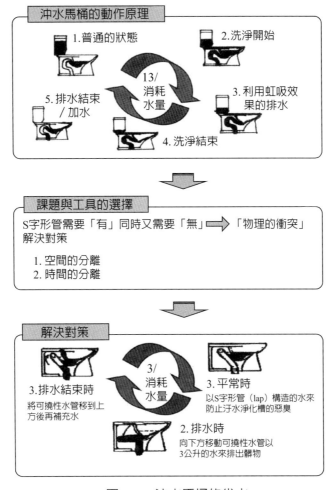

▲圖 4-2　沖水馬桶的省水

　　馬桶的機能是以水清洗，並防止來自汙水淨化槽的惡臭。可是，為了達成它卻有使用多量水之問題。為了防止馬桶的惡臭，而有 S 字形的排水管，該處的水是在防止惡臭。為了排出髒物需要多量的水。

　　最理想的方法是什麼？S 字形排水管的構造，必須出現又必須不見。換言之，要活用物理性的衝突。因此，以時間或空間分離它們的衝突要因。解決對策如圖 4-2 的下段的圖那樣，同時分離時間與空間。上下移動彈性軟管（flexible tube）一面排出髒物一面補給水。因此，可以省下 13 公升到 3 公升的水量。

此新的馬桶並未加裝能使彈性軟管上升或下降的幫浦或馬達，而想出了由一個人即可操作的構造（「self-X」）。

4.3 第三區段鐵路的赤字對策（物理衝突）

在擁有觀光地區的某縣市的第三區段鐵路中，存在如下的問題。雖然 2000 年的銷貨收入是 7 億元，但在 2004 年卻減少到 5 億元。此種事例在國內也許有不少。

課題

課題：第三區段鐵路的使用顧客
銳減，為了解決赤字

　2000 年的銷貨收入：7 億元

 　2004 年的銷貨收入：5 億元

工具的選擇

想改善的特性：作為住民的行動工具「想持續」
惡化的特性：年年使用顧客減少「想廢止」

◆「想持續」且「想廢止」
　　　　　　物理上的衝突
◆解決對策？　　　　時間的分離

解決對策

發行 1 萬元的自由通行證（free pass），分發給 2 萬人
以上的觀光客及住民。

　　　1萬元×2萬元＝2億元　收入增加 40%

圖 4-3　第三區段鐵路的赤字對策事例

　　此處以改善的特性來說「作爲住民的行動工具來說是『想持續』」，以惡化的特性來說，「因爲年年利用人數減少是『想廢止』」。形成了想「持續」又想「廢止」，衝突矩陣的參數是相同的。換言之，使用物理衝突發想解決對策。

　　以解決對策的一例來說，可以提出如下的方案。從物理衝突的時間分離原理，發想出「發行 1 萬元的自由通行證（free pass），分發給 2 萬人以上的觀光客及住民」。利用此，增加了 2 億元的收入，不用廢止鐵路也可解決。（這是某住民想出的提案，但尚未加以具體化）

4.4　人才開發的應用（技術進化趨勢）

　　以管理問題上的應用來說，此處介紹富士全錄應用在「人力開發」的事例。

　　按照 TRIZ 的基本想法，事先考察將問題抽象化的模式當作系統掌握，並事先思考最終的理想解。將人才開發的問題，利用目的展開，重複大約 20 次「它的目的是什麼？」「它的目的是什麼？」，以最終的目的（問題）來說，定義成「獲得業界頂級的能力（行動、思考特性）」。利用 40 個發明原理與 76 個發明標準解，照著所想到的提出創意。此階段雖抽出數十個創意，但還未達到解決對策。

　　其次，爲了從顧客需求有系統的掌握問題，試圖整理成 QFD（品質機能展開，表 4-1）。由此再定義問題爲「獲得市場價值且有高成果的生涯」。

　　另外，爲了將問題分解，以「有益的作用」、「有害的作用」兩個視角，將構成要素（系統）、系統的上位概念（超系統）、成果（產出）的關係，重新整理成機能模式圖（圖 4-4）。結果，抽出了「迴避風險」、「立即放棄」的有害作用。爲了除去「迴避風險」，從進化趨勢的「立體構造的幾何學上的變化」，發想出「以結果項目來說，結合各種元素並使其看起來可行」。並且從「控制性的提高引起的進化」，發想出「將它當作數年間的平均值，視爲能控制的體系」。接著，爲了除去「立即放棄」，從「物質或物體的細分化引起的進化」，發想出「將成果項目做成多層構造，即使是研究、開發、生產等的工作也當作能實現的成果項目」。並且，爲了除去「立即放棄」，從立體描述的幾何學上的變化，發想出「並非公司內的觀點而是當作全球標準提高目標意識」。

▼表 4-1　以 QFD 有體系地整理問題

最終的理想解：獲得業界頂級的能耐（行動‧思考特性）

要求品質（需求）		品質特性（評價項目）	技術力				教育			士氣項目分類					需求的重要度	標竿			
			專利件數	論文件數	公司外發表件數	利益貢獻	能力水準	專門技能水準	教育計畫實施率	工作的價值	職場的工作價值	上司的管理	人事制度營運	組織營運		本公司	X公司比較	Y公司比較	Z公司比較
來自士氣調查的訊息	員工的專才取向高		△	△			○	◎	△	○		○	◎		B	A	A	A	A
	雖然優秀，但不適任管理工作的應對		△	△				◎		○		○	◎		B	A	A	A	A
	充實開發個人專門性的環境				○				△					○	C				A
能力評價的缺點	人才開發					◎	△	◎	△	◎	○	○	○	○	C	A	A		A
	變革管理				○	◎	◎	◎				○	○	○	B	A			A
多面評價的課題	部下的生涯形成支援		△			◎	△		○	○	○				B	A	A	A	
	具有工作價值的組織		◎	◎	◎	◎	○	◎	△	○	○	△		◎	C	A	A	A	
	策略規劃、執行		○	○	○	◎		◎	△	○		○	○		C	A			A
經營品員評價	獲得高專門性的對策		◎	○	○	○	A	A	A	A	A	A	A	A	A	A	A	A	A
高業績者市場價	能向其他領域應用的生涯規劃		○	A	A	A	A	◎	A	A	A	A	△	A	A	A	A	A	A
值評價	差別化能力的實踐		A	A	A	A	A	○	C	◎	C	A	A	C	A	A	A	A	○
品質特性（評價項目）重要度			B	B	A	A	A	A	C	A	C	B	A	C					
目標設定	本公司		A	A	A	A	A	A		A			A						
	X公司比較		A	A	A	A	A	A		A									
	Y公司比較			A	A	A	A	A		A			A						
	Z公司比較		A	A	A	A	A	A		◎			○						
	課題		○																

◎：強對應
○：有對應
△：預估有對應

解決課題
要設計出可獲得市場價值有高成果的生涯

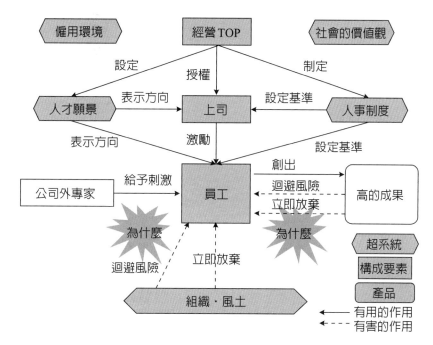

▲圖 4-4　機能模式的管理事例

整理以上的創意，想出了技術者應作為目標的評價基準（表 4-2）。

▼表 4-2　研究‧技術開發部門的評價基準例

＜目標值的設定＞目標：平均

CDP 項目	內容概要
講習會、研修等	公司外 & 公司內講習／研修（6H 以上／日為 1P，其他 0.5P）
論文	公司外發表（5p／頁，附檢索）[max40p] 公司外發表（3p／頁，一般論文）[max40p] 公司外口頭發表（10p／件）[max40p] 公司內優秀論文（10p／件）、他（5p／件）[max40p]
專利	優良專利（10p／件）、其他專利（5p／件）
顯著的業績	公司內外獲獎水準
技術指導	公司外講師（3p／件）、公司內講師（2p／件）[各 max20p]
團體活動	學會等公開機關的議長‧主任委員 [max40p／年] 學會等公開機關的委員 [max40p／年]
公的資格取得	博士／技術士／代理人／IT 協調者／系統 稽查／上級指導員／與它相當之資格 [max20p]
自我啓發等	1P／日為標準，圖書執筆為（max20p／件）

4.5 螢光燈的黑化對策（effects）

這是日本富士全錄對稀有氣體螢光燈的黑化對策，活用 TRIZ 工具的效應（effects）例子。

過去，以讀取原稿之掃描器之光源來說，是使用了封入 Zenon 等稀有氣體的燈管。以往，是選擇內部電極型或外部電極型的任一種進行商品化。任一種均有優點也有缺點，想成是使兩方的特性並存（圖 4-5）。使之並存卻會發生因內部電極、外部電極間之放電引起的損傷（黑化）之問題。

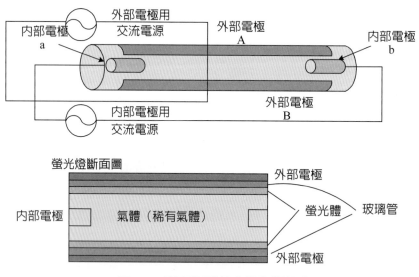

▲圖 4-5　稀有氣體螢光燈的構想案

針對於此，應用效應（effects），重新確認放電現象的定義、現象及原理。結果，查出激突現象，此現象是在陰極側（相對的成為負電壓的電極）正離子激突，電極表面損傷，從電極表面被彈出的物質附著於周圍（黑化），發現了如此的結構。

現象是在陰極側因正離子的激突而引起的。換言之，電場的方向如不是「電極側為負」時，就不會發生激突。基於此理由，解決對策想出了在內部電極裝上能切換的直流電源，針對外部電極，將內部電極側經常維持在正的電壓時，即可迴避成為問題的現象（圖 4-6）。

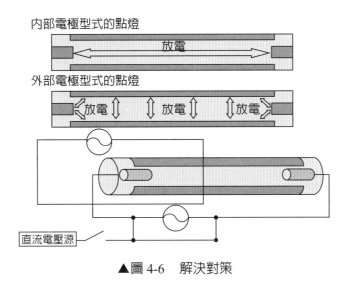

▲圖 4-6　解決對策

4.6　管理問題（最終理想解、自助 X、資源）

　　近年來有從財務、顧客、業務流程、人才與變革的 4 個觀點整理經營上之問題的平衡計分卡（BSC）（圖 4-7）。使用此手法，確認了人才培育上的問題的疏漏處。結果，從以下的目標來看，得知需要生涯諮商（career counselling）。

	實現願景與策略的所需目標	實現策略目標提高重要業績之要因	重要成功要因的達成率的評價指標	評價指標的具體數值目標	達成策略目標的行動計畫
	戰略目標	重要成功要因	業績評價指標	目標值	行動計畫
人才與變革的觀點 高附加價值的創出	·高附加價值的創出（增大投資效果） （開發有魅力的新商品）	·組織的扁平化與授權 ·提高概念上的技能 ·經濟工程的個別主題的獎勵	·核心專門能力水準 4～5 的提升率 ·士氣調查 ·ROI、NPV、IRR ·附加價值生產力（目前當作代用特性，活用專利、論文、公司外發表）	·20% ·上次分數在 3.0 以上 ·50% 以上 ·競爭以上	·專才制度的再展開 ·貫徹能力管理 ·教育研修的重點展開（行銷、品管工程 TRIZ） ·生涯輔導員制度的展開

BSC：平衡計分卡

▲圖 4-7　平衡計分卡（BSC）

1. 要具有成果主義之安全網（safety net）功能。

2. 真正理解生涯的市場價值，支援比個人還高的生涯目標設定。

3. 像人事制度等補全已設置體制之誤配（mismatch）。

從這些事項來看，規劃了生涯輔導員（career advisor）制度，以圖 4-8 的概念開始運作。可是，只是如此，是否能達成平衡計分卡中所表示的經營觀點中的目標有此疑問。

TRIZ 應用前的生涯輔導員制度

下列內容是據衛生署指定的生涯諮商計畫
 1. 對象者
　　員工、生涯輔導希望者
 2. 輔導員（advisor）
　　公司內部輔導員或公司外專家（CDA有資格者）
 3. 輔導內容
　　關於生涯規劃的諮商
　　（精神上的內容，委託產業醫師的專家）
 4. 場所
　　公司內及公司外
 5. 期間
　　2002年以後
 6. 方法
　　‧使用面談，E-mail，電話，諮商
　　‧隱私資訊是就希望不公開的資訊負起守密義務

▲圖 4-8　TRIZ 應用前

因此，問題的主題是「人才與變革」的觀點，因之想從應有的姿態去發想，試圖活用「最終的理想解」、「自助 X」、「資源」。具體言之，如以下活用 TRIZ 工具再發想對策：

1. 以實施諮商前的事前準備來說，像自己想做的事項或心理分析等，從「自助 X」想出了可從網路輸入的自我評價（self assessment）。

2. 生涯資訊的收集，決定從「最終的理想解」以職務經歷表收集生涯資訊的本質。

3. 在基於資料分析、評價結果的建議方面，從「資源」（resource）設定市場價值評價等，將「環境」換成市場，「時間」換成人生，「介面」換成

節目。

4. 在基於目標的設定與課題識別之建議方面，決定從「自助 X」在業務計畫‧評價表中使之強調附加價值（所考量的重點）。

TRIZ 應用前的體系與應用後的體系，出現大幅的改變，成果也可期待，但成果測量被認為需要數年，因之，此處介紹客戶的意見調查結果，利用它時，TRIZ 的應用前與應用後的綜合滿意度（5 級分數而分數在 4 以上的比率）從 85% 提高到 95%。

表頭：TRIZ 應用後的生涯輔導員制度	
NO	實施項目
1	事前準備 →利用工具的評價→實施自我評價 →事前觀察公司外專家的演講、VTR　〔自助X〕
2	建立與希望輔導者的信賴關係 →就目的的共有化、職歷、以往的經驗、技術、今後的方向諮商〔視需要，利用生涯定向（career anchor）的自我評價〕
3	生涯資訊的收集 →職務經驗者的詳細描述　〔最終的理想解〕
4	基於資料分析，評價結果的建議 〔資源〕→市場價值等評價與今後的工作之進行方式的改變
5	基於目標的設定與課題的鎖定的建議 →在業務計畫、評價表中記述附加價值
6	基於生涯規劃的建議　〔自助X〕 →基於生命階段查檢，將生命計畫、生涯規劃、→工作計畫細分化並多元性的記述
7	追蹤

▲圖 4-9　TRIZ 應用後

4.7　立體印刷的印字強度改善（USIT）

　　此處所列舉的立體文字印刷的目的，是透過立體化出現趣味、高級感等，或是在點字與觸圖的利用上。立體文字印刷的方法有 UV 印刷、浮出印刷、浮花印製（emboss）、箔擠加工以及利用電子照相的方法。利用電子照相方法的特徵在於可變的印刷是可行的。此處作為對象的立體文字印刷技術，是使用加熱發泡性色粉（toner）的電子攝影。亦即，使用含發泡劑的色粉再立體化。即使是利用電子攝影的方法中，與使用發泡紙的方式相比，可以期待成本更低。

　　圖 4-10 是說明利用電子攝影方式的結構。

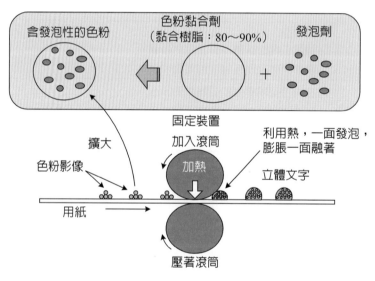

▲圖 4-10　印字方式的概念圖

　　首先使用前述的圖 3-3 的 USIT 的流程表，由 5〜60 人的小組進行問題的定義（圖 4-11）。問題定義是儘可能將問題抽象化並予以暫時設定後再進行圖解，列舉物件群後再實施最小化。此處，將根本原因當作「因發泡帶來的膨脹，在紙與色粉的界面附近中的色粉黏合劑（toner binder）密度即變小」。最終而言，「提高對發泡色粉影像的橫向剪斷力的強度」進行了單純化的問題設定。

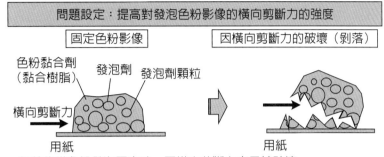

▲圖 4-11　問題設定

其次，在 particles（魔法粒子）法中，說明了現狀與理想解，並附加了 particles（圖 4-12）。接著，寫出託付給 particles 的行動與性質（圖 4-13）。

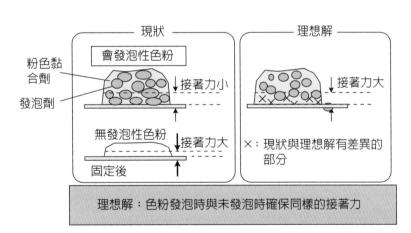

▲圖 4-12　particles 法的理想解

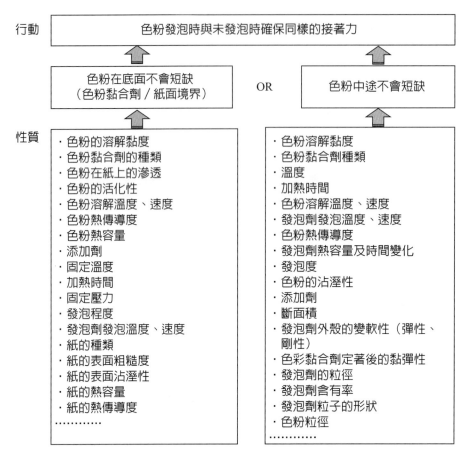

行動　色粉發泡時與未發泡時確保同樣的接著力

色粉在底面不會短缺
（色粉黏合劑／紙面境界）

OR

色粉中途不會短缺

性質

- 色粉的溶解黏度
- 色粉黏合劑的種類
- 色粉在紙上的滲透
- 色粉的活化性
- 色粉溶解溫度、速度
- 色粉熱傳導度
- 色粉熱容量
- 添加劑
- 固定溫度
- 加熱時間
- 固定壓力
- 發泡程度
- 發泡劑發泡溫度、速度
- 紙的種類
- 紙的表面粗糙度
- 紙的表面沾溼性
- 紙的熱容量
- 紙的熱傳導度
- …………

- 色粉溶解黏度
- 色粉黏合劑種類
- 溫度
- 加熱時間
- 色粉溶解溫度、速度
- 發泡劑發泡溫度、速度
- 色粉熱傳導度
- 發泡劑熱容量及時間變化
- 發泡度
- 色粉的沾溼性
- 添加劑
- 斷面積
- 發泡劑外殼的變軟性（彈性、剛性）
- 色彩黏合劑定著後的黏彈性
- 發泡劑的粒徑
- 發泡劑含有率
- 發泡劑粒子的形狀
- 色粉粒徑
- …………

▲圖 4-13　particles 法的 AND/OR 描述

　　從 particles 的性質去提出創意。如圖 4-14（解決對策的產生）以屬性次元法或物件複數化法，提出 3 位數左右的創意。並且，如前述，所謂屬性次元法是將屬性活化或非活化，檢討時間與空間的變換等的手法。另外，物件複數化法，是將物件數予以數倍或分割，使之可以形成各種用途的新物件的手法。

　　最後，從所產生的創意之中，利用試製進行實驗評價，驗證可能性高的創意之效果。最終而言，以物件複數化法所抽出的創意即為「色粉黏合劑樹脂與發泡劑顆粒的架橋劑添加」，透過此創意，色粉的剪斷力提高 50%。

解決對策的產生

＜屬性次元法＞
將屬性活化或非活化，檢討時間與空間的變換

- 發泡劑粒徑變更→使用小粒徑發泡劑，在紙上的發泡劑顆粒的
接觸面積縮小
- 發泡劑的發泡溫度變更→使用高溫度發泡劑，降低發泡率
- 發泡劑品種變更

＜物件複數化法＞
將物件予以數倍或分割，使之可以形成各種用途的新物件

- 色粉黏合劑樹脂與發泡劑顆粒的架橋劑添加
- 高接著性聚合物添加
- 結合劑添加

▲圖 4-14　解決對策的產生

 Tea Break

（一）5 個發明等級

　把發明分為五等級，首先由 G.S.Altshuller 所發展提出，這些分類已在相關文獻被引用探討。

1. 標準解答

　一般指典型互換、定量之變化所得之解答，而無新品值之出現，通常選擇一些明顯變數，依個人專業知識加以解決，依 Altshuller 分析約 32% 之發明專利是屬於第一等級。例如：以厚度隔離減少熱損失，以大卡車改善運輸成本效率，螢幕 800*600 取代 600*480 產生較好解析度。

2. 改善系統

　以定性方式改善物體，但此改變並非很重大，選擇改變的參數約數十個，只需利用一種工業內的知識加以解決，此類發明屬於第二等級，約 45% 的發明專利屬於此等級。例如：滅火器附加到焊接裝置，中空斧頭柄，上下反置地圖。

3. 跨工業界解答

　物體被澈底改變，選擇上百個變數加以改善，需利用領域外之知識，約有 19% 的發明專利是屬於第三等級。例如：徑向輪胎、原子筆、登山自行車、電腦滑鼠、T-Ford。

4. 跨科學界解答

　創造新物質，選擇數千個至數萬個變數加以改善，一般需引用新的科學知識而

Tea Break（續）

非利用科技資訊，大約有 **4%** 之發明專利是屬於第四級發明。例如：聯結器上使用記憶合金、內燃機、積體電路、電腦、氣壓胎、虛擬實境、利用細菌冶金、液電效應。

5. 發明

解決問題是基於科學上之發明，選擇數十萬至數億個可能變數，首先有了些新發明再加以廣泛運用，大約有 **0.3%** 之發明專利是屬於第五級發明。例如：飛機、電晶體、電腦、照相術、青黴菌（盤尼西林）、自行車、記憶合金、蒸汽機與熱力學、聚合物。

表 1 發明等級區分只依系統改善特性，選擇變數數目（嘗試錯誤次數），引用知識範圍特性，發明分配比例加以分類。

表 1　發明等級區分

	等級	系統之變化	變數個數	引用知識範圍	占全部發明比率
1	標準答案	互換、定量改善	數個	個人專業知識	32%
2	改善系統	定性改變	數十個	一種工業知識	45%
3	跨工業界解答	系統根本改變	數百個	多種工業知識	19%
4	跨科學界解答	建立新系統	數千個至數萬個	多種科學知識	4%
5	發明	新發明	數十萬個至數億個	建立新知識	0.3%

依發明等級來區分評估解答，顯然是有點主觀。例如：某些人認為積體電路比電晶體更重要，是 20 世紀最重要發明，然而當很多解答被分類時，一群最好的發明，卻可意見一致地被分離出來，大家同意電晶體與積體電路兩者是很高等級之發明，因此主觀並不是大問題，有很多方法可使分歧意見獲得一致。例如：Delphi 技術，但唯一條件是所有評估者要知道 TRIZ 分類之評估準則。

發明標準則是依時間改變而增加。例如：使用記憶合金運用在聯結器上之構想，在 1960 年代是屬於第四級發明，目前大家已熟悉記憶合金，若再以記憶合金導入到某領域上而獲得發明，則此發明也許被歸類為第三級發明。

此外，有人質疑發明專利之比例分配是否會依時間而加以改變？Altshuller 對 1982 年蘇聯專利加以研究，其分類標準採相同於 1965～1969 年所做的專利研究，分析結果如下：第一等級 39%、第二等級 55%、第三等級 6%、第四、第五等級未出現，此結果之改變也許可解釋為抽樣的誤差或真正分配比例之改變，需要進一步之研究。

Tea Break（續）

（二）發明等級分類之運用

1. 解答之評估

　　以發明等級分類解答、產品與構想。

2. 改良產品

　　了解目前產品設計狀態，以建立更清楚的產品改良策略，通常有很多設計屬於第一級，這些產品雖目前可獲利，但無法維持長久之競爭力，也許我們應提高第二級、第三級或第四級之發明創新比例。

3. **TRIZ** 運用

　　TRIZ 與 **TRIZ** 工具被選用來研究發展高階發明，發明專利之分類與評估，使創新技術更能學習與運用，你將了解技術趨勢、發明原則與效應工具、預測技術從何處演化而成，且能有效地把不同工具運用到不同問題上。只利用發明原則易產生第二級發明。如欲獲得第三、第四級發明，我們需運用效應工具、發明標準解答或預測工具等工具方能達成。

4. 改良核心能力

　　不要只做產品改良，而需要改善發展較好產品之能力，應定位著名設計技術之發明等級。狹窄之專業知識與 **CAD** 只能幫忙找出最佳之定量參數，亦就是只能產出第一發明等級產品，因此 **TRIZ** 與 **CAI**（電腦輔助發明創新）才是真正需要用來產生高等級產品。

5. 知識管理

　　分類發明等級可幫忙偵測初次創新構想及同時獲得有價值資訊，我們知道高級發明創新，一般需要利用領域外科學效應工具。例如：一種新的船舶用螺旋槳，是依分析魚尾巴動作而獲得，它是比去做傳統螺旋槳之小改善有意義。

第5章 發明原理圖解

5.1 40 個發明原理圖解版

利用 39 個工程參數，可以找到對應的 40 個發明原理，此處將其對應的解決法則，整理成矩陣的方式，提供了一個簡單查表的方式，讓我們能找到解決技術矛盾的原則，從中找到解決法則。

No	發明原理	No	發明原理
1	分割原理	21	高速實行原理
2	分離原理	22	轉危為安原理
3	局部性質原理	23	回饋原理
4	非對稱原理	24	媒介原理
5	組合原理	25	自助原理
6	泛用性原理	26	替代原理
7	套匣原理（母子套原理）	27	低廉短壽命勝於高價長壽命原理
8	平衡原理	28	機械性系統替代原理
9	先行反作用原理	29	流體利用原理
10	先行作用原理	30	薄膜利用原理
11	事前保護原理	31	多孔質利用原理
12	等位勢原理	32	變色利用原理
13	逆發想原理	33	均質性原理
14	曲面原理	34	排除 / 再生原理
15	動態性原理	35	參數原理
16	大致（about）原理	36	相變化原理
17	他次元移行原理	37	熱膨脹原理
18	機械的振動原理	38	高濃度氧氣利用原理
19	週期的振動原理	39	不活性氣氛利用原理
20	連續性原理	40	複合材料原理

發明原理	1. 分割原理
子原理	1. 將系統分割成各個部分 2. 使系統容易組裝、分解 3. 加強系統的分割程度
要點	「5.組合原理」的相反原理。將系統細分使處理順暢，分割的層次是考慮到原子、分子層次為止
圖解事例	·當作資訊洩漏或災害等的風險對策保管在數個資料中心 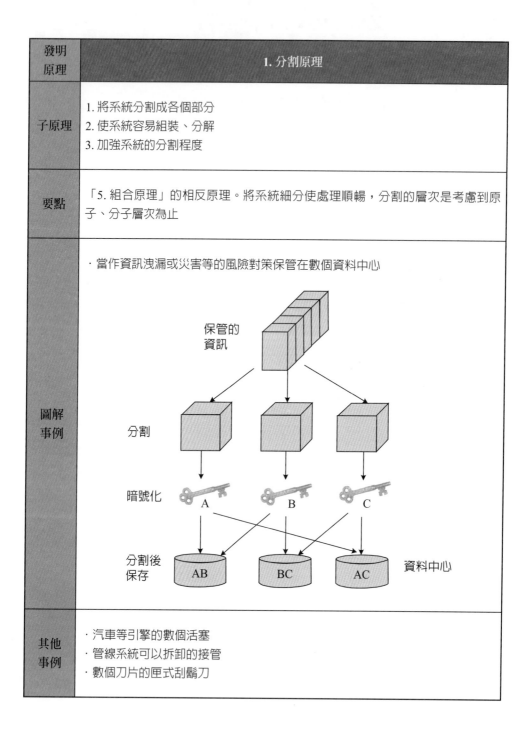
其他事例	·汽車等引擎的數個活塞 ·管線系統可以拆卸的接管 ·數個刀片的匣式刮鬍刀

發明原理	2. 分離原理
子原理	系統有數個機能，有不需要的機能或有害的的機能時，將它們分離
要點	「5. 組合原理」的相反原理。只對癌細胞照射 X 光，使之與其他細胞分離的想法
圖解事例	· 防止色情狂的女性專用車輛 This Car is Only for Women 此車輛是 **女性專用車輛** ◆每日：從初班次到末班次◆ Everyday: From The First Train Until The Last Train 4　3　2　1　→ ←　1　2　3　4
其他事例	· 汽車的氣囊 · 餐廳的禁菸區 · 補習班的特殊升學班

發明原理	3. 局部性質原理
子原理	1. 將物體或系統或週遭的事物從均一到非均一 2. 將系統的各部分以局部最適化的狀態下使之能發揮機能 3. 系統或物件的各部位，使之能執行有用的機能
要點	像吸塵器的吸口分成地毯用、榻榻米用（tatami）、狹窄空間使用等，依掃除的位置、物體來區分的想法
圖解事例	·以紅外線燈管加熱半導體晶圓（wafer）時，晶圓的一端會急速冷卻，中央部分的溫度變高，燈管的線圈使之不均一，晶圓的整個表面的溫度使之均一 晶圓
其他事例	·表面處理／電鍍 ·冰箱的冷藏室 ·帶有橡皮擦的鉛筆

發明原理	4. 非對稱原理
子原理	1. 在物體或系統的對稱性中引進非對稱性 2. 配合外部的非對稱性改變系統的形狀 3. 增加非對稱性的程度
要點	利用不對稱性設計使之美觀或作業輕鬆
圖解事例	·為防止接頭誤插，設計成不對稱的電腦接頭
其他事例	·鍵盤 ·右撇子、左撇子專用手套 ·具有數個不同測量刻度的量規

發明原理	5. 組合原理
子原理	連結或組合同一或數個物體、操作或機能
要點	1. 分割原理 2. 分離原理的相反，具有細字與粗字之螢光筆的組合等即是
圖解事例	· 遠近兩用眼鏡的多焦眼鏡，組合數個焦點鏡片。下圖是透過鏡片所看到鉛筆的形象 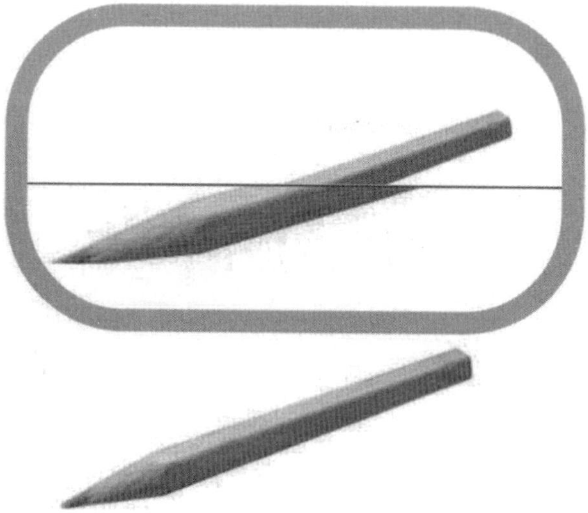
其他事例	· 多顏色墨水匣（ink catridge） · 有數個刀片之刮鬍用的刮鬍刀 · CELL 生產方式（一人多工程生產方式）

發明原理	6. 泛用性原理
子原理	物體或系統具有數個機能，消除其他系統的需要性
要點	一石二鳥的想法。在家電產品的多機能產品中甚為常見
圖解事例	· 帶有印鑑的鋼筆用具
其他事例	· 帶有燒烤功能的電子鍋 · 帶有鬧鈴功能的收音機 · 原子筆與筆心鉛筆

發明原理	7. 套匣原理（母子套原理）
子原理	1. 將物件或系統放入另一個物件或系統的內部 2. 在另一個物體或系統上挖洞使物體或系統可以抽取
要點	在人型之中即使數個層次也能收藏的蘇聯人型即是典型的形象
圖解事例	·蘇聯人型
其他事例	·百貨公司等店內設置專門店等的其他店鋪 ·銀行內所設置的提款機（cash dispenser） ·以網路推出個人商店時，利用網路購物中心（internet mall）

發明原理	8. 平衡原理
子原理	1. 為了減輕物體或系統的重量，與其他物體之組合 2. 利用空氣的力量、流體的力量、浮力、其他的力量
要點	天平秤即為典型的例子。另外，飛行船與飛機的上升力不同，使用比空氣更輕的氣體取得靜態式的浮力
圖解事例	· 磁浮列車（linear motor car）利用磁性的浮力。車輛的超導磁鐵高速通過時，自動地浮上，引導線圈通過電流變成電磁鐵，使車輛浮起
其他事例	· 熱氣球 · 飛機或水翼船 · 汽車的輪胎

發明原理	**9. 先行反作用原理**
子原理	1. 事先施予相反的作用，減少有害的效果 2. 對事件事先施予相反應力，抵銷有害應力
要點	問題發生前，事先摘除問題之芽的想法
圖解事例	·麥子在莖葉成長時，不會轉移到根部發育。踩住麥子，莖葉的成長雖一時停止，但根部的發育會變好，霜害的抵抗會增強 滾筒 麥子
其他事例	·汽車的輪胎圈的防震對策 ·施加抗菌加工的襪子 ·施加防縮加工的布料

發明原理	**10. 先行作用原理**
子原理	1. 有用的作用在需要它之前先引進 2. 事先，配置物件或系統，在最方便的時候與場所使之能動作
要點	事前施予動作等之作用，使之能順利執行所規定之機能的想法
圖解事例	· 烤箱以燒烤調理時，事前將烤箱內溫度提升至符合各目的的溫度，使箱內溫度均一防止燒烤不勻
其他事例	· 事先塗上漿糊的信封 · 容易拆卸的石膏刻痕 · 製造線的副裝配

發明原理	11. 事前保護原理
子原理	物件的可靠性潛在地很低時，引進緊急的備件（back up）
要點	考慮最壞情形之風險對策的想法
圖解事例	·利用資料鏡像法（mirroring），將資料的複製及時儲存在其他場所。通常記錄在硬碟時準備兩台以上的硬碟，將相同的資料填入全部的硬碟，提高可靠度 輸入資料 硬碟1　　　　硬碟2
其他事例	·熱氣球 ·飛機或水翼船 ·汽車的輪胎

發明原理	12. 等位勢原理
子原理	物體或系統需要伸開或壓縮的力量時，重新設計物體周遭的環境，或除去它的力量或利用周遭的環境使之均衡
要點	像工廠中以彈簧所支撐的零件供應系統。依零件的重量彈簧會伸縮，經常以一定的高度供應零件。餐廳的料理盤配膳裝置也是相同的想法
圖解事例	・運茶機器人以發條移動，在機器人手上的茶桌放入茶碗時即自動前進，當客人來到眼前拿取機器人的茶碗時即當場停止，放回茶碗時，改變方向，即回到原來的位置
其他事例	・修理工廠中因未上升的汽車，維護人員可以入洞 ・在環狀的旋轉式裝置中固定車子，即可將車子簡單地使之橫向或倒轉 ・運河的水門，配合船的高度

發明原理	13. 逆發想原理
子原理	1. 解決問題使用作用的反作用力 2. 使物體、系統、流程相反
要點	是執行不同於過去的發想的一種想法。此為活用次數高的原理
圖解事例	·在機場中所設置的行動步道
其他事例	·施予噴上多數鋼球的珠擊法（shot peening）的金屬零件 ·陶藝用的滑車 ·未塗上藥劑，在白蟻的餌上混入藥劑撲殺

發明原理	14. 曲面原理
子原理	1. 將直線的一端或平滑的表面改變成彎曲 2. 使用滾筒、球、螺旋、鼓 3. 在直線運動與旋轉運動之間切換，使用離心力
要點	從直線或平面的發想促使立體發想的一種想法
圖解事例	· 以洗衣機的脫水方式來說，在洗衣機中一面旋轉衣服一面烘乾的圓筒式洗衣機
其他事例	· 東京巨蛋的屋頂 · 原子筆的鋼珠 · 利用離心力的液體塗抹裝置

發明原理	15. 動態性原理
子原理	1. 更新系統或物體的特性、流程等，找出最適的動作條件 2. 分割系統或物體使之能相對地運動 3. 系統或物體如為不動或非柔軟時，增加可動性或適應力
要點	做成容易移動的構造，增加自由度
圖解事例	・液晶顯示器（monitor）在所需方向能自由自在變更的 video 相機 ・video 相機或數位相機的自動焦點機能
其他事例	・形狀記憶合金／型態安定纖維 ・摺疊傘 ・能彎曲收藏的行動電話／筆記型電腦 ・能彎曲含蛇腹的吸管（straw）

發明原理	16. 大致（about）原理
子原理	正確進行有困難時，「略為減少」、「略為加多」先暫時決定問題解決的程度，再解決問題
要點	並非從最初 100% 為目標，以 90%、95% 那樣大約的想法去思考時，即可順利進行的想法
圖解事例	·並非從最初以 100% 為目標，以 90%、95% 那樣大約的想法去思考時，即可順利進行的想法。進行零件的裝置作業時，插入軸或被插入的零件裝上錐形物（taper）決定大致的位置，軸的插入簡單地變得可行。譬如，印刷迴路基版的零件的腳的插入部位也可推拔 錐型物
其他事例	·在機械加工中粗削加工後潤飾加工 ·以護面膠帶（masking tape）覆蓋表面，塗抹油漆後，撕下膠帶以剝落過剩的油漆 ·以發生次數高的順序解決問題

發明原理	17. 他次元移行原理
子原理	1. 將物體在 2 次元或 3 次元空間中移動 2. 將物體不只是單層而是在多層中配列 3. 使用物體或系統的「反側」
要點	做成貼上多層薄膜的窗戶玻璃，使具有數十倍的強度而增加防範機能的一種想法
圖解事例	· 都市中心的大廈或百貨公司，為了確保停車場的空間，做成多層式，如電梯式或循環式可收納車子的想法
其他事例	· 外送用的燴飯等做成多層可以搬運的食盒 · 螺旋狀的電話線 · 兩面實裝電子零件的印刷電路板

發明原理	18. 機械的振動原理
子原理	1. 使物體振動 2. 使振動數增大至超音波為止 3. 利用物體的共振周波數或壓電振動 4. 組合超音波與電磁場振動來使用
要點	主要是利用超音波等機械性振動的想法
圖解事例	・在手錶與相機的自動焦點驅動機構等內部所利用的超音波馬達的構造與原理如下圖所示 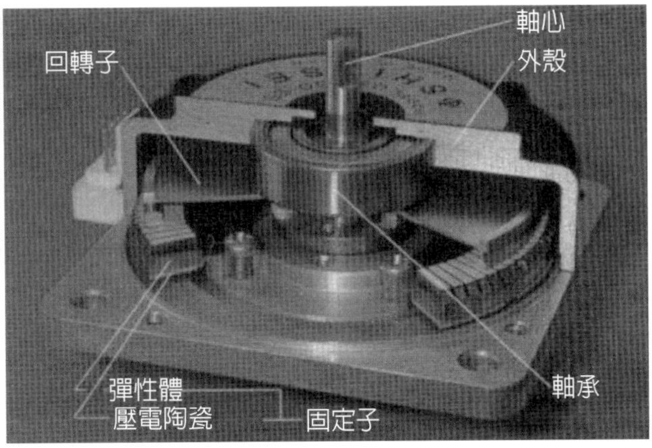
其他事例	・內藏小型馬達在手指給予微震動，減少心跳數，使具有放鬆效果的原子筆 ・超音波洗淨 ・水晶發振器驅動鐘錶

發明原理	19. 週期的振動原理
子原理	1. 將連續性的作用換成週期性或脈動式的作用 2. 改變週期性動作的週期程度或頻率 3. 利用動作間的暫時性停止時，執行其他的動作
要點	以步行為例，以一定的韻律（週期）行走並不輕鬆。可以考慮快步行走或漫步行走或跳躍
圖解事例	·脈動的水可以省水，無水箱也可行的溫水洗淨馬桶 壓電陶瓷
其他事例	·將週期的動作使之可變的按摩椅 ·利用脈動水流的噴水浴缸（water jet bath） ·充電式電池

發明原理	20. 連續性原理		
子原理	1. 將物體或系統的所有部分，經常使之在充分的負荷下動作 2. 將無效間斷性的動作全部去除		
要點	為了使旋轉數一定而活用的「彈車」或將捲成滾筒狀的材料自動供應的想法		
圖解事例	· 釘書器的針用彈簧器連續地供應 		
其他事例	· 心律調節器（pace maker） · 使之同時作業的自動裝配用元件（rotary index table） · 瞬間接著劑		

發明原理	21. 高速實行原理
子原理	以非常高速執行動作，除去有害的副作用
要點	像麵包或飯糰等柔軟食品，慢慢切斷時會變形，如以高速切斷時，即不變形還可以美觀地切斷
圖解事例	·超音波刀具，刀身成為發生超音波的超音波振動子，透過高速的振動可切出比一般的刀具還好的切法。用於巧克力、蛋糕等 超音波刀具
其他事例	·敏捷地切掉塑膠（熱傳導材料中），迴避變形 ·將鋁等一次即成形為最終形狀的衝擊（impact）成形 ·牛奶等食品的高溫高速殺菌處理

發明原理	22. 轉危為安原理
子原理	1. 變換有害的環境，獲得有用的效果 2. 為了除去或中和有害的影響，加入別的物體或動作 3. 將有害要因使之增大直到不成為有害為止
要點	預防接種使用疫苗，或使用硝化甘油當作心臟病的藥那樣，以毒攻毒的想法
圖解事例	· 強風地域中風力發電是有效的
其他事例	· 利用發熱的發電 · 弱接著力的貼紙 · 油田利用爆風的滅火法

發明原理	23. 回饋原理
子原理	1. 引進回饋，改善流程或作用 2. 已使用回饋時，使之能適應要求條件的變動
要點	針對基準值檢出高或低，控制使之接近基準值
圖解事例	· 水槽的溫度回饋控制之事例 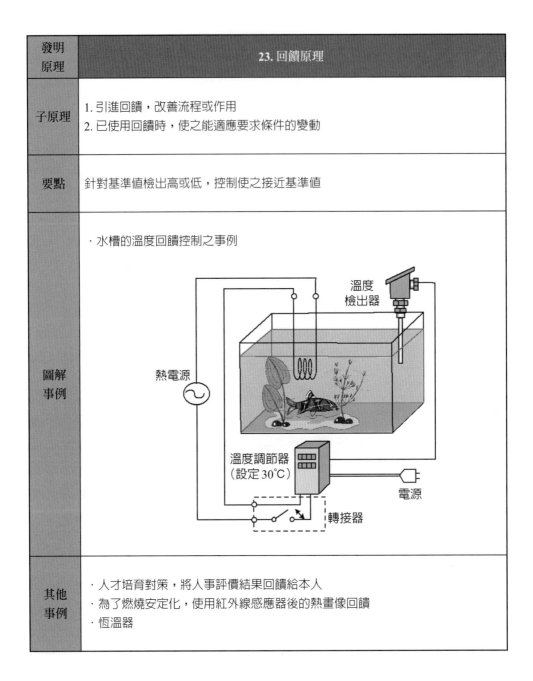
其他事例	· 人才培育對策，將人事評價結果回饋給本人 · 為了燃燒安定化，使用紅外線感應器後的熱畫像回饋 · 恆溫器

發明原理	24. 媒介原理
子原理	1. 在物體、系統或作用之間引進媒介 2. 引進臨時性的媒介，在發揮機能後，使之能簡單除去
要點	不動產的仲介業者，尋找結婚對象的結婚介紹所等，相當於此原理
圖解 事例	· 小提琴以弓為媒介演奏
其他 事例	· 廚房用手套或鍋墊 · 網際網路拍賣 · 用於化學反應的觸媒

發明原理	25. 自助原理
子原理	1. 附加輔助性支援機能，使之物體能進行自助 2. 利用廢棄資源、廢棄能源、廢棄物質
要點	能自動地達成希望機能的一種想法，與 self-X 同樣的想法
圖解事例	・利用紫外線光，加裝自動清靜的空調機能分解骯髒 吸收含霉菌等雜菌的空氣　　含菌之空氣慢慢通過 UV 元件　　以除菌之清淨空氣 使紫外線亂反射在單元內擴散 波長 UV 除菌燈 照射紫外線、除菌、除臭 UV 元件不需要收拾
其他事例	・自動鉛筆 ・電腦的自動儲存機能 ・將開鎖時的振動變成電器後即不需要電池的防範蜂鳴器 ・利用發熱的發電

發明原理	26. 替代原理
子原理	1. 不用高價容易壞的物體，改成單純低廉的複製品 2. 將物體或流程，換成光學的複製品 3. 可視光學的複製品已經被使用時，使用紅外線或紫外線複製品
要點	與其看實際的風景或人物等，不如傳送照片或畫像等即為其意
圖解事例	· 為了測量危險動物的大小，將量尺與動物一起攝影 量尺
其他事例	· 人工草、汽車或飛機的模擬器 · 取代汽車等的鋁點焊接，改成旋轉電極以摩擦熱焊接，帶來大幅省能源的摩擦焊接 · 利用 VIP 的研修

發明原理	**27. 低廉短壽命勝於高價長壽命原理**
子原理	將高價的物體或系統換成低廉短壽命的物件
要點	用過即丟的相機、紙尿布等即為代表性的想法例
圖解事例	· 低廉用過即丟的紙杯或紙巾 紙杯　　　　　　　　紙巾
其他事例	· 盤子 / 衛生筷子 / 湯匙 · 用過即丟的打火機 · 旅館的牙刷 / 梳子

發明原理	**28. 機械性系統替代原理**
子原理	1. 將機械式手段，換成視覺、聽覺、味覺、觸覺、嗅覺手段 2. 利用電器的、磁氣的、電磁氣的場，使物體或系統相互作用
要點	將過去的機械性系統換成其他方法，最近的家電產品多加應用的方式
圖解事例	· 將過去針式唱片換成利用雷射光的 CD、MD 等光碟 位元
其他事例	· 安全 ID 的指紋、網膜、靜脈 · 磁氣軸承 · IH 煮飯器 · MRI（磁振造影）檢查

發明原理	29. 流體利用原理
子原理	取代固體部分，利用氣體及液體等流體
要點	換成空氣壓、油壓、其他氣體或液體再利用的想法
圖解事例	・取代彈簧，為了減輕腰部的負擔，利用水壓的水床 水床之情形 彈簧之情形
其他事例	・空氣軸承 ・氣墊／巨蛋球場 ・為了配合腳的尺寸而填滿凝膠的鞋子

發明原理	30. 薄膜利用原理
子原理	1. 使用柔軟的殼或薄膜取代堅固的構造 2. 使用柔軟的殼或薄膜，將物體或系統從有害的環境分離
要點	將塗裝取代成薄膜，為提高強度或預防紫外線，在玻璃上進行薄膜加工的一種想法
圖解事例	・為了吸收衝擊，做成柔軟構造的蛋型捆包材料
其他事例	・層壓塑膠加工 ・除去淨水器的有害物質的薄膜 ・紅茶或日本茶的去汙（debug）

發明原理	31. 多孔質利用原理
子原理	1. 將物質做成多孔質或加入多孔質的要素 2. 物質已經是多孔質時，在其孔上加入有用的物質
要點	像海綿、紙尿布之類的多孔質材料，加入所需氣體或流體的想法
圖解事例	· 以成為燃料電池的燃料的氫儲藏方法來說，它本身的體積可以儲藏約 1,000 倍氫的氫吸藏合金 氫吸藏合金 氫
其他事例	· 將產品輕量化的穿孔金屬（punching metal） · 洗身體的海綿 · 為了讓油氣能染入可以使用多孔質燒結金屬的軸承

發明原理	32. 變色利用原理		
子原理	1. 改變物體或周圍的顏色 2. 改變物體或周圍的東西的透明度 3. 改變物體的可見度，添加有色添加物		
要點	為了阻斷太陽眼鏡或汽車的紫外線，調光玻璃是此原理的想法		
圖解事例	· 石蕊試紙遇酸變紅，遇鹼變藍。另外，牽牛花遇酸雨會改變顏色，可以說是自然界的石蕊試紙 　藍色試紙　⟹　紅　　酸性 　紅色試紙　⟹　藍　　鹼性 　均未改變　　　　　　　中性		
其他事例	· 彩色服 · 透明藥膏 · 區分贓物的紫外線指示器		

發明原理	33. 均質性原理
子原理	將互相作用的物質，以具體相同材料或相同特性的材料製作
要點	為了做成冷水可以使用冰，冰溶解時變成水。換成此種同質或同一材料的想法
圖解事例	·分解性塑膠，是使用在土中分解的材料 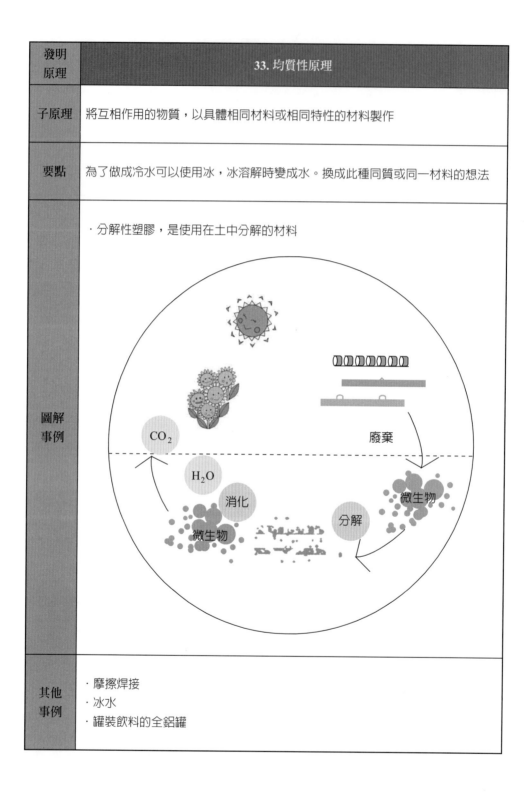
其他事例	·摩擦焊接 ·冰水 ·罐裝飲料的全鋁罐

發明原理	**34. 排除／再生原理**
子原理	1. 將已完成機能的物體或系統的部分，利用溶解、蒸發等看起來有如消失一般 2. 物體或系統的消耗部分或分解性的部分，在動作中復原
要點	以簡單的例子來說，文具用品的橡皮擦之機能或回收再使用的基本想法
圖解事例	· 去蠟法（cost wax）是以蠟製作出產品的模型，溶解蠟製作鑄膜流入鑄物，除去鑄膜，製作零件的方法 蠟模成型　　　鑄模製作　　　注入鑄物　　　模具去除
其他事例	· 藥的膠囊 · 生物分解的容器 · 車床的砥石

發明原理	35. 參數原理
子原理	1. 變更物體的氣體、液體、固體等物理的狀態 2. 改變濃度或均一性 3. 改變柔軟性的程度
要點	改變形狀或條件即為此想法
圖解事例	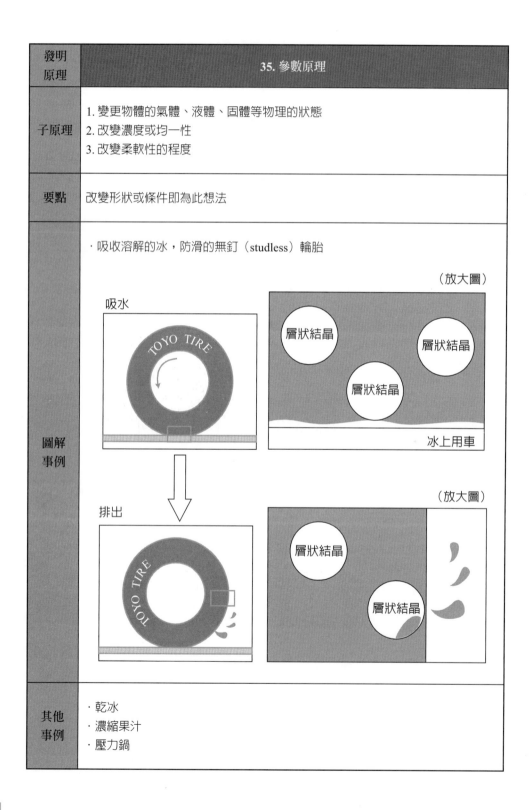
其他事例	· 乾冰 · 濃縮果汁 · 壓力鍋

發明原理	36. 相變化原理
子原理	利用體質的變化、熱的損失與吸收等相變化之間引起的現象
要點	因熱變形之形狀記憶合金也是此相變化的想法
圖解事例	・使用氣化熱及凝縮熱的熱泵
其他事例	・水銀溫度計 ・液體因溫度沸騰噴射的泡沫噴射印表機 ・超導體

發明原理	37. 熱膨脹原理
子原理	1.利用材料的熱膨脹或熱收縮 2.使用具有不同熱膨脹係數的數個材料
要點	電暖法等之恆溫器或雜貨、食品等熱收縮包裝是利用熱膨脹的想法
圖解事例	·酒精或水銀用於溫度計，是因為膨脹率幾乎一定
其他事例	·形狀記憶合金 ·為電器配線的絕緣而覆蓋表面的熱收縮套管（heat-shrinkable tube） ·用在恆溫器的雙金屬片

發明原理	38. 高濃度氧氣利用原理
子原理	1. 將大氣中的空氣換成增加氧氣的空氣 2. 使用純粹的氧氣 3. 使用電離輻線 4. 使用離子化氧氣或臭氧
要點	以人工呼吸及口移注入氧氣，吸收氧氣恢復疲勞的想法
圖解事例	・高濃度氧氣被視為有「檢查、美容」、「恢復精神」、「提高集中力」的效果
其他事例	・高溫焊接利用純氧 ・食品照射放射線延長保存時間 ・使用臭氧，除去汙染物質

發明原理	39. 不活性氣氛利用原理
子原理	1. 將大氣中的空氣換成增加氧氣的空氣 2. 中性的零件換成不活性要素加在物體或系統上
要點	將氬氣（argon gas）封入電燈泡之中，防止已加熱的金屬燈絲老化的想法
圖解事例	· 為了保護食品受到氧化的影響（防腐對策），食品的保存中封入氮氣
其他事例	· 不活性氣體焊接（MIG 焊接） · 氮氣滅火器 · 難熔劑加在建築材料的耐火材料

發明原理	40. 複合材料原理
子原理	均一材料改變成複合材料
要點	高爾夫俱樂部的複合曲柄，為了輕量、軸方向的高度軟性，以及對彎曲提供高強度而使用複合材料的想法
圖解事例	·活用 TV、DVD、PC、衛星、網路等多媒體教學方向
其他事例	·滑雪衣（skiwear） ·加入玻璃纖維的塑膠 ·鐵氟龍加工

5.2　衝突矩陣

▼表 5-1　Altshuller 的衝突矩陣

改善的參數 ＼ 惡化的參數	1 移動物體的重量	2 靜止物體的重量	3 移動物體的長度	4 靜止物體的長度	5 移動物體的面積	6 靜止物體的面積	7 移動物體的體積	8 靜止物體的體積	9 速度	10 力
1 移動物體的重量			15.8 29.34		29.17 38.34		29.2 40.28		2.8 16.38	8.10 18.37
2 靜止物體的重量				10.1 29.35		35.30 13.2		2.35 14.2		8.10 19.35
3 移動物體的長度	8.15 29.34				15.17 4		7.17 4.35		13.4 8	17.10 4
4 靜止物體的長度		35.28 40.29				17.7 10.40		35.8 2.14		28.10
5 移動物體的面積	2.17 29.4		14.16 18.4				7.14 17.4		29.30 4.34	19.30 35.2
6 靜止物體的面積		30.2 14.18		26.7 9.39						1.18 35.36
7 移動物體的體積	2.26 29.40		1.7 4.35		1.7 4.17				29.4 38.34	15.35 36.37
8 靜止物體的體積		35.10 19.14	19.14	35.8 2.14						2.18 37
9 速度	2.28 13.38		13.14 8		29.30 34		7.29 34			13.28 15.19
10 力	8.1 37.18	16.13 1.28	17.19 9.36	28.10	19.10 15	1.18 36.37	15.9 12.37	2.36 18.37	13.28 15.12	
11 應力或壓力	10.36 37.40	13.29 10.18	35.10 36	35.1 14.15	10.15 36.28	10.15 35.37	6.35 10	35.24	6.35 36	36.35 21
12 形狀	6.10 29.40	15.10 26.3	20.34 5.4	13.14 10.7	5.34 4.10		14.4 15.22	7.2 35	35.15 34.18	35.10 37.40
13 物體構成的安定度	21.35 2.39	26.39 1.40	13.15 1.28	37	2.11 13	39	28.10 19.39	34.28 35.40	33.15 28.18	10.35 21.16
14 強度	1.8 40.15	40.26 27.1	1.15 8.35	15.14 28.26	3.34 40.29	9.40 28	10.15 14.7	9.14 17.15	8.13 26.14	10.18 3.14

惡化的參數 改善的參數	1 移動物體的重量	2 靜止物體的重量	3 移動物體的長度	4 靜止物體的長度	5 移動物體的面積	6 靜止物體的面積	7 移動物體的體積	8 靜止物體的體積	9 速度	10 力
15　移動物體的動作時間	19.5 34.31		219 9		3.17 19		10.2 19.30		3.35 5	19.2 16
16　靜止物體的動作時間		6.27 19.16		1.40 35				35.34 38		
17　溫度	36.22 6.38	22.35 32	15.19 9	15.19 9	3.35 39.18	35.38	34.39 40.18	35.6 4	2.28 36.30	35.10 3.21
18　照度 / 亮度	19.1 32	2.35 32	19.32 16		19.32 26		2.13 10		13 19.10	26.19 6
19　移動物體的使用能源	12.18 28.31		12.28		15.19 25		35.13 18		8 35	16.26 21.2
20　靜止物體的使用能源		19.9 6.27								36.37

▼表 5-2　Altshuller 的衝突矩陣

惡化的參數 改善的參數	1 移動物體的重量	2 靜止物體的重量	3 移動物體的長度	4 靜止物體的長度	5 移動物體的面積	6 靜止物體的面積	7 移動物體的體積	8 靜止物體的體積	9 速度	10 力
21　動力	18.36 38.31	19.26 17.27	1.10 35.37		19.38	17.32 13.38	35.6 38	30.6 25	15.35 2	26.2 36.35
22　能源的損失	15.6 23.40	19.6 18.9	7.2 6.13	6.38 7	15.26 17.30	17.7 30.18	7.18 23	7	16.35 38	36.38
23　物質的損失	35.6 23.40	35.6 22.32	14.29 10.39	10.28 24	35.2 10.31	10.18 39.31	1.29 30.36	3.39 18.31	10.13 28.38	14.15 16.40
24　資訊的損失	10.24 35	10.35 5	1.26	26	30.26	30.16		2.22	26.32	
25　時間的損失	10.20 37.35	10.25 26.5	15.2 29	30.24 14.5	26.4 5.16	10.35 17.4	2.5 34.10	35.16 32.18		10.37 35.5

惡化的參數 / 改善的參數	1 移動物體的重量	2 靜止物體的重量	3 移動物體的長度	4 靜止物體的長度	5 移動物體的面積	6 靜止物體的面積	7 移動物體的體積	8 靜止物體的體積	9 速度	10 力
26 物質的量	35.6 18.31	27.26 18.35	29.14 35.18		15.14 29	2.18 40.4	15.20 29		35.29 24.28	35.14 3
27 可靠度	3.8 10.40	3.10 8.28	15.9 14.4	15.29 28.11	17.10 14.16	32.35 40.4	3.10 14.24	2.35 24	21.35 11.28	8.28 10.3
28 測量的正確性	32.35 26.28	28.35 25.26	28.26 5.16	32.28 3.16	26.28 32.3	26.28 32.3	32.13 6		28.13 32.24	32.2
29 製造精度	28.32 13.18	28.35 27.9	10.28 29.37	2.23 10	28.33 29.32	2.29 18.36	32.25 2	25.10 35	10.28 32	28.19 34.35
30 物體所受的有害要因	22.21 27.39	2.22 13.24	17.1 39.4	1.18	22.1 33.28	27.2 39.35	22.23 37.35	34.39 19.27	21.22 35.28	13.35 39.18
31 物體發生的有害要因	19.22 15.39	35.22 1.39	17.15 16.22		17.2 18.39	22.1 40	17.2 40	30.18 35.4	35.28 3.23	35.28 1.40
32 製造的容易性	28.29 15.16	1.27 36.13	1.29 13.17	15.17 27	13.1 26.12	16.40	13.29 1.40	35	35.13 8.1	35.12
33 操作的容易性	25.2 13.15	6.13 1.25	1.17 13.12		1.17 13.16	18.16 15.39	1.16 35.15	4.18 39.31	18.13 34	28.13 35
34 修理的容易性	2.27 35.11	2.27 35.11	1.28 10.25	3.18 31	15.13 32	16.25	25.2 35.11	1	34.9	1.11 10
35 適應性或通融性	1.6 15.8	19.15 29.16	35.1 29.2	1.35 16	35.30 29.7	15.16	15.35 29		35.10 14	15.17 20
36 裝置的複雜性	25.30 34.36	2.26 35.39	1.19 28.24	26	14.1 13.16	6.36	34.26 6	1.16	34.10 28	26.16
37 檢出與測量的困難性	27.26 28.13	6.13 28.1	16.17 26.24	26	2.13 18.17	2.39 30.15	29.1 4.16	2.18 25.31	3.4 16.35	30.28 40.19
38 自動化的程度	28.26 18.35	28.26 35.10	14.13 17.28	23	17.14 13		35.13 16		28.10	2.35
39 生產性	35.26 24.37	28.27 15.3	18.4 28.38	30.7 14.26	10.26 34.31	10.35 17.7	2.6 34.10	35.34 10.2		28.15 10.36

▼表 5-3　Altshuller 的衝突矩陣

惡化的參數　　　　改善的參數		11 應力或壓力	12 形狀	13 物體構成的安定度	14 強度	15 移動物體的動作時間	16 靜止物體的動作時間	17 溫度	18 照度／亮度	19 移動物體的使用能源	20 靜止物體的使用能源
1	移動物體的重量	10.36 37.40	10.14 35.40	1.35 19.39	28.27 18.40	5.34 31.34		6.29 4.38	19.1 32	35.12 34.31	
2	靜止物體的重量	13.29 10.18	13.10 29.14	26.39 1.40	28.2 10.27		2.27 19.6	28.19 32.22	19.32 35		18.19 28.1
3	移動物體的長度	1.8 35	1.8 10.29	1.8 15.34	8.35 29.34	18		10.15 19	32	8.35 24	
4	靜止物體的長度	1.14 35	13.14 15.7	39.37 35	15.14 28.26		1.10 35	3.35 38.18	3.25		
5	移動物體的面積	10.15 36.28	5.34 29.4	11.2 13.39	3.15 40.14	6.3		2.15 16	15.32 19.13	19.32	
6	靜止物體的面積	10.15 36.37		2.38	40		2.10 19.30	35.39 38			
7	移動物體的體積	6.35 36.37	1.16 29.4	28.10 1.39	9.14 16.7	6.35 4		34.39 10.18	2.13 10	35	
8	靜止物體的體積	24.35	7.2 35	34.28 35.40	9.14 17.15		35.34 38	35.6 4			
9	速度	6.18 38.40	35.15 18.34	28.33 1.18	8.3 26.14	3.19 35.5		28.30 36.2	10.13 19	8.15 36.38	
10	力量	18.21 11	10.35 40.34	35.10 21	35.10 14.27	19.2		35.10 21		19.17 10	1.16 36.37
11	應力或壓力		35.4 15.10	35.33 2.40	9.18 3.40	19.3 27		35.39 19.2		14.24 10.37	
12	形狀	34.15 10.14		33.1 18.4	30.14 10.40	14.26 9.25		22.14 19.32	13.15 32	2.6 34.14	
13	物體構成的安定度	2.35 40	22.1 18.4		17.9 15	13.27 10.35	39.3 35.23	35.1 32	32.3 27.15	13.19	27.4 29.18
14	強度	10.3 18.40	10.30 35.40	13.17 35		27.3 26		30.10 40	35.19	19.35 10	35

改善的參數 \ 惡化的參數	11 應力或壓力	12 形狀	13 物體構成的安定度	14 強度	15 移動物體的動作時間	16 靜止物體的動作時間	17 溫度	18 照度／亮度	19 移動物體的使用能源	20 靜止物體的使用能源
15 移動物體的動作時間	19.3 27	14.26 28.352	13.3 35	27.3 10			19.35 39	2.19 4.35	28.6 35.18	
16 靜止物體的動作時間			39.35 3.23				19.18 36.40			
17 溫度	35.39 19.2	14.22 19.32	1.36 32	10.30 22.40	19.13 39	19.18 36.40		32.30 21.16	19.15 3.17	
18 照度／亮度		32.30	32.3 27	35.19	2.19 5		32.35 19		32.1 19	32.35 1.15
19 移動物體的使用能源	23.14 25	12.2 29	19.13 17.24	6.19 9.35	28.35 6.18		19.24 3.14	2.15 19		
20 靜止物體的使用能源			27.4 29.18	35				19.2 35.32		

▼表 5-4　Altshuller 的衝突矩陣

改善的參數 \ 惡化的參數	11 應力或壓力	12 形狀	13 物體構成的安定度	14 強度	15 移動物體的動作時間	16 靜止物體的動作時間	17 溫度	18 照度／亮度	19 移動物體的使用能源	20 靜止物體的使用能源
21 動力	22.10 35	239.14 2.40	36.32 15.31	26.10 28	19.36 10.38	14	2.14 17.25	16.6 19	16.6 19.37	
22 能源的損失			14.2 39.6	26			19.38 7	1.13 35.15		
23 物質的損失	3.36 37.10	29.35 3.5	2.15 30.40	35.28 31.40	28.27 3.18	27.16 18.38	32.36 39.31	1.6 13	35.18 24.5	28.27 12.31
24 資訊的損失					10	10		19		

惡化的參數　　改善的參數	11 應力或壓力	12 形狀	13 物體構成的安定度	14 強度	15 移動物體的動作時間	16 靜止物體的動作時間	17 溫度	18 照度／亮度	19 移動物體的使用能源	20 靜止物體的使用能源
25 時間的損失	37.36 4	4.10 34.17	35.3 22.5	29.3 28.18	20.10 28.18	28.20 10.16	35.29 21.18	1.19 26.17	35.38 19.18	1
26 物質的量	10.36 14.3	35.14	15.2 17.40	14.35 34.10	3.35 10.40	3.36 31	3.17 39		34.29 16.18	3.35 31
27 可靠度	10.24 35.19	35.1 16.11		11.28	2.35 3.25	34.27 5.40	3.35 10	11.32 13	21.11 27.19	36.23
28 測量的正確性	6.28 32	6.28 32	32.35 13	28.6 32	28.6 32	10.26 24	6.19 28.24	6.1 32	3.6 32	
29 製造精度	3.35	32.30 40	30.18	3.27	3.27 40		19.26	3.32	32.2	
30 物體所受的有害要因	22.2 37	22.1 3.35	35.24 30.18	18.35 37.1	22.15 33.28	17.1 40.33	22.33 35.2	1.10 32.13	1.24 6.27	10.2 22.37
31 物體發生的有害要因	2.33 27.18	35.1	35.40 27.39	15.35 22.2	15.22 33.31	21.39 16.22	22.35 2.24	19.24 39.32	2.35 6	19.22 18
32 製造的容易性	35.19 1.37	1.28 13.27	1.1 13	1.3 10.32	27.1 4	35.16	27.26 18	28.24 27.1	28.26 27.1	1.4
33 操作的容易性	2.32 12	15.34 29.28	32.35 30	32.40 3.28	29.3 8.25	1.16 25	26.27 13	13.17 1.24	1.13 24	
34 修理的容易性	13	1.13 2.4	2.35	11.1 2.9	11.29 28.27	1	4.1	15.1 13	15.1 28.16	
35 適應性或通融性	35.16	15.37 1.8	35.30 14	35.3 32.6	13.1 35	2.16	27.2 3.35	6.22 26.1	19.35 29.13	
36 裝置的複雜性	19.1 35	29.13 28.15	2.22 17.19	2.13 28	10.4 28.15		2.17 17	24.17 13	27.2 29.28	
37 檢出與測量的困難性	35.36 37.32	27.13 1.39	11.22 39.30	27.3 15.28	19.29 39.25	25.34 6.35	3.27 35.16	2.24 26	35.38	19.35 16
38 自動化的程度	12.35	15.32 1.13	18.1	25.13	6.9		26.2 19	8.32 19	2.32 13	
39 生產性	10.37 14	14.10 34.40	35.3 22.39	29.28 10.18	35.10 2.18	20.10 16.38	36.21 28.10	26.17 19.1	35.10 38.19	1

▼表 5-5　Altshuller 的衝突矩陣

改善的參數 ＼ 惡化的參數	21 馬力	22 能源的損失	23 物質的損失	24 資訊的損失	25 時間的損失	26 物質的量	27 可靠度	28 測量的正確性	29 製造精度	30 物體所受的有害要因
1 移動物體的重量	12.36 18.31	6.2 34.19	5.35 3.31	10.24 35	10.35 20.28	3.28 18.31	1.3 11.27	28.27 35.26	28.35 26.18	22.21 18.27
2 靜止物體的重量	15.19 18.22	18.19 28.15	5.8 13.30	10.15 35	10.20 35.26	19.6 18.26	10.28 8.3	18.26 28	10.1 35.1	2.19 22.37
3 移動物體的長度	1.35	7.2 35.39	4.29 23.10	1.24	15.2 29	29.35	10.14 29.40	28.32 4	10.28 29.37	1.15 17.24
4 靜止物體的長度	12.8	6.28	10.28 24.35	24.26	30.29 14		16.29 28	32.28 3	2.32 10	1.18
5 移動物體的面積	19.10 32.18	15.17 30.26	10.35 2.39	30.26	26.4	29.30 6.13	29.9	26.28 32.3	2.32	22.23 28.1
6 靜止物體的面積	17.32	17.7 30	10.14 18.39	30.16	10.35 4.18	2.18 40.4	32.35 40.4	26.28 32.3	2.29 18.36	27.2 39.35
7 移動物體的體積	35.6 13.18	7.15 13.16	36.39 34.10	2.22	2.6 34.10	29.30 7	14.1 40.11	26 28	25.28 2.16	22.21 27.35
8 靜止物體的體積	30.6		10.39 35.34		35.16 32.18	35.3	2.35 16		35.10 25	34.39 19.27
9 速度	19.35 38.2	14.20 19.35	10.13 28.35	13.26		10.19 29.38	11.35 27.28	28.32 1.24	10.28 32.25	1.28 35.23
10 力量	19.35 18.37	14.16	8.35 40.5		10.37 36	14.29 18.36	3.35 13.21	35.10 23.24	28.29 37.36	1.35 40.18
11 應力或壓力	10.35 14	2.36 25	10.35 3.37		37.36 4	10.14 36	10.13 19.35	6.28 25	3.35	22.2 37
12 形狀	4.6 2	14	35.29 3.5		14.10 34.17	35.22	10.40 16	28.32 1	32.30 40	22.1 2.35
13 物體構成的安定度	32.35 27.31	14.2 39.6	2.14 30.40		35.27	15.32 35		13	18	35.24 30.18
14 強度	10.26 35.28	35	35.28 31.40		29.3 28.10	29.10 27	11.3	3.27 16	3.27	18.35 37.1

改善的參數 \ 惡化的參數	21 馬力	22 能源的損失	23 物質的損失	24 資訊的損失	25 時間的損失	26 物質的量	27 可靠度	28 測量的正確性	29 製造精度	30 物體所受的有害要因
15 移動物體的動作時間	19.10 35.38		28.27 3.18	10	20.10 28.18	3.35 10.40	11.2 13	3	3.27 16.40	22.15 33.28
16 靜止物體的動作時間	16		27.16 18.38	10	28.20 10.16	3.35 31	34.27 6.40	10.26 24		17.1 40.33
17 溫度	2.14 17.25	21.17 35.38	21.36 29.31		35.28 21.18	3.17 30.39	19.35 3.10	32.19 24	24	22.33 35.2
18 照度 / 亮度	32	13.16 1.6	13.1	1.6	19.1 26.17	1.19		11.15 32	3.32	15.19
19 移動物體的使用能源	6.19 37.18	12.22 15.24	35.24 18.5		35.38 19.18	34.23 16.18	19.21 11.27	3.1 32		1.35 6.27
20 靜止物體的使用能源			28.17 18.31			3.35 31	10.36 23			10.2 22.37

▼表 5-6　Altshuller 的衝突矩陣

改善的參數 \ 惡化的參數	21 馬力	22 能源的損失	23 物質的損失	24 資訊的損失	25 時間的損失	26 物質的量	27 可靠度	28 測量的正確性	29 製造精度	30 物體所受的有害要因
21 動力		10.35 38	28.27 18.38	10.19	35.20 10.5	4.34 19	19.24 26.31	32.15 2	32.25	19.22 31.2
22 能源的損失	3.36		35.27 2.37	19.10	10.18 32.7	7.18 25	11.10 35	32		21.22 35.2
23 物質的損失	28.27 18.38	35.27 2.31			15.18 35.10	5.3 10.24	10.29 39.35	16.34 31.28	35.10 24.31	33.22 30.40
24 資訊的損失	10.19	19.10			24.26 28.32	24.28 35	10.28 23			22.10 1

改善的參數 \ 惡化的參數		21 馬力	22 能源的損失	23 物質的損失	24 資訊的損失	25 時間的損失	26 物質的量	27 可靠度	28 測量的正確性	29 製造精度	30 物體所受的有害要因
25	時間的損失	35.20 10.6	10.5 18.32	35.18 10.39	24.26 28.32		35.38 18.16	10.30 4	24.34 28.32	24.26 28.18	35.18 34
26	物質的量	35 25	7.18 25	6.3 10.24	24.28 35	35.38 18.16		18.3 28.40	13.2 28	33.30	35.33 29.31
27	可靠度	21.11 26.31	10.11 35	10.35 29.39	10.28	10.30 4	21.28 40.3		32.3 11.23	11.32 1	27.35 2.40
28	測量的正確性	3.6 32	26.32 27	10.16 31.28		24.34 28.32	2.6 32	5.11 1.23			28.24 22.26
29	製造精度	32.2	13.32 2	35.31 10.24		32.26 28.18	32.30	11.32 1			26.28 10.36
30	物體所受的有害要因	19.22 31.2	21.22 35.2	33.22 19.40	22.10 2	35.18 34	35.33 29.31	27.34 2.40	28.33 23.26	26.28 10.18	
31	物體發生的有害要因	2.35 18	21.35 2.22	10.1 34	10.21 29	1.22	3.24 39.1	24.2 40.39	3.33 26	4.17 31.26	
32	製造的容易性	27.1 12.24	19.35	15.34 33	32.24 18.16	35.28 34.4	35.23 1.24		1.35 12.18		24.2
33	操作的容易性	35.34 2.10	2.19 13	28.32 2.24	4.10 27.22	4.28 10.34	12.35	17.27 8.40	25.13 2.34	1.32 35.23	2.25 28.39
34	修理的容易性	15.10 32.2	15.1 32.19	2.35 34.37		32.1 10.25	2.28 10.25	11.10 1.16	10.2 13	25.10	35.10 2.16
35	適應性或通融性	19.1 29	18.15 1	15.10 2.13		35.28	3.35 15	35.13 8.24	35.5 1.10		35.11 32.31
36	裝置的複雜性	20.19 30.34	10.35 13.2	35.10 28.29		6.29	13.3 27.10	13.35 1	2.26 10.34	26.24 32	22.19 29.40
37	檢出與測量的困難性	19.1 16.10	35.3 15.19	1.18 10.24	35.33 27.22	18.28 32.9	3.27 29.18	27.40 28.8	26.24 32.28		22.19 29.28
38	自動化的程度	28.2 27	23.28	35.10 18.5	35.33	24.28 35.30	35.13	11.27 32	28.26 10.34	28.26 18.23	2.33
39	生產性	35.20 10	28.10 29.35	28.10 35.23	13.15 23		35.38	1.35 10.38	1.10 34.28	18.10 32.1	22.35 13.24

▼表 5-7　Altshuller 的衝突矩陣

改善的參數 ＼ 惡化的參數		31 物體發生的有害要因	32 製造的容易性	33 操作的容易性	34 修理的容易性	35 適應性或通融性	36 裝置的複雜性	37 檢出與測量的困難性	38 自動化的程度	39 生產性
1	移動物體的重量	22.35 31.39	27.28 1.36	35.3 2.24	2.27 28.11	29.5 15.18	26.30 36.34	28.29 26.32	28.35 18.19	35.3 24.37
2	靜止物體的重量	35.22 1.39	28.1 9	6.13 1.32	2.27 28.11	19.15 29	1.10 26.39	25.28 17.15	2.26 35	1.28 15.35
3	移動物體的長度	17.15	1.29 17	15.29 35.4	1.28 10	14.15 1.16	1.19 26.24	35.1 26.24	17.24 26.16	14.4 28.29
4	靜止物體的長度		15.17 27	2.25	3	1.35	1.26	26		30.14 7.28
5	移動物體的面積	17.2 18.39	13.1 26.24	15.17 13.16	15.13 10.1	15.30	14.1 13	2.36 26.18	14.30 28.23	10.26 34.2
6	靜止物體的面積	22.1 40	40.16	16.4	16	15.16	1.18 36	2.35 30.18	23	10.15 17.7
7	移動物體的體積	17.2 40.1	29.1 40	15.13 30.12	10	15.29	26.1	29.26 4	35.34 16.24	10.6 2.34
8	靜止物體的體積	30.18 35.4	35		1		1.31	2.17 25		35.37 10.2
9	速度	2.24 35.23	35.13 8.1	32.28 13.12	34.2 28.27	15.10 26	10.28 4.34	3.34 27.16	10.18	
10	力量	13.3 36.24	15.37 18.1	1.28 3.25	15.1 11	15.17 18.20	26.35 10.18	36.37 10.19	2.35	3.28 35.37
11	應力或壓力	2.33 27.18	1.35 16	11	2	35	19.1 35	2.36 37	35.24	10.14 35.37
12	形狀	35.1	17.32 1.28	32.15 26	2.13 1	1.15 29	16.29 1.28	15.13 39	15.1 32	17.26 34.10
13	物體構成的安定度	35.40 27.39	35.19	32.35 30	2.35 10.16	35.30 34.2	2.35 22.26	35.22 39.23	1.8 35	23.35 40.3
14	強度	15.35 22.2	11.3 10.32	32.40 28.2	27.11 3	15.3 32	2.13 16.18	27.3 15.40	15	29.35 10.14
15	移動物體的動作時間	21.39 16.22	27.1 4	12.27	29.10 27	1.35 13	10.4 29.15	19.29 39.35	6.10	35.17 14.19

改善的參數 \ 惡化的參數		31 物體發生的有害要因	32 製造的容易性	33 操作的容易性	34 修理的容易性	35 適應性或通融性	36 裝置的複雜性	37 檢出與測量的困難性	38 自動化的程度	39 生產性
16	靜止物體的動作時間	22	35.10	1	1	2		25.34 6.35	1	10.20 16.38
17	溫度	22.35 2.24	26.27	26.27	4.10 16	2.18 27	2.17 16	3.27 35.31	26.2 19.15	15.28 35
18	照度／亮度	35.19 32.39	19.35 28.26	28.2 6 19	15.1 7 13.1 6	15.1 19	6.32 13	32.15	2.26 10	2.25 16
19	移動物體的使用能源	2.35 6	28.26 30	19.3 5	1.15 17.2 8	15.17 13.16	2.29 27.28	35.38	32.2	12.2 8 35
20	靜止物體的使用能源	19.2 2 18	1.4					19.35 16.25		1.6

▼表 5-8　Altshuller 的衝突矩陣

改善的參數 \ 惡化的參數		31 物體發生的有害要因	32 製造的容易性	33 操作的容易性	34 修理的容易性	35 適應性或通融性	36 裝置的複雜性	37 檢出與測量的困難性	38 自動化的程度	39 生產性
21	動力	2.35 18	26.10 34	26.35 34	35.2 10.34	19.17 34	20.19 30.34	19.35 16	28.2 17	28.35 34
22	能源的損失	21.35 2.22		35.22 1	2.19		7.23	35.3 15.23	2	28.10 29.35
23	物質的損失	10.1 34.29	15.34 33	32.28 2.24	2.35 34.27	15.10 2	35.10 28.24	35.18 10.13	35.10 18	28.35 10.23

惡化的參數　　改善的參數		31 物體發生的有害要因	32 製造的容易性	33 操作的容易性	34 修理的容易性	35 適應性或通融性	36 裝置的複雜性	37 檢出與測量的困難性	38 自動化的程度	39 生產性
24	資訊的損失	10.21 22	32	27.22				35.33	35	13.23 15
25	時間的損失	35.22 18.39	35.28 34.4	4.28 10.34	32.1 10	35.28	6.29	18.28 32.10	24.28 35.30	
26	物質的量	3.35 40.39	29.1 35.27	35.29 25.10	2.32 10.25	15.3 29	3.13 27.10	3.27 29.18	8.35	13.29 3.27
27	可靠度	35.2 40.26		27.17 40	1.11	13.35 8.24	13.35 1	27.40 28	11.13 27	1.35 29.38
28	測量的正確性	3.33 39.10	6.35 25.18	1.13 17.34	1.32 13.11	13.35 2	27.35 10.34	26.24 32.28	28.2 10.34	10.34 28.32
29	製造精度	4.17 34.26		1.32 35.23	25.10		26.2 18		26.28 18.23	10.18 32.39
30	物體所受的有害要因		24.35 2	2.25 28.39	35.10 2	35.11 22.31	22.19 29.40	22.19 29.40	33.3 34	22.35 13.24
31	物體發生的有害要因						19.1 30	2.21 27.1	2	22.35 18.39
32	製造的容易性			2.6 13.16	35.1 11.9	2.13 15	27.26 1	6.28 11.1	8.28 1	35.10 28.1
33	操作的容易性		2.5 12		12.26 1.32	15.34 1.16	32.26 12.17		1.34 12.3	15.1 28
34	修理的容易性		1.35 11.10	1.12 26.15		7.1 4.16	35.1 13.11		34.35 7.13	1.32 10
35	適應性或通融性		1.13 31	15.34 1.16	1.16 7.4		15.29 37.28	1	27.34 35	35.28 6.37
36	裝置的複雜性	19.1	27.9 26.24	27.9 26.24	1.34	29.15 28.37		15.10 37.28	15.1 24	12.17 26
37	檢出與測量的困難性	2.21	6.28 11.29	2.5	12.26	1.15	15.10 37.28		34.21	35.18

改善的參數 ＼ 惡化的參數		31 物體發生的有害要因	32 製造的容易性	33 操作的容易性	34 修理的容易性	35 適應性或通融性	36 裝置的複雜性	37 檢出與測量的困難性	38 自動化的程度	39 生產性
38	自動化的程度	2 13	1.26 13	1.12 34.3	1.35 13	27.4 1.35	15.24 10	34.27 25		5.12 35.26
39	生產性	35.22 18.39	35.28 1.24	1.28 7.10	1.32 10.25	1.35 28.35	12.17 28.24	35.18 27.2	5.12 35.26	

 Tea Break

　　技術系統一般具有數個工程特性參數——如重量、尺寸、顏色、剛性等等。這些工程特性參數可用來描述技術系統之物理狀態，當系統發生問題時，這些工程特性參數有助於問題之解決。Altshuller 從專利資料庫歸納出技術系統常見之工程特性參數有 39 種如下表。

表 5-9　Altshuller 衝突表 39 個參數解說

項目	參數名稱	解說
	移動件	物件用自己本身或外力作用產生空間位置改變。車輛、物體設計成可攜帶者為本類成員
	固定件	物體不因自己本身或外力件用產生空間位置改變。一般指在某一狀況下使用之物體
01	移動件重量	在重力場下物質之質量。物體作用在它的支持物或懸吊物的力量
02	固定件重量	在重力場下物體之質量。物體作用在它的支持物或懸吊物的力量或作用它所在平面之力量
03	移動件長度	任一線性尺寸，不需最長，可考慮為長度
04	固定件長度	任一線性尺寸，不需最長，可考慮為長度
05	移動件面積	一線所圍成封閉平面之幾何特性，一物體所占有表面部分，一物體內部或外部表面平方量測

 Tea Break（續）

項目	參數名稱	解說
06	固定件面積	一線所圍成封閉平面之幾何特性，一物體所占有表面部分，一物體內部或外部表面平方量測
07	移動件體積	一物體所占空間之立體量測，長方體為長 × 寬 × 高，圓柱體為高 × 面積
08	固定件體積	一物體所占空間之立體量測，長方體為長 × 寬 × 高，圓柱體為高 × 面積
09	速率	一物體速度，一過程或動作隨時間之變化率
10	力量	力量為測量系統間之交互作用，牛頓物理學：力＝質量 × 加速度，在 TRIZ，力量為意圖改變物體狀態之交互作用
11	應力或壓力	每單位面承受之力，又稱「張力」
12	形狀	一系統之外部輪廓、外觀
13	物體組織之穩定性	系統之全部性或完整性，系統組成元素間之關係，所有磨損、化學分解、系統分解皆為穩性定降低，entropy 增加意味穩定性降低
14	強度	物體能阻止力之改變程度、阻止破裂能力
15	移動件耐久性	物體能執行動作持間、服務壽命。破壞之平均時間是指動作持續時間之測量，亦稱耐久性
16	固定件耐久性	物體能執行動作持間、服務壽命。破壞之平均時間是指動作持續時間之測量，亦稱耐久性
17	溫度	一物體統熱狀況，一般包括其他熱參數，例如：容量影響溫度變化率
18	亮度	每單位面積容量，亦指系統任何亮度特性。如：發光度（光輝度），光線品質等
19	移動件作功能力	測量物體作功的能力，在古典力學上，功是力與位移之積，這包括上位系統供給作功能力（例如：電能或熱），完成特定工作之能量
20	固定件作功能力	測量物體作功的能力，在古典力學上，功是力與位移之積，這包括上位系統供給作功能力（例如：電能或熱），完成特定工作之能量

Tea Break（續）

項目	參數名稱	解說
21	動力	單位時間工作執行率、能量使用率
22	能量損失	使用能量對工作無所貢獻（參考 19 項），減少能量損失有時需要不同技術改善能量之使用，這是為什麼此項需要個別分類之原因
23	物質損失	部分或全部、永久或暫時，一系統之材料、物質、工件、次系統之損失
24	資訊遺失	部分或全部、永久或暫時，系統資料遺失或失去使用系統資料權，常包括感覺上資料，例如：香氣味、組織構造
25	時間損失	時間是指動作之持續性，改善時間損失，是指減少動作所花時間，如減少「循環時間。
26	物料數量	一系統物料、物質、工作或次系統之數目或數量，可以全部或部分、永久或暫時改變
27	可靠度	一系統在可預測方式及狀況下執行預期功能之能力
28	測量精確度	一系統之特性，其真正值與測量值接近程度，減少測量誤差，以增加測量精度
29	製造精確度	一系統或物體真正特性與所規範或要求特性吻合之程度
30	物體外在有害因素	系統對外界有害效應之感受性
31	物體產生有害因素	有害效應會降低物質、系統功能效率或品質，這些效應由物體或系統部分操作產生
32	製造容易度	一物體、系統在製造或建構中，方便、舒適、容易程度
33	操作容易度	簡單化：一個過程是不容易的，如它需要很多人、很多操作步驟，需要特殊工具等，一般困難過程造成低生產量，容易過程造成高生產量且做得正確
34	修護容易度	修理一系統之錯誤、損壞、缺陷，所需時間、簡單、舒適、方便諸品質特性
35	調適性或多方面性	一系統、物體對外界改變之正向反應程度，也可以說，一系統在周圍環境變化下，可以多重方式加以使用

Tea Break（續）

項目	參數名稱	解說
36	裝置複雜性	一系統內元件個數與元件間關係變化性，使用者可能因系統內一個元件而增加複雜性，精通系統的複雜性，可視為系統複雜性量測
37	偵測及量測困難度	測量或監視是複雜、高成本者，需要很多時間、勞力去建構、使用，或在元件間有複雜關係，或元件間有相互干擾現象，以上皆顯示偵測及量測困難性。增加量測成本以滿足誤差亦是增加量測困難度
38	自動化程度	一系統或物體能執行它的功能，不需要人工介面程度。較低階自動化，利用手操作工具。中間自動化，人利用程式操作工具，觀察他操作，需要時中斷或重新以程式操作。高階自動化，以機器感知所需操作，依程式運作，而且監視自己操作
39	生產性	一系統每單位時間執行功能或操作之數目。每單位功能或操作之時間每單位時間之輸出或每單位輸出之成本

5.3　技術進化趨勢

1. 新的物質的引進

　　這是將「兩個物體」設定成輪胎與道路的例子。此處，「物體間的附加」是將牽引車放在輪胎與道路之間。

| 輪胎與道路的兩個物體 | 輪胎內部附加道釘 | 外部附加輪胎鏈 | 噴灑研磨劑環境的附加 | 牽引車（物體間的內部附加） |

2.改良物質的引進

　　將「兩個物質」設定成車床加工的被削「材料」與「切割工具（beitel）」。

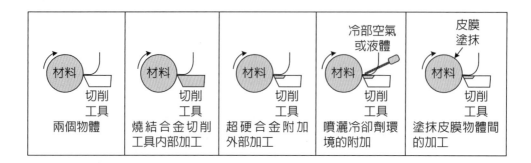

3.單一「二重」多重（類似物）

　　音響系統中的擴音器作為對象所設定的例子。

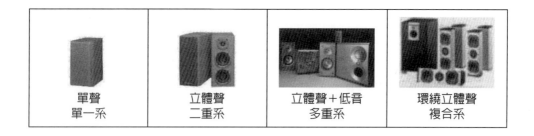

4.單一「二重」多重（異質物）

　　以鉛筆為對象所設定的例子。

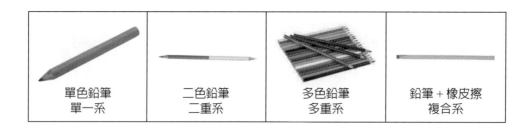

5. 物質或物體的細分化

以加工方法為對象所設定的例子。

帶鋸 固體	研磨盤加工 粉末	水噴射 液體	氣體熔斷 氣體、等離子體	雷射加工 電磁界

6. 空間的細分化

以巧克力的型態為對象所設定的例子。

固型巧克力 單一系	空間中的另一食材 有空間系	空間中複數食材 有數個空間系	發泡巧克力 多孔性系

7. 表面的細分化

以輪胎的表面為對象所設定的例子。此處所謂「黏著輪胎」是以生橡膠包在表面防止打滑的輪胎，用於賽車。

			生橡膠
平體的接地面 平體的表面	大的接地面 有凸起的表面	小的接地面 粗的表面	黏著性輪胎 有活性細孔的表面

8. 提高可動性

以門為對象所設定的例子，此處「光簾」是沖床機械所使用的安全對策。

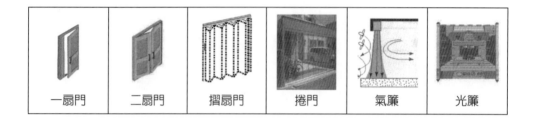

一扇門　　二扇門　　摺扇門　　捲門　　氣簾　　光簾

9. 韻律的調和

以牙刷為對象所設定的例子，此處，兩方向的旋轉，再加上共振震動與超音波。

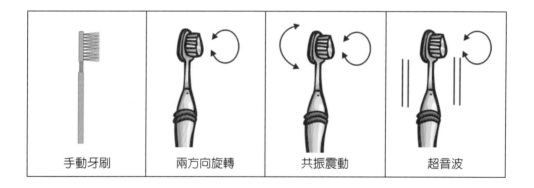

手動牙刷　　兩方向旋轉　　共振震動　　超音波

10. 作用的調和

以汽車的散熱器與風扇為對象所設定的例子。此處搭載「引擎加熱器」之意，是為了低溫時的加溫。

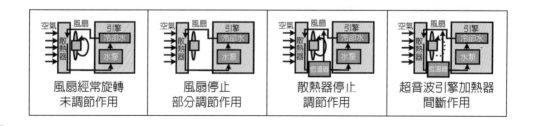

風扇經常旋轉　　風扇停止　　散熱器停止　　超音波引擎加熱器
未調節作用　　部分調節作用　　調節作用　　間斷作用

11. 控制性的提高

以機械系統的驅動系為對象所設定的例子。

| 球型螺絲 手動 | 脈衝馬達 球型螺絲 半自動 | 位置回饋 自動 |

12. 線構造的幾何學上進化

以照明器具為對象所設定的例子。

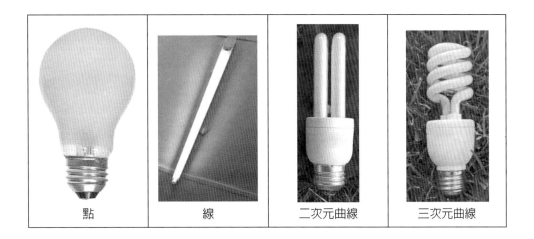

| 點 | 線 | 二次元曲線 | 三次元曲線 |

13. 立體構造的幾何學上進化

以承軸為對象所設定的例子。此處所謂「複合面」，是將針對軸的旋轉的軸承機能與能吸收軸整體的蛇行等的軸承機能加以合併而成者。

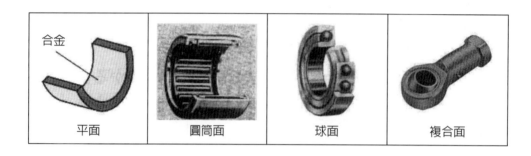

合金			
平面	圓筒面	球面	複合面

14. 刪減（trimming）的增大

以電腦的滑鼠爲對象所設定的例子。首先，刪減「滑鼠」的一部分零件成爲「軌跡球（track ball）」。刪減球本身成爲「觸控面板（touch panel）」，最後也將觸控面板刪減了。

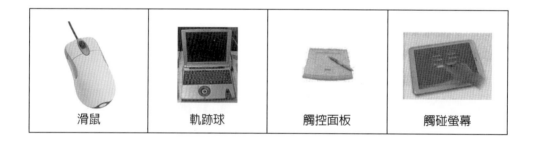

滑鼠	軌跡球	觸控面板	觸碰螢幕

結論

日本索尼（SONY）的錄音機（tape-recorder）的開發者木原信敏先生就技術開發的基本想法，對技術人員發出如下的訊息：

1. 要儲存專業技術（know-how）。

2. 找出有好特徵的東西。

3. 技術的世界沒有常識。

4. 不模仿別人。

另外，藍光半導體開發者中村修二也說出與此相近的話：

1. 懷疑常識。

2. 不模仿別人。

3. 親身體驗（設備盡可能自製）。

換言之，直到最後，高目標是很重要的。並且，自己仔細觀察過程在異常發生時，不要只在現象面判斷，深入探討與洞察可以說是非常重要的。這些也可以說是能否發揮創造性的重要條件。改變觀點，不模仿別人的地方，才會產生TRIZ 的價值。

過去，只擅長一個領域的專家給人有專業的印象。今後，基於技術革新的進展，必然地數個領域的專業性也會有所要求的。如不能整合數個領域的專門知識發揮創造性時，也就不能成為專業的時代。並且，從「catch up 型」的 how 的時代到「only one 型」的 what（高附加價值商品、技術）的時代，是走向重要時代所要求的「典範轉移」。

TRIZ 的效用是讓思考效率化。因之，TRIZ 是除去思考的障礙，提出獨特的創意。並且，改變觀點、有體系地研究，可以改變過程也是 TRIZ 的特徵。

過去，一個人使用 TRIZ 時，門檻非常高。今後，透過本書的學習或參照TRIZ 的網頁，即使自學想必也能學習，不僅技術人員，即使管理人員或工作以外有興趣的人士，也希望能輕鬆地活用。使用的人必定可以出現成果或嶄新的概念。

Tea Break

「典範轉移」（paradigm shift）一詞是哲學家孔恩（Thomas Kuhn）首先提出的，見於他極具影響力的經典之作《科學革命結構》（*The Structure of Scientific Revolution*）一書。孔恩在書中闡釋，每一項科學研究的重大突破，幾乎都是先打破傳統、打破舊典範，而後才成功的。

典範轉移就是科學革命，指的是在信念或價值或方法上的轉變過程。從一個處於危機中的典範轉移到一個新的典範，絕非一個累積性的過程，即不是把一個舊典範修改引申就可完成的過程。相反的，它是在一個新基礎上重新創建研究領域的過程。典範轉移過程是複雜的，且需要長時間的，在轉移過程中可能有典範間相互競爭，或新典範提出者之動機問題。然而，典範的轉移標誌著一種通過革命的進步。

 Tea Break

一般應用 76 個標準解可以遵循下列 4 個步驟：

· 確定所面臨的問題類型。首先要確定所面臨的問題是屬於哪類問題，是要求對系統進行改進，還是要求對某件物體有測量或探測的需求。

· 如果面臨的問題是要求對系統進行改進，則建立現有系統或情況的物質－場模型。

· 如果問題是對某件東西有測量或探測的需求，應用標準解第四級中的 17 個標準解。

· 當獲得了對應的標準解和解決方案，檢驗模型（即系統）是否可以應用標準解第五級中的 17 個標準解來進行簡化。標準解第五級也可以被考慮為是否有強大的約束限制著新物質的引入和交互應用。

1	主要問題	描述要解決的主要問題
2	互動的元件	列出相關的所有互動的物質－場
3	塑模	建立物質－場模型
4	標準解	依據（有害，過多或不足）模型找出可行解 · 修改物質 · 修改能場 · 增加物質 · 增加能場 · 增加能場與能場 · 轉至超系統 · 轉至子系統
5	新模型	建構出新的物質－場模型
6	解答	套用解答到你的問題

第6章　利用 TRIZ 提出創意的步驟

6.1　TRIZ 概論

此處將提出創意所使用的 TRIZ 理論，整理說明如下：

6.1.1 40 個發明原理

為了達成目標的課題，發生了系統或子系統在技術上的對立關係。想要解決此事，Altshuller 發現了 40 種方法，稱此為「40 個發明原理」。

6.1.2 技術衝突解決矩陣

為了要解決系統或子系統在技術上的對立關係，全部應用「40 個發明原理」在效率上是不理想的。TRIZ 是首先從事前所決定的 39 項目之中選出 2 項目，以其組合表現技術上的對立關係。此組合稱為「技術衝突」，對這些技術衝突，可以使用 1～4 個合適的「發明原理」來定義。將所有技術衝突與適合它的「發明原理」整理在矩陣上，此矩陣稱為「技術衝突矩陣（contradiction matrix）」。

6.1.3 物質－場模式

把成為創意發想基礎的既有構造，使用 2 個「物質」與 1 個「場」以三角形的模式來定義。「物質」是指系統的構成零件或作為目的的對象物，「場」是指構成零件與作為目的的對象物之間的能源。

6.1.4 發明標準解

存在著以物質－場模式所表現的 76 個標準解。在解決各種問題時，是技術系統的形成與進行變換的工具。

6.1.5 技術系統進化的法則

指的是分成 8 個有規則性的技術系統進化的法則：

1. 理想性增加。

2. 系統的完全性。

3. 能源傳導。

4. 系統各部分的韻律調和。

5. 不規則的發展工具。

6. 移行上位系統。

7. 由巨觀移到微觀。

8. 增加物質─場的完成度的法則。

6.1.6 科學上、技術上的效應

解決技術上的問題，利用幾乎鮮為人知的物理上、化學上、幾何上的效應的機會甚多。平均來說，技術者一般知道 50～100 種的物理上的效果與現象。另一方面，科學的文獻上記載有 9,000 種以上的物理上、化學上、幾何上的效應。效應指的是積極活用或應用在問題解決、課題解決上的知識庫。

6.2　TRIZ 的活用步驟

圖 6-1 說明從「提出創意的準備」到「決定要採用的創意」的詳細步驟。

在「1. 提出創意的準備」中，進行根本原因的取出（階段 1），在「2. 達成目標的創意發想」方面，為了發想為數甚多的創意要活用 TRIZ。在 TRIZ 的活用方面，採用：(1) 技術衝突（階段 2）；(2) 物理衝突（階段 3）；(3) 技術系統進化的法則（階段 4）；(4)SLP（階段 5）的 4 個階段。所謂 SLP（smart little people）乃是由智慧小矮人進行模式化，亦即，站在小矮人立場在微觀層次中移入感情，將自身視同物質的微小粒子的一種意象，發想創意的方法。

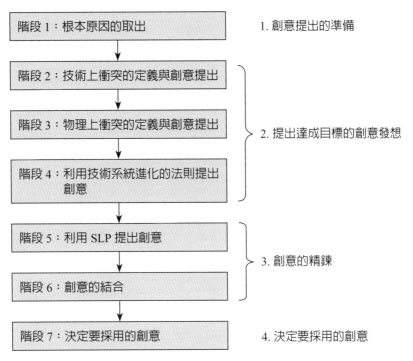

階段 1：根本原因的取出　　　　　　1. 創意提出的準備

階段 2：技術上衝突的定義與創意提出

階段 3：物理上衝突的定義與創意提出　　　2. 提出達成目標的創意發想

階段 4：利用技術系統進化的法則提出創意

階段 5：利用 SLP 提出創意

階段 6：創意的結合　　　　　　　　3. 創意的精鍊

階段 7：決定要採用的創意　　　　　4. 決定要採用的創意

▲圖 6-1　使用 TRIZ 的問題解決流程

6.3 TRIZ 的活用事例

以冰箱的電源插頭為例，依據圖 6-1 的步驟，介紹活用 TRIZ 的事例。

冰箱的電源插頭通常是插在插座上的狀態中使用。此電源插頭端子的金屬部分附著塵埃，此塵埃吸收空氣中的水分後在端子間有微電源流通，插頭的樹脂表面形成炭化導電。此炭化慢慢地進行，插頭的樹脂不久即起火（炭化導電現象）而發生火災。為了能提出解決此問題的創意，可按以下步驟來進行。

6.3.1〔階段 1〕根本原因的取出

所謂根本原因是指在系統或子系統的構成零件層次中所發生之根本問題的原因。此處重要的是，如不深掘至構成零件層次為止，是無法正確定義技術上的問題。此階段是說明先使零件層次的根本原因明確，再定義技術衝突的步驟。系統或子系統不存在時，建議建立以既存技術可以達成機能的假想構造。

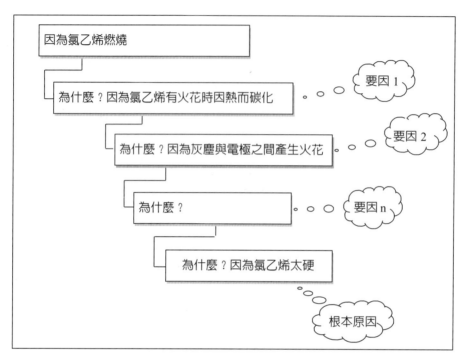

▲圖 6-2　「為什麼？為什麼？」之展開

1.步驟 1　要因的篩選

基於碳化導電（tracking）現象而發生火花的表面原因，進行「為什麼？為什麼？展開」去深掘原因。在依循「為什麼？為什麼？」地去展開的過程中所出現的原因，此處定義成要因，讓事故發生的根本原因展開至具有物性的零件，此處定義為根本原因。在展開「為什麼？為什麼？」時，不要造成「責他展開」是重點所在。所謂「責他展開」是指除了插座或插頭以外引起碳化導電造成火災的其他責任的原因。

因碳化導電現象構成插頭的氯乙烯樹脂因燃燒而發生火災。因此，針對「氯乙烯燃燒」的問題展開下位的原因去取出根本原因。

此次並非全部展開碳化導電造成火災發生的要因，針對起因於插頭的要因說明展開的步驟。

插座被安裝在建築物中，改良插座時需要更換工程。因此，限於容易改良的插頭以發想創意。

2. 步驟 2　要因的層別

把利用腦力激盪法所得到的「氯乙烯燃燒」的要因按 5M（人、機械、材料、方法、管理）、環境要因、劣化要因的各項目去分層。

按各項目確認有無遺漏。仔細地篩選要因。

3. 步驟 3　樹形化

把分層為 7 個項目的要因，使上下的因果關係能清楚明白地加以整理。

4. 步驟 4　取出零件層次的根本原因

如果能將發生事故的根本原因展開至具有物性的零件層次為止再篩選出要因時，它就是根本原因。為了明確區分要因與根本原因，根本原因可用紅字表示。要因則以一般的黑字表示。本事例中，首先取出了根本原因「插座的材質太硬」。

5. 步驟 5　其他要因之展開

除「插座面與插頭出現間隙」以外展開其他要因。

並且，對於「插頭面未密合」也是除了「插頭的樹脂太硬」以外展開下位要因，並記載它的要因。

以如此做法可以將其他要因展開至零件（軟線、端子）層次。

6. 步驟 6　取出其他的根本原因

展開步驟 5 的要因可以取出除了樹脂以外其他的根本原因。

像是根本原因 2「軟線的硬度」，根本原因 3「插頭的電極長度」，根本原因 4「插頭的端子厚度」，根本原因 5「插頭的端子面積」。階段 2 以下的事例是從插頭一方的碳化導電發生火災的根本原因之中選出「氯乙烯樹脂太硬」進行創意的提出。對於其他的根本原因，也是同樣按照步驟提出創意。

6.3.2〔階段 2〕技術上衝突的定義與創意提出

1.〔階段 2.1〕定義根本原因的有害作用、不足作用的模式

階段 2.1 是定義〔階段 1〕中所選出的根本原因其背後的不足作用、有害作用的模式。

■ 步驟 1　定義不足作用與有害作用

從根本原因記載零件的問題點即不足作用或有害作用的模式。所謂不足作用是指雖然是有用的作用卻是不足的作用，所謂有害作用是指不想要的作用，本事例中形成間隙的作用定義為有害作用。

■ 步驟 2　技術衝突的製作 1

技術衝突是依據圖 6-3 所製作之根本原因的有害作用或不足作用的模式來定義。

▲圖 6-3　根本原因的有害作用或不足作用之模式

首先在定義技術衝突時，有需要定義「工具」與「對象物」。「工具」是進行有用作用的事物，「對象物」是接受該有用作用的事物。被由根本原因所取出的特性所定義的零件（以下稱為工具）必然是有關於對象物的功用（有用作用）。在例子中，硬的氯乙烯具有固定端子的機能與絕緣插頭端子的機能此種有用作用而成為工具。並且，接受該有用作用的對象物是端子。

此處，技術衝突必須針對讓對象物發生作用的工具，使技術上的對立關係（衝突）能成立那樣予以定義才行。因此，技術衝突的製作，是在工具（氯乙烯）的有害作用（形成間隙）的關係上，加上工具與對象物（端子）的有用作用的關係後再建立模式（圖 6-4）。

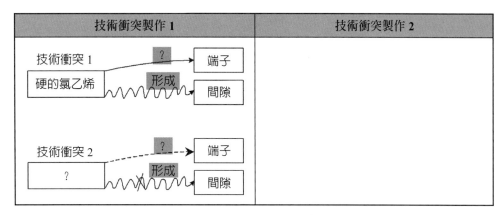

▲圖 6-4　工具的有害作用的關係與目的物之模式

■ 步驟 3　技術衝突的製作 2

　　針對技術衝突的製作 1 之工具（硬氯乙烯）與具有相反特性的工具（軟氯乙烯），重新定義技術衝突。針對有相反特性的工具，將有害作用（形成間隙）之消失，改以確認工具（軟氯乙烯）與對象物（端子）之間的有用作用是否出現不足的衝突再製作模式（圖 6-5）。

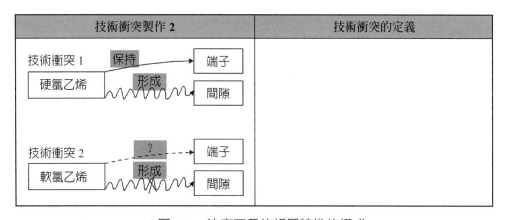

▲圖 6-5　決定工具的相反特性的模式

■ 步驟 4　決定對象物的作用與技術衝突的定義

　　對影響對象物之工具決定其作用。在技術衝突 1 中，影響對象物（端子）的工具（硬氯乙烯）的作用是有用作用，要「保持」。另外，在技術衝突 2 的軟氯

乙烯中，此「保持」的有用作用是不足的，在圖中以點線表示（圖 6-6）。

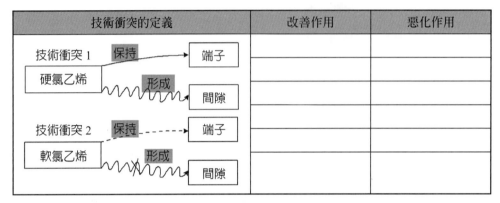

技術衝突的定義		改善作用	惡化作用
技術衝突 1　保持 → 端子			
硬氯乙烯　形成 → 間隙			
技術衝突 2　保持 --→ 端子			
軟氯乙烯　形成 → 間隙			

▲圖 6-6　決定對象物之作用後的技術衝突模式

技術衝突在技術衝突 1 之中具有 OK 與 NG 之關係。在技術衝突 2 中是與技術衝突 1 的 OK , NG 形成相反關係。1 個技術衝突中 OK 只有 2 個，NG 只有 2 個時，此並非衝突，有需要再度定義衝突。

將目前的技術衝突所定義的流程整理成圖 6-7。

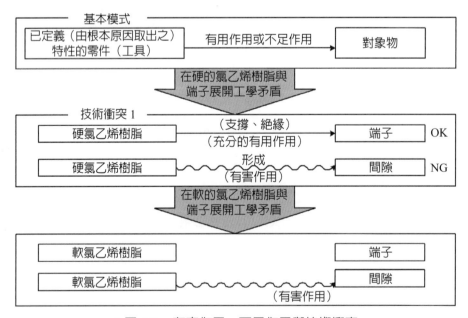

▲圖 6-7　有害作用、不足作用與技術衝突

2.〔階段 2.2〕利用解決技術衝突提出創意

■ 步驟 1　選定要解決的技術衝突

本事例是選定技術衝突 1 的「硬氯乙烯形成間隙」。

在技術衝突的解決矩陣中，從所使用的 39 個參數中，選出在工具的特性上符合硬氯化烯的項目。符合的項目有 2 個以上時，建議全部都要一試。本事例的情形，在技術衝突矩陣中以改善硬氯乙烯的特性來說，選擇「強度」的項目。並且，將「間隙」定義為「移動物體之體積」。對軟氯乙烯也是同樣地加以定義（圖 6-8）。

技術衝突的定義	改善特性	惡化特性	從技術衝突矩陣中所選出的發明原理
技術衝突 1　保持 → 端子　硬氯乙烯 ～ 形成 → 間隙	強度	移動物體的體積	
技術衝突 2　保持 → 端子　軟氯乙烯 ～ 形成 → 間隙			
	強度	移動物體的體積	

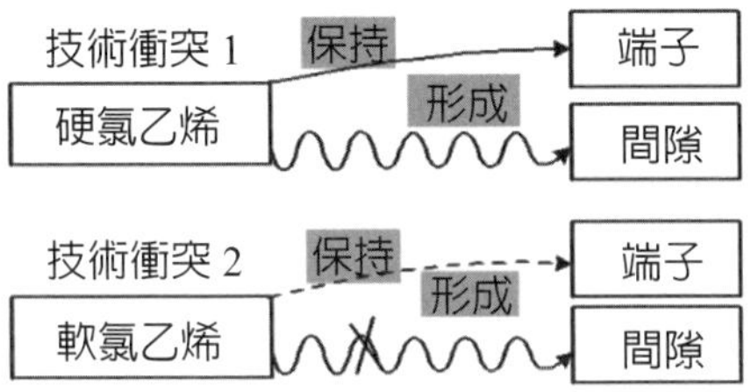

▲圖 6-8　選定要改善的特性與惡化的特性

■ 步驟 2　從技術衝突解決矩陣選出發明原理

在本事例中，改善的特性是「強度」，惡化的特性是「移動物體的體積」。針對技術衝突矩陣的「強度」與「移動物體的體積」，從矩陣的交點得出顯示發明原理的號碼 10, 15, 14, 07（參考第 5 章表 5-1）。其次，在 40 個發明原理一覽表中（參考第 5 章 5.1 節），可以探索對應 10, 15, 14, 07 的發明原理的詳細情形（10 →先行作用原理，15 →動態性原理，14 →曲面原理，7 →套匣原理）。

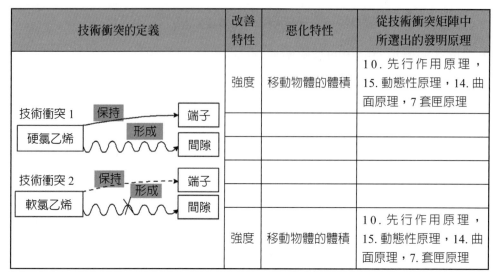

技術衝突的定義		改善特性	惡化特性	從技術衝突矩陣中所選出的發明原理
		強度	移動物體的體積	10. 先行作用原理，15. 動態性原理，14. 曲面原理，7 套匣原理
		強度	移動物體的體積	10. 先行作用原理，15. 動態性原理，14. 曲面原理，7. 套匣原理

▲圖 6-9　從技術衝突解決矩陣所選出的發明原理

■ 步驟 3　從所選出的發明原理提出創意

以所列示的發明原理去發想創意。

關於發明原理，請參照「40 個發明原理圖解」。

6.3.3〔階段 3〕物理上衝突的定義與創意提出

1. 步驟 1　選定要解決的物理衝突

選定想要解決的技術衝突，並定義物理衝突（圖 6-10）。

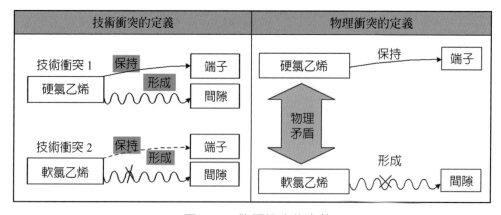

▲圖 6-10　物理衝突的定義

2. 步驟 2　解決物理衝突

技術衝突 1 與技術衝突 2 的各個工具的特性因爲以相反的特性製作，所以在物理上是衝突的。解決此物理衝突的方法，有：(1) 在空間中分離；(2) 在時間上分離；(3) 以條件分離；(4) 移到替代系統等 4 個方法（圖 6-11）。

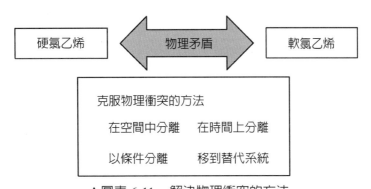

▲圖表 6-11　解決物理衝突的方法

本事例從解決物理衝突的 4 個方法中，只揭示 1 個方法「在空間中分離」的情形（圖 6-12）。實際的問題解決或課題解決時，解決物理衝突的 4 個方法全部都要應用。

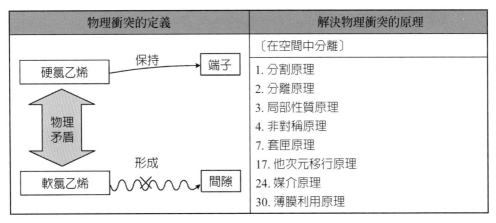

▲圖 6-12　以空間分離，解決物理衝突的原理

參照「1. 分割原理」，「2. 分離原理」，「3. 局部性質原理」，「4. 非對稱

原理」，以硬氯乙烯保持端子，在軟氯乙烯中發想不發生間隙的創意。

關於發明原理，請參照「40 個發明原理圖解」。

3. 步驟 3　解決物理衝突的創意發想

參照「7. 套匣原理」，「17. 他次元移行原理」，「24. 媒介原理」，「30. 薄膜利用原理」，與步驟 2 一樣發想創意。

6.3.4〔階段 4〕利用技術系統進化的法則提出創意

1. 步驟 1　選定要解決的技術衝突的模式

記載想要解決的技術衝突，並記載想要解決之工具的有害作用或不足作用（圖 6-13）。

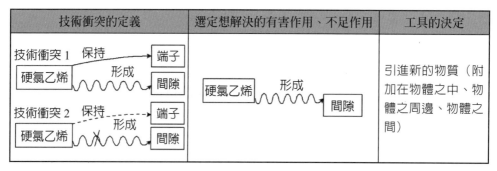

▲圖 6-13　要解決的技術衝突與工具的決定

2. 步驟 2　從進化的趨勢發想創意 1

本事例是針對硬氯乙烯的工具以進化法則之中的一個，應用以下所示由 14 個趨勢所構成的進化法則。針對每一個進化趨勢去發想創意。

參照「1. 新的物質的引進」，「2. 改良物質的引進」，「3. 單一二重多重（類似物）」，「4. 單一二重多重（異質物）」，「5. 物質或物體的細分化」，「6. 空間的細分化」，製作使現狀的硬氯乙烯形狀進化的構造。從不形成間隙或使現狀的氯乙烯的構造進化，到氯乙烯不會燃燒去發想創意。

3. 步驟 3　從進化的趨勢發想創意 2

接著在進化的趨勢之後，參照「7. 表面的細分化」，「8. 提高可動性」，「9. 韻律的調和」，「10. 作用的調和」，「11. 控制性的提高」，「12. 線構造的幾何學上進化」，「13. 立體構造的幾何學上進化」，與步驟2一樣發想創意。

6.3.5〔階段 5〕利用 SLP 提出創意

SLP 是指由智慧小矮人進行模式化發想創意的方法。由智慧小矮人進行模式化時，以微觀層次（小矮人）移入感情，將自身視同物質的小粒子的意象是很重要的。

1. 步驟 1　選定想要解決的技術衝突與 SLP 的行動的記載

選出想要解決的技術衝突，取出發生技術上對立關係（衝突）的工具或對象物的部分（本事例是硬氯乙烯樹脂與端子）。將想要解決的有害作用或不足作用的現狀狀態與應有姿態，使用智慧小矮人繪製圖形（圖 6-14）。

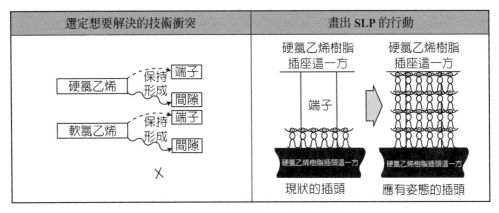

▲圖 6-14　記載 SLP 的行動圖

2. 步驟 2　記載請求小矮人的事項

當間隙出現時，SLP 可保護端子（圖 6-15）。

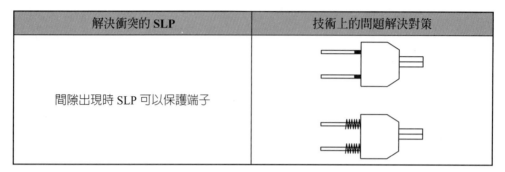

解決衝突的 SLP	技術上的問題解決對策
間隙出現時 SLP 可以保護端子	

▲圖 6-15　依據 SLP 的行動所發想的技術上問題解決對策圖

3. 步驟 3　發想技術上的問題解決對策

換成技術上的創意，發想能具體地解決問題或能解決課題的創意。

6.3.6〔階段 6〕創意的結合

如下圖假定有創意 A 與創意 B。以往的評價方法是採用了創意 B，不採用創意 A。可是，創意 B 以綜合評估來說只是好而已，但不一定所有的評價項目都是好的。因此，考量可否將創意 A 中比創意 B 好的部分，與創意 B 相結合。如此，可使創意 B 成為更好的創意。亦即，結合創意 A 與創意 B（A+B），使理想性接近於∞，此即為競合中取勝的概念（圖 6-16）。

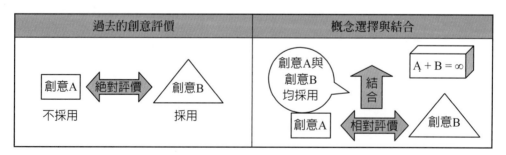

▲圖 6-16　記載 SLP 的行動圖

1. 步驟 1　創意的整理

將由階段 4 到階段 5 所提出的創意按零件層次排列。

2. 步驟 2　選定認為最好的創意

以最好的創意為基準，進行與其他創意之結合。

3. 步驟 3　與認為最好的創意相結合

將認為最好的創意與其他的創意相結合所得到的創意依序記載。

4. 步驟 4　選定認為次好的創意

以次好的創意為基準，進行與其他創意之結合。

5. 步驟 5　與認為次好的創意相結合

將認為次好的創意與其他的創意相結合所得出的創意依序記載。

6.3.7〔階段 7〕決定要採用的創意

1. 步驟 1　選定要採用的創意

從 2 個以上的創意相結合的創意之中，選定認為最好的最終創意。
本事例選出 4 個最終創意。

■三重墊塊的創意（最終創意 1）

在插頭加裝 2 重邊緣與插頭表面使之略微凸起，即使發生間隙塵埃也不會附著在端子之創意。

■嵌入的創意（最終創意 2）

在插座一方加裝黏住的樹脂部位，做成嵌入式。在端子部位包覆樹脂，即使發生間隙，塵埃也不會附著在端子的創意。

■端子包覆與墊塊的創意（最終創意 3）

插頭樹脂加裝邊緣與其表面使之略微凸起，端子一方包覆樹脂，即使發生間隙，塵埃也不會附著之創意。

■蛇腹的創意（最終創意 4）

在插頭樹脂加裝邊緣與端子一側加裝蛇腹樹脂，即使發生間隙塵埃也不會附著之創意。

2.步驟 2　決定要採用的步驟

從 4 個最終創意之中選出 1 個認為最好的創意，以該創意為基準，對剩下的 3 個創意進行相對評價。從品質、成本與設計的交期進行評價。評價如比基準好時記入＋，與基準相同時記入 S，比基準差時記入 –。從評價結果，採用了「三重墊塊的創意」與「端子包覆與墊塊的創意」。

以 TRIZ 所發想的最終創意，再以田口方法的動態特性的參數設計進行最適化設計，即可成為符合實際所需的物品。關於田口方法請參考分析篇。

 Tea Break

当系統內並無「衝突」，但是有「不足」之處，則可以使用「物質─場分析」方法，找出「76 個標準解」的手法，來將系統重新建構，予以補足或改善。標準解是用來解決所謂的「主要問題」。傳統的 76 個標準解，當初是 Altshuller 透過許多的驗證將其逐一整理出來的，慢慢成為 76 個解決法則。「76 種標準解」又可分為五類（class），但選擇哪類來解決面前的課題，並無嚴格的定義。所以，「76 個標準解」比較「原則性」，運用起來需要各位去發揮更多的想像力，目的就是解決問題。Altshuller 等提出了 76 個標準解，並分為如下 5 類：

1. 不改變或僅少量改變已有系統：13 種標準解；
2. 改變已有系統：23 種標準解；
3. 系統傳遞：6 種標準解；
4. 檢查與測量：17 種標準解；
5. 簡化與改善策略：17 種標準解。

Tea Break

　萃思（**TRIZ**）方法的解題步驟是首先將系統問題進行類比並予以轉換成萃思（**TRIZ**）問題，而後選取萃思（**TRIZ**）方法工具（如物質－場、衝突矩陣方法等）進行問題解決的轉化而得到萃思（**TRIZ**）的解答，最後將所得到之問題解答，利用類比的方式進而套用到自身系統，以得到合適與可行的解決方案。

　在利用 **TRIZ** 解決問題的過程中，設計者將待設計的產品表達成 **TRIZ** 問題，然後利用 **TRIZ** 工具如發明原理、標準解等，求出該 **TRIZ** 問題的模擬解，最後設計者再將該解轉化為該領域的解。

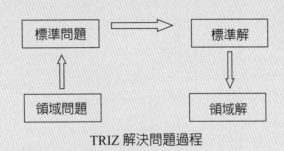

TRIZ 解決問題過程

第7章　其他的創意發想法

7.1　TT-HS 法

　　TT-HS 法是日本電器成本顧問公司濱協社長所提出的價值革新理論之一，此理論包括：經營哲學、行銷學、行銷心理學、價值工程、成本管理學、TT-HS 法等 6 項。其中，TT-HS 法分別於 1972、1973、1974 年在美國價值工程大會中發表，博得無數讚譽的一種獨特手法。

　　以往創造力的啓發技巧，都把焦點放在生產化及提高效果的創意創造方面，而 TT-HS 法的效果與特徵是在於安排特別步驟以防止創意的遺漏，更將重點放在有效的活用創意亦即以矩陣方式在調和的系統中產生開發方案（革新方案）。

　　TT-HS 法若由抽象觀點來看商品時，以圖面「方式」考慮的因素，有「形式」、「構造」、「材質」等。然而，在創意的構思階段，一個獨特而具有許多功能的創意是將有關設計式樣之要因（形狀、構造、材質等）逐一結合構成極爲獨特的產品。

　　此法是透過日本電器成本顧問公司以獨特方式的工作坊研討會（workshop seminar），形成創意系統化的構造，由於酷似繁茂之樹而取名「Tree Thinking: TT」，將創意的結合階段所產生的許多「革新方案」，選擇其中最具協調的革新方案，此種手法（Harmonic Selection: HS 法），稱之爲 TT-HS 法。

7.1.1 TT-HS 法之步驟

1. 創意之思考（自由聯想→強制聯想）。
2. 創意之初步整理（經濟性、可能性之選擇）。
3. 創意之抽象化（構造、材質、形狀、方式等）。
4. 創意之體系化（創意之擴大、追加）。
5. 革新方案之選列（資金、時間、功能的協調）。
6. 選出協調的革新方案（A、B、C……方案之選出）。
7. 概樣與評價（革新方案的略圖或成本評價）。
8. 各方案的特徵及檢討事項（主要特徵及主要檢討事項）。

7.1.2. 各步驟之說明

1. 步驟 1　創意之思考

創意之質與量為商品設計之關鍵，故應利用市場調查來獲得資訊，並結合未來之預測，提出嶄新的想法。

創意之思考以腦力激盪法為基礎，端視課題之不同，可以妥切使用下列各種方法：KJ法、NM法、查檢表法、缺點列舉法、希望點列舉法、等價變換思考法、特性列舉法、焦點法、高登法等。並透過腦力激盪法，再進一步擴大創意，儘量獲取更多的創意（自由聯想→強制聯想）。

創意不只是用文字表現，漫畫、圖畫、模型、代替品等皆可考慮。

創意思考之障礙有：

(1) 認知之障礙：對該事物之存在沒有感覺，或存著錯誤之感覺。

(2) 文化之障礙：錯覺現行的做法為必然，致未能有其他辦法。

(3) 感情之障礙：對新的創意，在感情上或本能上引起反感或拒絕之反應。

2. 步驟 2　創意之初步整理

第一步驟之創意無論來自自由聯想或強制聯想，未必全部均有價值。因此，從其可能性與效果性予以初步之整理，刪除不適合之部分。

3. 步驟 3　創意之抽象化

創意為了符合以下抽象的分類用語，如：方式、機構、形式、種類、構造、位置、數量、工作方法、材質等，因此，在此步驟裡，要將所提出來的創意套上這些分類並加以記載。

4. 步驟 4　創意之系統化

將前一步驟已經抽象化的創意，按照方式、機構、形式、種類、構造、位置、數量、工作方法、材質等項目，予以有系統的展開。若遇有下列情況：

(1) 系統化不必按照一定的形式，可以視主題任意採用適當的方式。重要的是，以取得有效創意為目的。

(2) 有時同樣的分類用語再三出現，只要其應用分野有別，也無所謂。

(3) 系統化之過程中，不足之部分要加以補足，上位（高位）與下位（低位）連結不起來時，要以能夠連貫的分類用語來補足。

(4) 展開創意之階段，其思考方法為：例如對「增加力氣」此一課題來思考，產生利用「油壓」及使用「槓桿」，兩種截然不同的創意。

  a. 基於「槓桿」為固體，「油壓」為液體之看法，能獲得「固體媒體」與「液體媒體」，同時亦可聯想出「彈性媒體」。

   亦即，可展開以下之體系：使用媒體—固體媒體—槓桿

            —液體媒體—油壓

            —彈性媒體—橡膠、彈簧

            —氣體媒體—空氣壓

  b.「油壓」為管狀，而「槓桿」為棒狀，由此可以獲知其共同點「傳達東西的形狀」。基於此可以聯想各式各樣的「形狀」。

  c.「槓桿」係以支點為中心做出圓弧運動，而「油壓」係發生直線運動。基於此可聯想其他各種不同的「運動」。

5. 步驟 5　革新方案之選列

  從系統圖末端的創意分別加以摘出與結合，使成為若干個革新方案。並以資金、設備、人員等為前提，選出若干個革新方案。

6. 步驟 6　選出協調的革新方案

  將創意朝縱的方向，而革新方案 A、B、C、D、E 朝橫的方向（也有以 A 代表現狀，B～E 案代表改善案），以矩陣形式予以表現，結合創意並做出協調的革新方案，此即為 HS 之特徵。在革新方案之各直線上，將創意以符號●點表示，即可創造出協調的若干個革新方案，而每個方案係就所選出的創意組合而成。

7. 步驟 7　概樣與評價

  根據各改善方案做成略圖或初步概樣，然後進行經濟性的評估。

8. 步驟 8　各方案的特徵及檢討事項

  擬定若干個革新方案之後，要列舉有關此方案各主要特徵及今後必備之主要檢討事項，使各方案的相異點及問題能一目了然。

7.1.3 TT-HS 法的效果與特性

列舉 TT-HS 法的效果與特性如下：

1. 易學而效果超群。

2. 可以活用創造力的啓發技巧，產生多數且質佳的構想。

3. 能有效的活用創意，是一種獨特的系統化方式。

4. 以市場導向爲主比較商品計畫，易於得到若干和諧的創意之組合。

5. 爲了要實現理想，必須要有長期的研究，如此亦可以確立長期的開發目標。

6. 在使創意體系化的階段，不足的創意由追加而成爲更有效的系統。

7. 體系化的創意矩陣（idea matrix）用於新方案可使新技術極易產生，且更具說服力。

8. 體系化的創意體系表，可被長期廣泛活用作爲設計的指標。

9. 調合改善案的特徵（功能、成本、品質）很明確，較易採取商品差異化的策略。

10. 體系表是作爲技術者（設計、製造）及事務承辦人（採購、管理）的教育資料。

11. 無論是積極或消極地改善企業開發的整體活動，都極爲有效。

 Tea Break

妨礙創意發想的障礙有四，我們要設法衝破它：
1. 教育之障礙
學校沒有創思訓練，不要完全跟著課本、老師所講去走。大腦功用不只是吸收、記憶、推理，還有豐富的創造力。
2. 感情之障礙
恐懼感——怕說錯被譏笑輕視，這是弱者作風。自卑感——總以爲別人比自己高明，寧願聽聽人家的。怕負責任——多做多錯，少做少錯。慢性拒絕症。
3. 文化之障礙
法律原則、傳統習慣造成既有觀念而抵抗改變。學歷職位較高者常不肯問、不肯聽、不肯改。過分信賴統計事實，推理創思反不相信。
4. 認識之障礙
擺脫已認識知識學理的限制。要有發現問題所在能力。改善不怕困難、挫折不必洩氣。不要覺得自己條件不夠。

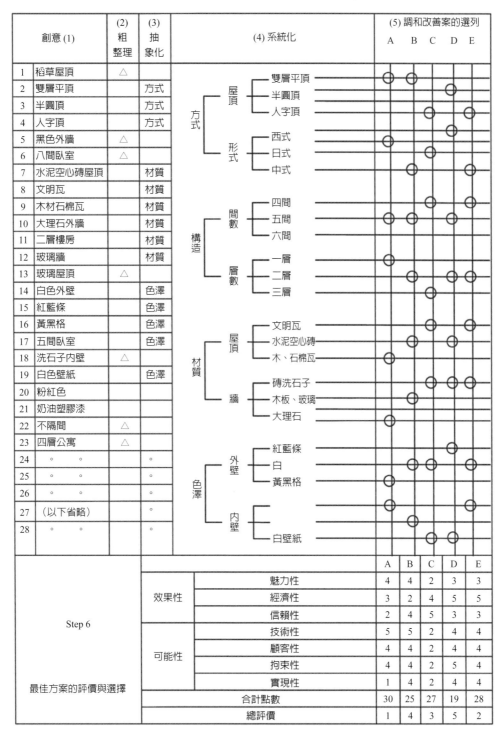

▲圖 7-1　T-HS 法作業表

7.2　逆向思考法

7.2.1 踏破鐵鞋無覓處，柳暗花明又一村

　　一般人常說，創意構思來自打破既有的常識，但是常識的障礙要憑藉著思考去打破的話，似乎不太容易。於是在構思技巧的過程中，勉強地反轉思考的方式，這便是「逆向思考法」。

　　此技法是由美國的顧問史蒂芬・格羅斯曼（Stephan Grossmann）想出來的。其做法是：

1. 把過去和課題有關的常識列舉出來作為假設

　　其中必須包含有極為明顯，至今尚不能否定的常識。以屬性列舉法列舉的屬性，以另一種看法來說，它也是過去的常識，當然也是列舉的對象。以沿街選址的家庭餐廳此新業態開發為例，其中有下列常識可以列舉出來：

(1) 有停車空間。

(2) 菜單豐富。

(3) 照明良好。

其他還有很多常識性的項目，先全部列舉出來看看。

2. 把這些假設逆向設定看看

　　不一定是有邏輯性意義的逆向設定，而且，如果可能有幾種逆向設定時，一一列舉出來也無妨，甚至最沒有常識的逆向設定也行，舉個例說：

(1) 沒有停車空間。

(2) 菜單內容少，或沒有菜單（前者較合邏輯，後者屬沒常識，所以此時取後者）。

(3)照明不良。

3. 以逆向假設或與過去相反的屬性為前提，構思創意

(1) 沒有停車空間→「社區附近以徒步客為對象的便利餐廳」。

(2) 沒有菜單→「一邊看終端機顯示出來的座位一邊可以選擇菜色的餐廳」。

(3) 照明不良→「迷你劇場餐廳」。

依照這樣的方式去構思創意。

7.2.2 技法的使用要領和逆向思考法表格的使用法

下半頁的表格是「逆向思考法」簡略進行時的填表格式。首先把課題明確化，寫進課題那一欄，其次就課題領域列舉常識性的假設，之後個別的提出逆向設定。不是一列一列橫著寫，而是一行一行直著寫。

乍看之下，好像是獨立的構思法，但是藉著一面和其他技法組合一面實施，逆向思考法的效果自然就會提升了。

1. 逆向思考法之前先進行屬性列舉法。
2. 考慮和逆向設定對應的創意時，和其他的技法，如：刺激語法、目錄法等併用。

	課題		
	假設	假設的逆向設定	對應逆向設定的創意
1			
2			
3			
4			
5			
6			
7			
8			
9			
10			
製作　年　月　日			製作者

▲圖 7-2　逆向思考法表格

7.3 確認表發想法

7.3.1 套用平常的方法構思

日本傳統的民俗藝術「落語」都是在一句話的結尾以有趣的諧音做終結，此稱爲「落」。要產生出怎樣的落，可以說是演出的最精彩部分，所以說「落語」的人需要煞費苦心。可是「落」的部分也有其基本的幾個型態。例如：「思考落」、「顛倒落」、「表情落」、「諺語落」、「教訓落」、「半途落」、「梯子落」、「急就落」、「怠惰落」、「旋轉落」、「鑑定落」等。對這些先有認識的話，要做出什麼「落」來結尾，一面依序透過不同的手法，一面製作下去，就容易做出有趣的落語，而且也易於擴展構思的範圍了。

同樣地，在企業上思考創意時，也有一些常用的方法，將它羅列做成一表，加以套用，想必容易思考才對。「代反組似他大小」（諧音：大蕃薯賜他大廈）就是收集了經常使用的構思法，把每個起首字母加以拼音，做成「口訣」。每一個字母分別代表一個方法，請看圖 7-3 填充式表格。使用這個表格，用此 7 種構想來思考創意。個人來用也可以，團體來用也行。

這種構思法的好處就是雖然設計出創意記錄格式，但是，構思作業時可以不必拿出來使用。總之，你把「代反組似他大小」這幾個字的起首字母記住了，每一個所代表的構思要領能夠和它聯想在一起的話，等到需要時當場想一下就可以了。

這 7 項很容易記，但不是唯一的方法。因爲這方面的構思法還有很多，因人而異，可以隨時增加別的項目，再加以組合變通活用。如果能先做好自己獨特的構思要領檢查表，不但不致於忘掉內容，對你自己用起來也方便。

課題		創意
各項的意義		對應逆向設定的創意
代	可否代用？	
反	如果反過來呢？	
組	組合在一起的話？	
似	有沒有相似的東西？	
他	有沒有其他的用途？	
大	把它放大的話？	
小	把它縮小的話？	
檢查項目的補充		

▲圖 7-3　「確認表（代反組似他大小）」法

7.3.2 美國的做法是採用奔馳法（SCAMPER）

　　美國常用的創意檢查表中有 SCAMPER 的用語。英文的意思是急馳、趕著旅行、速讀，但仍然類似「代反組似他大小」，把檢查表的起首字母連串起來的做法。

　　S：Substitute？（可以代用？）

　　C：Combine？（組合起來呢？）

　　A：Adapt？（可以應用？）

　　M：Modify？Magnify？Minify？（修正？放大？縮小？）

　　P：Put to other uses？（用作他途？）

　　E：Eliminate？（除掉？）

　　R：Reverse？Rearrange？（倒過來呢？重新排列？）

　　諸如此類，用 7 個字涵蓋 10 個項目；這是由羅伯特‧艾伯爾（Robert F. Eberle）在 1971 年所創。為了使從前的「歐斯本查檢表」（參照圖 7-4）更容易記，改變了順序，使起首字母具有其意義。歐斯本的查檢表，是從他的著作之中，擇取創意構思的要領，由 MIT 創造工程實驗室整理成 9 個項目。

---

1. 轉為他用？（Put to other uses?）
　照原樣的新用途？改造以後的用途？

2. 能不能應用？（Adapt?）
　沒有其他類似物？沒有暗示其他創意？過去沒有類似物？能不能模仿？能不能學某人？

3. 修正了的話（Modify?）
　新的構思？意義、顏色、動作、聲音、氣味、款式、形狀等能不能改變？其他變化呢？

4. 擴大的話？（Magnify?）
　能增加什麼？時間再多一點？頻率？更強？更貴？更長？更厚？附加價值？材料增加？複製？加倍？誇張？

5. 縮小的話？（Minify?）
　能不能減少什麼？小一點？濃縮？迷你化？更低？更短？省略？流線型？能不能分割？比實際上少一點？

6. 更換的話？（Substitute?）
　有誰能代替？用什麼代替？其他構成要素？其他製造工程？其他動力？其他場所？其他研究？其他語氣？

7. 重新排列的話？（Rearrange?）
　把要素換掉的話？其他型式？其他排列？其他順序？因果倒置的話？改變進度？改變計畫表？

8. 相反的話？（Reverse?）
　陰陽相反？反過來？向後如何？上下顛倒？相對的任務？換鞋子？轉桌子？以其他的臉頰相對？

9. 結合的話？（Combine?）
　綜合、合金、貨齊、搭配如何？把各單位組合起來？目的綜合起來？創意組合起來？

▲圖 7-4　歐斯本的查檢表

7.4 針卡法

7.4.1 以創意構思的工具而言，卡片是出色的

使用卡片的創意構思法，不只是日本，甚至美國、歐洲都有。

創意很多都是藉由資訊的組合來製作的，而卡片能夠方便地以一件一張來書寫資訊加以利用。一面移動資訊，一面加以組合，便容易做到創意構思。而且說不定當你在移動手指尖的時候，腦部會受到刺激也未可而知。

「針卡（Pin-Card）法」是西德智囊團巴特爾紀念研究所（Battelle Memorial Institute）的佳斯休克（H. Geschka, et al.）等人所開發出來的，它是一種集體構思法。技巧的風格，從廣義地來說，是一種腦力激盪的變化，可以說它是直接把卡片引進到腦力激盪（brain lighting）的一種方法。

7.4.2 針卡法的前半是一面互相刺激，一面構思創意

參加者 5 至 7 個人，作業時圍著圓桌，進行下面的工作：

1. 主持人在黑板上寫出課題告訴參加者

課題要清楚地揭示出來較好，讓參加者能看得見。構思法多半以玩遊戲的方式進行，所以大家在無形中會熱衷於它，而往往走火入魔，偏向旁門左道去。此時，不如讓參與者在不知不覺中發覺，而回到原來的正道上，比由主持人打斷大家的流程而把大家拉回正題要好。

2. 所有成員都要討論到充分了解課題為止

這也是避免提出的創意離題太遠的必要步驟。並且，在過程中，參加者互相認識，可以緩和會議的僵硬氣氛。就構思法而言，初見面的人，只有在這時候才會互相提供自己的智慧，所以在會議的一開始，最好騰出一些時間，做一點問答，不要馬上進入正題。

3. 分給小組成員顏色各異的一束卡片

這種做法和原始的腦力激盪思考方式不同的地方，腦力激盪法是所有成員就

共同的目標，一起製作創意，這是它的特徵，而針卡法是以卡片顏色來了解創意發想者是誰，所以自由的構思可能稍微會受到約束，相對地，所提出創意的數量多少馬上能分曉，所以可以有效地提升競爭意識。

4. 小組成員在沉默之下分別將創意記入卡片，再將它傳給右邊的人

傳給右方並沒有特別之意。傳給左方也是相同。卡片遊戲以順時針來進行。傳給左方或許較為習慣也說不定。

5. 小組的成員在思考創意需要什麼刺激的時候，拿著隔壁的人傳過來的卡片閱讀

然後，把新的創意寫好之後，再傳給下一位。刺激卡就這樣留下來也可以，或者和自己所寫的創意一起傳下去也無妨。

完全一樣的創意，有的人會受到刺激，有的人就不會；一時無法領悟的創意一直往前傳下去，照主持人的指導去做就好了。自己手上握有的卡片，把它攤開在前面，使別人也可以窺見。從頭到尾傳遞過一遍的卡片，就把它放置在桌子中央。

6. 繼續二、三十分鐘以後，主持人宣布創意發想時間結束

整體的時間分配，如果是把重點置於創意構思，而且重視整理或評估的話，這個時間要加倍才行。

7.4.3 針卡法的後半是創意的分類和評估

1. 小組的成員收集卡片，用針釘在大型的針板（pin board）上

按照創意的內容將卡片分類，把每一類的標題寫在卡片上用針釘住。此時如果沒有適當的標題，可以先暫定一個標題，把它寫上，釘在一起。這件工作如果用太多時間，會形成浪費，所以主持人要發揮領導能力，使大家節約時間。

2. 讓小組的成員都看過卡片

如果分類不一樣的話，重新改變位置，把重複的卡片拿掉。此時一定會想到新的創意，主持人最好鼓勵大家補充新的創意。

3.主持人要瀏覽每一張卡片，創意的內容如有不明之處，詢問提案的人

依卡片的顏色就知道是誰寫的。

4.小組的成員看過所有的卡片之後，把認為不錯的創意做個記號

最後，把記號多的卡片釘在針板上。

7.4.4 作為技法的使用情形及活用的方法

把這種技法貫徹到底的話，可以得到已加分類且有所評估的創意，可以說，在一次會議上，又要創意構思，又要整理、評估，一勞永逸的方法。每個課題所需時間不同，通常預估做一次要三小時比較妥當。到第 6. 步驟要一小時，分類和整理要一小時，追加的創意構思和評估要一小時。但也未必從構思到評估要一貫作業。因為 7. 步驟以後的作業和構思作業的性質不同，反而以不同的成員，做不同的事情，較能冷靜地評估亦未可知。

此技法的特徵如下：

1. 沉默中從事創意構思，所以不會對別人的創意有批評。
2. 參照別人的創意來做，可以促進組合式的構思方式。
3. 創意的出處明確，可望參與者熱心貢獻己能。
4. 不管做事速度如何，都能照自己的速度去做。
5. 可以在一次會議中完成構思到評估的整體作業。
6. 一件寫一張卡片，所以以後要整理很輕鬆。

把卡片傳給隔壁的人時，其速度必須配合節奏不可太慢。依據個人的意見，卡片以沒有顏色區別較佳，因為那樣，大家不會拘泥於創意的出處，能夠刺激大家共同開發的慾望。卡片只要是用起來方便的小型卡片，什麼都無妨。圖書館卡片、名片大小的卡片，單字記憶卡等都可用。如果沒有針板，直接攤放在桌子上也行，把卡片用磁鐵吸在白板上亦行，極小的磁鐵在大型的文具店可以買得到。

7.5　KJ 法

7.5.1 創意發想的 KJ 法

這個名稱是創始人川喜田二郎先生（Kawakita Jiro：文化人類學家，開發當

時爲東京工業大學教授）取其英文字母，由創造性研究團體「日本獨創性協會」所命名的。此與腦力激盪法都是日本最受歡迎的構思法。但是它不光是創意構思的方法，它對於根據眾多資料整理出假設，或檢討各種層面的資料，組合成整體形象方面很能發揮其威力。由市場調查描繪出消費者形象，或整合企劃構想方面，它也是很方便的方法，所以許多人都一直運用這種方法。雖然花多一點時間，但是對於推敲精闢的構想很有幫助。在過程中很多創意應運而生。

7.5.2 KJ 法從書寫資訊於卡片上開始

這個技法原是川喜田先生在專攻的文化人類學上，根據野外調查的資料，組成學術上假說的一種特殊方法，首先被介紹在「黨派學」（社會思想社，1964年）中稱爲「剪紙法」，後來改稱「KJ 法」，1967 年左右形成研修體系，然後漸漸普及起來。它的作業程序在技法上有很多變化，所以很難在有限的紙張上說明清楚。根據「KJ 法—混沌談」（川喜田二郎，中央公論社，1986 年）一書，最基本的狹義 KJ 法的步驟，大略介紹如下：

1. 製作標籤

將作爲素材的資料，一件一張地書寫在 KJ 標籤上（撕掉薄膜就可以貼的紙張）。此時，每一張標籤要有一個「記事」。

2. 收集標籤

把標籤隨意地排列在自己面前（這叫「攤牌」），重複多次地閱讀所有的標籤。川喜田先生說，此時要提醒大家的是，要側耳傾聽每一張標籤的「記事」，點頭理解以後再進行下一張標籤。像這樣讀過幾次後，你將發現有些標籤上的「記事」互相類似，此時就把它們歸成一組。

3. 製作標題卡

標籤收集之後，把歸納成一組一組的標籤，就其集體內容簡要地寫在另一標籤上，置於每一組的最上面，然後用迴紋針或橡皮筋捆成一束一束。不成束的卡片不要勉強整理，放著就好了。各束都加上名牌以後，進入第二階段的群組編排。成束的一組標籤，以有「記事」的一張新標籤作爲單位處理，此稱爲「標題

卡」，和不成束的其餘標籤一起進行群組的編排，重複這個步驟，一直到成束的數量變成數個爲止。

4. A 型圖解化

最後將那些標籤，解開放在大張紙上，空間上平均分配，空間配置完成以後，把標籤的薄膜撕去，貼在紙上，然後在它的上面用線將群組圍起來，加上標題，圈與圈之間的關係以圖示方式表明。

5. B 型敍述化

這步驟就是把圖解化後，所了解的事情再做成故事或文章或口頭發表出來。

7.5.3 最重要的是 KJ 法在中途不可偷工減料

KJ 法在進行的中途要反覆地多次閱讀，要從中看透它們有何共通性或類似性，必須配合自己擁有的各種經驗。從自己腦海中的「抽屜」一個一個地檢查，一面用心地把連結資訊的線索找出來。兩次做過還要做第三次，第三次做過還要做第四次，這樣不偷工減料地讀下去才能使已有的假設變成爲創意。可以說，腦海的「抽屜」中那些豐富的內容在過程中使你更容易獲得多種多樣的創意。

KJ 法利用卡片的組合以了解思考的過程，所以也適於數個成員研究同一種資訊。彼此公開心得，貢獻智慧，一面進行作業。由於重排卡片，一面書寫「卡片」一面進行，所以其討論是很具體的。

7.6　NM 法

7.6.1 人類的直覺很了不起

許多上班族，經常會被迫做一些所謂「競賞說明會」的企劃比賽。有時和競爭對手一起接受課題的說明，在接受課題說明之時，會在腦際中閃現創意。或許可以把它叫作「因第六感而產生的創意吧！」而且，當第六感很清楚時，最先出現在直覺上的創意常常是很好的創意。因此，在說明會上，不要問及有關創意的事情。因爲怕被競爭對手領悟到那個閃現的創意。人的直覺實在是很了不起的東西，但也不可過於依賴直覺，因爲有時也會出錯。

閃現或不閃現，都要回到公司之後，再收集資訊、分析，儘可能以合理的方式，研究解決對策。當合理的思考無法找出解決方案之時，用各種方法思考創意。NM 法是把頭腦中的直覺和分析的關係置於假說中，首先合理地思考之後，利用類比以閃現出合理的靈感。

7.6.2 NM 法是把頭腦的功能做一個模擬實驗

NM 法是日本金澤工業大學教授中山正和（Nakayama Masakazu）先生所創的。整理成有系統的構思法，則是 1974 年左右，至於活用類比作為產生靈感的構思法，是由美國所開發的構思法「創造工程學」中得到啟發的。其中把關鍵語和想到的事寫在卡片，一面做圖式配置一面構思這一點是得自 KJ 法的啟示。NM 法也可以說把「創造工程學」和「KJ 法」去蕪存菁，所創出來的構思法。

這個技法常被用於技術方面，目前分成 H 型（用於設備、道具發明、改良場合）、T 型（適於群體作業的 H 型修正）、A 型（結合觀念、設定假說的方法）、S 型（用時間的因果關係，把兩種觀念結合起來的方法）、D 型（作為從很多觀測資料導出獨創性結論的方法）等，其使用方式都各有點差異。這些型態之中，H 型和 T 型因為容易使用，常為人加以利用作為技法，可以說 NM 法首先要精通這兩個，然後再進行其他的技法。

7.6.3 NM 法 T 型的推進方式

這是由 NHK 研修所的高橋浩先生將 H 型改良而成的技法。

步驟 1　**設定主題**：將希望點（希望能具有之功能）與缺點（未能順利進行之處）找出，以此設定主題。在表現上需力求明瞭，即希望達成什麼狀態必須明確，例如：「使字變好的方法」、「沒有雨刷的汽車」等等。

步驟 2　**設定關鍵語——KW（key word）**：仔細觀察主題，自問希望它「具有什麼樣的機能、性質？」來設定關鍵語。由於它是以關鍵語為觀點，開始進行聯想，所以它本身不必是解決的對策，只要是能加強印象的用語即可。如屬機能方面的表現可採用動詞，若屬性質與印象方面的表現，可採用副詞或形容詞。表 7-1 所示即為關鍵語的具體例子。

▼表 7-1　關鍵語的具體例子

主題	關鍵語
使○○作業安全的方法	愉快、看、掛心
提高○○作業的效率	輕巧、跑、飛
安全裝置	重疊、更換、睡眠
○○裝置的故障防止	流動、進行、預知

步驟 3　探求類似——<u>QA</u>（**question analogy**）：從不同的領域探求與關鍵語具有相同功能的東西。藉由關鍵語自問「有沒有想到什麼？」「例如像～一樣」，將聯想到的東西記錄於<u>QA</u>欄中。為使想像的空間更為寬廣，可繪圖表示。在表達上以名詞為佳。表 7-2 是<u>QA</u>的具體例子。

▼表 7-2　QA 的具體例子

關鍵語	QA	關鍵語	QA
明亮	太陽、櫻花、檯燈、新婚家庭	隱藏	忍者、情書、偽裝
流動	當鋪、泛舟、潮流、樹葉	通知	鑰匙、報紙、蟲聲、氣象報告
說話	播音員、九官鳥、回音	停止	時鐘、自來水、風平浪靜

步驟 4　探索背景——<u>QB</u>（**question background**）：想像前面聯想到<u>QA</u>會變成什麼樣，讓<u>QB</u>（背景）浮現。以「將會變成怎樣呢？」、「想起了什麼？」自問，以浮現出來的印象來表現。前者的自問宜採動詞，後者宜採名詞。

步驟 5　構思創意——<u>QC</u>（**question conception**）：本步驟才是提出創意的主要步驟，也是衡量主題，把創意變換成可適用於達成課題的形式的階段。此處自問「針對主題、以<u>QB</u>為契機、有什麼好的靈感？」，藉此提出<u>QC</u>（創意）。一個 QB 要提出數個創意。表達方式宜採用形容詞＋名詞等的方式。

步驟 6　將概念組合起來——<u>ABD</u>（**abduction**）：從<u>QC</u>的創意中選出對達成課題有助益者，將之加以組合、追加創意，使其琢磨成為實際新的創意。

　　以下介紹利用 NM 法的 T 型推進方式，主題為「令接受者欣喜若狂的禮物」，參圖 7-5。

Tea Break

　　日本創造學家中山正和（Nakayama Masakazu）教授，根據人的高級神經活動理論，把人的記憶分成「點的記憶」和「線的記憶」，通過聯想、逆向思維、類比等方法，來搜尋平時積累起來的「點的記憶」（思維點。作者注），經過重新組合，把它們連成「線的記憶」（發散思維），這樣就會湧現大量的創造性構想，從而獲得新的發明創造。這種方法由中山正和教授發明。高橋教授做了改進，將此稱為中山正和法，簡稱 NM 法。中國玩具批發網將 NM 法用於商戰決策，取得了世人矚目的成就。

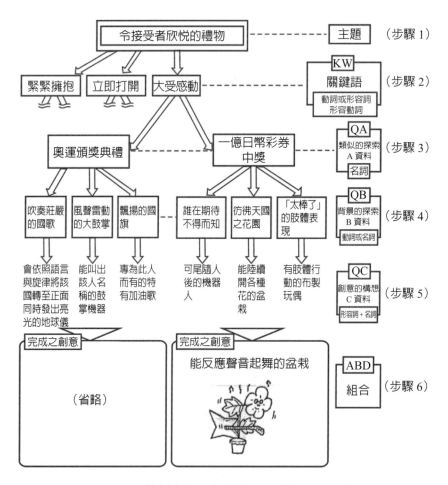

▲圖 7-5 「令接受者欣喜若狂的禮物」的創意例

分析篇

第8章 產品開發與統計分析

8.1 產品開發中的統計分析

　　產品的開發，通常需要經過市場調查、設計、實驗、分析、試製、生產等的過程。統計分析（**statistical analysis**）是在此等的過程中所使用。譬如，市場調查或市場企劃，要進行需求動向分析或市場中企劃案的滿意度或銷售的預測等，設計時要進行各特性要因圖的關係分析或重要度分析以及基於此等進行評價的預測，這些會活用到多變量分析或品質工程等的統計分析。並且，實驗或分析，對於實驗計畫時的條件設定與實際結果的數據分析等，可以使用實驗計畫法、品質工程以及多變量分析等。此外，在試製生產時，像生產工程中產品的尺度與品質的變異控制、生產效率的分析等，可以使用多變量分析、品質工程、實驗計畫法等，並向正式生產去進行（參照圖 8-1）。

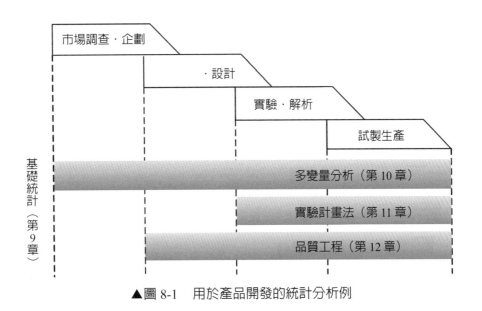

▲圖 8-1　用於產品開發的統計分析例

　　像這樣，統計分析在產品開發的各過程中常加使用，那麼，為什麼統計分析在產品開發中會常加使用呢？此主要理由有以下兩點。其中之一是，產品的尺度或材料必定存在著變異。此變異會對產品的機能與品質造成甚大的影響，因之，

特別是在生產工程中，關注對機能或品質有影響的產品特性，有需要以統計的方式去管制它的變異。所生產的所有產品，為了確保消費的機能與品質，要管制工程使產品特性經常能控制在允許的範圍內。並且，為了能有好的製程管理，在設計的過程中，即使尺寸或材料有變異，也要進行不易影響機能與品質的產品型態、構造、系統的設計，同時為了確保安定的機能與品質，不可少的產品特性的允差設計等也被視為需要。並且，在試製生產的過程中，為了能極力減少產品特性之變異，要進行工程設計與設備設計，同時，有關變異的生產能力預測與對策的檢討，要當作重要課題加以實施。因之，在這些的設計與試製過程中，統計分析也要加以活用。

另外一個理由是，產品被使用的環境存在著多樣性。不用說，產品的機能不只是由產品的特性加以決定，也取決於使用者的嗜好、用法以及產品的使用環境，像是力學上、化學上、電氣上的環境條件等。亦即，產品的機能是由產品特性、使用者特性以及所使用的環境特性三者的關係所決定。因之，在產品開發中，儘可能定量性地掌握多樣的使用者環境與環境特性，將這些資訊反映到產品特性上是很重要的。能正確的反映到產品特性上，即使是在多樣的使用者或環境中，穩定地確保產品的機能才有可能。統計分析是用來將多樣的使用者特性與環境特性當作定量資訊來掌握的手法。定量地掌握使用者特性與環境特性之後，再進行企劃、設計是掌握產品開發上的成功關鍵。

以上所描述的事項，是統計分析被視為需要的一般性理由。可是，產品開發經常使用統計分析的理由並不僅於如此。事實上，還有另一個本質上的理由。那就是產品開發所需的知識，在科學上還未能解釋清楚。可以應用在產品開發的許多資訊，無法以物理、化學、電氣特性等的科學上知識表現的還有很多。因之，不得已將以統計方式表現的知識使用在產品開發上或許是目前的現狀。原本，產品開發所使用的知識應該是基於科學上已解明的知識來加以利用。可是，現實中未解明的現象仍然有很多，此成為產品開發經常使用統計分析的本質上的理由。下節，從產品開發中的模式化之觀點，就此詳細說明。

8.2　產品開發中的模式化與統計分析

在產品開發中統計分析的主要目的，可大略分成與產品有關之現象的**模式化**

（modelling），以及利用所得到的**模式（model）**進行產品評價、需求、銷售等的預測。前者的模式化，是解明與產品有關的各種現象，查明作為對象之現象的要因（要素）之間的關係。利用此模式化所獲得的知識，當作明示產品開發中之目標特性與產品特性或產品特性間之關係的**設計模式（design model）**加以活用。並且，此模式化會影響後者的產品評價或需求等的預測結果，在產品開發中具有非常重要的意義。因此，以下就產品開發中的模式化，使用設計模式來解說。

8.2.1 具有階層性的設計模式

在設計學或設計工學中，設計的本質性行為可以說是從**心理空間**（產品具有的精神價值或心理性的意義），到**物理空間**（產品具有的物理狀態或屬性）之**映射**（mapping）。因此，根據此概念，將對象從「設計行為」擴張成「產品開發」時，「產品開發即成為將價值與意義當作開發的目標，創造出產品的狀態或屬性的行為」，因而產品開發的本質即能表現。因此，此處為了考察產品開發的行為，介紹具有階層性的設計模式來表現設計行為。

如圖 8-2 所示，此設計模式是由構成物理空間的屬性空間（attribute space）與狀態空間（state space），以及構成心理空間的意義空間（meaning space）與價值空間（value space）等 4 個階層所構成。此處所說的**屬性（attribute）**是指能在圖面上記載的特性，包含產品的尺寸、材料、顏色等。所謂**狀態**（state）是指產品在力學上、化學上、電氣上之性質以及它的時間性變化、推移，這些取決於產品使用的場合。所謂**意義（meaning）**，像產品的機能、形象等是指人從產品的屬性或狀態所認知的特性。

所謂**價值（value）**，是就人所認知的產品之意義，有關個人的、社會的、文化的有用性的認知。又，各空間存在著各個屬性、狀態、意義、價值的要素及要素間之關係的集合。並且，此設計模式存在有說明各階層內的要素間之關係以及說明階層間之關係的模式。為了產品開發，各個模式的建模（modelling）是需要的。

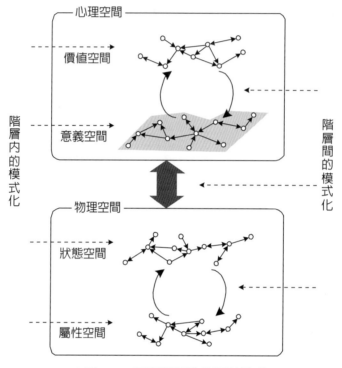

▲圖 8-2　具有階層性的設計模式

8.2.2 從設計模式所看的產品開發與統計分析

　　在設計模式上的意義空間與價值空間，是取決人之主觀的心理空間（psychological space），另一方面，屬性空間與狀態空間，是不取決人之主觀的物理空間（physical space）。接著，設計行為被視為是從此意義空間與價值空間所構成的心理空間，到由屬性空間與狀態空間所構成的物理空間所進行映射的行為，將設計行為換成產品開發也是相同的。

　　試以汽車的加速性能有關的產品開發為例來考察此行為。一般進行加速性能的產品開發時，首先，有需要檢討目標層的使用者是要求何種的加速，該加速對使用者來說產生何種的價值。將此檢討在設計空間表現時，即可查明使用者所要求的在意義空間中的「加速」概念與在價值空間中之「價值」的關係。其次，與價值之關係變得明確後，在意義空間上的「加速」概念，為了當作明確的目標特性，即以定量的方式在狀態空間上設定加速度等的產品特性。接著，產品開發是

去尋求汽車的屬性（像引擎的輸出特性、車體重量與驅動系統的摺動阻力等有關在屬性空間上的產品特性）使能達成在狀態空間上所設定的定量目標。然後，所尋求的屬性被放在設計規格（設計解）中，再進行產品化。

此處，加速度等在狀態空間中的產品特性當作目標特性要如何設定即為問題所在。汽車的加速度並非一定，隨著時間以非線性的方式在變化。在此種狀態下，將狀態空間的產品特性當作加速性能的目標特性時，要如何設定才好呢？此種問題的回答並非一致性的決定。取決於使用汽車的使用者特性與使用環境，回答是各式各樣的。F1 賽車與一般汽車，理所當然在狀態空間上作為目標的產品特性是不同的。並且，在一般汽車中經常行駛市區的家用小型車與行駛高速道路頻率高的跑車，存在對應各自的使用環境的最適目標。而且，取決於使用者的駕駛技術與嗜好、價值觀，作為目標特性要設定的狀態也有不同。特別是嗜好、價值觀的問題頗為困難，涉及此問題時，實用性的加速性能本身並非問題，符合嗜好、價值觀在意義空間上的加速感即成為開發上的實質問題。

像這樣，為了將目標特性在狀況空間上設定，怎樣的使用者在何種環境下使用，有需要確實調查，掌握正確的需求。換言之，針對汽車的加速性能，所要求的是何種的意義與價值，詳細解說是有需要的。此事在設計模式中，是透過包含意義空間與價值空間的心理空間之分析當作模式化予以實施。而且，在意義空間與價值空間中所分析的使用者需求，有需要在定量性的狀態空間上當作產品特性予以翻譯。接著，為了此翻譯，從心理空間到物理空間中的狀態空間的映射使之可能，階層間的模式化也是需要的。使用此階層的模式化之結果（模式），從心理空間向物理空間進行翻譯，物理空間內的產品開發才得以進行。

基於以上的背景，產品開發是關注人的主觀性意義、價值等的心理空間，藉由該空間內之分析模式化與從心理空間到物理空間的映射模式化都是需要的。模式化對產品開發的成功有甚大關係也是可以理解的。接著，這些的模式化應用統計分析是一般的做法。目前的科學，與心理空間交織的許多問題，是很難當作物理現象來分析的。因之，使用統計分析建構「**統計模式**」（statistical model），使用該模式運作產品的價值與意義，在產品開發中成為重要的課題。

8.3 統計分析應用中的留意事項

至前節為止，已解說過交織心理空間的模式化是甚大的課題。而且，這些的模式化，統計分析一般是可以使用的，透過它所得到的統計模式，經常用在產品開發中。可是，統計模式在實際的產品開發中，並非只適用於與心理空間有關的問題。事實上，對於物理空間內的物理現象模式化，也經常使用統計分析。

因此，此處比較統計模式與其他模式，從模式適用的觀點就統計模式在產品開發中的地位進行考察。

8.3.1 統計模式對物理現象的應用

於產品開發中，將物理空間內的現象結構進行模式化時，經常使用**統計模式或微分方程模式**等的「**數學模式**」（mathematics model）。一般來說，統計模式是在對象具有分配的情形下所採用，準備許多的輸出入數據，從該數據配適模式即可獲得。另一方面，依據微分方程式的數學模式，譬如，使用**虎克定律**（Hooke's law）求出應力等，主要是以直接的方式表現數據間的物理關係。過去許多物理空間上的問題，經常使用著此種微分方程模式。

此處，關注統計模式與直接表現物理現象的微分方程模式的兩個特徵，就它們如何應用在產品開發上進行考察。原本，將物理空間的現象結構模式化時，首先要建構表現現象的物理模式。接著，將該物理模式變換成微分方程式等的數學模式再應用其模式，一向是被視為最理想的。它的理由是，此模式除了能以較為理論的方式記述結構之同時，也容易累積由研究所得到的知識，對科學技術的發展即有甚大的貢獻。因之，產品開發並非突然地建構模式，首先，著手處理微分方程式等的數學模式的態度是很重要的。的確，統計模式儘管不那麼具有理論性的考察，應用也是可能的。可是，並非輕易地應用統計模式，只在微分方程式模式等之應用困難時才應用統計模式，此事不管是在理解現象的本質或科學的發展也是有效的。

可是，實際上有關物理空間內的現象來說，無法應用於直接表現物理現象的微分方程模式等的數學模式也為數甚多。此種情形，活用統計模式以當前的問題解決對策來說也是有效的。但是，並非只是將統計模式應用在產品的開發上，基於所得到的統計模式重新表現物理現象的數學模式是最理想的。因為以當前的問

題解決來說，所得到的統計模式，能說明要因間關係等的物理性結構的情形是很多的。因之，利用其示意，推進建構物理現象的數學模式，對產品開發來說想必是很重要的。

8.3.2 統計模式的地位與應用上的留意事項

此處，就統計模式與其他模式之關係進行考察，除了使統計模式的地位明確之同時，也對統計模式在應用上的留意事項進行敘述。

產品開發經常被使用的模式，除了統計模式與微分方程模式等的「數學模式」之外，也有「**構造模式**」（structural model）。所謂構造模式是定性地記述因果關係之模式，像是 QFD（Quality Function Deployment）、FTA（Fault Tree Analysis）、ISM（Interpretive Structural Modeling）等。此模式是解說複雜問題的構造（要因的因果關係）作為主要目的，查明作為對象之問題的整體構造時是有利的。因之，被用在產品開發初期階段中的基本構造的設計或複雜系統的問題解決之中。

此處，為了使統計模式的地位明確，進行了構造模式與微分方程模式的特徵比較，其結果如圖 8-3 所示。依據此圖，統計模式如與構造模式相比，它是屬於定量性的，有適用於局部性問題的傾向。另一方面，與微分方程模式相比，相對它是屬於定性的，有適用於大範圍問題的傾向。

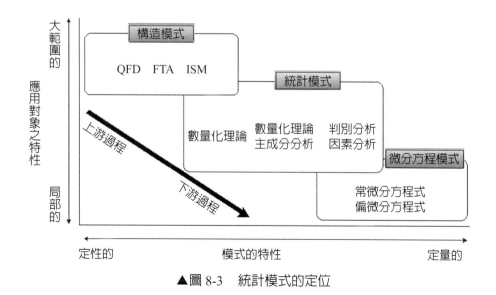

▲圖 8-3　統計模式的定位

　　並且，在此圖中，隨著由左上的構造模式移到右下的微分方程模式，各模式能應用的問題也從大範圍問題推移到局部性問題。此事也說明構造模式適用於探索大範圍且新的產品規格之問題。適合於產品開發的上游過程的應用。另一方面，微分方程模式是適用於產品規格與構造在某種程度上已經固定，在該條件內使產品規格最適化的問題，呈現在產品開發的下游過程中應用變得容易之傾向。此事，可以說它清楚反映了在產品開發中模式應用的現狀。並且，關於統計模式來說，定位在它們之間是特徵所在。因之，關於統計模式的應用，查明此種的定位，一面關注與其他各種模式的區分，在產品開發的各階段，講求能合乎作為對象問題的應用是最理想的。

　　以下從各階段說明統計手法的活用情形。

8.4　企劃階段中的統計手法的活用

　　使用者喜歡何種物品，嗜好構造又是如何等，在企劃階段中是與這些不明事情進行交戰。因此，在數據分析方面，不得不仰賴多變量分析的情形有不少。其應用例有如下情形。

8.4.1 需求的明確化

　　對各種調查對象物來說，有許多的評價項目時，可以結合這些項目歸納成少數的綜合性評價項目（主成分）。歸納成為此種主成分的分析稱為「主成分分析」，以市面上的電腦軟體即可容易分析。概略來說，以某種複合的「指標」重新評估並解釋所繪製之示意圖（map），即可使複合尺度有意義（圖 8-4）。在此意義之下，從新的複合觀點評估、解釋評價對象，在一次元或二次元的世界中看不見的部分即可化暗為明。

　　圖 8-4 中的評價值不只是數值，對於對應之有無此種情形來說，使用「數量化 III 類」[註]也能同樣分析。

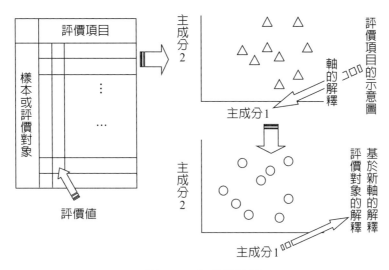

▲圖 8-4　主成分分析

　　譬如，就研究機構的技術主題來說，分析有關數個評價項目之評價值的結果，如圖 8-5 即可解釋軸的意義，在軸上將主題描點，即可查明各主題的內涵。

註：數量化理論（Hayashi's quantification methods），是日本統計數理研究所的原所長林知己夫在 1940 年代後期到 1950 年代開發的日本獨自的多維數據分析法。數量化理論有 I 類、II 類、III 類、IV 類、V 類、VI 類共 6 種方法，I 類到 IV 類比較為人所知。其中 I 類為迴歸分析，II 類為判別分析，III 類依情況分別對應於主成分分析和因素分析。

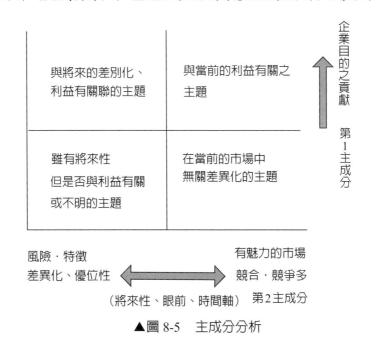

▲圖 8-5　主成分分析

8.4.2 需求構造的明確化

對於某對象物具有何種的**意象**（image），針對多數項目調查之結果，以項目間的關聯性來萃取，即可得出少數個評價因子項目。因此，可以了解評價該對象物之構造。譬如，從有關高級車的形象調查來看，以車子的評價構造來說，可以萃取出表示優越感之因素、便利性之因素等。藉此，在高級車的開發中應列入何種的形象才好即可得知，也可得出市場區隔的線索。

8.4.3 區隔

從評價調查對象間之類似性的數據，利用「集群分析」，即可了解對象間之類似性的構造。利用此，相類似之對象群的聚集與不同群之分離即可客觀化，對於分成數個層來說，要採取何種的分類方式才好即可得知，為了能適切地因應多樣化的顧客要求，要提供何種的產品群才好，此種品種區分的苦惱即可獲得解答。

8.5　開發、設計階段的統計手法的活用

要製作何種物品之意象已明確之後，在將它具體化之設計階段中，處理技術上仍然未知的部分也很多。而且，對重視觀察來說，經驗也缺乏，重複也少。因此，活用能考量許多要因之實驗計畫法是不可欠缺的。

8.5.1 未知要因之探索

對於要如何實現某種目標層次的品質，有甚多的不明部分時，儘可能列舉可以想到或可改變水準的要因，從中找出真正具有效果的要因。因此，必須儘量以較少的實驗數檢討許多的要因，以此種探測式的實驗來說，如忽略交互作用時，「直交表」是非常有效的。雖然在該實驗之中如能得出接近目標層次的品質是最好的，但如果目標未能達到時，改變水準或改變要因本身，再進行第 2 次的實驗也是可行的。並且，為了將此種幾次的實驗合在一起進行分析，此時「直和實驗」是有效的。

8.5.2 電腦模擬的效率化

像強度或變形量等許多的特性，不製作實際的物品，利用電腦即可模擬。進行此種分析時，必須輸入形狀、尺寸等參數，但爲了進行它的水準與特性之關係的分析，如利用實驗計畫法以參數作爲要因，即可定量性地掌握參數的影響，即使在其他的狀況中掌握具有泛用性的技術也是有效的。

8.5.3 對變動要因之穩健設計

產品品質因使用環境之變化而改變時，對消費者而言即變成不易使用的產品。因此，需要有即使使用環境改變，對品質也不會造成影響之設計。譬如，從柔軟度受溫度而有甚大改變的巧克力，向不受溫度影響之巧克力去改善即相當於此。並且，如從設計階段移行到製造階段時，其中有許多的變動要因會造成製造品質有甚大的變異。因此，掌握此種變動要因，即使它有變動對產出也不會造成影響，採行能有此種設計或實驗的想法也是很重要的。譬如，僅管加工條件的設定有少許的變動，如能選定可以獲得一定品質的原材料也是需要的。

對此種情形來說，將變動要因當作外側因子，積極地引進到實驗之中進行此種「直積實驗」或利用「參數設計」的想法與手法是很理想的。

8.6 生產準備階段的統計手法的活用

所設計的物品爲了能以實際的形狀呈現，如考察它的技術檢討時，在技術課題的解決上，從製造計畫來看也是與時間之交戰，若想到許多的製造成本在生產技術準備階段中已有所決定時，那它也要與成本進行交戰。在此種階段中，如想到如何有效率地在技術面上查明不明點，如何提高技術層次時，統計品管（SQC）被認爲是最需要的步驟。它的應用方式如下說明。

8.6.1 條件設定

在將適切的加工條件轉移到製造之前要先使之明確，在製造階段不要讓不需要的不良品堆積如山是重點所在。其中，有加工上的要點由過去的經驗即可得知之要因，設定其水準即可解決之情形，以及萃取出在過去的技術中並不得而知的

要因等之情形，不管是哪一種情形，如採取利用直交表的實驗計畫法時，可以對許多的要因，一舉設定條件，或萃取出貢獻率高的要因，不管在時間上或在實驗費用上，可以進行非常有效率的檢討。

就每一個要因進行檢討與確認的方法，整體來說，甚花時間，不需要的數據變多，成本上即顯得不利。並且，要因之間有交互作用時，如未同時變動許多要因之水準時，即無法設定適切條件，這也是使用實驗計畫法的理由。

像加工中的所需時間或加工速度等，在滿足生產力或成本之限制條件之範圍內，設法實現目標品質的做法甚為需要，忽略限制進行檢討也得不出真實的結果。

8.6.2 成本檢討

許多的製造成本是取決於物品的做法。因此，如讓工法與成本對應時，過去的技術即使困難，也能找出能降低成本的工法。要使該工法成為可能，有需要檢討技術上困難的地方或不明確的地方。而且，為了不要影響製造計畫，必須與時間交戰來實現它。此時，整理出能實現課題的方案，將它當作要因，或與新工法有關的技術假設當作要因，採行實驗計畫法即可發揮威力。

8.6.3 測量誤差的分析

為了進行更高精度的加工，對於需要有比過去的水準還高的測量方法，或利用功能評價法等採用新的測量方法之情形來說，在轉移到製造前，有需要先檢討測量方法與其誤差。

每次測量出現不同之值雖然苦惱，但測量任何東西只是出現相同數值之測量也是毫無意義的。如果是相同的物品，即使重複測量也能讀取相同之值，如果測量不同物品時，又能靈敏地以不同值讀取的測量方法是所期盼的。因之，將靈敏度與重複誤差之比當作「SN 比」，整理出 SN 比高的要因，使用實驗計畫法來檢索、驗證它的方法是有效的（圖 8-6）。

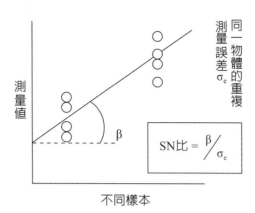

▲圖 8-6　測量的 SN 比

8.7　製造階段的統計方法的活用

　　對日常的生產中的問題解決來說，如未能及早解決時，不良即堆積如山，因之即成為與時間之交戰。因此，要重視觀察，儘可能在沒有負擔感的方式下使之能有效率地解決。另外，如平常能收集原因系的數據時，使用它進行「複迴歸分析」或「判別分析」時，大多能簡單探究不良原因，因此，即使是製造階段，統計分析也是有效的。若是簡單的實驗時，可在生產現場中執行，因之，想儘快且想確實留存技術上的祕訣時，使用直交表的實驗也甚為常用。

8.7.1 複迴歸分析

　　如平常收集有原因系的數據時，將它輸入電腦，即可簡單調查哪一個要因對特性造成影響。從此分析結果，想變更特性的平均水準時，將哪一個要因在哪一個方向變更好即可得知，想減少特性的變異時，將已知有關係之要因的水準的變動範圍，使之變小那樣地進行要因管理即可。並且，此種分析，特性與要因之關係能以式子表現，因之利用它，如能知道要因的水準是多少時，即可預測特性之值會變成多少。針對此預測值，查證實際值是多少，將其差異予以描點，當作管制圖來利用時，像以過去的要因無法說明（預測）那樣的變異一旦發生時，即可當作掌握新要因的良機來利用。

8.7.2 判別分析

進行不良的原因分析時，如要因間無相關關係時，以良品及不良品來層別數據，調查兩者在要因的水準上有無顯著的差異，如有差時，該要因即可視為不良的原因。可是，要因間有相關時，如圖 8-7 所示以此種方法無法發現明確的差異。不如將 2 個要因合在一起製作新的尺度 Z，以其值觀察時，顯著的差異即可出現是可以得知的，稱此為「判別分析」。此可利用軟體，只要將數據輸入，即可簡易得出結果。

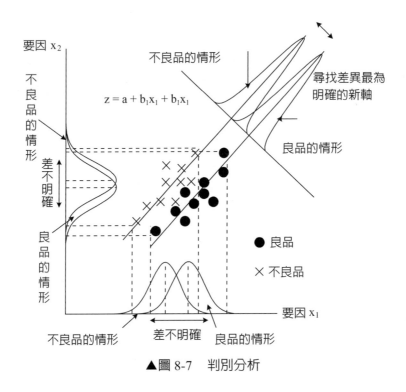

▲圖 8-7　判別分析

像這樣，生產的各步驟是與時間之交戰。因此，對於要解決的技術課題需要有能有效率解決的方法，因之統計方法的活用是不可欠缺的。並且，為了製造物美價廉的物品，必須解決開發與生產技術上的困難課題（圖 8-8）。因之，要確保從過去的技術範圍能向前邁出一步的新技術，打破過去技術的障礙，必須從事實或數據發現新的法則性與要因。對它而言，在觀察之餘，能更深入分析數據的統計方法就顯得甚為有效。

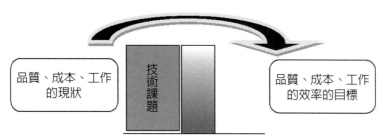

為實現目標必須解決的技術課題
⇒ 活用統計方法有效率地解決

▲圖 8-8　展開成為技術課題的改善

 Tea Break

　　在我們的生活中，存在著許許多多待解決的問題，有些問題是可以使用統計分析的方法來解決。統計分析方法是以數學為基礎，有嚴謹的邏輯和標準，需要遵循特定的規範，從確立目的、發展和選用題項、提出假設、進行抽樣、資料的收集，分析和解釋數據，得出結論，以提供數據給決策者下正確的決策。

第9章 基礎統計分析

9.1 母體與樣本

在研究與業務之中對於所收集、測量的各種數據進行統計的處理，即可取出有益的資訊，收集、測量數據稱為**抽樣**（sampling），成為抽樣對象的群體稱為**母體**（population）（圖 9-1）。母體中有像「100 個試製品」的**有限母體**（finite population）以及像「製造工程中所生產的產品」那樣的**無限母體**（infinite population）。與有限母體相比，無限母體容易處理，因之雖然母體的構成要素是有限，然而將來仍會一直生產出相同的產品時，或母體的要素的個數比抽樣所得到的數據個數多得很多時，大多當作無限母體來處理。

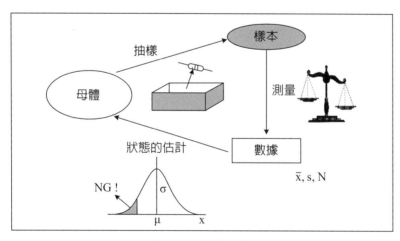

▲圖 9-1　母體與樣本

一般調查母體的所有構成要素，從經濟上的理由來看大多不易。因之，將母體的一部分當作樣本抽出，從該數據計算基礎統計量，應用母體服從各種的機率分配，以估算母體的性質。

對於以下所敘述的基礎統計，想更詳細了解時，請參照五南出版的《工程統計學》。

9.2　數據的種類與尺度

數據可利用它的種類與尺度加以分類。依種類的分類，可分成**質性數據**（qualitative data）與**量性數據**（quantitative data）。所謂質性數據是指以定性的方式所求出的數據，像是工廠中所處理之產品的顏色、規格等。所謂量性數據是指以定量的方式所求出的數據，像是各個產品的重量、尺寸以及不良率等。另一方面，利用尺度的分類，可分成以下 4 者。

9.2.1 名義尺度（nominal scale）

為了區別產品，對它設定 1，2，3 等一連串的號碼時，這些數值稱為名義尺度。像是直接表現對象的質性差異，同一對象設定相同數據，不同對象設定不同的數值。此種尺度值的四則演算不具意義。

9.2.2 順序尺度（ordinal scale）

為了調查產品的滿意度，以某種的基準設定順序，將該順序以第 1 位、第 2 位、第 3 位等一連串號碼表示時，這些數值稱為順序尺度。這些值只是表示對象的順序關係，嚴格來說，它的間隔不能說是等間隔，此種尺度值的四則運算不具意義，也稱為序數尺度。

9.2.3 間隔尺度（interval scale）

雖然是基於一定的測量單位（譬如 C°）加以測量，但尺度的原點（零點）可任意設定時，此稱為間隔尺度。由於數值之差的等值化（20° – 10° = 30° – 20°）可以被保證，因之此種尺度值可以進行加減算，但乘算與除算不具意義。也稱為距離尺度。

9.2.4 比例尺度（ratio scale）

除了可以保證數值之差的等值性外，尺度的原點可以唯一地加以設定時，此稱為比例尺度。此值對數值之比的等值性也可加以保證，加減乘除的四則演算是可行的。由以上知，由數據所得到的資訊，大多是以比例尺度所求得到的量數據來處理。

9.3 　基礎的統計量

　　針對所得出的數據，利用次數分配表與直方圖，即可定性地理解群體的性質，像是值出現的次數與變異等。並且，從 2 組數據製作散布圖，即可定性地顯示數據間的關聯。以下，針對數據的統計性質以定量方式表現的基礎統計量加以說明。

　　並且，使用這些時，有需要留意數據之中的偏離值之存在。偏離值不一定是異常值，是否除去有需要基於固有技術上的觀點，慎重地加以檢討。

9.3.1 分配的代表值

1. 平均值（average）

　　表示數據之分配的中心位置之指標。各個數據是 x_1，x_2，$\cdots$，x_n 時，平均值 $\bar{x}$ 可如下定義。

$$\bar{x} = (x_1 + x_2 + \cdots + x_n)/n = \sum_{i=1}^{n} x_i / n \tag{9-1}$$

　　平均值受到分配的偏態與偏離值之影響甚大，因之處理它們需要注意。

2. 中央值（median）

　　表示數據的分配的中心位置。當數據依由小而大排列時，如果數據是奇數個時，位於正中央的數據之值，如果數據是偶數個時，位於中央的 2 個數據的平均值定義為中央值。中央值受到分配的偏態或偏離值的影響較小，因之作為偏態分配或含有偏離值之分配的代表值是適切的。

註：中央值也稱為中位數

3. 眾數（mode）

　　表示數據分配的中心位置的指標，在所收集的數據之中以出現最多之值來定義。

9.3.2 表示分配的分散性指標

1. 變異數（variance）

　　這是表示數據分配的擴散指標。從各測量值減去平均之後將差的平方和除以自由度（degree of freedom）所得之量，當作變異數（不偏變異數）V，以下式加以定義。所謂自由度是指構成平方和的變數之中，能獨立變動的最大個數。機率變數間如有某種的限制時，減去其限制數之後的值即為自由度。此情形，由於是從數據估計平均值因之自由度減 1，成為 f = n – 1。

$$V = S/f = \sum (x_i - \overline{x})^2 /(n-1) \qquad (9\text{-}2)$$

2. 標準差（standard deviation）

　　表示分配擴散的指標。是取變異數 V 的平方根的正值。標準差如下定義。

$$S = \sqrt{V} \qquad (9\text{-}3)$$

　　標準差受到分配的偏態或偏離值的影響甚大，因之在偏態的分配或包含偏離值的分配中是無法正確表示數據的變異。

3. 全距（range）

　　簡易地表示數據的分配的擴散情形之指標。用在數據少時（10 個以下）的情形也有。x_{max} 當作數據的最大值，x_{min} 當作數據的最小值，則全距 R 可定義如下：

$$R = x_{max} - x_{min} \qquad (9\text{-}4)$$

9.3.3 表示變數之間的關聯性指標

1. 相關係數（ccorrelation coefficient）

表示 2 個變數間的比例關係的強度指標。一般，所謂相關係數是指 Pearson 的積差相關係數。變數 x 與變數 y 的相關係數 r 可以如下定義。

$$r = \frac{S_{xy}}{\sqrt{S_{xx}}\sqrt{S_{xy}}} \tag{9-5}$$

此處 S_{xx}，S_{yy} 稱為偏差平方和（sum of squares），S_{xy} 稱為偏差積和（sum of product），以下式加以定義。

$$S_{xx} = \sum_{i=1}^{n}(x_i - \overline{x})^2 = \sum_{i=1}^{n}x_i^2 - n\overline{x}^2 \tag{9-6}$$

$$S_{yy} = \sum_{i=1}^{n}(y_i - \overline{y})^2 = \sum_{i=1}^{n}y_i^2 - n\overline{y}^2 \tag{9-7}$$

$$S_{xy} = \sum_{i=1}^{n}(x_i - \overline{x})(y_i - \overline{y}) = \sum_{i}^{n}x_iy_i - n\overline{x}\overline{y} \tag{9-8}$$

相關係數 r 的值的範圍是在 $-1 \le r \le 1$。2 個變數的散布圖（**scatter diagram**）取決於 r 之值而成為圖 9-2。

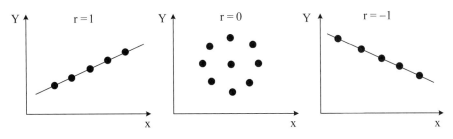

▲圖 9-2　變數間的關係性與相關係數

以例來說，如由表 9-1 求相關係數時，

$$r = \frac{234}{\sqrt{210 \times 346}} = \frac{234}{\sqrt{72660}} = 0.87 \tag{9-9}$$

▼表 9-1

	身高（cm）	體重（kg）	偏差		偏差平方和		偏差積和
	y_i	x_i	$y_i - \bar{y}$	$x_i - \bar{x}$	$(x_i - \bar{x})^2$	$(y_i - \bar{y})^2$	$(y_i - \bar{y}) \times (x_i - \bar{x})$
A	165	60	−10	−8	100	64	80
B	168	62	−7	−6	49	36	42
C	176	64	1	−4	1	16	−4
D	172	66	−3	−2	9	4	6
E	174	68	−1	0	1	0	0
F	171	70	−4	2	16	4	−8
G	177	71	2	3	4	9	6
H	182	72	7	4	49	16	28
I	181	73	6	5	36	25	30
J	184	74	9	6	81	36	54
計	1,750	680	0	0	346	210	234
平均	175	68					
	$\bar{y}$	$\bar{x}$			S_{yy}	S_{xx}	S_{xy}

　　即使相關係數相等，如畫數據的散布圖時，分配有時也有甚大的不同，關係性不一定相同。因之，並非以相關係數判斷 2 變數間的關係，也有需要以散布圖進行確認。並且，因第 3 變量 z 對 x 與 y 有影響，因之外表上 x 與 y 之間看似有相關（spurious correlation）的可能性也有，因之，也需要基於固有技術上的觀點加以檢討。

2. 順位相關係數（rank correlation coefficient）

　　處理的變量是順序尺度時，前述的積率相關係數即無法適用。此時使用 Spearman 的順位相關係數也同樣可以求出變量間的關聯性。順位相關係數 r_s 以下式加以定義。

$$r_s = 1 - \frac{6\sum d^2}{n^3 - n} \tag{9-10}$$

此處，d 是順位之差。舉例來說，如利用表 9-2 求順位相關係數時，即為

$$r_s = 1 - \frac{6 \times 20}{10^3 - 10} = 0.88 \tag{9-11}$$

▼表 9-2　身高的順位與體重的順位之關係

	身高的順位	體重的順位	順位之差
A	1	1	0
B	2	2	0
C	3	3	3
D	4	4	0
E	5	5	0
F	6	6	−3
G	7	7	0
H	8	8	1
I	9	9	−1
J	10	10	0

9.4　機率分配

　　機率分配（probability distribution）是對所有可能發生的現象，表示某現象與其發生機率的對應關係。機率分配有對應離散值的離散機率分配與對應連續值的連續機率分配。對於人的身高或體重，或在有所管制的製造工程中物品的尺寸或重量等的數據，有關其分配的統計性質已有所研究，機率分配可用數式加以表現。使用機率分配，進行後續的估計與檢定，值的範圍的預測結果不正確的危險性，能以統計的方式進行檢討。

　　以下就數式所表現的代表性機率分配加以敘述。

9.4.1 機率密度函數

　　如圖 9-3 所述，直方圖的縱軸是次數 g，不使用 g 取代而之使用 g/nh（n 是總數據數，h 是直方圖區間的寬度）時，直方圖整體的面積即可標準化使之成為 1。因之，如使數據數增加且讓區間的寬度減少時，直方圖即成為圖 9-3 所示，

收斂於平滑的分配曲線。

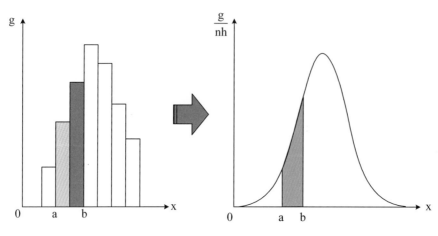

▲圖 9-3　直方圖與機率密度函數

表示此分配曲線的 f(x) 稱為機率密度函數（probability density function）。關於機率密度函數，對所有的 x 來說，成立如下所示的關係。

$$f(x) \geq 0 \cdot \int_{-\infty}^{\infty} f(x)dx = 1 \tag{9-12}$$

今 x 如取 a 與 b 時，則 $a \leq x \leq b$ 之機率，即為如圖 9-3 的陰影面積。以 $P\{a \leq X \leq b\}$ 表示，關於 $P\{a \leq X \leq b\}$ 成立如下關係。

$$P\{a \leq X \leq b\} = \int_{b}^{a} f(x)dx \tag{9-13}$$

9.4.2 常態分配

19 世紀德國的數學家高斯（J. C. Friedrich Gauss, 1779-1855）發現誤差的分配形成**常態分配**（normal distribution）以及表示常態分配的機率密度函數。資料的許多分配大多可以看成常態分配，像工業產品的特性值的分配等，依據常態分配的統計分析手法是廣泛地加以使用。

$$f(x) = \frac{1}{\sqrt{2\pi}\sigma} \exp\left[-\frac{1}{2\sigma^2}(x-\mu)^2\right] \quad (-\infty < x < \infty, \ \sigma > 0) \tag{9-14}$$

此處，μ 表母體的平均，σ 表母體的標準差。

常態分配是以平均為中心形成左右對稱的分配。以定量的方式表示所求出的數據偏離常態分配的指標有**偏度**（**skewness**）與**峰度**（**kurtosis**）。

偏度 s_k 以下式表示，如圖 9-4 所示，$s_k > 0$ 時分配向右偏斜，$s_k = 0$ 時成為左右對稱的分配，$s_k < 0$ 時成為向左偏斜的分配。

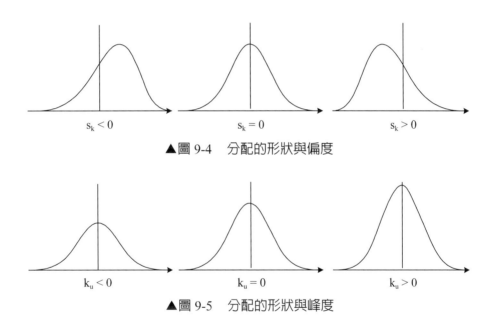

▲圖 9-4　分配的形狀與偏度

▲圖 9-5　分配的形狀與峰度

$$s_k = \frac{\sum (x - \overline{x})^3}{ns^3} \tag{9-15}$$

式（9-15），由於常態分配時成為 0，因之觀察所求出的偏度與 0 之差，即可定量的掌握偏離常態分配的程度。

峰度 k_u 以下式表示，如圖 9-5 所示，$k_u < 0$ 時形成比常態分配還扁平的分配，$k_u = 0$ 時成為常態分配，$k_u > 0$ 時形成比常態分配更為尖凸的分配。

$$k_u = \frac{\sum (x - \bar{x})^4}{ns^4} - 3 \tag{9-16}$$

此外，母體即使可以假定服從常態分配時，μ 與 σ^2 仍是要從樣本數據去估計。具體言之，利用 n 個樣本數據的平均 $\bar{x}$ 估計 μ，利用變異數 V 估計 σ^2。

常態分配的 μ 與 σ 的 2 個值決定時，機率密度函數 $f(x)$ 的形狀即可決定，因之常態分配以 $N(\mu, \sigma^2)$ 表示。另外，有服從常態分配 $N(\mu_1, \sigma_1^2)$，$N(\mu_2, \sigma_2^2)$ 的 2 組母體時，從各母體所抽出的樣本其數據之和服從常態分配（$\mu_1 + \mu_2, \sigma_1^2 + \sigma_2^2$），數據之差也服從常態分配 $(\mu_1 - \mu_2, \sigma_1^2 + \sigma_2^2)$。此稱為常態分配的加法性。

如圖 9-6 所示，$\mu = 0$，$\sigma = 1$ 的常態分配特別稱為**標準常態分配**（standard mormal distribution）。服從 $N(\mu, \sigma^2)$ 的任意機率變數 x 利用下式即可加以標準化，所求出的 u 即服從標準常態分配 $N(0, 1^2)$。

$$u = \frac{x - \mu}{\sigma} \tag{9-17}$$

就常態分配求機率時，要活用附錄的附表 1 所表示的常態分配表（單邊），具體言之，如圖 9-7 所示按如下使用。

1. 考慮至小數點以下 2 位為止。
2. 尋找符合小數點以下第 1 位數的的列。
3. 尋找符合小數點以下第 2 位數的的行。

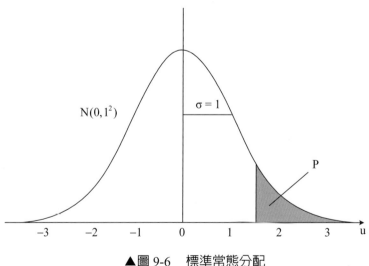

▲圖 9-6　標準常態分配

u	.00	.01	.02	.03	.04	.05	06	.07	.08	.09
0.0	.5000	.4960	.4920	.4880	.4846	.4801	.4761	.4721	.4681	.4641
0.1	.4602	.4562	.4522	.4483	.4443	.4404	.4364	.4325	.4286	.4247
⋮	⋮	⋮	⋮	⋮	⋮	⋮	⋮	⋮	⋮	⋮
1.9	.0287	.0281	.0274	.0268	.0262	.0256	.0250	.0244	.0239	.0233

▲圖 9-7　常態分配的看法

9.4.3 χ^2 分配

大多數的母體服從常態分配，所以依據由服從常態分配的母體所抽出的數據求平均與變異數有很多。變異數如 9.3.2 節所述，是將偏離平均之平方和除以自由度求得。由服從標準常態分配 $N(0, 1^2)$ 的母體所抽取的數據 $Z_1, Z_2, \cdots, Z_n$ 的平方和 $\chi^2 = Z_1^2 + Z_2^2 + \cdots + Z_n^2$ 是服從自由度 $f = n$ 的 χ^2 分配（Chi-square distribution）。並且，對於由常態分配 $N(\mu, \sigma)$ 所求出的數據的平方和來說，將 Z_i 標準化，並設

$$\chi^2 = \sum_{i=1}^{n} (Z_i - \mu)^2 / \sigma^2 \qquad (9\text{-}18)$$

此 χ^2 也是服從自由度 $f = n$ 的 χ^2 分配。

母體的平均 μ 未知時，由樣本數據求出 $\overline{Z}$，代入下式。

$$\chi^2 = \sum_{i=1}^{n} (Z_i - \overline{Z})^2 / \sigma^2 \qquad (9\text{-}19)$$

此情形，因為是由數據估計平均值，所以自由度減 1，所以是服從自由度 $f = n - 1$ 的 χ^2 分配。

χ^2 分配的機率密度函數（自由度 $f = n$）使用 Γ 函數如下定義之。

$$f(x) = \begin{cases} 0 \\ \dfrac{1}{2^{\frac{n}{2}}\Gamma\left(\dfrac{n}{2}\right)} x^{\frac{n}{2}-1} e^{-\frac{x}{2}} & (x > 0) \\ & (x \le 0) \end{cases} \tag{9-20}$$

$$\text{但 } \Gamma(z) = \int_0^{\infty} t^{z-1} e^{-t} dt \tag{9-21}$$

圖 9-8 中是表示 χ^2 分配的機率密度函數的圖形。如圖示，χ^2 分配具有取決於自由度分配的形狀而改變的特性。由於是從標準常態分配的平方和求出，因之 χ^2 不取負值，自由度越大，頂點越向 x 軸的右方去移動。

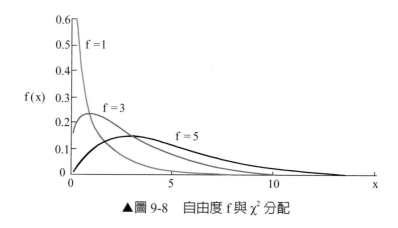

▲圖 9-8　自由度 f 與 χ^2 分配

對 χ^2 分配求機率時，活用附錄的附表 3 所示的 χ^2 分配表。

9.4.4 F 分配

基於各別所求出的 2 種數據，定量的比較變異之差時要進行變異數的比較。此時，基於 2 個變異數服從的機率分配，即可以統計的方式表示兩者之差的顯著性。

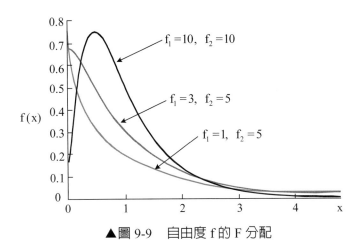

▲圖 9-9　自由度 f 的 F 分配

今有服從常態分配的 2 組母體。分別抽出 n_1, n_2 的數據，求出變異數 V_1, V_2，求出它的變異數比

$$F_0 = V_1/V_2 \qquad (9\text{-}22)$$

此 F_0 服從自由度 $f_1 = n_1 - 1$，$f_2 = n_2 - 1$ 的 F **分配**（F distribution），但 $V_1 > V_2$。

　　F 分配的機率密度函數（自由度 $f_1 = m$，$f_2 = n$）表示在圖 9-9。此函數是使用 B 函數以下式表示：

　　其中

$$f_{m,n}(x) = \begin{cases} \dfrac{m^{\frac{m}{2}} n^{\frac{n}{2}}}{B\left(\dfrac{m}{2}, \dfrac{n}{2}\right)} \cdot \dfrac{x^{\frac{m}{2}-1}}{(mx+n)^{\frac{m+n}{2}}} & (x > 0) \\ & (x < 0) \\ 0 & (x < 0) \end{cases} \qquad (9\text{-}23)$$

$$B(x, y) = \int_0^1 t^{x-1} (1-t)^{y-1} dt \qquad (9\text{-}24)$$

針對 F 分配求機率時，活用附錄的附表 4 所示的 F 分配表。

9.4.5 t 分配

20 世紀初期，由英國啤酒釀造公司基內斯的技師高斯特（W. Sealy Gosset, 1876-1937）所發現。大規模地收集樣本數再應用常態分配的過去手法，在啤酒釀造的現場中不易適用，在研究數據的分配取決於樣本數出現偏離常態分配之現象中，t 分配才被發現。由於此 t 分配的發現，乃建構了由少數樣本估計母體的理論。

從常態分配 $N(\mu, \sigma^2)$ 所抽出 n 個數據的平均值 $\bar{x}$ 是服從常態分配 $N(\sigma^2/n)$，將 $\bar{x}$ 標準化時

$$u = \frac{\bar{x} - \mu}{\sqrt{\dfrac{\sigma^2}{n}}} \tag{9-25}$$

通常母體的變異數大多未知。此處從數據求出變異數 V 代入上式的 σ^2 後的 t 值（下式）並非服從常態分配而是服從自由度 $f = n - 1$ 的 t 分配（Student's t distribution）。

$$t = \frac{\bar{x} - \mu}{\sqrt{\dfrac{V}{n}}} \tag{9-26}$$

t 分配如圖 9-10 所示，是以 0 為中心左右的分配，形狀與常態分配幾乎無差異。並且，隨著自由度 $f = n - 1$ 的增加峰度變高，逐漸地收斂於常態分配。

t 分配的機率密度函數（自由度 $f = n$）如下定義。

$$f(x) = \frac{1}{\sqrt{n}B\left(\dfrac{n}{2}, \dfrac{1}{2}\right)}\left(1 + \frac{x^2}{2}\right)^{-\left(\frac{n+1}{2}\right)} = \frac{\Gamma\left(\dfrac{n+1}{2}\right)}{\sqrt{n\pi}\Gamma\left(\dfrac{n}{2}\right)}\left(1 + \frac{x^2}{2}\right)^{-\left(\frac{n+1}{2}\right)} \tag{9-27}$$

對於 t 分配求機率時，可活用附錄的附表 5 所示的 t 分配表。

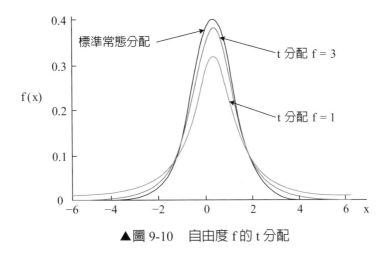

▲圖 9-10　自由度 f 的 t 分配

9.5　估計

　　求出產品的尺寸或質量、強度等的數據時，即使重新測量同類的產品，因產品的變動，平均值或變異數也會有不同，這是我們曾體驗過的。

　　像此種情形，基於機率分配求出平均值或變異數可能取得之值或它的存在範圍的方法稱為估計（estimate）。本節使用 9.4 節所敘述的機率分配就具體的估計方法加以敘述。

9.5.1 估計的分類

　　基於定義式求出平均 $\bar{x}$ 與變異數 V 之值時，分別以一個值得出，稱此為點估計（point estimate）。可是，如此所求出的平均與變異數，不一定與母體的真正平均（母平均）μ 或真正變異數（母變異數）σ^2 一致，而是以母平均或母變異數之值為中心在其週邊分散著。因之，在醫學或工業的領域中不只是點估計，考慮誤差進行區間估計（interval estimation）的也很多。

　　譬如，區間估計母平均時，通常以 95% 的機率估計母平均可能落入的範圍，以 $\bar{x} - a < \mu < \bar{x} + a$ 的方式表示。此處 $\bar{x} \pm a$ 稱為 μ 的信賴界限，此信賴界限所包含的區間稱為信賴區間（confidence interval）。並且，此 95% 之值以 1 – α 表示時，α 稱為顯著水準，1 – α 稱為信賴係數。

9.5.2 平均值的估計

1. 母體的 σ^2 已知時

σ^2 已知時，可以使用常態分配表進行估計，從母平均為 μ，變異數為 σ^2 的母體抽出大小 n 的樣本，其數據的平均 $\bar{x}$ 服從常態分配。因之，由常態分配表即可求出

$$-1.96 \leq \frac{\bar{x} - \mu}{\sigma / \sqrt{n}} \leq 1.96 \tag{9-28}$$

此處母平均 μ 是不明，所以將 μ 改寫成下式，即可區間估計（95% 信賴區間）母平均。

$$\bar{x} - 1.96 \frac{\sigma}{\sqrt{n}} \leq \mu \leq \bar{x} + 1.96 \frac{\sigma}{\sqrt{n}} \tag{9-29}$$

2. 母體的 σ^2 未知時

如 σ^2 未知時，從數據計算出 V 當作 σ^2 的代用值。此情形，雖然利用與常態分配不同的分配，但估計的想法是相同的，如 9.4.5 節所述，從 $\bar{x}$ 減去其母平均 μ 後以 $\bar{x}$ 的標準差的估計值 $\sqrt{V/n}$ 除之者，是服從自由度 $f = n - 1$ 的 t 分配。因之，將式（9-29）變形，即可如下式求出母平均 μ 的區間估計（95% 區間估計）。

$$\bar{x} - t(n-1, 0.05)\sqrt{\frac{V}{n}} \leq \mu \leq \bar{x} + t(n-1, 0.05)\sqrt{\frac{V}{n}} \tag{9-30}$$

從附錄的附表 5 所示的 t 分配表以列方向尋找自由度 $f = n - 1$ 之值，求出位於 $p = 0.05$ 之行之值即可，譬如，$n = 10$ 時，$t(n-1, 0.05) = 2.262$。

9.5.3 變異數的估計

表示分配的變動程度的 S 或 V 之值，從同一母體重複進行抽樣再計算時，

不一定成為一定值而是有變動的。即使對於此變動，也可採用前節所敘述的想法進行估計。

平方和 S 除以母變異數 σ^2 後的 χ^2 可以表示成如下。

$$\chi^2 = \frac{S}{\sigma^2} = \frac{(n-1)V}{\sigma^2}$$ （9-31）

此服從自由度 $f = n - 1$ 的 χ^2 分配。因之由數據所計算之平方和除以 σ^2 之後之值，在 95% 的機率下服從下式。

$$\chi^2(n-1, 0.975) \le \frac{S}{\sigma^2} \le \chi^2(n-1, 0.025)$$ （9-32）

在由數據求出 S 或 V 之值時，因母變異數之值未知，因之將式（9-32）對 σ^2 加以整理，成為

$$\frac{S}{\chi^2(n-1, 0.025)} \le \sigma^2 \le \frac{S}{\chi^2(n-1, 0.975)}$$ （9-33）

使用上式即可進行對未知之值 σ^2 進行區間估計。

由 n 個數據計算平方和 S 或變異數 V，再使用 χ^2 分配表所顯示之值時，即可得出母變異數的信賴區間。譬如，n = 20 時，自由度 f = 19，可求出

$$\chi^2(19, 0.025) = 32.85, \ \chi^2(19, 0.975) = 8.91$$

9.6　檢定

特性值可以想成是服從常態分配時，使用由某母體所得出之樣本的數據，可求出與基準值之差異，或可判斷 2 個母體中之母平均或母變異數之不同。

基於統計理論求這些之方法稱為**檢定**（test）。本節使用 9.4 節所敘述的機率分配就具體的檢定手法加以敘述。

9.6.1 檢定的步驟

檢定依照圖 9-11 的步驟進行，但取決於進行檢定的對象（與基準值之差，2 個母體中變異數之比，2 個母體中平均之差），所求的統計量是不同的。表 9-3 中整理出檢定的分類與所使用的統計量之一覽表。

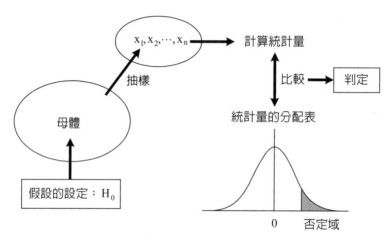

▲圖 9-11　檢定的步驟

▼表 9-3　檢定的分類

檢定的目的		虛無假設	條件	利用之機率分配	所求的統計量
與基準值之比較	平均值之比較	$\mu = \mu_0$	σ^2 已知	常態分配	$\overline{x}$
			σ^2 未知	t 分配	$\overline{x}$, V
	變異數之比較	$\sigma^2 = \sigma_0^2$		χ^2 分配	S
2 個母體之比較	平均值之比較	$\mu_A = \mu_B$	$\sigma_A^2 = \sigma_B^2$	t 分配	$\overline{x_A}, \overline{x_B}$
			$\sigma_A^2 \neq \sigma_B^2$		V_A, V_B
	變異數之比較	$\sigma_A^2 = \sigma_B^2$		F 分配	V_A, V_B

1. 假設的建立

建立有關母體之假設 H_0。與此假設相對者稱為對立假設（alternative hypothesis）。檢定是列舉與想表明的事象相反的事象當作假設 H_0 用於判定是否

為眞,所以此假設特別也稱爲虛無假設（null hypothesis）。

2. 統計量的計算

從母體抽出樣本,從樣本的數據求出假設的檢定所需的統計量。

3. 判定

將所求出的統計量與機率分配表比較,判斷是否否定假設。

(1) **所求出的統計量在機率分配表的範圍外**

假設被否定。亦即可以證明。此時,儘管假設正確卻誤判而否定假設的機率（顯著水準 α）是 5%。

(2) **所求出的統計量是在機率分配表的範圍內**

假設無法否定,亦即無法證明。此時,假設正確的機率即使可說是 5% 以上,也不能積極地說假設是正確的。

另外,否定假設的範圍稱爲否定域（critical region）。

9.6.2 與基準值之比較

像工程能力與圖面規格值之關係那樣,將平均有需要設定成某值或有需要將變異數設定在一定值以下的情形經常發生。以下,說明以定量的方式表示平均或變異數是否與基準值不同的方法。

1. 平均之比較

■ 母平均 σ^2 已知時

想法:

σ^2 已知時使用常態分配表檢定母平均與基準值之差的顯著性。

步驟:

(1) 虛無假設的設定 $H_0 : \mu = \mu_0$:最初假設母平均是 μ_0。

(2) 求出統計量 $\bar{x}, \mu : \mu_0$ 是將式（9-25）的 μ 換成 μ_0,如下式將 μ_0 整理並求出。

$$u_0 = \frac{\bar{x} - \mu_0}{\sqrt{\dfrac{\sigma^2}{n}}}$$

$$(9\text{-}34)$$

(3) 判定：假設如果正確時，μ_0 應該落在 ±1.96 的範圍內。

① μ_0 未落入 ±1.96 的範圍內（$|\mu_0| \geq 1.96$）時：

若母平均如假定是 μ_0 時，儘管假設正確（$\mu = \mu_0$），卻誤判了否定假設的機率是 5% 以下，於是判定為 $\mu \neq \mu_0$。

② μ_0 落入 ±1.96（$|\mu_0| < 1.96$）時：

此時正如假設所示的機率不過是比 5% 大而已，無法判定假設正確的積極結論。

■ 母平均 σ^2 未知時

想法：

與母體的 σ^2 為未知時的估計一樣，由數據計算 V 當作 σ^2 的代用值。雖然是利用 t 分配，但檢定的想法與母體的 σ^2 為已知時一樣，檢定母平均與基準值之差的顯著性。

步驟：

(1) 假設的建立 H_0：$\mu = \mu_0$：最初假定母平均是 μ_0。

(2) 計算統計量 $\bar{x}, V$：t_0 是將式（9-26）的 μ 換成 μ_0。

$$t_0 = \frac{\bar{x} - \mu_0}{\sqrt{\dfrac{V}{n}}} \qquad (9\text{-}35)$$

(3) 判定：假設如果正確，則 t_0 落在 $-t(n-1,0.05) < t_0 < t(n-1,0.05)$ 的範圍內。如 $|t_0| \geq t(n-1,0.05)$ 時，則判定 $\mu \neq \mu_0$。

並且，只有滿足 $-t(n-1,0.05) < t_0 < t(n-1,0.05)$ 的 μ 值未被否定，所以母平均 μ 的信賴區間即可以（9-30）表示。

2. 母變異數的比較

想法：

檢定母變異數是 σ^2 的情形，是利用平方和 S 除以 σ^2 服從自由度 $n-1$ 的 χ^2 分配，以及它的存在範圍在 95% 的機率下可利用（9-33）來表示。並且，此檢定稱為 χ^2 檢定（Chi-square test）。

步驟：

(1) 建立假設 H_0：$\sigma^2 = \sigma_0^2$：最初假定母平均是 σ_0^2。

(2) 計算統計量 S, χ_0^2：χ_0^2 按照式（9-31）。

(3) 判定：假設如果正確，應該是 $\chi^2(n-1,0.975) < \chi_0^2 < \chi^2(n-1,0.025)$。

χ_0^2 落在此範圍外，可判定 $\sigma^2 \neq \sigma_0^2$。並且，只有滿足 $\chi^2(n-1,0.975) < \chi_0^2 < \chi^2(n-1,0.025)$ 的 σ^2 值不被否定，因之母變異數 σ^2 的信賴區間即可以式（9-33）表示。

9.6.3 2 個母體的比較

本節，以定量的方式表示 2 個母體中的平均或變異數是否相異。而且，取決於變異數可以認為相等之情形與變異數不等之情形，平均的比較方法是不同的。因之調查 2 個母體之平均差雖然是目的，但仍從變異數的比較進行。

舉例來說，平均與變異數不同的母體比較如圖 9-12 所示。這是進行樹脂零件的塗裝的機械性能之比較。機械 A 是現行品，機械 B 是引進新機種。由圖 9-12 知，機械 B 比機械 A 來說，塗料使用量的平均值少 6g，塗料使用量的變異也少，因之，由機械 A 變更為機械 B，可以說能降低塗料使用量的損失。此種 2 個母體的比較檢討，可以利用如下所示的檢定以定量的方式進行。

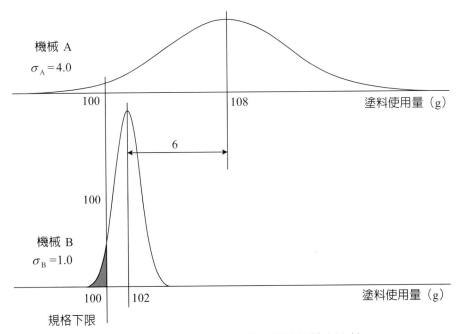

▲圖 9-12　平均與變異數不同的母體之比較

235

1. 2 個變異數之比較

■ **變異數比較的具體例**

(1) 2 個加工方法中之品質特性的變異差異。

(2) 所購入之機械的精確度與既有機械的精確度之不同。

(3) 2 個測量方法中之測量誤差之差異。

(4) 利用治具與未利用治具時產生精確度之差異。

(5) 並且，以統計的方式表示 2 個母體的變異數之比稱為 F 檢定（F-test）。

想法：

對 2 個母體 A 與 B 的變異數來說，利用

$$F = \frac{V_A / \sigma_A^2}{V_B / \sigma_B^2} \qquad (9\text{-}36)$$

服從 F 分配，具體言之，此分配取決於分子中的變異數的自由度 $f_1 = n_A - 1$，以及分母中之變異數的自由度 $f_2 = n_B - 1$，從 F 分配表（中段 2.5%）求出 F 值。譬如，$n_A = 9, n_B = 10 \rightarrow f_1 = n_A - 1 = 8, f_2 = n_B - 1 = 9 \rightarrow F_{0.025}(8,9) = 4.10$

步驟：

(1) 假設的建立 $H_0 : \sigma_A^2 = \sigma_B^2$。

(2) 統計量 V_A, V_B 的求出。

(3) 變異數比 F_0 的求出（值大者當作分子）。

$$如 V_A \geq V_B, F_0 = V_A / V_B (f_1 = n_A - 1, f_2 = n_B - 1)$$

$$如 V_A < V_B, F_0 = V_B / V_A (f_1 = n_B - 1, f_2 = n_A - 1) \qquad (9\text{-}37)$$

判定：如 $F_0 \geq F_{0.025}(f_1, f_2)$ 則否定 H_0（在顯著水準 5% 以下 2 個變異數的大小，可以說是不同的）。

另外，將式（9-37）改寫成有關 σ_A^2 / σ_B^2 的不等式時，

$$\frac{1}{F_{0.025}(f_A, f_B)} \frac{V_A}{V_B} \leq \frac{\sigma_A^2}{\sigma_B^2} \leq \frac{1}{F_{0.975}(f_A, f_B)} \frac{V_A}{V_B} \qquad (9\text{-}38)$$

如此即可估計變異數比。此處，$F_{0.975}(f_A, f_B)$ 之值並未表示在 F 分配表中，但因有下列關係，

$$F_{0.975}(f_1, f_2) = \frac{1}{F_{0.025}(f_2, f_1)} \qquad (9\text{-}39)$$

因之，式（9-38）即寫成

$$\frac{1}{F_{0.025}(f_A, f_B)} \frac{V_A}{V_B} < \frac{\sigma_A^2}{\sigma_B^2} < F_{0.025}(f_B, f_A) \frac{V_A}{V_B} \qquad (9\text{-}40)$$

可得出變異數比的信賴區間。

2.2 個平均之比較

■ 平均之比較的具體例

(1) 2 台機械中加工的同一零件的尺寸差。

(2) 2 個觸媒中化學物質的效率差。

(3) 2 位作業員的作業時間之差。

(4) 作業方法的變更前與變更後的作業時間之差。

以統計的方式表示 2 個母體之平均值的差稱為 t 檢定（t-test）。但如前述，取決於變更數可認為相等之情形與變異數不同之情形，平均的比較方法是不同的。

■ 母變異數相等時

進行變異性檢定之結果，如未能否定變異數相等之假設（$H_0 : \sigma_A^2 = \sigma_B^2$）時，則假定母變異數相等，以如下所述的手法進行母平均之比較（但，此情形也只是由數據得不出否定的根據而已，所以無法積極的否定變異數相等）。

想法：

調查母平均是否有差異，從想要比較的 2 個母體抽樣，分別計算平均值 $\bar{x}_A, \bar{x}_B$，也考慮數據的變異之後，再判斷兩者之差的絕對值 $|\bar{x}_A - \bar{x}_B|$ 是否接近 0 即可。並且，因為不存在能直接判定 $|\bar{x}_A - \bar{x}_B|$ 之顯著性的分配表，因之

計算 t_0 之後再進行 t 分配表之比較。

步驟：

(1) 建立假設 $H_0：\mu_A = \mu_B$。

(2) 求出統計量 $\overline{x}_A, \overline{x}_B, S_A, S_B$。

(3) 利用下式求出共同的標準差 s。

$$s = \sqrt{\frac{S_A + S_B}{n_A + n_B - 2}} = \sqrt{\frac{(n_A - 1)V_A + (n_B - 1)V_B}{n_A + n_B - 2}} \tag{9-41}$$

(4) 利用下式求出

$$t_0 = \frac{\overline{x}_A - \overline{x}_B}{s\sqrt{\frac{1}{n_A} + \frac{1}{n_B}}} \tag{9-42}$$

(5) 判定：如 $t_0 \geq t_{0.05}(n_A + n_B - 2)$ 或 $t_0 \leq t_{0.05}(n_A + n_B - 2)$ 則可否定 H_0（在顯著水準 5% 下，不能說 2 個母平均有差異）。

又，2 個母平均有差異時，利用下式即可以95%信賴係數進行區間估計。

$$(\overline{x}_A - \overline{x}_B) - t_{0.05}(f) \cdot s\sqrt{\frac{1}{n_A} + \frac{1}{n_B}} < \mu_A - \mu_B$$

$$< (\overline{x}_A - \overline{x}_B) + t_{0.05}(f) \cdot s\sqrt{\frac{1}{n_A} + \frac{1}{n_B}} \tag{9-43}$$

此處

$$f = n_A + n_B - 2, s = \sqrt{\frac{S_A + S_B}{n_A + n_B - 2}} \tag{9-44}$$

■ 母變異數不等時

進行等變異性檢定之結果，否定變異數相等之假設 $H_0 : \sigma_A^2 = \sigma_B^2$ 時，從技術的觀點來看顯然母變異數是不同時，可按以下方法進行母平均之比較。

想法：

2 個母變異數不同時即 $\sigma_A^2 \neq \sigma_B^2$，因之無法估計共同的 σ^2，因之，由 V_A 估計 σ_A^2，由 V_B 估計 σ_B^2，利用下式近似服從 t 分配來進行檢定，即

$$t = \frac{(\overline{x}_A - \overline{x}_B) - (\mu_A - \mu_B)}{\sqrt{\dfrac{V_A}{n_A} + \dfrac{V_B}{n_B}}} \qquad (9\text{-}45)$$

但因將變異數不同的 2 個母體當成同一個，因之自由度略有不同，利用後述的式（9-47）求出 $f_{0.05}(f)$ 之值。

步驟：

(1) 建立假設 $H_0 : \mu_A = \mu_B$。

(2) 求出統計量 $\overline{x}_A, \overline{x}_B, V_A, V_B$。

(3) 利用下式求

$$t_0 = \frac{\overline{x}_A - \overline{x}_B}{\sqrt{\dfrac{V_A}{n_A} + \dfrac{V_B}{n_B}}} \qquad (9\text{-}46)$$

(4) 判定：如 $t_0 \geq t_{0.05}(f)$ 或 $t_0 \leq -t_{0.05}(f)$ 時否定 H_0（在顯著水準 5% 下 2 個母平均可以說有差異）。此處，f 利用下式求出。

$$f = \frac{(n_A - 1)(n_B - 1)}{c^2(n_B - 1) + (1 - c)^2(n_A - 1)} \qquad (9\text{-}47)$$

但

$$c = \frac{V_A}{n_A} \bigg/ \left(\frac{V_A}{n_A} + \frac{V_B}{n_B} \right) \qquad (9\text{-}48)$$

並且，2 個母平均有差時，利用下式以95%信賴係數可以進行區間估計。

$$(\overline{x}_A - \overline{x}_B) - t_{0.05}(f)\sqrt{\frac{V_A}{n_A} + \frac{V_B}{n_B}} < \mu_A - \mu_B <$$

$$(\overline{x}_A - \overline{x}_B) + t_{0.05}(f)\sqrt{\frac{V_A}{n_A} + \frac{V_B}{n_B}} \qquad (9\text{-}49)$$

此處 f 是利用式（9-47）求出。

留意點：

(1) **比較多群（3 群以上）的平均值時**

譬如，對 A, B, C, 3 群來說，考察所有的組合在顯著水準 5% 之下進行 t 檢定之情形。此時，各組合不會出現顯著水準之機率是 1 − 0.05，所有組合出現顯著差之機率是 $1 - (1 - 0.05)^3 = 0.142$，以整體來說，就會變成是以顯著水準 14% 進行檢定了。

(2) **非整數的自由度的 t 分配的用法**

母變異數不同時的母平均之差的檢定與估計，需要有非整數的自由度中的 t 分配表之值，此時，可以使用比想求的自由度還小的自由度，如此即可在比其值略寬的區間中進行檢定與估計。

9.6.4 雙邊檢定與單邊檢定

至前節為止所敘述的檢定，是以對立假設 H_1 位在虛無假設 H_0 的雙邊為對象。譬如，對 $H_0 : \mu_A = \mu_B$ 而言，如果 $H_1 : \mu_A \neq \mu_B$ 亦即 $\mu > \mu_0$ 或 $\mu < \mu_0$ 的任一方明確時，兩者之差即判定顯著。

另一方面，$\mu > \mu_0$ 從技術的觀點認為不可能發生時，或即使兩者之差顯著，但 $\mu > \mu_0$ 的結論無意義時，只有母平均比基準值 μ_0 小（$\mu < \mu_0$）很明確時才判定顯著性。像這樣，對立假設 H_1 位於虛無假設 H_0 之一邊時的檢定稱為**單邊檢定**（one-side test），至前節為止所敘述的對立假設位於虛無假設雙邊的檢定稱為**雙**

邊檢定（two-side test）。以下說明使用單邊檢定情形的例子。

提出可以預期縮短作業時間的新作業法 A，與過去的作業法 B 中的作業時間之平均值相比較，想檢定 A 的作業時間的平均值是否有縮短。在本例中，是否 $\mu_A < \mu_B$ 是很重要的，只是表示 $\mu_A \neq \mu_B$ 是不夠的。因為 $\mu_A \neq \mu_B$ 也包含有 $\mu_A > \mu_B$ 的緣故。單邊檢定，是在如下的情形下進行。

1. $\mu_A = \mu_B$ 與 $\mu_A > \mu_B$ 具有相同的意義，$\mu_A < \mu_B$ 與 $\mu_A = \mu_0$, $\mu_A > \mu_B$ 具有不同的意義時。

2. 從技術的觀點 $\mu_A > \mu_B$ 是不被設想時。

在單邊檢定方面，假設是 $H_0 : \mu_A = \mu_B$（$\mu_A > \mu_B$ 或 $\mu_A < \mu_B$ 之下無法設定否定域），對立假設即為 $H_1 : \mu_A < \mu_B$。是否進行雙邊檢定或單邊檢定，在檢定之前即先要決定。有明確的技術根據時，原則上進行雙邊檢定。

並且，單邊檢定中，否定域只在單邊，因之有需要改變顯著性的判定值。雙邊檢定的否定域，兩邊各設定 2.5%，合計 5%；但單邊檢定中否定域只設定單邊，由各分配表選出 5% 之值。

第10章　多變量分析

10.1　多變量分析的種類

　　市場分析與產品開發的現場，如圖 10-1 所示有各種影響要因複雜交絡著，能以單獨要因說明的現象，可以說幾乎沒有。所謂多變量分析（multivariate analysis）手法是以統計的方式分析數個特性或要因之關係，以獲得有益資訊的手法。

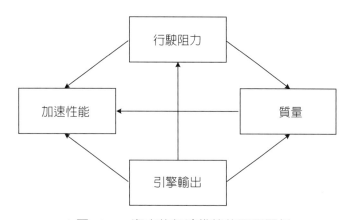

▲圖 10-1　汽車的加速性能的要因關係

　　多變量分析依分析的目的或探討資料的種類可分類成各種手法。代表性的手法如表 10-1 所示。本章，是從多變量分析手法之中，介紹產品開發的現場中使用之頻率較高的 4 種手法。具體言之，即為複迴歸分析、判別分析、主成分分析、因素分析，分別講述分析手法的目的、結果的看法。此等手法即使是處理質性變數的數量化手法，基本的想法也是共通的。

　　在使用這些手法時有需要留意以下幾點：

1. 在多變量分析中如使用平均值時，資料被壓縮的資訊量會減少，因之要極力抑制使用。

2. 資料間的單位不同時或資料間的變異數變大時，視需要可進行資料的標準化。

3. 多變量分析手法存在有數個資料處理方法，因之儘可能以許多的方法嘗試，以比較其結果。

▼表 10-1　多變量分析的分類

目的變數之有無	數據型態		分析手法
	目的變數	說明變數	
有	質性資料	量性資料	複迴歸分析 典型相關分析
		質性資料	數量化 I 類
	量性資料	量性資料	判別分析
		質性資料	數量化 II 類
無		量性資料	主成分分析 因素分析 數量化 IV 類
		質性資料	數量化 III 類

另外，對以下所述的多變量分析，想進一步詳細了解時，請參考相關文獻。

10.2　複迴歸分析

所謂**複迴歸分析**（multiple regression variable）是依據**多變量數據**（multivariable data），將**目的變數**（criterion variable）y（成為預測或管理對象的特性值）以 1 次式來表現，對目的變數進行預測，或各**說明變數**對目的變數進行影響度分析的手法。

$$y = \beta_0 + \beta_1 x_1 + \beta_2 x_2 + \cdots + \beta_p x_p \tag{10-1}$$

此處，y 是目的變數，$x_1, ..., x_p$ 是說明變數，β_0 是截距，$\beta_1, ..., \beta_p$ 是偏迴歸係數（在 10.2.2 節中詳述）。

式（10-1）稱為**複迴歸式**（multiple regression variable），此即利用 n 組資料 $y_a, x_{1a}, ..., x_{pa}$（p = 1, 2, ..., n），以統計的方式計算未知數 $\beta_1, ..., \beta_p$ 求出上式。此處

的 1 次式是有關 $\beta_1, ..., \beta_p$ 的 1 次式，即使是對數函數或指數函數等的複雜函數，進行變數變換也可求出複迴歸式。在複迴歸分析中，目的變數、說明變數均為量變數。

10.2.1 複迴歸分析的目的

複迴歸分析是以目的變數的預測為中心，可在許多的場面中活用。主要可大略分成以下 3 個目的：

1. 要因分析

針對目的變數定量性地找出有影響的要因，當作以後檢討中的判斷材料。從許多的說明變數之中指定少數的影響要因，鎖定以後成為檢討對象的變數作為目的。

2. 特性值的估計

將目的變數與說明變數之關係表示成實驗式，進行目的變數之預測。目的變數之測量困難時是有用的，譬如，進行性能評價時，使用能測量的代用特性即可對測量困難之指標進行評價。

3. 特性值的控制

定量性地求出目的變數與說明變數之關係，利用說明變數之操作來控制目的變數。譬如，回饋控制等可以使各變數的調整費用明確。

10.2.2 迴歸式的計算法

迴歸式的求法，不拘於說明變數的個數，方法都是一樣的。此處，為了容易說明，以說明變數 1 個、目的變數 1 個之情形，亦即**單迴歸分析**（simple regression analysis）的情形，就其迴歸式的求法來說明。

1. 迴歸分析

對於處理數個說明變數的複迴歸分析來說，處理的說明變數只有 1 個時的迴歸分析稱為單迴歸分析，以如下的 1 次式表示。

$$y = \beta_0 + \beta_1 x \qquad\qquad (10\text{-}2)$$

此處對於某個 x_α 來說，由迴歸式所求出的估計值（計算上之值）y'_α 即為

$$y'_\alpha = \beta_0 + \beta_1 x_\alpha \qquad\qquad (10\text{-}3)$$

以式（10-3）式所提供的估計值 y'_α 與實測值 y_α 是不一致的。兩者的差稱為殘差（residual）e_α，對此殘差來說，是在下述 4 項目成立之下導出迴歸式。

(1) 不偏性：期待值是 0。

(2) 等變異性：變異數一定。

(3) 無相關性：殘差 e 相互無相關。

(4) 常態性：殘差 e 服從常態分配。

2. 最小平方法

從 n 組的數據導出單迴歸式時，為了求出未知的 β_0, β_1 的估計值使用最小平方法（least square method）。殘差 e 可從實測值與估計值之差求得，如將實測值當作 y_α，估計值當作 y'_α 時，可以表示成 $e_\alpha = y_\alpha - y'_\alpha$。對所有數據的殘差求出殘差平方和（residual sum of squares），此殘差平方和和 S_e 如下式所示。

$$S_e = \sum_{\alpha=1}^{n} e_\alpha^2 = \sum_{\alpha=1}^{n} (y_\alpha - y'_\alpha)^2 = \sum (y_\alpha - \beta_0 - \beta_1 x_\alpha)^2 \qquad\qquad (10\text{-}4)$$

在單迴歸式的推導中，如圖 10-2 所示，由於是想求出使殘差平方和 S_e 為最小的 $\beta_0，\beta_1$，因之將式（10-4）分別以 $\beta_0，\beta_1$ 偏微分，將兩式設為 0，再求解聯立方程式。

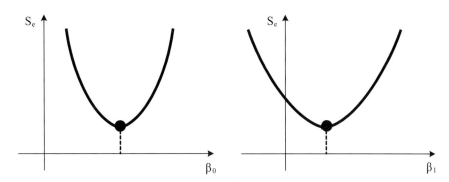

▲圖 10-2　殘差平方和 S_e 的偏微分值成為 0 的點

首先，以 β_0 將式（10-4）偏微分時，

$$\frac{\partial S_e}{\partial \beta_0} = \sum_{\alpha=1}^{n}(2\beta_0 - 2y_\alpha + 2\beta_1 x_\alpha)$$

$$= -2\sum_{\alpha=1}^{n}(y_\alpha - \beta_0 - \beta_1 \chi_\alpha) = -2\sum_{\alpha=1}^{n}(y_\alpha - n\beta_0 - \beta_1 \sum_{\alpha=1}^{n} \chi_\alpha) = 0 \qquad （10\text{-}5）$$

將上式就 β_0 整理時，

$$\beta_0 = \frac{\displaystyle\sum_{\alpha=1}^{n} y_\alpha}{n} - \beta_1 \frac{\displaystyle\sum_{\alpha=1}^{n} x_\alpha}{n} \qquad （10\text{-}6）$$

此處，

$$\frac{\displaystyle\sum_{\alpha=1}^{n} y_\alpha}{n} = \overline{y} \; , \; \frac{\displaystyle\sum_{\alpha=1}^{n} x_\alpha}{n} = \overline{x} \; , \; \overline{y} = \beta_0 + \beta_1 \overline{x} \qquad （10\text{-}7）$$

由式（10-7）知，如圖 10-3 所示，所導出的迴歸直線通過 x, y 的平均值。

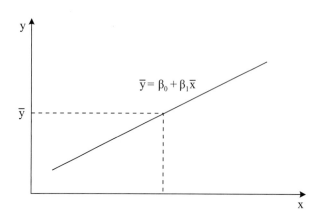

▲圖 10-3　通過 x 與 y 的平均值的迴歸式

其次，以 β_1 將式（10-4）偏微分時，

$$\frac{\partial S_e}{\partial \beta_1} = \sum_{\alpha=1}^{n} (2\beta_1 x_\alpha^2 + \beta_0 x_\alpha - 2y_\alpha x_\alpha)$$

$$= -2\sum_{\alpha=1}^{n} (y_\alpha x_\alpha - \beta_0 x_\alpha - \beta_1 x_\alpha^2) = 0 \qquad （10\text{-}8）$$

將式（10-6）代入（10-8）時，

$$\sum_{\alpha=1}^{n} y_\alpha x_\alpha - \left[\frac{\sum_{\alpha=1}^{n} y_\alpha}{n} - \beta_1 \frac{\sum_{\alpha=1}^{n} x_\alpha}{n} \right] \cdot \sum_{\alpha=1}^{n} x_\alpha - \beta_1 \sum_{\alpha=1}^{n} x_\alpha^2 = 0 \qquad （10\text{-}9）$$

$$\sum_{\alpha=1}^{n} y_\alpha x_\alpha - \frac{\sum_{\alpha=1}^{n} y_\alpha \sum_{\alpha=1}^{n} x_\alpha}{n} = \beta_1 \left[\sum_{\alpha=1}^{n} \chi_\alpha^2 - \frac{\left(\sum_{\alpha=1}^{n} x_\alpha \right)^2}{n} \right] \qquad （10\text{-}10）$$

$$\sum_{\alpha=1}^{n} y_\alpha x_\alpha - n\overline{x} \cdot \overline{y} = \beta_1 (\sum_{\alpha=1}^{n} x_\alpha^2 - n\overline{x}^2) \qquad （10\text{-}11）$$

上式的左邊等於偏差積和 S_{xy}，右邊的括號內是等於偏差平方和 S_{xx}，所以，

$$\beta_1 = \frac{S_{xy}}{S_{xx}} \tag{10-12}$$

$$\beta_0 = \overline{y} - \beta_1 \overline{x} = \overline{y} - \frac{S_{xy}}{S_{xx}} \overline{x} \tag{10-13}$$

以如此的做法，求出了殘差平方和 S_e 成為最少的迴歸直線。

3. 複迴歸分析的迴歸式導出

使 S_e 成為最小的截距 β_0，以及**偏迴歸係數**（partial regression coefficient）β_i，與推導單迴歸式一樣利用最小平方法即可求出。就 β_i 求解時，即為下式。

$$S_e = \sum_{\alpha=1}^{n}(y_\alpha - y'_\alpha)^2 = \sum_{\alpha=1}^{n}(y_\alpha - \beta_0 - \beta_1 x_{\alpha 1} - \cdots - \beta_{\alpha p} x_{\alpha p})^2 \tag{10-14}$$

此處，β_0 及 β_i 是將式（10-14）以 β_0 及各個 β_i 偏微分，再設為 0 的聯立方程式的解。

$$\frac{\partial S_e}{\partial \beta_0} = -2\sum_{\alpha=1}^{n}(y_\alpha - \beta_0 - \beta_1 x_{\alpha 1} - \cdots - \beta_\alpha x_{\alpha p})$$

$$\frac{\partial S_e}{\partial_1 \beta_1} = -2\sum_{\alpha=1}^{n}(y_\alpha - \beta_0 - \beta_1 x_{\alpha 1} - \cdots - \beta_\alpha x_{\alpha p})x_{\alpha 1} \tag{10-15}$$

$$\vdots \qquad \qquad \vdots$$

$$\frac{\partial S_e}{\partial \beta_p} = -2\sum_{\alpha=1}^{n}(y_\alpha - \beta_0 - \beta_1 x_{\alpha 1} - \cdots - \beta_\alpha x_{\alpha p})x_{\alpha p}$$

將式（10-15）整理時，即為

$$\sum_{\alpha=1}^{n}y_\alpha = n\beta_0 + \beta_1\sum_{\alpha=1}^{n}x_{\alpha 1} + \cdots + \beta_p\sum_{\alpha=1}^{n}x_{\alpha p}$$

$$\sum_{\alpha=1}^{n}x_{\alpha p}y_\alpha = \beta_0\sum_{\alpha=1}^{n}x_{\alpha 1} + \beta_1\sum_{\alpha=1}^{n}x_{\alpha 1}^2 + \cdots + \beta_p\sum_{\alpha=1}^{n}x_{\alpha 1}x_{\alpha p} \tag{10-16}$$

$$\vdots \qquad \qquad \vdots$$

$$\sum_{\alpha=1}^{n}x_{\alpha p}y_\alpha = \beta_0\sum_{\alpha=1}^{n}x_{\alpha 1} + \beta_1\sum_{\alpha=1}^{n}x_{\alpha 1}x_{\alpha p} + \cdots + \beta_p\sum_{\alpha=1}^{n}x_{\alpha p}^2$$

將式（10-16）的第 1 式的兩邊除以 n 時，得出

$$\overline{y} = \beta_0 + \beta_1 \overline{x}_1 + \beta_2 \overline{x}_2 + \cdots + \beta_p \overline{x}_p \qquad （10\text{-}17）$$

所求出的迴歸直線是通過目的變數及各說明變數的平均值之直線。

將式（10-17）就 β_0 求解，代入式（10-16）的第 2 式以下並加以整理，如利用偏差積和 S_{ij}，S_{iy}，偏差平方和 S_{ii} 來表示時，即為下式。

$$\beta_1 S_{11} + \beta_2 S_{12} + \cdots + \beta_p S_{1p} = S_{1y}$$

$$\beta_1 S_{21} + \beta_2 S_{22} + \cdots + \beta_p S_{2p} = S_{2y} \qquad （10\text{-}18）$$

$$\vdots \qquad\qquad \vdots$$

$$\beta_1 S_{p1} + \beta_2 S_{p2} + ... + \beta_p S_{pp} = S_{py}$$

其中

$$S_{ij} = \sum_{\alpha=1}^{n} (x_{\alpha i} - \overline{x_i})(x_{\alpha j} - \overline{x_j}) , \; S_{iy} = \sum_{\alpha=1}^{n} (x_{\alpha i} - \overline{x_i})(y_{\alpha} - \overline{y}) \qquad （10\text{-}19）$$

式（10-18）稱為正規方程式（normal equation）。

從偏差積和、偏差平方和所形成的矩陣設為 S，其逆矩陣設為 S^{-1} 時，即可如下表示。

$$S = \begin{bmatrix} S_{11} & S_{12} & \cdots & S_{1p} \\ S_{21} & S_{22} & \cdots & S_{2p} \\ \vdots & \vdots & \ddots & \vdots \\ S_{p1} & S_{p2} & \cdots & S_{pp} \end{bmatrix} \qquad （10\text{-}20）$$

$$S^{-1} = \begin{bmatrix} S^{11} & S^{12} & \cdots & S^{1p} \\ S^{21} & S^{22} & \cdots & S^{2p} \\ \vdots & \vdots & \ddots & \vdots \\ S^{p1} & S^{p2} & \cdots & S^{pp} \end{bmatrix} \qquad （10\text{-}21）$$

式（10-18）的正規方程式可以整理成如下的行列式。

$$
\begin{bmatrix}
S_{11} & S_{12} & \cdots & S_{1p} \\
S_{21} & S_{22} & \cdots & S_{2p} \\
\vdots & \vdots & \ddots & \vdots \\
S_{p1} & S_{p2} & \cdots & S_{pp}
\end{bmatrix}
\begin{bmatrix}
\beta_1 \\ \beta_2 \\ \vdots \\ \beta_p
\end{bmatrix}
=
\begin{bmatrix}
S_{1y} \\ S_{2y} \\ \vdots \\ S_{py}
\end{bmatrix}
\tag{10-22}
$$

上式的兩邊乘上 S^{-1} 時，下式即可求出。

$$
\begin{bmatrix}
\beta_1 \\ \beta_2 \\ \vdots \\ \beta_p
\end{bmatrix}
=
\begin{bmatrix}
S^{11} & S^{12} & \cdots & S^{1p} \\
S^{21} & S^{22} & \cdots & S^{2p} \\
\vdots & \vdots & \ddots & \vdots \\
S^{p1} & S^{p2} & \cdots & S^{pp}
\end{bmatrix}
\begin{bmatrix}
S_{1p} \\ S_{2p} \\ \vdots \\ S_{pp}
\end{bmatrix}
\tag{10-23}
$$

所求出的偏迴歸係數 β_i 即為下式

$$
\beta_i = S^{i1}S_{1y} + S^{i2}S_{2y} + \cdots + S^{ip}S_{py}
\tag{10-24}
$$

10.2.3 標準偏迴歸係數

偏迴歸係數也可想成說明變數對目的變數的影響力，而此係數是有單位的。因此，它的大小是受到單位所影響，因之單純地相互比較偏迴歸係數是沒有意義的。

將各變數標準化使之平均成為 0，變異數成為 1 之下所導出的複迴歸如下式所示。

$$
y' = \beta_0' + \beta_1'x_1' + \beta_2'x_2' + \cdots + \beta_p'x_p'
\tag{10-25}
$$

此處，β_i' 是與單位無關的迴歸係數，稱此為**標準偏迴歸係數**（standard partial regression coefficient）。標準偏迴歸係數的絕對值可以想成是說明變數對

目的變數的影響力的強弱值。

10.2.4 變異數分析

以迴歸式的統計上的驗證方法來說，可以舉出變異數分析及 F 檢定。使用這些方法可以檢討說明變數 x 可以說明多少的目的變數。如下式所示，y 的平均周邊的變動即**總平方和**（total sum of square）S_T，可以分解為**迴歸**平方和（regression sum of square）S_R，表示能以 p 個說明變數形成的複迴歸式說明的部分；以及殘差平方和 S_e，表示除此之外無法說明的部分。稱此為**變異數分析**（analysis of variance: ANOVA）。進行第 9 章所敘述的變異數比之檢定（F 檢定），確認迴歸成分的顯著性。

$$\sum (y_\alpha - \overline{y})^2 = \sum (\beta_0 + \beta_1 x_{\alpha 1} + \beta_2 x_{\alpha 2} + \cdots + \beta_p x_{\alpha p} - \overline{y} + e)^2$$
$$= \sum (y_\alpha' - \overline{y} + e)^2 \qquad (10\text{-}26)$$
$$S_T = \qquad\qquad S_R \quad + S_e$$

變異數分析的結果，可以整理如表 10-2 所示的變異數分析。以統計迴歸要因的變異數 V_R 與殘差要因的變異數 V_e 之變異數比進行 F 檢定，可以判斷迴歸式在統計上是否顯著。具體言之，迴歸要因的變異數 V_R，因為是估計 p 個說明變數份的偏迴歸係數，所以自由度是 p，$f_1 = p$，殘差要因的變異數 V_e 是從總平方和的自由度 n-1 減去迴歸平方和的自由度 p 之後剩餘的，自由度是 $n - p - 1$。由以上，變異數比 $F_0 > F$（$f_1 = p, f_2 = n - p - 1$，臨界值 α）時，迴歸平方和 S_R 對殘差平方和 S_e 而言在 $100(1 - \alpha)\%$ 下稱為顯著，此處 $F(p, n - p - 1, \alpha)$ 是從附錄附表 4 的 F 分配表（單邊）所求出之值。

▼表 10-2　變異數分析表

要因	變動	自由度	變異數	變異比
迴歸	$S_R = \sum_{i=1}^{p} \beta_i S_{iy}$	p	$V_R = S_R/p$	$F_0 = V_R/V_e$
殘差	$S_e = S_T - S_R$	$n - p - 1$	$V_e = S_e/n - p - 1$	
整體	$S_T = S_y$	$n - 1$		

10.2.5 複迴歸式的評價尺度

複迴歸式是建立能正確說明目的變數之迴歸式的手法。此時，評價所做成的迴歸式的適配性尺度是需要的。以下，就代表性的複迴歸式的評價尺度即貢獻率、複相關係數、調整自由度貢獻率加以介紹。

1. 貢獻率

在總平方和 S_T 之內，能以所導出的複迴歸式引起的平方和說明之比率稱爲**貢獻率**（contribution ratio），利用下式定義。

$$R^2 = \frac{S_R}{S_T} = 1 - \frac{S_e}{S_T} \qquad （10\text{-}27）$$

貢獻率是被當作評價複迴歸式適配性好壞的尺度所使用。值取在 0 與 1 之間，貢獻率越大，模式的適配越好。另外，貢獻率也稱爲**判定係數**（coefficient of determination）。

2. 複相關係數

貢獻率 R^2 的平方根 R 稱爲**複相關係數**（multiple correlation coefficient），與貢獻率一樣，當作評價複迴歸式適配好壞的尺度。

$$R = \sqrt{R^2} = \sqrt{1 - \frac{S_e}{S_T}} \qquad （10\text{-}28）$$

3. 調整自由度貢獻率

引進迴歸式的變數越增加，前述的貢獻率也會一直增加，因而使得貢獻率或複相關係數之值很高，無意義的說明變數也有引進複迴歸式的可能性。因之，在複迴歸分析中，並非迴歸平方和與總平方和之比，也有使用以自由度除各自的平方和後之變異數比所表示之貢獻率，稱此爲**調整自由度貢獻率**（contribution radio adjusted for the degrees of freedom）R'^2，利用下式定義。

$$R'^2 = 1 - \frac{S_e \big/ (n-p-1)}{S_T \big/ (n-1)} = 1 - \frac{V_e}{V_T} \qquad (10\text{-}29)$$

但是，即使使用 R'^2 也有引進無意義的變數的時候，此時，再加嚴變數的選擇，使用如下所定義的 **2 重自由度調整的貢獻率 R''^2** 的情形也有。

$$R''^2 = 1 - \frac{(n+p+1)S_e \big/ (n-p-1)}{(n+1)S_T \big/ (n-1)} = 1 - \frac{V_e'}{V_T} \qquad (10\text{-}30)$$

10.2.6 說明變數的選擇

像複迴歸分析此種預測型的多變量分析，為了得出有益的資訊，選擇說明變數變得非常重要。選擇說明變數的基準可以整理如下。

1. 以相關係數作為指標，將與目的變數的相關高的變數作為說明變數。此階段先選出略為多些的說明變數，事後再進行縮減。

2. 在上述所選出的說明變數之中，如相互的相關有甚高者（$r > 0.8$），將與目的變數的相關低者除去。這是因為將相關高的說明變數均引進迴歸式時，迴歸式中的偏迴歸係數的符號，會出現與目的變數的單相關符號相反的現象。此種現象稱為多重共線性（multicollinearity）。

3. 設定統計量的基準值，與它比較大小關係後選擇變數。此稱為**變數選擇法**（variable selection method），有以下 3 種方法。

   (1) **變數增加法**（forward selection method）。

   (2) **變數減少法**（backward selection method）。

   (3) **變數增減法**（stepwise method）。

目前，變數增減法最為一般所使用。以統計量來說，有將前述的 2 重自由度調整貢獻率予以最大化的方法，或檢定各偏迴歸係數的優位性時使用 F 值之方法。使用 F 值之方法，一般以 2 作為基準值。大於 2 以上的變數則引進式中，未滿者則從式中刪除。以此基準所做成的迴歸式，與將 2 重自由度調整貢獻率予以最大化的迴歸式幾乎一致。

4. 從物理上、技術上的觀點的整合性或從式子的活用目的來判斷。

10.2.7 事例與分析步驟

　　為了使倫椅使用者的行動範圍能夠擴大，坐在輪椅子上仍能行走的福祉汽車正在普及。可是，在此種汽車的設計中，輪椅使用者的搭乘舒適感卻覺得不佳。本事例是以提高舒適感，鎖定對舒適感有甚大貢獻的物理量，嘗試使用它們建立有關搭乘的不舒適感的評價模式。

　　被指出與不舒適感有關聯性的 2-6Hz 的周波數區域中，如圖 10-4 所示，實施了有關搭乘的不舒適感評價實驗。設想汽車的地板振動，並組合加振台上的振動計測點中的輸入加速度（m/s²）及輸入周波數（Hz）的設定，測量各條件中的不舒適感，得出如表 10-3 的數據。接著，考慮到一般刺激的大小的對數與感覺的大小成比例一事，將不舒適感評價當作目的變數，輸入加速度的常用對數當作說明變數進行複迴歸分析，利用複迴歸式建立不舒適感評價模式。

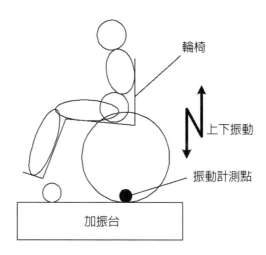

▲圖 10-4　有關搭乘的不舒適感評價實驗

▼表 10-3　複迴歸分析所使用的數據

	有關搭乘的不舒適感評價	輸入加速度（m/s²）	輸入周波數（Hz）
條件 1	2.800	0.490	2.000
條件 2	3.500	1.290	2.000

	有關搭乘的不舒適感評價	輸入加速度（m/s²）	輸入周波數（Hz）
條件 3	4.330	1.750	2.000
條件 4	3.200	0.350	4.000
條件 5	3.750	1.040	4.000
條件 6	4.670	1.960	4.000
條件 7	3.600	0.350	6.000
條件 8	4.200	0.790	6.000
條件 9	4.670	1.590	6.000

1. 數據的確認

在不舒適感評價中，已確認出輸入加速度的常用對數及輸入周波數的常用對數的數據並無偏離值。並且，輸入加速度的常用對數及輸入周波數的常用對數之相關係數是 –0.19，因之可以確認多重共線性的可能性甚低。

2. 複迴歸分析的實施

使用多變量分析軟體，進行複迴歸分析之結果，將不舒適感當作 y，輸入加速度當作 x_1，輸入周波數當作 x_2，得出如下式所示的複迴歸式。

$$y = 2.95 + 1.95\log x_1 + 1.80\log x_2 \qquad (10\text{-}31)$$

複迴歸式的相關係數是 0.95，變異數分析的結果如表 10-4 所示。從附錄的附表 4 的 F 分配表（單邊）中分子自由度 2，分母自由度 6 之對應上側機率 1% 的 F 值是 10.92，利用變異數分析所求出的變異數比（210.19）比 F 值大，因之，在冒險率 1% 下，可以得出顯著的不舒適感評價模式。

由式（10-31）知，輸入加速度及輸入周波數越是增大，不舒適感評價也會增大。而且，標準偏迴歸係數的絕對值，輸入加速度是 0.88，輸入周波數是 0.57，知輸入加速度的影響較大。

另外，以周波數之影響要因來說，胃及內臟的共振波數被認爲存在有 4～6Hz。

由以上的分析結果，考慮搭乘舒適後進行設計時，特別是以減少地板振動中

的輸入加速度作爲目標可以說是有需要的。

▼表 10-4　變異數分析之結果

s.o.v	變動	自由度	變異數	變異數比
迴歸	3.099	2	1.549	210.198**
殘差	0.318	6	0.053	
全體	3.417	8		

*變異數比旁邊的 ** 是表示在冒險率 1% 下呈現顯著

10.3　判別分析

　　所謂判別分析是存在數個群（樣本的集合）時，對於屬於哪一個群的不明樣本來說，基於多變量數據預測該樣本所屬群之手法。因之判別分析的目的變數是質變數，說明變數即爲量變數。

10.3.1 判別分析的目的與種類

　　判別分析的目的，是取決於量變數的說明變數之組合，以判別質變數的目的變數。具體言之，可以舉出像是車輛的全長、重量、最低地上高度等量性說明變數之組合，判別質性目的變數的 Sedan 或 Wagon 等的車輛型式的例子。判別分析有使用**線性判別函數**（linear discriminant function）的方法以及**馬哈拉諾畢斯一般距離**（Mahalanobis' generalized distance；10.3.3 節中詳述）的方法等 2 種，各自的優點與缺點整理如下。

1. 使用線性判別函數的方法

　　優點：使用變異比可以比較變數的優位性，因之說明變數的顯著性容易理解。

　　缺點：雖然也有以變數變換來設法，但分析的基準是單純的 1 次式。

2. 使用馬哈拉諾畢斯的方法

優點：將特性間的相關關係考慮在分析結果中。

缺點：計算變得複雜（如應用分析軟體就毫無問題）。

10.3.2 線性判別函數

使用以下的例子說明利用線性判別函數進行判別分析的方法。某大學的入學考試，實施筆試與面試 2 種，綜合地決定合格、不合格。如知道合格與否的判斷基準，考生面對下年度的合格與否，即可進行配合個人實力的學習。

因此，某高中向 10 位考生打聽，取得各個考試結果（分數）及合格與否判定的結果，做成如表 10-5 所示的數據。想從此數據求出合格與否的判定基準。首先，以筆試與面試結果作為軸，製作如圖 10-5 所示的散布圖。在圖 10-5 中，最適切表示合格、不合格之判定結果的直線 $z = \alpha_0 + \alpha_1 x_1 + \alpha_2 x_2$ 即為線性判別函數。

▼表 10-5　考試結果

考生	分數		合格判定
	筆試	面試	
	x_1	x_2	
1	50	90	合格
2	60	50	不合格
3	80	60	合格
4	100	60	合格
5	90	80	合格
6	30	70	不合格
7	70	60	不合格
8	50	80	合格
9	70	40	不合格
10	70	80	合格

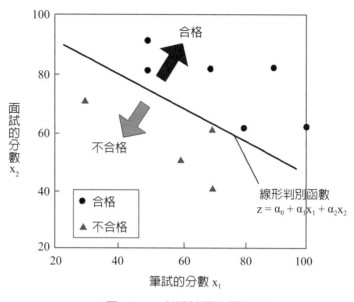

▲圖 10-5　考試結果的散布圖

　　將各考生筆記與面試的結果代入上式，可求出各考生的 z 值。此 z 值稱為
判別分數（discriminant score），在圖 10-5 中是表示各點到判別函數之直線的距
離。本例，如果是直線的上側（z < 0）即為合格，如在直線的下側即為不合格。
z = 0 時，即為無法判別合格、不合格的境界。另外，表示判別函數的直線是向
上或向下符號會逆轉。向上時，上側即為 z > 0，下側即為 z < 0。

　　此處，如何求出判別函數的係數 $\alpha_0, \alpha_1, \alpha_2$ 是課題所在。如以下所示，儘可能
使由判別分數所求出的估計結果與實際的結果一致來決定判別函數的係數，亦即
判別係數 $\alpha_0, \alpha_1, \alpha_2$。

1.計算各群的樣本數，平均、變異數、共變異數

　　在合格群與不合格群中，分別計算各自的樣本數、平均數、變異數以及共變
異數的結果如表 10-6 先整理好。另外，**共變異數**（covariance）是將第 9 章所敘
述的偏差積和以自由度 n − 1 除之。

2.計算合併後的變異數、共變異數

　　群間的樣本數有不同時，如下式取加權平均後求出變異數、共變異數，稱此

為合併後（pool）的變異數、共變異數。

▼表 10-6　分析的準備

群	樣本數	變數 X_1			變數 X_2		
		平均	變異數	共變異數	平均	變異數	共變異數
群 1	n_1	$x_{11(1)}$	$V_{11(1)}$	$V_{12(1)}$	$x_{22(1)}$	$V_{22(1)}$	$V_{21(1)}$
群 2	n_2	$x_{11(2)}$	$V_{11(2)}$	$V_{12(2)}$	$x_{22(2)}$	$V_{22(1)}$	$V_{21(2)}$

$$V_{11} = \{(n_1 - 1)V_{11(1)} + (n_2 - 1)V_{11(2)}\}/(n_1 + n_2 - 2)$$

$$V_{22} = \{(n_2 - 1)V_{22(1)} + (n_2 - 1)V_{22(2)}\}/(n_1 + n_2 - 2)$$

$$V_{12} = \{(n_1 - 1)V_{12(1)} + (n_2 - 1)V_{12(2)}\}/(n_1 + n_2 - 2)$$

$$V_{21} = \{(n_1 - 1)V_{21(1)} + (n_2 - 1)V_{21(2)}\}/(n_1 + n_2 - 2)$$

（10-32）

3. 計算 α_0, α_1, α_2

α_1, α_2 是求解以下的聯立方程式即可求出。

$$\alpha_1 V_{11} + \alpha_2 V_{12} = \overline{x}_{1(1)} - \overline{x}_{1(2)}$$

$$\alpha_1 V_{21} + \alpha_2 V_{22} = \overline{x}_{2(1)} - \overline{x}_{2(2)}$$

（10-33）

常數項 α_0 利用下式求出。

$$\alpha_0 = \frac{\alpha_1 \sum x_1 + \alpha_2 \sum x_2}{2}$$

（10-34）

由上述數據求出線性判別函數 Z 之結果表示如下。

$$Z = -0.205x_1 - 0.365x_2 + 37.129$$

（10-35）

將各考生之結果代入上式，分別計算判別分數的結果整理在表 10-7 中。對於所有考生的合格、不合格之結果，完全對應著判別分數的符號，可以確認已導出具有高說明力的判別函數。

▼表 10-7　判別分數

考生	分數		合格判定	判別函數 Z
	筆試	面試		
	x_1	x_2		
1	50	90	合格	−6.0
2	60	50	不合格	6.6
3	80	60	合格	−1.2
4	100	60	合格	−5.3
5	90	80	合格	−10.5
6	30	70	不合格	5.4
7	70	60	不合格	0.9
8	50	80	合格	−2.3
9	70	40	不合格	10.2
10	70	80	合格	−6.4

$$Z = \alpha_0 + \alpha_1 x_1 + \alpha_2 x_2 + \cdots + \alpha_p x_p \tag{10-36}$$

其次，說明對於表 10-8 所顯示的一般多變量數據求線性判別函數的方法。線性判別函數 z 可利用下式加以定義。

此處，設第 1 群中第 i 個樣本的判別分數為 $\hat{Z}_{i(1)}$，第 2 群中第 i 個樣本的判別分數為 $\hat{Z}_{i(2)}$ 時，各判別分數可利用下式定義。

$$\hat{Z}_{i(1)} = \alpha_0 + \alpha_1 x_{1(1)} + \alpha_2 x_{2(1)} + \cdots + \alpha_i x_{i(1)} + \cdots + \alpha_p x_{p(1)}$$

$$\hat{Z}_{i(2)} = \alpha_0 + \alpha_1 x_{1(2)} + \alpha_2 x_{2(2)} + \cdots + \alpha_i x_{i(2)} + \cdots + \alpha_p x_{p(2)} \tag{10-37}$$

如要求各群及全體判別分數的平均時，可如下式分別加以定義。

$$\overline{Z}_1 = \frac{\sum_{i=1}^{m} \hat{Z}_{i(1)}}{m} \ , \ \overline{Z}_2 = \frac{\sum_{i=1}^{n} \hat{Z}_{i(2)}}{n} \ , \ \overline{Z} = \frac{\sum_{i=1}^{m} \hat{Z}_{i(1)} + \sum_{i=1}^{n} \hat{Z}_{i(2)}}{m+n}$$ （10-38）

此時，判別分數的總平方和 S_T 以下式加以表示。

$$S_T = \sum_{i=1}^{m}(\hat{Z}_{i(1)} - \overline{Z})^2 + \sum_{i=1}^{n}(\hat{Z}_{i(2)} - \overline{Z})^2$$ （10-39）

▼表 10-8　判別分數的數據

變數\樣本	x_1	x_2	$\cdots$	x_j	$\cdots$	x_p
1	$X_{11(1)}$	$X_{12(1)}$	$\cdots$	$X_{1j(1)}$	$\cdots$	$X_{1p(1)}$
2	$X_{21(1)}$	$X_{22(1)}$	$\cdots$	$X_{2j(1)}$	$\cdots$	$X_{2p(1)}$
$\vdots$	$\vdots$	$\vdots$		$\vdots$		
i	$X_{i1(1)}$	$X_{i2(1)}$	$\cdots$	$X_{ij(1)}$	$\cdots$	$X_{ip(1)}$
$\vdots$	$\vdots$	$\vdots$		$\vdots$		
m	$X_{m1(1)}$	$X_{m2(1)}$	$\cdots$	$X_{nj(1)}$	$\cdots$	$X_{mp(1)}$
1	$X_{11(2)}$	$X_{12(2)}$	$\cdots$	$X_{1j(2)}$	$\cdots$	$X_{1p(2)}$
2	$X_{21(2)}$	$X_{22(2)}$	$\cdots$	$X_{2j(2)}$	$\cdots$	$X_{2p(2)}$
$\vdots$	$\vdots$	$\vdots$		$\vdots$		
i	$X_{i1(2)}$	$X_{i2(2)}$	$\cdots$	$X_{ij(2)}$	$\cdots$	$X_{ip(2)}$
$\vdots$	$\vdots$	$\vdots$		$\vdots$		
n	$X_{n1(2)}$	$X_{n2(2)}$	$\cdots$	$X_{nj(2)}$	$\cdots$	$X_{np(2)}$

各群的平均 $\overline{Z}_1$ 與 $\overline{Z}_2$ 對總平均 $\overline{Z}$ 而言有多少變異，表示此變異的組間平方和（sum of squares between groups） S_B 以下式表示。

$$S_B = \sum_{i=1}^{m}(\hat{Z}_1 - \overline{Z})^2 + \sum_{i=1}^{n}(\hat{Z}_2 - \overline{Z})^2$$ （10-40）

此處，取組間平方和與總平方和之比，將**相關比**（correlation ratio）η 的平方如下式定義。

$$\eta^2 = \frac{S_B}{S_T} = \frac{\sum_{i=1}^{m}(\overline{Z_1} - \overline{Z})^2 + \sum_{i=1}^{n}(\overline{Z_2} - \overline{Z})^2}{\sum_{i=1}^{m}(\hat{Z}_{i(1)} - \overline{Z})^2 + \sum_{i-1}^{n}(\hat{Z}_{i(2)} - \overline{Z})^2} \tag{10-41}$$

在式（10-41）中，使相關比 η 的平方成為最大求出 $\alpha_0, \alpha_1, \cdots, \alpha_p$，是判別分析使用線性判別函數的目的。使相關比 η 的平方成為最大的判別係數 $\alpha_0, \alpha_1, \cdots, \alpha_p$，是以 $\alpha_0, \alpha_1, \cdots, \alpha_p$ 偏微分並設成 0，求解所得出的以下聯立方程式即可導出。

$$\begin{aligned}
V_{11}\alpha_1 + V_{12}\alpha_2 + \cdots + V_{1p}\alpha_p &= \overline{x}_{1(1)} - \overline{x}_{1(2)} \\
V_{21}\alpha_1 + V_{22}\alpha_2 + \cdots + V_{2p}\alpha_p &= \overline{x}_{2(1)} - \overline{x}_{2(2)} \\
&\vdots \\
V_{p1}\alpha_1 + V_{p2}\alpha_2 + \cdots + V_{pp}\alpha_p &= \overline{x}_{p(1)} - \overline{x}_{p(2)}
\end{aligned} \tag{10-42}$$

其中

$$\alpha_0 = \frac{\alpha_1(\overline{x}_{1(1)} - \overline{x}_{1(2)}) + \alpha_2(\overline{x}_{2(1)} - \overline{x}_{2(2)}) + \cdots + \alpha_j(\overline{x}_{j(1)} - \overline{x}_{j(2)}) + \cdots + \alpha_p(\overline{x}_{p(1)} - \overline{x}_{p(2)})}{\alpha}$$

$$\tag{10-43}$$

此處，$\overline{x}_{1(1)}, \overline{x}_{2(1)}, \cdots, \overline{x}_{j(1)}, \cdots, \overline{x}_{p(1)}$ 是各變數的第 1 群的平均，

$\overline{x}_{1(2)}, \overline{x}_{2(2)}, \cdots, \overline{x}_{j(2)}, \cdots, \overline{x}_{p(2)}$ 是各變數的第 2 群的平均，

$V_{11}, V_{12}, \cdots, V_{pp}$ 是合併後的變異數、共變異數。

4. 說明變數的選擇

引進到判別函數的變數，與複迴歸分析一樣，需要考慮以下幾點再選擇。

(1) 以變異數比（F 值）選擇說明力高的變數。

(2) 為了避免多重共線性的發生，說明變數間的相關係數在 0.1 以上時，縮

減成 1 個再進行分析。

10.3.3 馬哈拉諾畢斯的一般距離

在說明利用馬哈拉諾畢斯一般距離進行判別分析前，先就馬哈拉諾畢斯的一般距離加以說明。

一般兩點間的距離使用的是**歐氏距離**（Euclidean distance）。將 n 次元空間中各點的座標值分別當作 $A(x_{a1}, x_{a2}, \cdots, x_{an})$，$B(x_{b1}, x_{b2}, \cdots, x_{bn})$ 時，2 點間的距離 D 即可以下式表示。

$$D = \sqrt{(x_{a1} - x_{b1})^2 + (x_{a2} - x_{b2})^2 + \cdots + (x_{an} - x_{bn})^2} \qquad （10\text{-}44）$$

可是，歐氏距離並未考慮母體的機率分配的影響。在圖 10-6 中所表示的 2 個母體 A 與 B，它們的變異數分別不同，假定是 $\sigma_A^2 > \sigma_B^2$。此處，取得新的樣本 x，想判斷該數據是屬於母體 A 與 B 之中的何者。如圖 10-6 所示，如注視離平均值之距離時，x 可以想成是屬於母體 B。可是，如考慮到兩母體的分配時，x 可以想成是屬於母體 A。考慮此種的機率分配進行判別分析時，對雙方的分配進行標準化，使用基準化後之值再比較距離。像這樣，由標準化後之值所求出的距離 D，稱為**馬哈拉諾畢斯的一般距離**（Mahalanobis' generalized distance）。

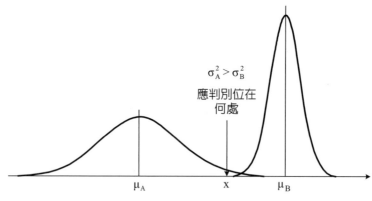

▲圖 10-6　數據群的分配對判別的影響

1 個變數時的馬哈拉諾畢斯的一般距離 D_0 的平方以下式加以定義。

$$D_0^{\ 2} = \left(\frac{x - \overline{x}}{\sigma}\right)^2 = (x - \overline{x})(\sigma^2)^{-1}(x - \overline{x}) \tag{10-45}$$

2 個變數時的馬哈拉諾畢斯的一般距離 D_0 的平方，如設變異數、共變異數矩陣為

$$V = \begin{bmatrix} V_{11} & V_{12} \\ V_{21} & V_{22} \end{bmatrix} \tag{10-46}$$

其逆矩陣為

$$V^{-1} = \begin{bmatrix} V^{11} & V^{12} \\ V^{21} & V^{22} \end{bmatrix} \tag{10-47}$$

則可如下式加以定義。

$$D_0^{\ 2} = \begin{bmatrix} x_1 - \overline{x}, x_2 - \overline{x} \end{bmatrix} \cdot \begin{bmatrix} V^{11} & V^{12} \\ V^{21} & V^{22} \end{bmatrix} \cdot \begin{bmatrix} x_1 - \overline{x} \\ x_2 - \overline{x} \end{bmatrix} \tag{10-48}$$

變數有 P 個時馬哈拉諾畢斯一般距離 D_0 的平方同樣是以下式加以定義。

$$D_0^{\ 2} = \begin{bmatrix} x_1 - \overline{x}, x_2 - \overline{x}, \cdots, x_p - \overline{x} \end{bmatrix} \cdot \begin{bmatrix} V^{11} & V^{12} & \cdots & V^{1p} \\ V^{21} & V^{22} & \cdots & V^{2p} \\ \vdots & \vdots & \ddots & \vdots \\ V^{p1} & V^{p2} & \cdots & V^{pp} \end{bmatrix} \cdot \begin{bmatrix} x_1 - \overline{x} \\ x_2 - \overline{x} \\ \vdots \\ x_p - \overline{x} \end{bmatrix} \tag{10-49}$$

　　此處，**變異數—共變異數矩陣**（variance-covariance matrix）是將變異數與共變異數以矩陣形式配置，對角成分是變異數，其他成分是共變異數。

　　利用馬哈拉諾畢斯一般距離 D_0 的平方進行判別分析是按如下進行。有 2 個母體 A 與 B 時，按各母體求變異數、共變異數矩陣 V 及其逆矩陣 V^{-1}，可利用式（10-49）求出馬哈拉諾畢斯一般距離的平方。而且，針對所有的數據分別對

母體 A, B 求出馬哈拉諾畢斯一般距離的平方 $D_A{}^2$ 與 $D_B{}^2$。接著，比較 $D_A{}^2$ 與 $D_B{}^2$ 再如下進行判別：

$D_A{}^2 < D_B{}^2$ 屬於母體 A

$D_A{}^2 > D_B{}^2$ 屬於母體 B

$D_A{}^2 = D_B{}^2$ 位於母體 A 與 B 的境界上無法判別

▼表 10-9   馬哈拉諾畢斯一般距離的判別結果

考生	分數		合格判定	$D_A{}^2$	$D_B{}^2$
	筆試	面試			
	x_1	x_2			
1	50	90	合格	0.98	10.99
2	60	50	不合格	7.85	0.14
3	80	60	合格	1.27	3.44
4	100	60	合格	1.11	10.90
5	90	80	合格	1.56	17.82
6	30	70	不合格	7.03	1.41
7	70	60	不合格	2.20	1.48
8	50	80	合格	0.96	4.20
9	70	40	不合格	10.75	0.97
10	70	80	合格	0.12	10.31

此處，母體 A 當作合格，母體 B 當作不合格，根據前述入學考試的數據利用馬哈拉諾畢斯一般距離的判定結果如表 10-9 所示。對考生 1 來說，$D_A{}^2 = 0.98$，$D_B{}^2 = 8.99$，故 $D_A{}^2 < D_B{}^2$。因之，考生 1 被判定合格。對所有的樣本也做同樣比較時，馬哈拉諾畢斯一般距離的大小關係對應合格與否之結果，知可以適切判別。

10.3.4 判定評價的方法

從估計各樣本屬於哪一個母體的結果與實際之結果的對應關係即可檢討判別分析之結果的精確度。此處，介紹以下 2 個指標。

1. 判別的準確率

判別的準確率也稱為正答率，將正答樣本數除以樣本數，再乘以 100 求出。所得出之判別準確率的評價取決於各事例而有不同，一般而言，判別準確率大於 90% 可以判斷非常良好。

2. 相關比

相關比 η 的平方，如前述以式（10-41）加以定義。此指標相當於複迴歸分析的貢獻率，結果的評價也可以參照貢獻率來考慮。

10.3.5 事例與分析步驟

過去天然皮革的替代材料大多使用人工皮革，一般人工皮革與天然皮革相比，被指出觸感較差。本事例在開發人工皮革方面為了獲得有關觸感操作的有用物理量見解，特別鎖定對觸感有甚大貢獻的物理量，嘗試使用它們製作判別天然皮革與人工皮革的模式。

▼表 10-10　判別分析所使用的數據

	群	熱吸收速度 （cal/sec · m²）	摩擦係數
皮革 1	天然	0.102	0.649
皮革 2	人工	0.090	0.553
皮革 3	人工	0.081	0.577
皮革 4	天然	0.111	0.769
皮革 5	人工	0.058	0.529
皮革 6	天然	0.087	0.986
皮革 7	人工	0.084	0.721
皮革 8	人工	0.081	0.529
皮革 9	天然	0.059	0.769
皮革 10	人工	0.053	0.481
皮革 11	人工	0.034	0.721

以數個天然皮革與人工皮革為樣本，測量對觸感的評價有甚大貢獻的熱吸收速度（cal/sec · m²）及摩擦係數，得出如表 10-10 的數據。另外，本事例中的熱吸收速度如圖 10-7 所示，是指人以手指按觸皮革表面不久後大約 0.3 秒左右所出現熱吸收速度的最高值。接著，以天然皮革與人工皮革的群為目的變數，熱吸收速度及摩擦係數為說明變數，進行判別分析，利用線性判別函數式建立天然皮革與人工皮革的判別模式。

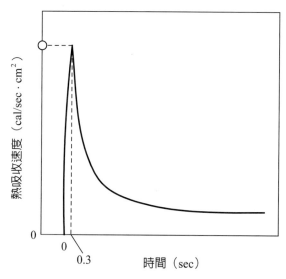

▲圖 10-7　接觸後的熱吸收速度變化

■ 數據的確認

確認出表 10-10 的數據中並無偏離值。並且，熱吸收速度與摩擦係數的相關係數是 0.21，因之也確認出多重共線性的可能性低。

■ 判別分析的實施

使用多變量分析軟體進行判別分析的結果，以熱吸收速度當作 x_1，摩擦係數當作 x_2，可得出如下式所示的線性判別函數式。

$$z = -28.13x_1 - 8.13x_2 + 7.53$$

（10-50）

　　以熱吸收速度及摩擦係數為軸的樣本分配，以及線性判別函數式如圖 10-8 所示。

　　由式（10-50）及圖 10-8，可以確認熱吸收速度及摩擦係數兩者越是增加就越具有天然皮革樣子的觸感。並且，標準判別係數的絕對值，由於熱吸收速度是 0.60，摩擦係數是 0.92，因之在判別中的摩擦係數的影響，可以說是熱吸收速度之影響的 1.5 倍左右。

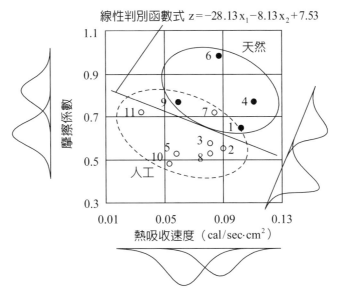

▲圖 10-8　樣本的分配及線性判別函數式

　　另外，在式（10-50）中，除去具有接近天然皮革特性之皮革 7，$z < 0$ 時被判別是天然皮革群，$z > 0$ 時被判別是人工皮革群。11 個樣本中有 10 個判別是正確的，因之線性判別函數的正答率是 91%。

　　由以上的分析結果知，以熱吸收速度及摩擦係數為指標，可以顯示觸感操作的可能性。應用本見解，可以考慮開發具有天然皮革觸感的人工皮革，或具有天然皮革完全不同新觸感的人工皮革。

10.4　主成分分析

主成分分析（principal component analysis）是從多變量數據之中，抽出相關強之特性的合成變量當作主成分（principal component），調查主成分與各個特性之關係，再將特性進行分類的手法。

在前述的複迴歸分析與判別分析中，目的變數是存在的，說明變數與目的變數之關係利用數式加以記述。可是，進行市場調查時，原因與結果之關係不明確，無法決定目的變數的時候也有。像此種時候，如能分析特性間的關係並整理相互關係時，在理解現象或課題上可得到有益的資訊。

10.4.1 主成分分析的目的

主成分分析是將數個特性具有的資訊合成為少數個主成分的一種手法。譬如，進行複迴歸分析時，主成分分析先被當作合成所列舉之說明變數的一種手法來使用的情形也有。並且，在主成分軸上配置樣本，使之容易理解其定位，以此為目的加以使用的也有。

10.4.2 主成分的想法

使用圖10-9說明主成分的概念。由A方向來看，可以看到全部的3支煙囪。另一方面，由B方向來看時，只能看見眼前的1支煙囪。像這樣，取決於由哪一個方向來看煙囪，正確資訊（有3支煙囪）的取得是會改變的。此事在看數據時也是一樣的。從哪一個方面掌握數據是重要的問題。並且，數據的掌握使之容易的方向，即相當於主成分的方向（主成分軸的方向）。

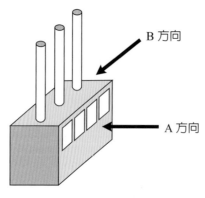

▲圖 10-9　看法依方向而有不同

　　表 10-11 顯示有高中生 11 名的身高與體重的數據。又，身高與體重之關係以散佈圖表示即為圖 10-10，從掌握數據上的適切方向，亦即主成分軸的方向來看，可以適切表現身高與體重的相互關係。

　　表示主成分的直線如下式加以定義，可依從以下步驟導出。此處，主成分 Z，如圖 10-10 所示與迴歸直線一樣會通過顯示特性間之關係的散布圖的重心。

$$Z = a_1 x_1 + a_2 x_2 \qquad\qquad (10\text{-}51)$$

▼表 10-11　身高與體重的關係

	身高	體重
1	163	61
2	165	60
3	168	68
4	176	64
5	172	62
6	174	68
7	171	73
8	177	77
9	182	78
10	179	72
合計	1,727	683

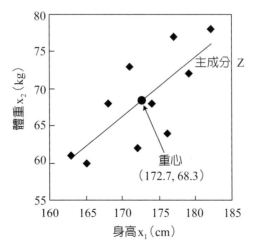

▲圖 10-10　身高與體重的散布圖

由各樣本向主成分 Z 畫垂線。主成分與垂線的交點是各樣本在主成分上的看法，為了使預估良好，亦即使各交點的變異數成為最大來計算係數 a_1, a_2。

圖 10-11 說明主成分分析與迴歸分析在想法上的差異。兩者的不同處有 2 個。一是，座標軸的不同，主成分分析的座標軸均為說明變數，而迴歸分析的橫軸是說明變數，縱軸是目的變數。另一是，求出殘差與否的不同，主成分分析是對所求的主成分畫垂線，而迴歸分析是沿著縱軸畫垂線。

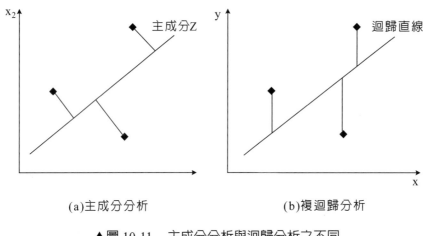

(a)主成分分析　　　　　　(b)複迴歸分析

▲圖 10-11　　主成分分析與迴歸分析之不同

10.4.3 主成分分數

主成分分數（principal score）是以前述的各交點與重心間之距離加以定義。主成分取決於變數的個數可求出數個，因之主成分分數可針對各個主成分求得。按每一個主成分對各個樣本可得出主成分分數，然後以主成分為座標軸製作主成分分數的散布圖，可以掌握各個樣本在散布圖上是如何配置，在主成分所構成的空間上可以直覺地理解樣本之間的距離。

10.4.4 特徵值與特徵向量

各樣本所求出的主成分分數的變異數稱為**特徵值**（eigenvalue），特徵值越大的主成分意謂該主成分的說明力越大。又，以式（10-51）中的係數 a_1, a_2 作為成分的向量稱為**特徵向量**（eigenvector）。

　　讓係數 a_1, a_2 改變時，各樣本的主成分 Z 之值會改變，因之可得出各種變異數之值。但，將係數 a_1, a_2 放大數倍，變異數也會得出甚大之值，因之，設定 a_1^2 + $a_2^2 = 1$ 的條件，計算使變異數最大的係數。特徵向量是表示所求出的主成分與說明變數的關係強度。

10.4.5 主成分負荷量

　　主成分負荷量（principal loading）是將特徵值的平方根乘上特徵向量所求出。與特徵向量一樣雖然是表示主成分與說明變數的相關關係之強度，但特徵向量之值可以取各種值，相對的，主成分負荷是標準化後的量。製作主成分負荷量的散布圖，可以明確整理出各說明變數與主成分軸的關係性。

10.4.6 主成分的計算法

　　使用表 10-12 的資料說明主成分分析的流程。

▼表 10-12　偏差平方和與偏差積和

	身高：X_1	體重：X_2	$(X_{i1} - \overline{X}_1)^2$	$(X_{i2} - \overline{X}_2)^2$	$(X_{i1} - \overline{X}_1)(X_{i2} - \overline{X}_2)$
1	163	61	94.04	53.29	70.8
2	165	60	510.29	610.89	63.9
3	168	68	22.09	0.09	1.4
4	176	64	10.89	110.49	−14.2
5	172	62	0.49	310.69	4.4
6	174	68	1.69	0.09	−0.4
7	171	73	2.89	22.09	−10.0
8	177	77	110.49	75.69	37.4
9	182	78	86.49	94.09	90.2
10	179	72	310.69	13.69	23.3
合計	1,727	683	336.10	386.10	2610.9
			S_{11}	S_{22}	S_{12}

1. 特徵值的計算

設變異數、共變異數矩陣 V 為

$$V = \begin{bmatrix} V_{11} & V_{12} \\ V_{21} & V_{22} \end{bmatrix}$$ （10-52）

特徵值 λ 求解下列的行列式即可求得。

$$\begin{vmatrix} V_{11} - \lambda & V_{12} \\ V_{21} & V_{22} - \lambda \end{vmatrix} = 0$$ （10-53）

亦即，對 λ 求解下式即可。

$$(V_{11} - \lambda)(V_{22} - \lambda) - V_{12}V_{21} = 0$$ （10-54）

由表 10-12 得

$$\begin{aligned}
&V_{11} = S_{11}/(n-1) = S_{11}/(10-1) = 37.34 \\
&V_{22} = S_{22}/(n-1) = S_{22}/(10-1) = 42.90 \\
&V_{12} = V_{21} = S_{12}/(n-1) = S_{12}/(10-1) = 29.88 \\
&(37.44 - \lambda)(42.90 - \lambda) - 29.88^2 = 0 \\
&\lambda^2 - 80.24\lambda + 709.07 = 0
\end{aligned}$$ （10-55）

因之，解此 2 次方程式即可求 λ。此時，第 1 主成分的特徵值 λ_1 是 70.13，第 2 主成分的特徵值 λ_2 是 10.11。

2. 特徵向量的計算

使用所求出的特徵值，求解以下的方程式即可求得特徵向量。

$$\begin{aligned}
&V_{11}a_1 + V_{12}a_2 - \lambda a_1 = 0 \\
&V_{12}a_1 + V_{22}a_2 - \lambda a_2 = 0 \\
&a_1^2 + a_2^2 = 1
\end{aligned}$$ （10-56）

$\lambda = 70.13$，所以

$$37.34a_1 + 29.88a_2 - 70.13a_1 = 0$$
$$29.88a_1 + 42.90a_2 - 70.13a_2 = 0 \qquad （10\text{-}57）$$
$$a_1{}^2 + a_2{}^2 = 1$$

求解上式時，

$$32.79a_1 = 29.88a_2$$
$$a_1 = \frac{29.88}{32.79} a_2 = 0.911a_2 \qquad （10\text{-}58）$$
$$(0.911a_2)^2 + a_2^2 = 1$$
$$a_2{}^2 = \frac{1}{1.830} \rightarrow a_2 = \pm 0.739，a_1 = \pm 0.673$$

因之，

$$Z = 0.673X_1 + 0.739X_2 \qquad （10\text{-}59）$$

$\lambda = 10.11$ 時，以同樣的做法，得

$$Z = 0.738X_1 - 0.675X_2 \qquad （10\text{-}60）$$

以上是變數為 2 個的說明，以下如表 10-13 是針對 p 個變數，測量出 n 個數據時解說其計算過程。另外，主成分分析中需要逆矩陣的計算，有需要確保數據數多於變數個數，即 $n > p$。此情形的主成分 Z 可如下式加以定義。

$$Z = a_1 X_1 + a_2 X_2 + \cdots + a_p X_p \qquad （10\text{-}61）$$

又，第 i 個樣本的主成分分數 Z_i 如下加以定義。

$$Z_i = a_1X_{i1} + a_2X_{i2} + \cdots + a_pX_{ip} \qquad (10\text{-}62)$$

此時，主成分分數的變異數 V 如下式加以表示。

$$V = \frac{1}{n-1}\sum_{i=1}^{n}(Z_i - \bar{Z})^2 \qquad (10\text{-}63)$$

▼表 10-13　分析所使用的數據

樣本 ＼ 變數	x_1	x_2	$\cdots$	x_j	$\cdots$	x_p
1	x_{11}	x_{12}	$\cdots$	x_{1j}	$\cdots$	x_{1p}
2	x_{21}	x_{22}	$\cdots$	x_{2j}	$\cdots$	x_{2p}
$\vdots$	$\vdots$	$\vdots$		$\vdots$		
i	x_{i1}	x_{i2}	$\cdots$	x_{ij}	$\cdots$	x_{ip}
$\vdots$	$\vdots$	$\vdots$		$\vdots$		
n	x_{n1}	x_{n2}	$\cdots$	x_{nj}		x_{np}

此處，使用 Lagrange 未定係數法（Lagrange method of undetermined multipliers），求出使式（10-63）中的 V 成為最大的特徵向量 $[a_1, a_2, \cdots, a_p]$。

未定係數設為 λ 時，即成為在 $G = V - \lambda(a_1^2 + a_2^2 + \cdots + a_p^2 - 1)$ 之中使 G 為最大的特徵向量 $[a_1, a_2, \cdots, a_p]$ 的問題，此問題與複迴歸分析、差別分析一樣，是最大、最小的問題。將 G 對 $a_1, a_2, \cdots, a_p, \lambda$ 進行偏微分設為 0，即可求出以下的特徵方程式。

$$\begin{vmatrix} V_{11}-\lambda & V_{12} & \cdots & V_{1P} \\ V_{21} & V_{22}-\lambda & \cdots & V_{2P} \\ \vdots & \vdots & & \vdots \\ V_{P1} & V_{P2} & \cdots & V_{PP}-\lambda \end{vmatrix} = 0 \qquad (10\text{-}64)$$

此處 V_{jk}（j, k = 1, 2, $\cdots$P）是表示變異數與共變異數。此方程式成為以 λ 為未知數的 p 次方程式，可求出 $\lambda_1, \lambda_2, \cdots\lambda_P$ 的 p 個解，其中 $\lambda_1 \geq \lambda_2 \geq \cdots\lambda_P \geq 0$。

與所求出的一個特徵值 λ_i 相對應的特徵向量 $[a_{i1}, a_{i2}, \cdots, a_p]$，利用求解如下的聯立方程式即可求出。

$$\begin{bmatrix} V_{11} & V_{12} & \cdots & V_{1P} \\ V_{21} & V_{22} & \cdots & V_{2P} \\ \vdots & \vdots & & \vdots \\ V_{P1} & V_{P2} & \cdots & V_{PP} \end{bmatrix} \begin{bmatrix} a_{i1} \\ a_{i2} \\ \vdots \\ a_{iP} \end{bmatrix} = \lambda_i \begin{bmatrix} a_{i1} \\ a_{i2} \\ \vdots \\ a_{iP} \end{bmatrix} \qquad （10\text{-}65）$$

其中 $a_{i1}{}^2 + a_{i2}{}^2 + \cdots + a_{iP}{}^2 = 1$

以上的特徵值與特徵向量的求法是從變異數、共變異數矩陣求出主成分的方法。此處，試以例題的特性值放大 10 倍之值去求特徵向量時，特徵向量之值會大幅地改變。像這樣，由共變異數矩陣求主成分的手法，由於特性值的單位會影響分析結果，因之有需要將分析數據的單位使之一致。

單位未一致時，將各特性值基準化後再進行主成分分析即可。此時，各變數的變異數成為 1，共變異數即為相關係數，因之變成了使用變數間相關係數矩陣的主成分分析解法。使用相關係數矩陣的主成分分析，是將式（10-65）的 V_{jk} 換成相關係數 r_{jk}，將特徵方程式如下式定義。

$$\begin{vmatrix} r_{11}-\lambda & r_{12} & \cdots & r_{1P} \\ r_{21} & r_{22}-\lambda & \cdots & r_{2P} \\ \vdots & \vdots & & \vdots \\ r_{P1} & r_{P2} & \cdots & r_{PP}-\lambda \end{vmatrix} = 0 \qquad （10\text{-}66）$$

其中 $r_{11} = r_{22} = \cdots = r_{PP} = 1$。並且，與特徵值 λ 對應的特徵向量可如下加以定義。

$$\begin{bmatrix} r_{11} & r_{12} & \cdots & r_{1P} \\ r_{21} & r_{22} & \cdots & r_{2P} \\ \vdots & \vdots & & \vdots \\ r_{P1} & r_{P2} & \cdots & r_{PP} \end{bmatrix} \begin{bmatrix} a_{i1} \\ a_{i2} \\ \vdots \\ a_{iP} \end{bmatrix} = \lambda_i \begin{bmatrix} a_{i1} \\ a_{i2} \\ \vdots \\ a_{iP} \end{bmatrix} \qquad （10\text{-}67）$$

有關相關係數矩陣 R 與共變異數矩陣 V，希望以如下的觀點去靈活運用。

■ 特性值的單位不一致時

利用相關係數矩陣 R 進行主成分分析。此時，特徵向量的大小無意義，可求其方向。

■ 特徵值的單位系一致時

雖然也可以利用相關係數矩陣 R 進行主成分分析，但最好使用共變異矩陣。此時，所求出的特徵向量大小有意義。

10.4.7 貢獻率

主成分分析中的貢獻率 ρ 是表示主成分的說明力之指標，第 j 個主成分的特徵值對全體的特徵值的比率，當作貢獻率 ρ_j，可如下加以定義。

$$\rho_j = \frac{\lambda_j}{\sum_{j=1}^{P} \lambda_j} \qquad (10\text{-}68)$$

10.4.8 主成分的個數

主成分分析中，由多數的特性值所形成的數據構造，儘可能以較少的主成分來表現爲宜，一般主成分的個數是以如下的指標作爲線索來決定：

1. 累積貢獻率在 0.8 以上。
2. 特徵值在 1 以上。

此處，所謂**累積貢獻率**（cumulative contribution rate）是指各主成分中的貢獻率至所設想的主成分數爲止所累積而得者，全體的數據構造取決於主成分可以反映到何種程度的指標。

10.4.9 事例與分析步驟

在汽車開發中，利用縮短開發期間或削減開發費用來提高產品開發的效率甚爲重要。本事例是爲了在進行產品開發的效率化上獲得見解，嘗試在效率化上萃

取出應注意的評價項目。

▼表 10-14　　主成分分析所使用的數據

	設計期間	試製期間	評價期間	設計工數	試製費（模具費等）	設備費	評價工數	設計難易度（預測技術等）	試製難易度（精度等）	評價難易度（實驗再現等）	零件的標準比率	構造的統一性	每一車種的變形數	設變更對其他要素影響	構思與機能之從屬性	構思與生產要件之從屬性	機能與生產要件之從屬性
車殼	4	3	4	3	3	4	3	3	2	1	4	1	5	5	4	4	4
前門	3	2	2	2	2	3	3	3	3	2	2	4	2	3	3	4	4
後門	3	2	2	2	2	3	3	3	3	2	2	4	1	3	3	4	1
車蓋	2	2	1	1	2	1	2	2	1	1	5	1	3	3	3	3	3
⋮	⋮	⋮	⋮	⋮	⋮	⋮	⋮	⋮	⋮	⋮	⋮	⋮	⋮	⋮	⋮	⋮	⋮
後懸置	4	4	3	3	3	4	4	4	4	3	4	3	2	4	1	1	4
	4	3	3	2	2	3	3	2	2	3	4	2	3	2	3	1	3
駕駛盤	3	3	3	2	2	3	3	2	3	4	4	1	3	1	1	4	4
煞車器油箱	1	2	2	1	2	2	2	2	2	3	1	3	1	3	3		3

由汽車開發的專家，針對 45 個設計要素，實施 17 個評價項目的分級，得出如表 10-14 所示的數據。然後以 17 個評價項目作為變數進行主成分分析，抽出合成變量的主成分。

1. 主成分分析的實施

使用多變量分析軟體進行主成分分析之結果，在本事例中至主成分 3 為止特徵值均超過 1，累積貢獻率是 80%，所以主成分個數當作 3。主成分分析的結果如表 10-15 所示。

2. 主成分的萃取

從表 10-15 所示之主成分負荷量來看，各主成分如下，已萃取出在效率化上

應注意的 3 種合成變量。

主成分 1：此可以想成是合成了設計難易度、設計工數、試製費的大小等之後，表示「開發規模」的主成分。

主成分 2：此可以想成是合成了構思與機能之從屬性以及構思與生產要件之從屬性之後，表示「構思設計要件」的主成分。

主成分 3：此可以想成是合成了一個車種中設計要素的統一性及構造的統一性之後，表示「構造的統一性」的主成分。

由以上的分析結果，將重點放在「開發的規模」、「構思設計要件」、「構造的統一性」進行汽車開發，被認為有助於產品開發之效率化的進展。

▼表 10-15　主成分分析的結果

		主成分 1	主成分 2	主成分 3
開發的規模	設計難易度（預測技術等）	0.925	0.120	−0.007
	設計期間	0.920	0.030	0.070
	評價工數	0.916	0.068	−0.003
	試製費（模具費等）	0.910	0.070	0.025
	試製期間	0.905	0.044	0.127
	設計工數	0.898	−0.019	−0.167
	設備費	0.897	0.151	−0.001
	評價期間	0.877	−0.150	−0.171
	試製難易度（精度等）	0.876	0.126	−0.080
	機能與生產要件之從屬性	0.750	0.090	0.347
	設變更對其他要素影響	0.731	0.094	0.344
	評價難易度（實驗再現等）	0.689	0.543	−0.070
	零件的標準比率	0.637	−0.624	−0.089
構思設計的要件	構思與機能之從屬性	−0.195	0.875	0.288
	構思與生產要件之從屬性	−0.490	0.771	0.085
構造的統一性	每一車種的變形數	0.123	0.100	−0.813
	構造的統一性	−0.038	−0.570	0.599
	特徵值	10.608	2.485	1.449
	貢獻率	57	15	9
	累積貢獻率	57	71	80

10.5 因素分析

因素分析（factor analysis）是基於多變量數據，設想特性間的關係的背後存在著潛在的共同因素（common factor）而後萃取出因素，調查因素與各個變數之關係，以建立各種假設的手法。與主成分分析一樣，因素分析也不存在目的變數。

10.5.1 因素分析的目的

前述的主成分分析是針對分析對象的數據求出說明力高（在軸上變異數成為最大）之主成分的手法，可從數據推導出。另一方面，因素分析是事先設想特性間的關係背後存在著共同因素再進行分析的手法，因素的導出方法不同，所得結果也不同。像這樣，因為分析中的想法不同，主成分分析是將說明變數合成為少數的主成分，因素分析是將說明變數分解成少數的共同因素之手法。

因素分析在心理學、商品企劃以及行銷的領域中廣為使用，對所設想的共同因素來說，特性間的關係或樣本間之關係可視化，從中建立各種的假設。

10.5.2 因素分析的想法

使用表 10-16～表 10-20 說明因素分析的概要。表 10-16 中表示有 10 位高中生（樣本數：10）的國語、數學、物理以及英語等 4 科目（變數個數：4）中的學年評價（10 級）。在因素分析中，與主成分分析一樣也需要計算逆矩陣，如本例所示，有需要確保數據要比變數個數多。

▼表 10-16　學年評價

學生	國語 x_1	數學 x_2	物理 x_3	英語 x_4
1	10	8	9	8
2	9	7	7	9
3	7	5	5	8
4	8	6	6	5
5	7	10	8	6
6	5	3	5	4

學生	國語 x_1	數學 x_2	物理 x_3	英語 x_4
7	6	5	5	3
8	7	9	10	6
9	6	8	7	5
10	7	6	8	7

並且，表 10-17 是說明將表 10-16 的數據按各科目進行標準化之結果。此處，設想大學升學時的出路選擇，在 4 科目評價結果的背後，假定有文科系能力因素與理科系能力因素。

▼表 10-17　標準化後的學年評價

學生	國語 x_1	數學 x_2	物理 x_3	英語 x_4
1	1.897	0.616	1.134	0.994
2	1.220	0.142	0.000	1.517
3	−0.136	−0.805	−1.134	0.994
4	0.542	−0.332	−0.567	−0.575
5	−0.136	1.563	0.567	−0.052
6	−1.491	−1.753	−1.134	−1.098
7	−0.813	−0.805	−1.134	−1.621
8	−0.136	1.090	1.701	−0.052
9	−0.813	0.616	0.000	−0.575
10	−0.136	−0.332	0.567	0.471

在因素分析中，如表 10-18 所示，想成各學生對 2 個共同因素具有的分數，此分數稱為共同因素的因素分數（factor score）以 f_{ij} 表示。另外，如表 10-19 所示，想成各科目的係數乘上 2 個共同因素，可得出各科目的評價，此係數稱為因素負荷量（factor loading）以 a_{jk} 表示。因素負荷量是表示因素對各變數（此情形是科目）的影響力。可是，只是共同因素也無法說明，仍有各學生的獨自成分。稱此為獨自因素（unique factor）以 e_{ij} 表示。整理本例的獨自因素即為表 10-20。

▼表 10-18 因素分數

學生 i	文科系能力 k = 1	理科系能力 k = 2
1	f_{11}	f_{12}
2	f_{21}	f_{22}
3	f_{31}	f_{32}
⋮	⋮	⋮
10	f_{101}	f_{102}

▼表 10-19 因素負荷量

科目 j	文科系能力 k = 1	理科系能力 k = 2
國語 j = 1	a_{11}	a_{12}
數學 j = 2	a_{21}	a_{22}
物理 j = 3	a_{31}	a_{32}
英語 j = 4	a_{41}	a_{42}

▼表 10-20 獨自因素

學生	國語 j = 1	數學 j = 2	物理 j = 3	英語 j = 4
1	e_{11}	e_{12}	e_{13}	e_{14}
2	e_{21}	e_{22}	e_{23}	e_{24}
3	e_{31}	e_{32}	e_{33}	e_{34}
4	e_{41}	e_{42}	e_{43}	e_{44}
5	e_{51}	e_{52}	e_{53}	e_{54}
6	e_{61}	e_{62}	e_{63}	e_{64}
7	e_{71}	e_{72}	e_{73}	e_{74}
8	e_{81}	e_{82}	e_{83}	e_{84}
9	e_{91}	e_{92}	e_{93}	e_{94}
10	e_{101}	e_{102}	e_{103}	e_{104}

　　如以上假定共同因素與獨自因素之後，因素負荷量設為 a_{jk}，共同因素的因素分數設為 f_{ik}，獨自因素設為 e_{ij}，各科目的評價結果 Z_{ij} 如下式定義。

$$Z_{ij} = a_{j1} f_{i1} + a_{j2} f_{i2} + e_{ij} \qquad (10\text{-}69)$$

此處 i（i = 1, 2, ..., 10）表示學生，j（j = 1, 2, 3, 4）是 1 表示國語，2 表示數學，3 表示物理，4 表示英語，k（k = 1, 2）是 1 表示文科系能力，2 表示理科系能力。另外，此處為了容易理解雖已對因素命名，但在實際的因素分析中，只是假定因素數而已。在因素分析中，從式（10-69）求出 2 個因素負荷量是分析的目的。

10.5.3 因素負荷量

表 10-17 的標準化之學年評價，由於平均為 0，變異數為 1，因之成為

$$V_j = \frac{\sum (Z_{ij} - 0)^2}{n-1} = \frac{\sum Z_{ij}^2}{n-1} = 1 \quad (j = 1, 2, 3, 4) \qquad (10\text{-}70)$$

並且，對式（10-69）的 Z_{ij}，求 $\dfrac{\sum Z_{ij}^2}{n-1}$ 時，即為下式。

$$\frac{\sum Z_{ij}^2}{n-1} = \frac{1}{n-1}\sum Z_{ij}^2 = \frac{1}{n-1}\sum (a_{j1} f_{i1} + a_{j2} f_{i2} + e_{ij})^2$$

$$= \frac{1}{n-1}\sum (a_{j1}^2 f_{i1}^2 + a_{j2}^2 f_{i2}^2 + e_{ij}^2 + 2a_{j1}a_{j2}f_{i1}f_{i2} + 2a_{j1}f_{i1}e_{ij} + 2a_{j2}f_{i2}e_{ij})$$

$$= a_{j1}^2 \frac{\sum f_{i1}^2}{n-1} + a_{j2}^2 \frac{\sum f_{i2}^2}{n-1} + \frac{\sum e_{ij}^2}{n-1} + 2a_{j1}a_{j2}\frac{\sum f_{i1}f_{i2}}{n-1} + 2a_{j1}\frac{\sum f_{ij}e_{ij}}{n-1}$$

$$+ 2a_{j2}\frac{\sum f_{i2}e_{ij}}{n-1}$$

$$(10\text{-}71)$$

因素分析是在如下的假定下求因素負荷量（j = 1,2,3,4, j' = 1,2,3,4, j ≠ j', k = 1,2）：

(1) 共同因素的平均是 0，變異數是 1。

$$\frac{\sum f_{i1}}{n} = 0, \frac{\sum f_{i2}}{n} = 0, \frac{\sum f_{i1}^2}{n-1} = 1, \frac{\sum f_{i2}^2}{n-1} = 1 \qquad (10\text{-}72)$$

(2) 獨自因素的平均是 0，變異數為常數。

$$\frac{\sum e_{ij}}{n} = 0, \frac{\sum e_{ij}^2}{n-1} = d_j^2 \qquad (10\text{-}73)$$

(3) 共同因素之間，獨自因素之間，以及共同因素與獨自因素相互無相關。

$$\frac{\sum e_{ij}e_{ij}{}'}{n-1} = 0, \frac{\sum f_{i1}e_{ij}}{n-1} = 0, \frac{\sum f_{i2}e_{ij}}{n-1} = 0, \frac{\sum f_{i1}f_{i2}}{n-1} = 0 \qquad (10\text{-}74)$$

此外，共同因素間的相關，有 2 種假定方法。一是相互假定無相關之直交因素，另一個是不假定無相關的斜交因素。

此處，考慮直交因素的情形。

依據以上的假定，式（10-71）可以寫成如下。

$$\frac{\sum Z_{ij}^2}{n-1} = a_{j1}^2 + a_{j2}^2 + d_j^2 \qquad (10\text{-}75)$$

由式（10-70）

$$a_{j1}^2 + a_{j2}^2 + d_j^2 = 1 \qquad (10\text{-}76)$$

式（10-76），$a_{j1}^2 + a_{j2}^2$ 稱為共同性（communality），以 h_j^2 表示。

$$h_j^2 = a_{j1}^2 + a_{j2}^2 \qquad (10\text{-}77)$$

其次，Z_j 與 $Z_{j'}$ 的相關係數設為 $r_{jj'}$，調查 $r_{jj'}$ 與因素負荷量之關係。Z_j 與 $Z_{j'}$ 是標準值，因之 $r_{jj'}$ 可以利用下式表示。

$$r_{jj'} = \frac{\sum (Z_{ij} - 0)(Z_{ij'} - 0)}{\sqrt{\sum (Z_{ij} - 0)^2 \sum (Z_{ij'} - 0)^2}} = \frac{\sum Z_{ij} Z_{ij'}}{n-1} \tag{10-78}$$

此由式（10-70）得知，因為 $\sum Z_{ij}{}^2 = n-1$，$\sum Z_{ij'}{}^2 = n-1$。

其次，求 $\sum \dfrac{Z_{ij} Z_{ij'}}{n-1}$。將前述的假定應用在此式時，即成為下式。

$$\sum \frac{Z_{ij} Z_{ij'}}{n-1} = \frac{1}{n-1} \sum (a_{j1} f_{i1} + a_{j2} f_{i2} + e_{ij})(a_{j'1} f_{i1} + a_{j'2} f_{i2} + e_{ij'}) \tag{10-79}$$
$$= a_{j1} a_{j'1} + a_{j2} a_{j'2}$$

由式（10-78），成為

$$r_{jj'} = a_{j1} a_{j'1} + a_{j2} a_{j'2} \tag{10-80}$$

此處，相關矩陣（correlation matrix）R 如下定義。

$$R = \begin{bmatrix} r_{11} & r_{12} & r_{13} & r_{14} \\ r_{21} & r_{22} & r_{23} & r_{24} \\ r_{31} & r_{32} & r_{33} & r_{34} \\ r_{41} & r_{42} & r_{43} & r_{44} \end{bmatrix} = \begin{bmatrix} 1 & r_{12} & r_{13} & r_{14} \\ r_{21} & 1 & r_{23} & r_{24} \\ r_{31} & r_{32} & 1 & r_{34} \\ r_{41} & r_{42} & r_{43} & 1 \end{bmatrix} \tag{10-81}$$

由式（10-76）、式（10-80）來看，（10-81）可以整理成下式（不以等式表示的理由，是以共同性的反覆說明來表示）。

$$R = \begin{bmatrix} a_{11}{}^2 + a_{12}{}^2 + d_1{}^2 & a_{11} a_{21} + a_{12} a_{22} & a_{11} a_{31} + a_{12} a_{32} & a_{11} a_{41} + a_{12} a_{42} \\ a_{21} a_{11} + a_{22} a_{12} & a_{21}{}^2 + a_{22}{}^2 + d_2{}^2 & a_{21} a_{31} + a_{22} a_{32} & a_{21} a_{41} + a_{22} a_{42} \\ a_{31} a_{11} + a_{32} a_{12} & a_{31} a_{21} + a_{32} a_{22} & a_{31}{}^2 + a_{32}{}^2 + d_3{}^2 & a_{31} a_{41} + a_{32} a_{42} \\ a_{41} a_{11} + a_{42} a_{12} & a_{41} a_{21} + a_{42} a_{22} & a_{41} a_{31} + a_{12} a_{22} & a_{41}{}^2 + a_{42}{}^2 + d_4{}^2 \end{bmatrix} \tag{10-82}$$

以上的例子是針對 4 變數設想 2 個共同因素的情形，但不限制變數的個數，式（10-79）是成立的。

此處，矩陣 D 如下定義。

$$D = \begin{bmatrix} d_1^2 & 0 & 0 & 0 \\ 0 & d_2^2 & 0 & 0 \\ 0 & 0 & d_3^2 & 0 \\ 0 & 0 & 0 & d_4^2 \end{bmatrix} \qquad (10\text{-}83)$$

設 R' = R − D 時，

$$R' = \begin{bmatrix} a_{11}^2 + a_{12}^2 & a_{11}a_{21} + a_{12}a_{22} & a_{11}a_{31} + a_{12}a_{32} & a_{11}a_{41} + a_{12}a_{42} \\ a_{21}a_{11} + a_{22}a_{12} & a_{21}^2 + a_{22}^2 & a_{21}a_{31} + a_{22}a_{32} & a_{21}a_{41} + a_{22}a_{42} \\ a_{31}a_{11} + a_{32}a_{12} & a_{31}a_{21} + a_{32}a_{22} & a_{31}^2 + a_{32}^2 & a_{31}a_{41} + a_{32}a_{42} \\ a_{41}a_{11} + a_{42}a_{12} & a_{41}a_{21} + a_{42}a_{22} & a_{41}a_{31} + a_{12}a_{22} & a_{41}^2 + a_{42}^2 \end{bmatrix}$$

$$= \begin{bmatrix} a_{11} & a_{12} \\ a_{21} & a_{22} \\ a_{31} & a_{32} \\ a_{41} & a_{42} \end{bmatrix} \begin{bmatrix} a_{11} & a_{21} & a_{31} & a_{41} \\ a_{12} & a_{22} & a_{32} & a_{42} \end{bmatrix} \qquad (10\text{-}84)$$

因素負荷量是在式（10-84）成立下求出。

■ 共同性的估計

前述的 R' 是從相關矩陣 R 減去以獨自因素的變異數 d_j^2 作爲對角元素的矩陣後之值，此處，獨自因素 d_j^2 是不明的，所以要先估計再求出 R'。如能估計出式（10-77）所示的共同性 h_j^2 時，式（10-76）d_j^2 即可求出。爲了求 d_j^2 而估計 h_j^2 稱爲共同性的估計。爲了估計共同性，有需要設定初期值，一般以如下 3 種方法之中的 1 種進行。

(1) 初期值：1

(2) 初期值：相關矩陣 R 中各行的最大

(3) 初期值：以變數 Z_i 的共同性 h_j^2 的估計值來說，以 Z_j 爲目的變數，Z_j 以

外的說明變數為說明變數所建立之複迴歸式的貢獻率。

然後，將相關矩陣 R 的對角元素換成初期值設為 R' 再求解式（10-84）。此處，如可求出矩陣 R' 的特徵值與特徵向量時，依據以下的步驟即可求出因素負荷量。

（p×p）的方陣 X，存在有 p 個特徵向量。X 的特徵值設為 λ_1, λ_2, …, λ_p。對 λ_j 的特徵向量設為 $[e_{1j}, e_{2j}, …, p_j]$。此時，X 可如下式進行譜分解（spectral decomposition）。

$$X = \lambda_1 \begin{bmatrix} e_{11} \\ e_{21} \\ \vdots \\ e_{p1} \end{bmatrix} \begin{bmatrix} e_{11} & e_{21} & \cdots & e_{p1} \end{bmatrix} + \lambda_2 \begin{bmatrix} e_{12} \\ e_{22} \\ \vdots \\ e_{p2} \end{bmatrix} \begin{bmatrix} e_{12} & e_{22} & \cdots & e_{p2} \end{bmatrix} + \cdots \qquad (10\text{-}85)$$

將式（10-85）變形時，

$$X = \begin{bmatrix} \sqrt{\lambda_1}e_{11} & \sqrt{\lambda_1}e_{12} & \cdots \\ \sqrt{\lambda_2}e_{21} & \sqrt{\lambda_2}e_{22} & \cdots \\ \vdots & \vdots & \ddots \end{bmatrix} \begin{bmatrix} \sqrt{\lambda_1}e_{11} & \sqrt{\lambda_1}e_{21} & \cdots \\ \sqrt{\lambda_2}e_{12} & \sqrt{\lambda_2}e_{22} & \cdots \\ \vdots & \vdots & \ddots \end{bmatrix} \Big\} p\text{個} \qquad (10\text{-}86)$$

$$\underbrace{\qquad\qquad}_{p\text{個}} \quad \underbrace{\qquad\qquad}_{p\text{個}}$$

如有接近 0 的特徵值時，忽略該特徵值，使用 m 個（m < p）估計值，以下式近似於 X。

$$X \doteqdot \begin{bmatrix} \sqrt{\lambda_1}e_{11} & \sqrt{\lambda_1}e_{12} & \cdots \\ \sqrt{\lambda_2}e_{21} & \sqrt{\lambda_2}e_{22} & \cdots \\ \vdots & \vdots & \ddots \end{bmatrix} \begin{bmatrix} \sqrt{\lambda_1}e_{11} & \sqrt{\lambda_1}e_{21} & \cdots \\ \sqrt{\lambda_2}e_{12} & \sqrt{\lambda_2}e_{22} & \cdots \\ \vdots & \vdots & \ddots \end{bmatrix} \Big\} m\text{個} \qquad (10\text{-}87)$$

$$\underbrace{\qquad\qquad}_{m\text{個}} \quad \underbrace{\qquad\qquad}_{p\text{個}}$$

按照如此求出 R' 的特徵值與特徵向量，如計算特徵值的平方根與特徵向量

之值時，即可求出 R' 的因素負荷量。

$$a_{jk} = \sqrt{\lambda_k} e_{jk} \tag{10-88}$$

以上所表示的因素負荷量求法稱為**主軸因素法**（principal factor analysis）。以因素負荷量的求法來說，除此之外也有中心法與最大概似法。關於這些求法的採用來說，首先，以各自的方法進行因素分析，比較它們的結果後再最後決定是比較好的。

舉例來說，共同性的初期值設為 1，對表 10-17 的數據進行因素分析。共同因素數假定是 2，共同性的估計使用主軸因素法。

首先，將相關矩陣 R 的對角元素換成初期值後，設為 R'。

$$R' = \begin{bmatrix} 1 & 0.4138 & 0.4696 & 0.7403 \\ 0.4138 & 1 & 0.8058 & 0.3111 \\ 0.4696 & 0.8058 & 1 & 0.3954 \\ 0.7403 & 0.3111 & 0.3954 & 1 \end{bmatrix} \tag{10-89}$$

R' 的特徵值設為 λ，λ 利用如下的方程式即可求出。

$$\begin{vmatrix} 1-\lambda & r_{12} & r_{13} & r_{14} \\ r_{21} & 1-\lambda & r_{23} & r_{24} \\ r_{31} & r_{32} & 1-\lambda & r_{34} \\ r_{41} & r_{42} & r_{43} & 1-\lambda \end{vmatrix} = 0 \tag{10-90}$$

求解（10-90）的行列式所得出的特徵值是 λ = 2.571, 0.986, 0.225, 0.188。

其次，求解 R' 的特徵向量。λ1 = 2.571 時，

$$\begin{bmatrix} 1 & 0.4138 & 0.4696 & 0.7403 \\ 0.4138 & 1 & 0.8058 & 0.3111 \\ 0.4696 & 0.8058 & 1 & 0.3954 \\ 0.7403 & 0.3111 & 0.3954 & 1 \end{bmatrix} \begin{bmatrix} e_{11} \\ e_{21} \\ e_{31} \\ e_{41} \end{bmatrix} = 2.571 \begin{bmatrix} e_{11} \\ e_{21} \\ e_{31} \\ e_{41} \end{bmatrix} \tag{10-91}$$

解此聯立方程式即可求出特徵向量。並且，因素負荷量可以利用特徵值的平方根與特徵向量之乘積求出。

■ 共同性的反覆估計

在 4 個變數的因素分析中，特徵值的個數可以求出 4 個。可是，因素分析因為是利用比變數個數還少的因素來進行資訊的分解，因之在所求出的特徵值之中值小者可以忽略。在式（10-82）中兩邊並未以等號連結，是因為忽略較少的特徵值所整理著。

從所求出的因素負荷量，使用式（10-82）～（10-84）計算共同性。一般因素數比變數個數少時，所求出的共同性與初期值不一致。所求出的共同性與初期值之差，比事前所設定的基準值小時，結束計算當作因素分析的結果。比基準值大時，基於所求出的共同性再度進行分析，求出分析前後的共同性與初期值之差再與基準值比較。重複此過程直到比基準值小為止。以上的方法稱為**共同性的反覆估計**。

10.5.4 貢獻率

因素分析中的貢獻率，是表示各因素說明力大小的指標。所求出的因素特徵值設為 $\lambda_1, \lambda_2, \cdots, \lambda_m$，變數的個數設為 m，第 j 個因素的貢獻率 ρ_j 定義如下。

$$\rho_j = \frac{\lambda_j}{p} \tag{10-92}$$

另外，由第 1 個至第 j 個因素的特徵值合計與變數個數 p 之比亦即 $\sum_{i=1}^{j} \lambda_j \big/ p$，稱為累積貢獻率。因素分析中的累積貢獻率，是指利用因素可以表現整體的數據構造到何種程度之指標。

10.5.5 因素軸的旋轉

因素分析的目的是根據所求出的因素軸，使之容易理解變數與樣本。可是，按照所分析的結果，有很多時候是不易理解的。因此，為了使說明容易理解將所求出的因素軸之座標進行變換。稱此為**因素軸的旋轉**（rotation of factors）。

首先，就一般的軸的旋轉加以說明。將點 p(x, y) 從軸 I、II 變換成軸 I'、II' 時，新的座標 (x', y') 可以如下式表示。

$$x' = x\cos\theta + y\sin\theta$$
$$y' = -x\sin\theta + y\cos\theta \qquad （10\text{-}93）$$

此相當於下式的矩陣計算。

$$[x', y'] = [x, y] \cdot \begin{bmatrix} \cos\theta & -\sin\theta \\ \sin\theta & \cos\theta \end{bmatrix} \qquad （10\text{-}94）$$

就第 u 個與第 v 個任意 2 因素來說，旋轉前後的因素負荷量可用下式定義。

$$\begin{bmatrix} b_{1u} & b_{1v} \\ b_{2u} & b_{2v} \\ \vdots & \vdots \\ b_{pu} & b_{pv} \end{bmatrix} = \begin{bmatrix} a_{1u} & a_{1v} \\ a_{2u} & a_{2v} \\ \vdots & \vdots \\ a_{pu} & a_{pv} \end{bmatrix} \begin{bmatrix} \cos\theta & -\sin\theta \\ \sin\theta & \cos\theta \end{bmatrix} \qquad （10\text{-}95）$$

所謂因素軸的旋轉，相當於求解下式中的 θ。

$$b_{ju} = a_{ju}\cos\theta + a_{jv}\sin\theta$$
$$b_{jv} = -a_{ju}\sin\theta + a_{jv}\cos\theta \qquad （10\text{-}96）$$

因素數為 m 時，旋轉後因素負荷量可如下式加以表示。

$$B = \begin{bmatrix} b_{11} & b_{12} & \cdots & b_{1k} & \cdots & b_{1m} \\ b_{21} & b_{22} & \cdots & b_{2k} & \cdots & b_{2m} \\ \vdots & \vdots & \ddots & \vdots & \ddots & \vdots \\ b_{p1} & b_{p2} & \cdots & b_{pk} & \cdots & b_{pm} \end{bmatrix} \qquad （10\text{-}97）$$

旋轉後矩陣 B 的第 k 個因素中的因素負荷量的平方的變異數 V_k，可利用下

式加以定義。

$$V_k = \frac{1}{p}\left\{\sum_{j=1}^{p}\left(b_{jk}^{\,2}\right)^2 - \frac{1}{p}\left(\sum_{j=1}^{p}b_{jk}^{\,2}\right)^2\right\} \qquad (10\text{-}98)$$

對幾個變數而言因素負荷量的絕對值大，對剩下的變數來說因素負荷量接近 0 的構造稱爲**單純構造**（simple structure），此構造式在式（10-98）之值合計後求出下式 V。

$$V = \sum_{k=1}^{m}\left\{\sum_{j=1}^{p}b_{jk}^{\,4} - \frac{W}{p}\left(\sum_{j=1}^{p}b_{jk}^{\,2}\right)^2\right\} \qquad (10\text{-}99)$$

求出使此 V 成爲最大的 b_{jk} 的手法，即爲求單純構造上最爲一般所使用的**直交旋轉法**（orthomax method）。在式（10-99）中，W 是常數（1, 0.5 , 0），依其差異，直交旋轉法可分成以下 3 種。

W = 1：最大變異法（varimax method）

W = 0.5：bi-quartimax method

W = 0：quartimax method

實際上進行因素分析時，以各種方法進行旋轉，進行它們的比較檢討是最好的。

在式（10-98）中共同性較大的變數，平均來說因素負荷量也是較大的，對旋轉的影響也大，在 V 的計算中，將各變數的因素負荷量以共同性 h_j 除之使用 b_{jk}/h_j 的也有。稱此爲標準化，式（10-99）可以如下式加以變換。

$$V = \sum_{k=1}^{m}\left[\sum_{j=1}^{p}\left(\frac{b_{jk}}{h_j}\right)^4 - \frac{W}{p}\left(\sum_{j=1}^{p}\left(\frac{b_{jk}}{h_j}\right)^2\right)^2\right] \qquad (10\text{-}100)$$

W = 1 時，稱爲最大變異法，使 V 爲最大的旋轉角可利用下式求出。

$$\tan 4\theta = \frac{A_1 - A_2}{A_3 - A_4} \tag{10-101}$$

其中，

$$A_1 = 4p \times \sum_{j=1}^{p} \left(a_{ju}{}^2 - a_{jv}{}^2\right) a_{ju} a_{jv}$$

$$A_2 = 4 \times \sum_{j=1}^{p} \left(a_{ju}{}^2 - a_{jv}{}^2\right) \times \sum_{j=1}^{p} a_{ju} a_{jv} \tag{10-102}$$

$$A_3 = p \times \sum_{j=1}^{p} \left\{ \left(a_{ju}{}^2 - a_{jv}{}^2\right) - 4 a_{ju}{}^2 a_{jv}{}^2 \right\}$$

$$A_4 = \left\{ \sum_{j=1}^{p} \left(a_{ju}{}^2 - a_{jv}{}^2\right) \right\}^2 - 4 \left(\sum_{j=1}^{p} a_{ju} a_{jv} \right)^2$$

使用以上的手法旋轉因素軸，如表 10-21 及圖 10-12 因素的解釋即變得容易。進行軸的旋轉，容易理解所萃取出的文科能力因素與理科能力因素。

▼表 10-21　軸的旋轉引起因素負荷量之變化

(a) 因素負荷量（旋轉前）

變數名	文科系能力	理科系能力
國語	0.753	0.382
數學	0.793	−0.4486
物理	0.808	−0.347
英語	0.716	0.525

(b) 因素負荷量（旋轉後）

變數名	文科系能力	理科系能力
國語	0.792	0.292
數學	0.183	0.912
物理	0.292	0.825
英語	0.872	0.168

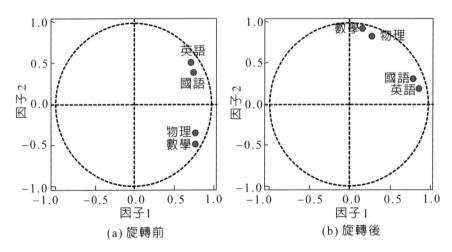

▲圖 10-12　因素負荷量的散佈圖（因素軸的旋轉前後之比較）

10.5.6 因素分數的估計

在第 i 個樣本中第 j 個變數被基準化的數據設為 Z_{ij}。因素負荷量當作 a_{jk}，共同因素的因素分數當作 f_{ik}，獨自因素設為 e_{ij}，Z_{ij} 利用式（10-69）可以如下式加以表示

$$Z_{ij} = \sum_{k=1}^{m} a_{jk} f_{ik} + e_{ij} \qquad （10\text{-}103）$$

此處，要估計共同因素的因素分數 f_{ik}。將計算上的因素分數 f_{ik} 利用下式定義。

$$f_{ik}' = \sum_{j=1}^{p} b_{jk} Z_{ij} \qquad （10\text{-}104）$$

在因素分析中，此 f_{ik}' 儘可能接近真正的因素分數 f_{ik} 是最好的，因之求出使下式的 Q_k 為最小的係數 b_{jk}。

$$Q_k = \sum_{i=1}^{n} \left(f_{ik} - f_{ik}'\right)^2 = \sum_{i=1}^{n} \left(f_{ik} - \sum_{j=1}^{p} b_{jk} Z_{ij}\right)^2 \qquad （10\text{-}105）$$

此方法是使殘差平方和為最小的方法稱為迴歸估計法。因為是 Q_k 的最小化問題，如下式以 b_{jk} 對 Q_k 偏微分並設為 0。

$$\frac{\partial Q_k}{\partial b_{jk}} = -2\sum_{i=1}^{n} Z_{ij'}\left(f_{ik} - \sum_{j=1}^{p} b_{jk} Z_{ij}\right) = 0 \qquad (10\text{-}106)$$

將上式整理時，

$$\sum_{j=1}^{p}\left(\sum_{i=1}^{n} Z_{ij} Z_{ij'}\right) b_{jk} = \sum_{i=1}^{n} Z_{ij'} f_{ik} \qquad (j'=1,2,\ldots,p) \qquad (10\text{-}107)$$

$Z_{ij}, Z_{ij'}$ 是標準化的數據，利用式（10-78），式（10-107）左邊的係數，可以如下式表示。

$$\sum_{i=1}^{n} Z_{ij} Z_{ij'} = (n-1)r_{jj'} \qquad (10\text{-}108)$$

另一方面，右邊可以表示為

$$\begin{aligned}
\sum_{i=1}^{n} z_{ij'} f_{ik} &= \sum_{i=1}^{n}\left(\sum_{k'=1}^{m} a_{i'j'} f_{ik'} + e_{ij'}\right) f_{ik} \\
&= \sum_{k'=1}^{n}\left(\sum_{i=1}^{n} f_{ik} f_{ik'}\right) a_{j'k'} + \sum_{i=1}^{n} e_{ij'} f_{ik}
\end{aligned} \qquad (10\text{-}109)$$

利用 10.5.3 節求因素負荷量的假定，在式（10-109）的第 1 項中的 $\sum_{i=1}^{n} f_{ik} f_{ik'}$，在 $k=k'$ 是 1，$k \neq k'$ 是 0。因此，

第 1 項變成

$$\sum_{k'=1}^{m}\left(\sum_{i=1}^{n} f_{ik} f_{ik'}\right) a_{j'k'} = (n-1)a_{j'k} \qquad (10\text{-}110)$$

第 2 項由假定知爲 0。因此，式（10-107）成爲

$$\sum_{j=1}^{p}(n-1)r_{jj'}b_{jk} = (n-1)a_{j'k}$$ （10-111）

整理時，成爲

$$\sum_{j=1}^{p}r_{jj'}b_{jk} = a_{j'k}(j' = 1,2,\cdots,p ; k = 1,2,\cdots,m)$$ （10-112）

因此，相關矩陣 R 的逆矩陣 R^{-1} 的（j, j'）之元素如寫成 $r^{ij'}$ 時，所求的係數可以如下式定義。

$$b_{jk} = \sum_{j'=1}^{p}a_{j'k}r^{ij'}$$ （10-113）

10.5.7 事例與分析步驟

解明消費者對既有產品的印象評價構造，進行既有產品的知覺圖（mapping），在進行新產品開發上成爲重要的線索。在本事例中，爲了在新葡萄酒級的開發中設定目標，嘗試萃取出印象評價構造以及對既有的葡萄酒級做出知覺圖。

針對 10 個既有的葡萄酒級樣本，利用 9 個印象評價項目實施官能評價試驗，得出如表 10-22 所示的數據。此外，表 10-22 的數據是利用 7 級尺度的語意差異法（SD）得出 40 人份的評價平均值。接著，以 9 個評價項目當作變數進行因素分析，萃取印象評中的因素與進行樣本的知覺圖。

▼表 10-22 因素分析所用數據

	易飲	都會的	易拿	新穎的	有高級感	個性的	休閒的	單純的	豪華的
葡萄酒級 1	4.275	2.575	3.625	2.725	2.325	2.800	5.725	5.800	1.925
葡萄酒級 2	3.600	4.825	3.750	4.425	4.375	4.350	3.250	4.450	5.000
葡萄酒級 3	5.700	3.475	5.650	2.425	3.575	2.400	5.625	5.675	2.450
葡萄酒級 4	4.350	5.350	4.950	5.800	4.325	6.150	4.375	2.200	4.975
葡萄酒級 5	4.725	4.275	3.900	2.800	4.375	2.825	4.675	5.525	4.100
葡萄酒級 6	4.725	4.625	5.000	3.550	3.950	3.650	5.125	4.775	3.125
葡萄酒級 7	3.825	5.975	3.825	4.825	6.600	5.050	3.700	4.300	5.850
葡萄酒級 8	4.125	3.275	3.750	5.025	2.825	5.125	5.200	4.025	2.200
葡萄酒級 9	3.475	5.450	5.075	4.725	5.400	4.875	3.975	3.175	5.500
葡萄酒級 10	2.975	3.200	2.600	4.300	2.400	4.175	5.350	4.975	2.325

1.因素分析的實施

使用多變量分析軟體，進行因素分析的結果，在本事例中，至因素 3 為止的特徵值是超過 1，累積貢獻率是 94%，因之因素數當作 3。因素分析的結果如表 10-23 所示。由表 10-23，進行因素軸的旋轉，可以確認各因素的解釋變得容易。

2.因素的解釋

從表 10-23(b) 所示的因素負荷量一覽，各因素如以下加以解釋，利用 3 種因素可以解明葡萄酒級的印象評價構造。

因素 1：與「豪華」、「有高級感」有甚大關係，所以可以想成是表示「品味」。

因素 2：與「個性的」、「新穎」有甚大關係，所以可以想成是表示「個性」。

因素 3：與「易拿」、「易飲」有甚大關係，所以可以想成是表示「機能」。

▼表 10-23　　因素分析的結果

(a) 轉軸前因素描述

	因素 1	因素 2	因素 3
豪華	0.913	0.277	−0.294
都會的	0.907	0.399	−0.119
休閒的	−0.854	−0.075	0.375
單純的	−0.383	0.156	−0.475
個性的	0.382	−0.419	0.344
新穎的	0.820	−0.475	0.311
有高級感	0.797	0.527	−0.242
易拿	0.148	0.825	0.526
易飲	−0.428	0.697	0.301
特徵值	5.292	2.067	1.108
貢獻率（%）	59	23	12
累積貢獻率（%）	59	82	94

(b) 最大變異法轉軸後的因素構造

		因素 1	因素 2	因素 3
品味	豪華	0.954	0.293	−0.024
	有高級感	0.952	0.142	0.213
	都會的	0.892	0.372	0.132
	休閒的	−0.860	−0.290	0.229
個性	個性的	0.276	0.937	−0.179
	新穎的	0.259	0.932	−0.242
	單純的	−0.334	−0.911	−0.109
機能	易拿	0.221	0.074	0.962
	易飲	−0.161	−0.388	0.763
	特徵值	3.680	3.061	1.725
	貢獻率（%）	41	34	19
	累積率（%）	41	75	94

3. 樣本布置圖的製作

　　利用因素分數將各樣本布置即如圖 10-13 所示。由圖 10-13 知，在「品味」上有特色的設計，是葡萄酒級 7，在「個性」上有特色的設計是葡萄酒級 8，在「機能」上有特色的設計是葡萄酒級 3，分別成為參考。

　　由以上的分析結果，活用所萃取出的印象評價構造與既有產品的布置圖，在新葡萄酒級的開發中即可進行目標設定。

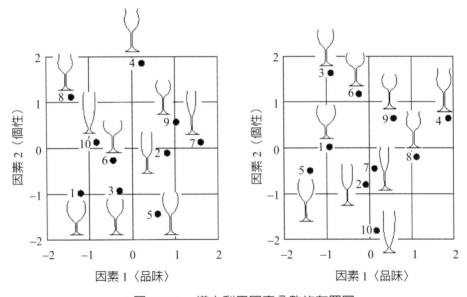

▲圖 10-13　樣本利用因素分數的布置圖

第11章　實驗計畫法

本章就實驗計畫法的基本想法與手法之核心即變異數分析與直交表加以說明。

11.1　實驗計畫法的概要

實驗計畫法（design of experiment）是由英國的費雪（R. A. Fisher, 1890-1962）所開發，有關實驗合理化的方法論。以一句話說明它的目的時，即為「將引起某現象的要因之影響程度予以定量化」。如依據物理學中之因果律的概念時，所有的現象均有引發它發生的原因。實驗計畫法是基於此概念，著眼於所有現象的背後的因果關係，將原因系對結果系的影響度予以定量化的手法。譬如，在果實栽培方面，要收穫甜美的果實，像是日照條件、土壤之質、施肥次數等，必須要管制各種要因。對於甜美果實的收穫的結果系來說，如能將各個原因系的效果予以定量化時，即可解明結果的現象，並且，對原因系施與變化，生產更甜美的果實即有可能。

本章，在作為對象的現象因果關係中，將結果系稱為**目的特性**（response），原因系稱為要因（source）。又，實驗所列舉的要因稱為**因子**（factor），因子的設定水準稱為**水準**（level）。譬如，在評價果實的甜美上列舉糖度的特性，將對糖度的要因的影響度定量化的實驗中，目的特性即為糖度。接著，影響糖度的要因，可以考慮日照條件、土壤的品質、灌水、施肥次數等。從這些要因中，列舉土壤品質與施肥次數作為因子時，土壤品質的水準可以想到酸性、鹼性、中性等，施肥次數的水準可以考慮 2 次、3 次、4 次等的次數。此處，如前者具有質的水準之因子稱為**質因子**（qualitative factor），像後者具有量的水準之因子稱為**量因子**（quantitative factor）。

實驗計畫法是為了將這些因子的效果定量化，利用稱為**變異數分析**（analysis of variance: ANOVA）的手法。所謂變異數分析是以線性假定、誤差的常態性、不偏性、等變異性以及獨立性作為前提條件，以統計的方式分析對因子的水準變化，探討目的特性變化的一種手法。具體言之，因子的水準變化所引起目的特性

的變化與實驗誤差引起目的特性之變化以變異數來表示，以其比率的大小去檢定因子對目的特性的變化是否顯著。因此，要理解變異數分析，需要有檢定變異數比顯著與否的 F 檢定的知識。並且，變異數分析不僅是利用 F 檢定判斷是否顯著，將各因子的影響度以貢獻率的統計量進行數值化，將效果的大小定量化。因之，有關貢獻率的統計量的知識也是需要的。

另外，實驗計畫法，想評價的因子是 2～3 因子時，一般以所有的水準組合進行實驗，再進行變異數分析，但想評價的因子有 4 個以上時，即發生實驗數變得非常膨大的問題。此種情形，實驗計畫法是利用稱為直交表（orthogonal array）的配列表，決定實驗的組合。如利用直交表時，在確保各因子的直交性（某因子對其他因子的測量效果不會影響之性質）後，即可大幅削減實驗次數。

像這樣，實驗計畫法是為了「有效率地將引起某現象要因的影響程度予以定量化」的實驗技術體系，為了提高評價效率或實驗效率，要活用變異數分析與直交表。下節以後，就變異數分析與直交表加以說明。想深入了解時請參閱參考文獻。

11.2　變異數分析

本節就變異數分析的概要與實施步驟加以說明。

11.2.1 變異數分析的概要

變異數分析是將有意圖變更因子的水準與實驗後的數據作為分析的對象。並且，所得到的數據之變動，是否為起因於所列舉之因子的水準變化呢？或是在偶發性的誤差範圍內呢？進行判斷，因之，將數據的變動（sum of squares）分解為因子的水準變化引起的變動，以及其他的偶發性要因引起的變動，從兩者的比較檢定因子的顯著性。此處，所謂變動是表示某數據組偏離規定值的變異大小之統計量，以偏離規定值的偏差平方和來計算。所謂規定值許多時候是所有數據的平均。

譬如，將甚有名氣的國際英語考試托福（TOEFL）的分數，按性別隨機各抽出 5 人之結果，如表 11-1 的 (a) 所示。此處所表示的 10 人之數據合計 T 與平均 m，可以按如下計算：

$$T = 625 + 470 + \cdots + 580 = 5{,}750 \qquad（11\text{-}1）$$

$$m = 5{,}750 \times \frac{1}{10} = 575 \qquad（11\text{-}2）$$

因之，10 人偏離平均值 m 的偏差如表 11-1(b)。

▼表 11-1

(a)						(b) 偏差數據的平方和				
男性	625	470	550	565	600	男性	50	−105	−25	−10	25
女性	555	620	680	505	580	女性	−20	45	105	−70	5

另外，10 人的分數的偏差大小，以表 11-1 的 (b) 所顯示之偏差數據的平方和來表示，可如下計算：

$$S_T = 50^2 + (-105)^2 + \cdots + 5^2 = 33{,}250 \qquad（11\text{-}3）$$

如此所求出的數據之偏差平方和稱為總變動（total sum of square），此處 S 是英語 sum of squares 的第一個字母，意指偏差平方和，又，足碼 T 意指總變動。

數據的總變動 33,250，是 10 人的分數對平均值之變動。以變動要因占此總變動來說，其中一者可以考慮到男女間的性別差異。並且，即使男性、女性之中分數也有變異，除了性別差異以外，也知道有其他的變動要因。譬如，可以想到像是海外滯留經驗之有無、文科理科等的個人差異。變異數分析是將式（11-3）所計算的數據的總變動，分解成各種要因系的變動，將各個影響度定量化的手法。

但是，將總變動分解成各個要因之變動，有需要規劃各要因相互直交的實驗計畫。此處，要因間直交的實驗，即為本節描述的**多元配置**（full factorial design）實驗，以及下節要說明的利用**直交表**（orthogonal arrays）的實驗。多元配置實驗是將所有因子、所有水準的組合進行實驗的方法，以 2 因子的所有水準進行實驗時，稱為二元**配置實驗**。如因子數變成 3 或 4 時，三元配置實驗或四元配置實驗雖然在理論上也是成立的，但有實驗數變多的問題，此時一般是利用直

交表。另外,只是變更 1 因子的水準之實驗稱為一元**配置實驗**。

下節起就一元配置及二元配置實驗所得出的數據的變異數分析步驟加以說明。

11.2.2 一元配置實驗的變異數分析

一元配置實驗是針對某目的特性調查單一因子的影響度之實驗。具體言之,將認為對目的特性有影響的因子列舉一個,變更該因子的水準時計算目的特性的變動。藉由比較它的變動與起因於實驗或測量的誤差變動,判定因子效果的顯著性。因此,為了進行以一元配置實驗所得到的數據的變異數分析,有需要按各水準進行 2 次以上的重複實驗,從重複實驗間的數據差計算誤差變動。

本節以汽車刹車的制動性能之實驗為例,就一元配置實驗的變異數分析加以說明。並且,變動的計算式的推導方式也在本節中說明。

1. 實驗數據

以提高汽車刹車的制動性能為目的,開發了輪胎用添加劑 X。為了確認它的效果,將添加劑 X 的配合率設定成 0%, 2%, 4%, 6% 的 4 水準,試製了 4 種輪胎,而其他的所有要因均固定在一定的水準。將所試製的輪胎依序安裝,測量從車速 100km/h 到完全刹住時的制動距離。測量的結果如表 11-2 所示。此實驗是針對制動距離的目的特性,調查添加劑 X 的單一因子效果,所以是典型的一元配置實驗。

將表 11-2 的數據與各水準的平均值描點時,得出如圖 11-1 的圖形。由此圖可以判讀出制動距離取決於添加劑的配合率而有減少的傾向。但,重複的變異也比較大,因之添加劑 X 的配合率是否對縮短制動距離有效果呢?是否在變異的範圍內呢?難以判斷。

以下依實驗的計算步驟說明變異數分析。

▼表 11-2　制動距離的實驗

制動距離（單位：m）

	A：添加劑 X 配合率			
	A_1：0%	A_2：2%	A_3：4%	A_4：6%
1 次	55.8	55.3	54.6	54.5
2 次	55.3	55.1	54.3	53.6
3 次	56.5	54.5	53.9	54.1
因子 A：水準和	167.6	164.9	162.8	162.2
因子 A：水準別平均	55.9	55.0	54.3	54.1

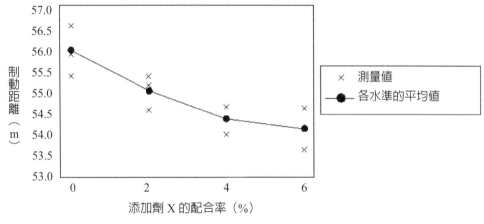

▲圖 11-1　添加劑 X 的配合率對制動距離的變化

　　如對此種數據應用變異數分析時，即可以統計的方式驗證添加劑 X 的效果的顯著性。變異數分析所得到的結果，因為不會依賴判斷者先入為主的觀念與價值觀，可以客觀地、普遍性地下判斷。以下依實驗的計算步驟說明變異數分析。

2. 變動的分解

　　添加劑 X 當作因子 A，為了將它的效果定量化，將所有 12 個數據的變動分解成以下的變動要因。

$$S_T = S_A + S_e \tag{11-4}$$

　　此處 S_T 表總變動。總變動如同以偏離平均值的偏差平方和所計算的那樣，是所有數據偏離平均值的變動大小。包含在此總變動 S_T 中的變動要因，可以想成是因子 A 引起的變動 S_A 與以因子 A 無法說明的誤差變動 S_e。

　　總變動 S_T 是偏離平均值的偏差平方和，但一般是以所有數據的平方和減去表示平均大小的修正項 CF 來計算。此處，修正項 CF 並非實驗所列舉的因子之效果，相當於實驗中固定的要因的平均影響程度。因此，事先從所有數據的平方和去除修正項 CF，將剩餘的變動當作分解的對象。

　　另一方面，像目標值或規格值等以偏離某值的偏差當作數據時，修正項 CF 相當於偏離該值的平均偏離量。因此，平均的偏離量也想成 1 個要因，與其他的變動要因一起檢定顯著性，有需要求出貢獻率。此種情形，將修正項 CF 稱爲一般平均 S_m，如下分解。

$$S_T' = S_m + S_A + S_e \qquad (11\text{-}5)$$

　　此處，S_T' 是所有數據的平方和，修正項 CF 並未除去。

　　本事例中表示制動距離之平均大小的修正項 CF，相當式（11-4）的分解。以下，說明各變動的計算步驟。

(1) 修正項 CF

　　修正項（correction factor）CF 是以數據除所有數據的總和之平方後之值，利用下式求出。

$$CF = \frac{(55.8 + 55.3 + \cdots + 54.1)^2}{12} = \frac{657.5^2}{12} = 36,025.52 \ (f = 1) \qquad (11\text{-}6)$$

　　此處，f 是表示變動的自由度（degree of freedom）。所謂自由度是在變動的計算中獨立平方的項數，將總變動除以自由度後的統計量稱爲變異數（variance）。F 檢定因爲使用變異數，因之計算變動時務必有需要先求出自由度。

　　式（11-6）的修正項 CF 的計算，因爲平方的項數是 1 所以自由度也是 1。

(2) 總變動 S_T

　　總變動 S_T 是從所有數據的平方和減去(1)修正項 CF 後之值，以下式計算。

$$S_T = 55.8^2 + 55.3^2 + \cdots + 54.1^2 - 36{,}025.52$$
$$= 36{,}033.21 - 36{,}025.52 = 7.67 \quad (f = 12 - 1 = 11)$$

（11-7）

像這樣所求出的總變動 S_T 包含有因子 A 引起的變動 S_A 與誤差變動 S_e。因之，爲了分解此兩者，有需要計算因子 A 引起的變動。

(3) 因子 A 引起的變動 S_A

首先，將 12 個數據的總和設爲 T，因子 A 的各水準的總和稱爲水準和（total of each level）分別當作 A_1, A_2, A_3, A_4，這些的平均分別當作 $\overline{A_1}$，$\overline{A_2}$，$\overline{A_3}$，$\overline{A_4}$，稱爲水準別水準（average of each level），又總和的平均當作 $\overline{T}$，稱爲總平均。因此，此次的實驗由表 11-2 可得出 $\overline{T} = 54.8$，$\overline{A_1} = 55.9$，$\overline{A_2} = 55.0$，$\overline{A_3} = 54.3$，$\overline{A_4} = 54.1$。

其次，水準別平均與總平均之偏差，$\hat{a}_1 = (\overline{A_1} - \overline{T})$，$\hat{a}_2 = (\overline{A_2} - \overline{T})$，$\hat{a}_3 = (\overline{A_3} - \overline{T})$，$\hat{a}_4 = (\overline{A_4} - \overline{T})$，可以像圖 11-2 那樣表示。

由圖 11-2，因子 A（添加劑 X）的效果越大，水準別平均與總平均之偏差也越大是很明顯的。因此，因子 A 的效果大小，使用此偏差可以如下表示。

$$(\text{因子 A 之效果大小}) = (\hat{a}_1)^2 + (\hat{a}_2)^2 + (\hat{a}_3)^2 + (\hat{a}_4)^2 \tag{11-8}$$

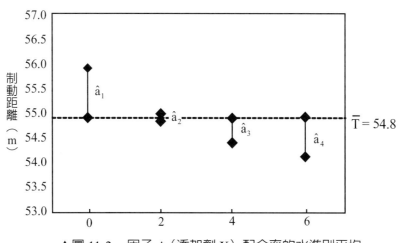

▲圖 11-2　因子 A（添加劑 X）配合率的水準別平均

式（11-8）中將偏差平方是基於與總平方之偏差的總和一定成為零，但利用自乘即可表現偏差的絕對量的大小。此處，式（11-8）中的各偏差，因為是各重複 3 次數據的平均值，因之在式（11-3）的總變動 S_T 中因子 A 的效果大小，必須想成具有式（11-8）的 3 倍的貢獻。因此，因子 A 的效果，即可以如下計算。

$$S_A = 3[(\hat{a}_1)^2 + (\hat{a}_2)^2 + (\hat{a}_3)^2 + (\hat{a}_4)^2]$$

$$= 3[(\overline{A_1} - \overline{T})^2 + (\overline{A_2} - \overline{T})^2 + (\overline{A_3} - \overline{T})^2 + (\overline{A_4} - \overline{T})^2]$$

$$= 3\left[\left(\frac{A_1}{3} - \frac{T}{12}\right)^2 + \left(\frac{A_2}{3} - \frac{T}{12}\right)^2 + \left(\frac{A_3}{3} - \frac{T}{12}\right)^2 + \left(\frac{A_4}{3} - \frac{T}{12}\right)^2\right]$$

$$= 3\left[\frac{A_1^2}{9} - 2\frac{A_1}{3} \times \frac{T}{12} + \left(\frac{T}{12}\right)^2 + \cdots + \frac{A_4^2}{9} - 2 \times \frac{A_4}{3} \times \frac{T}{12} + \left(\frac{T}{12}\right)^2\right]$$

$$= \left[\frac{A_1^2 + A_2^2 + A_3^2 + A_4^2}{9} - 2 \times \frac{T}{12} \times \left(\frac{A_1 + A_2 + A_3 + A_4}{3}\right) + 4 \times \left(\frac{T}{12}\right)^2\right]$$

$$= \frac{A_1^2 + A_2^2 + A_3^2 + A_4^2}{3} - 6 \times \frac{T}{12} \times \frac{T}{3} + 12 \times \left(\frac{T}{12}\right)^2$$

$$= \frac{A_1^2 + A_2^2 + A_3^2 + A_4^2}{3} - \frac{T^2}{12} = \frac{A_1^2 + A_2^2 + A_3^2 + A_4^2}{3} - CF \quad (f = 4 - 1 = 3)$$

$$(11\text{-}9)$$

由式（11-9），因子 A 引起的變動，可以經由將水準和的平方和除以各水準的數據數 3，最後減去修正項 CF 後求得。並且，變動的自由度（變動計算式中的獨立平方的項數），是從水準數的 4 減去一般平均值的自由度 1 後的 3。

由以上，將水準數當作 k，各水準中的數據數當作 $r_1, r_2, \cdots, r_k$ 時，某因子 A 的變動計算式與自由度，可以如下式加以一般化。

$$S_A = \frac{A_1^2}{r_1} + \frac{A_2^2}{r_2} + \cdots + \frac{A_k^2}{r_k} - CF \quad (f = k - 1) \qquad (11\text{-}10)$$

因此，將表 11-2 的水準和與式（11-6）所求出的修正項 CF 之值代入式（11-10）中，求出因子 A 引起的變動時，即爲如下。

$$S_A = \frac{A_1^2}{r_1} + \frac{A_2^2}{r_2} + \frac{A_3^2}{r_3} + \frac{A_4^2}{r_4} - CF$$

$$= \frac{167.6^2}{3} + \frac{164.9^2}{3} + \frac{162.8^2}{3} + \frac{162.6^2}{3} - 36{,}025.52 \qquad （11\text{-}11）$$

$$= 36{,}031.48 - 36{,}025.52$$

$$= 5.96 \ (f = 4 - 1 = 3)$$

(4) 誤差變動 S_A

誤差變動 S_A 是將式（11-11）所求出的 S_A 代入式（11-4），即可如下式求出。

$$S_e = S_T - S_A$$

$$= 7.69 - 5.96 \qquad （11\text{-}12）$$

$$= 1.73 \ (f = 11 - 3 = 8)$$

由以上，式（11-4）所表示各變動的大小，即如下式。

$$S_T = S_A + S_e$$

$$= 5.96 + 1.73 \qquad （11\text{-}13）$$

3. 所列舉因子的顯著性檢定

於 (2) 中，求出因子 A 所引起的變動 S_A 與誤差變動 S_e。此處，使用這些值，檢定所列舉的因子的顯著性。

首先，以自由度除這些的變動。藉此，即可從值依水準數而改變的變動中去除水準數的影響。像這樣，將變動除以自由度後的統計量稱爲變異數，取 variance 的第一個字母以 V 表示。並且，將此變異數取平方根，還原成原來的數據次元後的統計量，稱爲標準差（standard deviation）。

由以上，因子 A 引起的變異數 V_A 與誤差變異數 V_e 可以如下求出。

$$V_A = \frac{S_A}{f_A} = \frac{5.96}{3} = 1.987 \qquad (11\text{-}14)$$

$$V_e = \frac{S_e}{f_e} = \frac{1.73}{8} = 0.216 \qquad (11\text{-}15)$$

其次，因子 A 引起的變異數 V_A，是否比製造誤差、實驗誤差引起的誤差變異數 V_e 大呢？要以統計的方式進行檢定。具體言之，變異數比 $F = \frac{V_A}{V_e} = \frac{1.987}{0.216} = 9.199$ 是否統計上顯著呢？利用 F 檢定來判斷。因此，確認新開發的輪胎用添加劑 X 的效果的技術課題，即歸結於上述的統計檢定問題。

此處就檢定的步驟加以說明。如觀察附錄的附表 4 的 F 分配表（單邊）時，在分母的變異數的自由度 8，分子的變異數的自由度 3 相交叉的欄中，上段（F 分配的 5% 點）是 4.07，下段（F 分配的 1% 點）是 7.59。相對的，此次所求出的變異比 F 是 11.199，均比任一數值高。因此，因子 A 的效果在冒險率 1% 以下可以判斷是顯著的。此處，所謂冒險率（risk）是僅管因子 A 的效果當作誤差程度的假設 $V_A = V_e$（統計稱為虛無假說）是正確的，卻錯誤地否定了該假設的機率。換言之，僅管因子 A 的效果是誤差程度，卻誤判有效果的機率。統計解析中如它的機率在 1% 以下或 5% 以下時，可以想成因子 A 的效果比誤差大許多，在明示冒險率後判斷它是顯著的。

此外，變異數分析中的 F 檢定，要充分確保誤差變異數的自由度，提高檢定精確度是很重要的。以具體的方法來說，在多元配置實驗、直交表實驗中，誤差變異數的自由度是以同一實驗組合中實驗的重複數來決定的，因之要進行至少 3 次以上的重複實驗。

4. 純變動與貢獻率之計算

於 (3) 中，確認了因子 A 的效果統計上是顯著的。在產品開發中，求出此種成為顯著之因子的效果的定量化之情形有很多。此處，就因子 A 的效果的定量化進行檢討。

各因子的效果，利用**貢獻率**（contribution rate）此種統計量來定量化。此處所謂貢獻率是指各因子引起的**純變動**（net sum of square）占總變動的比率。又，

所謂的純變動是指從變動去除誤差的影響後的純粹變動。因此,將因子的效果定量化,有需要求出純變動及貢獻率。以下就純變動與貢獻率的求出方法加以說明。

(1) 純變動

至目前為止所說明的變動,必定包含著取決於自由度的誤差成分。此事也可從以下得知。於 (3) 中,表示因子效果的變異數 V_A 與誤差變異數 V_e 相同程度時,判斷因子 A 的效果是可以忽略的。亦即,如果 $V_A = V_e$ 時,因 $V_A = \dfrac{S_A}{f_A}$,所以 $V_A = \dfrac{S_A}{f_A} = V_e$,亦即 $S_A = f_A \times V_e$,假定因子 A 是完全不具效果的因子,它的變動 S_A 也留有自由度 f_A 份的誤差變異數。像這樣,(11-10) 所求出的變動,包含有取決於因子之水準數的誤差變異數。這是取決於因子的水準數,實驗數或測量數也會增加,引進誤差成分的機會即增加。

因此,因子 A 的純變動 S_A' 是從變動 S_A 扣除自由度 f_A 份的誤差,以下式即可求出。

$$S_A' = S_A - f_A \times V_e \tag{11-16}$$

實際上帶入數值計算時,即為下式。

$$S_A' = S_A - f_A \times V_e = 5.96 - 3 \times 0.216 = 5.312 \tag{11-17}$$

另一方面,誤差變動 S_e 的純變動 S_e' 是

$$S_e' = S_T - S_A' = 7.69 - 5.312 = 2.378 \tag{11-18}$$

雖能以此簡便地求出,但式 (11-16) 中從 S_A 扣除自由度份的誤差加上誤差變動 S_e 之後,以下式也可求出。

$$S_e' = S_e + f_A \times V_e = 1.73 + 3 \times 0.216 = 2.378 \tag{11-19}$$

(2) 貢獻率

使用所求出的純變動即可求出貢獻率。如前述，貢獻率是純變動占總變動的比例，以下式即可求出。

$$\rho_A = \frac{S'_A}{S_T} \times 100 = \frac{5.312}{7.69} \times 100 = 69.1(\%) \tag{11-20}$$

$$\rho_e = \frac{S'_e}{S_T} \times 100 = \frac{2.378}{7.69} \times 100 = 30.9(\%) \tag{11-21}$$

此處，ρ_A 表示因子 A 的貢獻率，ρ_A 表誤差變動的貢獻率，又，各變動之貢獻率之合計，如下式必定為 0。

$$\rho_A + \rho_e = 69.1 + 30.9 = 100(\%) \tag{11-22}$$

至此，變異數分析有關的計算全部結束。計算結果，整理在表 11-3 所顯示的變異數分析表中。

利用表 11-3，可以確認出此次評價的對象即添加劑 X 的效果，在冒險率 1% 以下在統計上是顯著的，占總變動的大約 70%。並且，誤差的貢獻率約有 30% 左右，像輪胎的製造誤差、實驗誤差（車速或剎車時機的變異）、測量誤差等，無法控制在一定的水準的要因引起的變動也不能忽略。

此外，在變異數比的數值加上 ** 的記號是表示冒險率的水準。F 檢定的結果，不顯著的因子無記號，在冒險率 5% 以下是顯著時加上 * 記號，在 1% 以下顯著時則加上 ** 是一般的規則。

▼表 11-3　變異數分析表

source （要因）	f （自由度）	S （變動）	V （變異數）	F_0 （變異比）	s' （純變動）	ρ(%) （貢獻率）
A	3	5.96	1.987*	9.199*	5.312	69.1
e	8	1.73	0.216	—	2.378	30.9
T	11	7.69				100.0

11.2.3 二元配置中的變異數分析（無重複時）

所謂二元配置實驗，是針對某個目的特性，調查 2 個因子之效果的實驗。本節是就無重複的二元配置實驗中變異數分析，以小型直流馬達中的效率評價的實驗爲例加以說明。

又，此處所謂的重複，是指因子的水準組合在同一條件下數次測量相同的特性。

1. 實驗數據

爲了鎖定對電動窗所使用的小型馬達的效率有影響之要因，列舉 A：型心斜角（core skew angle），B：磁石厚度，2 個因子進行實驗。A 的型心斜角再設定成 0°, 2°, 4°, 6° 的 4 水準，B 的磁石厚度設定成 3mm, 4mm, 5mm 的 3 水準。二元配置實驗是組合 2 個因子的水準後在所有的條件下進行實驗，此實驗試做出 $4 \times 3 = 12$ 種規格的馬達，進行共 12 次的實驗。實驗的結果如表 11-4 所示。並且，從表 11-4 的實驗數據，計算因子 A, B 的水準別平均，將其結果描圖如圖 11-3 所示。此圖稱爲**要因效果圖**（response graph），可看出所列舉的因子的效果大小與傾向，用於概觀實驗結果。

▼表 11-4　馬達效率的實驗數據

A：型心斜角	B：磁石厚度			因子 A 水準和	因子 A 水準別平均
	B_1：3	B_2：4	B_3：5	B_1：3	B_1：3
A_1：0	63.0	63.8	64.1	190.9	63.6
A_2：2	65.8	64.5	65.2	195.5	65.2
A_3：4	66.7	67.1	67.2	201.0	67.0
A_4：6	67.0	68.2	68.4	203.6	67.11
因子 B：水準和	262.5	263.6	264.9	總和	總平均
因子 B：水準別平均	65.6	65.9	66.2	791.0	65.9

由圖 11-3 的要因效果圖，對馬達的效率來說，因子 A（型心斜角）的效果大，越增加角度，效率越提高。另一方面，對因子 B（磁石厚度）來說，效果雖小，但越增加厚度，效率也越提高。

像這樣，將所得出的數據圖形化，分析前據實地掌握數據的傾向，在實驗研究中是極為重要的。關於此理由，於 11.4.4 節述。

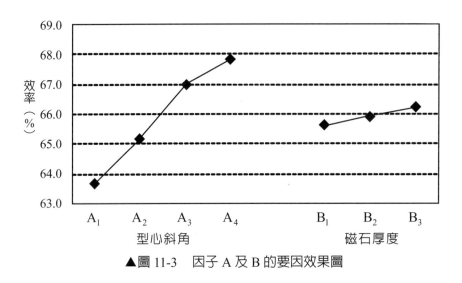

▲圖 11-3　因子 A 及 B 的要因效果圖

2. 變動的分解

二元配置實驗的變異數分析，如下式將數據的總變動分解成因子 A 引起的變動 S_A，因子 B 引起的變動 S_B 以及誤差變動 S_e，再計算各變動。

$$S_T = S_A + S_B + S_e \tag{11-23}$$

首先，以下式計算修正項 CF。

$$CF = \frac{(63.0 + 63.8 + \cdots + 68.4)^2}{12} = \frac{791.0^2}{12} = 52,140.08 \ (f = 1) \tag{11-24}$$

其次，此次分解的對象即總變動 S_T，可從所有數據的平方和扣除修正項 CF 後以下式求出。

$$\begin{aligned} S_T &= 63.0^2 + 63.8^2 + \cdots + 68.4^2 - 52,140.08 \\ &= 52,175.12 - 51,240.08 = 35.04 \ (f = 12 - 1 = 11) \end{aligned} \tag{11-25}$$

並且，因子 A 引起的變動 S_A，使用式（11-10）如下求出。

$$\begin{aligned}
S_A &= \frac{A_1^2}{r_{A1}} + \frac{A_2^2}{r_{A2}} + \frac{A_3^2}{r_{A3}} + \frac{A_4^2}{r_{A4}} - CF \\
&= \frac{190.9^2}{3} + \frac{195.5^2}{3} + \frac{201.0^2}{3} + \frac{203.6^2}{3} - 52,140.08 \\
&= 52,172.34 - 52,140.08 = 32.26 \quad (f = 3)
\end{aligned}$$

（11-26）

同樣，因子 B 的變動 S_B 如下求出。

$$\begin{aligned}
S_B &= \frac{B_1^2}{r_{B1}} + \frac{B_2^2}{r_{B2}} + \frac{B_3^2}{r_{B3}} - CF \\
&= \frac{262.5^2}{4} + \frac{263.6^2}{4} + \frac{264.9^2}{4} - 52,140.08 \\
&= 52,140.81 - 52,140.08 = 0.73 \ (f = 2)
\end{aligned}$$

（11-27）

此處，$r_{A1}, r_{A2}, \cdots , r_{B1}, r_{B2}, \cdots$ 是表示因子 A, B 各水準的數據數。

最後，誤差變動 S_e 以下式求出。

$$\begin{aligned}
S_e &= S_T - S_A - S_B \\
&= 35.04 - 32.26 - 0.73 = 2.05 \quad (f = 11 - 3 - 2 = 6)
\end{aligned}$$

（11-28）

由以上，式（11-23）中所表示的各變動的大小，即如下式。

$$S_T = S_A + S_B + S_e = 32.26 + 0.73 + 2.05$$

（11-29）

3. 所列舉因子的顯著性檢定

首先，以自由度除各變動成分計算變異數。

$$V_A = \frac{S_A}{f_A} = \frac{32.26}{3} = 10.75$$

（11-30）

$$V_B = \frac{S_B}{f_B} = \frac{0.73}{2} = 0.37$$

（11-31）

$$V_e = \frac{S_e}{f_e} = \frac{2.05}{6} = 0.34 \qquad\qquad (11\text{-}32)$$

　　此處，各因子引起的變異數 V_A, V_B，比誤差變異數 V_e 還小時，因子的效果想成誤差程度，有需要將因子引起的變動併入誤差變動中，譬如因子 B 引起的變異數 V_B 比誤差變異數 V_e 小時，亦即變異數比在 1 以下時，將因子 B 引起的變動 S_B 加在誤差變動 S_e 當作新的誤差變動 S_e'，以自由度除 S_e' 後之值當作新的誤差變異數 V_e'。使用如此所求出的誤差變異數 V_e' 去計算變異數比。變異數比在 1 以下的因子未併入誤差，照樣進行分析時，該因子的純變動會變成負，各因子的貢獻率即無法計算，所以要注意。關於誤差的合併，會在 11.4.4 節中詳細說明。

　　本事例中因子 B 引起的變異數 V_B，只略微高出誤差變異數 V_e，並不併入誤差，使用式（11-32）的誤差變異數 V_e，如下求出因子 A 的變異數比 F_A 與因子 B 的變異數比 F_B。

$$F_A = \frac{V_A}{V_e} = \frac{10.75}{0.34} = 31.62 \qquad\qquad (11\text{-}33)$$

$$F_B = \frac{V_B}{V_e} = \frac{0.37}{0.34} = 1.09 \qquad\qquad (11\text{-}34)$$

　　最後，以附錄的附表 4 的 F 分配表（單邊）判定此變異數比，檢定各因子的效果的顯著性。

　　首先，因子 A 的變異數比，分子的自由度 3，分母的自由度 6，由 F 分配表，1% 顯著點是 11.78，5% 顯著點是 4.76。相對的，因子 A 的變異數比是 31.62，超過 1% 顯著點的 F 值，可以判定在冒險率 1% 之下是顯著的。

　　由以上，因子 A 的型心斜角，對馬達效率有甚大影響，但因子 B 的磁石厚度可以判斷對馬達效率無影響。

4. 純變動與貢獻率的計算

　　首先，因子 A, B 的純變動，如下式分別從變動減去自由度份的誤差變異數求出。

$$S'_A = S_A - f_A \times V_e = 32.26 - 3 \times 0.34 = 31.24 \tag{11-35}$$

$$S'_B = S_B - f_B \times V_e = 0.73 - 2 \times 0.34 = 0.05 \tag{11-36}$$

其次，各變動成分的貢獻率，如下式以總變動除上述純變動再乘以 100 求得。

$$\rho_A = \frac{S'_A}{S_T} \times 100 = \frac{31.24}{35.04} \times 100 = 89.16(\%) \tag{11-37}$$

$$\rho_B = \frac{S'_B}{S_T} \times 100 = \frac{0.05}{35.04} \times 100 = 0.14(\%) \tag{11-38}$$

$$\rho_e = 100 - (\rho_A + \rho_B)100 - 89.30 = 10.70(\%) \tag{11-39}$$

依據此，在此次的實驗中馬達效率的變動要因大約 90%，能以型心斜角的水準變化來說明一事已獲得確認。另一方面，磁石厚度的貢獻率在 1% 以下，影響極小。因此，為了讓馬達的效率提高，有需要著眼於型心斜角。並且不取決於型心斜角也不取決於磁石厚度的變動成分，知也有 10% 強。二元配置實驗的情形，此誤差成分除實驗誤差與製造誤差外也包含有因子 A 與因子 B 之間的交互作用。關於交互作用容下節詳細說明。

將以上的結果整理成變異數分析表時，即如表 11-5。

▼表 11-5　變異數分析表

source （要因）	f （自由度）	S （變動）	V （變異數）	F_0 （變異數比）	S′ （純變動）	ρ(%) （貢獻率）
A	3	32.26	11.75	31.62**	31.24	89.16
B	2	0.73	0.37	1.09	0.05	0.14
e	6	2.05	0.34			10.70
T	11	35.04				100.00

11.2.4 二元配置實驗中的變異數分析（有重複）

本節就有重複的二元配置實驗的變異數分析，以射出成形的零件尺度的實驗為例來說明。

1. 實驗數據

被用於開關的樹脂零件，成形時的彎曲是問題所在。此彎曲如果大時，與其他零件嵌合時內部應力會增大，在使用過程中發生裂痕等的品質問題。因此，為了鎖定樹脂零件的變曲量有影響的要因，列舉 A：射出速度，B：模具溫度，2 個因子進行實驗。A 的射出速度設定成 120mm/sec, 150mm/sec, 180mm/sec 3 個水準，B 的模具溫度設定成 30℃, 50℃, 70℃ 3 個水準。二元配置實驗在組合 2 因子之水準的所有條件下進行實驗，因之此實驗是以 3×3=9 條件來成形零件。又在全部的 9 條件中各成形 2 個零件，以同一成形條件的零件取得 2 個測量數據，當作重複數據。此重複數據，即包含有成形條件的變異與測量條件的變異。因此，測量數據共有 18 個。

測量條件的組合與測量結果如表 11-6 所示。並且，將因子 A, B 的水準別平均予以描點後的要因效果圖，如圖 11-4 所示。

依據圖 11-4，對於樹脂零件的彎曲量來說，知因子 A（射出速度）與因子 B（模具溫度）均有影響。並且，知提高因子的射出速度，增高因子 B 的模具溫度，可以控制樹脂零件的彎曲量。

▼表 11-6　有關樹脂零件的變曲量之實驗數據

彎曲量（單位：m）

A：射出速度（mm/sec）	B：模具溫度（℃）						因子 A 水準和	因子 A 水準別平均
A_1：120	3.4	3.8	2.7	2.5	2.1	2.1	16.6	2.77
A_2：150	2.7	3.1	2.4	2.5	2.0	2.3	15.0	2.50
A_3：180	2.5	2.9	2.6	2.3	1.8	2.1	14.2	2.37
因子 B：水準和	18.4		15.0		12.4		總和	總平均
因子 B：水準別平均	3.07		2.50		2.07		45.8	2.54

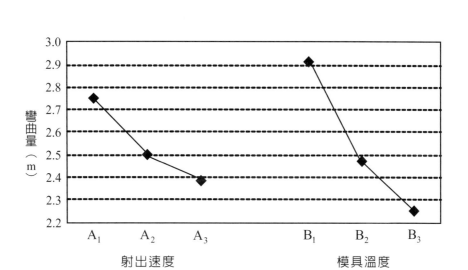

▲圖 11-4 因子 A 及 B 的要因效果圖

以下，為了以統計的方式驗證上述的結果，並將效果的大小定量化，實施變異數分析。

2. 變動的分解

二元配置實驗的變異數分析，雖將數據的總變動 S_T 分解成因子 A 引起的變動 S_A、因子 B 引起的變動 S_B、誤差變動 S_e，但有重複數據時，可以求出因子 A 與因子 B 的交互作用（interaction）引起的變動 $S_{A\times B}$。

因此，總變動如下式分解。

$$S_T = S_A + S_B + S_{A\times B} + S_e \qquad (11\text{-}40)$$

此處所謂因子 A 與因子 B 的交互作用，是指因子 A 與因子 B 的組合效果。譬如，在樹脂零件的變曲問題中，當射出溫度高時，模具溫度低較好，射出速度低時，模具溫度高較好時，因子 A 與因子 B 謂之有交互作用。另一方面，不管射出速度的高（或低），經常模具溫度高（或低）較好時，因子 A 與因子 B 即無交互作用（或小）。

以下計算各變動成分。

首先，以下式計算修正項。

$$CF = \frac{(3.4+3.8+\cdots+2.1)^2}{18} = \frac{45.8^2}{18} = 116.54 \ (f = 1) \qquad （11\text{-}41）$$

接著，此次分解對象的總變動 S_T，可從所有數據的平方和減去修正項 CF 後以下式求出。

$$S_T = 3.4^2 + 3.8^2 + \cdots + 2.1^2 - 116.54$$
$$= 120.92 - 116.54 = 4.38 \ (f = 18 - 1 = 17) \qquad （11\text{-}42）$$

而且，因子 A 引起的變動 S_A，使用式（11-10）如下求出。

$$S_A = \frac{A_1^2}{r_{A1}} + \frac{A_2^2}{r_{A2}} + \frac{A_3^2}{r_{A3}} - CF$$
$$= \frac{16.6^2}{6} + \frac{15.0^2}{6} + \frac{14.2^2}{6} - 116.54 \qquad （11\text{-}43）$$
$$= 117.03 - 5,116.54 = 0.49 \quad (f = 2)$$

同樣，因子 B 引起的變動 S_B 如下求之。

$$S_B = \frac{B_1^2}{r_{B1}} + \frac{B_2^2}{r_{B2}} + \frac{B_3^2}{r_{B3}} - CF$$
$$= \frac{18.4^2}{6} + \frac{15.0^2}{6} + \frac{12.4^2}{6} - 116.54 \qquad （11\text{-}44）$$
$$= 119.55 - 116.54 = 3.02 \quad (f = 2)$$

此處，$r_{A1}, r_{A2}, \cdots, r_{B1}, r_{B2}, \cdots$ 是表示因子 A, B 各水準數據數。

並且，因子 A 與因子 B 的交互作用引起的變動 $S_{A \times B}$ 如下式求出。

$$S_{A \times B} = \frac{(A_1 B_1)^2}{r_{A_1 B_1}} + \frac{(A_1 B_2)^2}{r_{A_1 B_2}} + \cdots + \frac{(A_3 B_3)^2}{r_{A_3 B_3}} - S_A - S_B - CF$$
$$= \frac{7.2^2}{2} + \frac{5.2^2}{2} + \cdots + \frac{3.9^2}{2} - 0.49 - 3.01 - 116.54 \qquad （11\text{-}45）$$
$$= 120.52 - 0.49 - 3.01 - 116.54 = 0.48 \ (f = 1)$$

由（11-45）得知，2 因子間的交互作用的變動，是將因子 A 與因子 B 的各

水準組合中的水準和 A_iB_j（i：因子 A 的水準，j：因子 B 的水準）的平方除以各組合的重複數 $r_{A_iB_j}$，從它們的總和減去因子 A 的變動、因子 B 的變動以及修正項 CF 之後求出。亦即，從起因於因子 A 與因子 B 的變動，扣除因子 A 與因子 B 的單獨效果之後剩下的變動，即爲因子 A 與因子 B 的交互作用引起的變動。

最後，誤差變動 S_e 利用下式求出。

$$S_e = S_T - S_A - S_B - S_{A \times B}$$
$$= 4.38 - 0.49 - 3.01 - 0.48 = 0.40 \ (f = 17 - 2 - 2 - 4 = 9) \quad （11\text{-}46）$$

由以上，式（11-40）中所表示的各變動的大小，即爲下式。

$$S_T = S_A + S_B + S_{A \times B} + S_e = 0.49 + 3.01 + 0.48 + 0.40 \quad （11\text{-}47）$$

3. 所列舉因子的顯著性檢定

首先，以各自由度除各變動成分來計算變異數。

$$V_A = \frac{S_A}{f_A} = \frac{0.49}{2} = 0.245 \quad （11\text{-}48）$$

$$V_B = \frac{S_B}{f_B} = \frac{3.01}{2} = 1.505 \quad （11\text{-}49）$$

$$V_{A \times B} = \frac{S_{A \times B}}{f_{A \times B}} = \frac{0.48}{4} = 0.120 \quad （11\text{-}50）$$

$$V_e = \frac{S_e}{f_e} = \frac{0.40}{9} = 0.044 \quad （11\text{-}51）$$

此處，各變動要因引起的變動比誤差變異數值還大，此階段中並不能視爲誤差程度的要因。因此，誤差的合併不進行，進行以下的分析。

其次，各變動要因對誤差成分 V_e 的變異比 F 如下式求出。

$$F_A = \frac{V_A}{V_e} = \frac{0.245}{0.044} = 5.57 \quad （11\text{-}52）$$

$$F_B = \frac{V_B}{V_e} = \frac{1.505}{0.044} = 34.20 \qquad (11\text{-}53)$$

$$F_{A \times B} = \frac{V_{A \times B}}{V_e} = \frac{0.120}{0.044} = 2.73 \qquad (11\text{-}54)$$

最後，以附錄的附表 4 的 F 分配表（單邊）判定此變異比，檢定各因子效果的顯著性。

首先，因子 A, B 的變異數比，分子的自由度均為 2，分母的自由度均為 9，由 F 分配表，1% 顯著點是 8.02，5% 顯著點是 4.26。相對的，因子 A 的變異數比是 5.57，低於 1% 顯著點的 F 值，但是卻高於 5% 顯著點的 F 值。因之可以判斷在冒險率 5% 之下是顯著的。另一方面，因子 B 的變異數比是 34.20，超過 1% 顯著點的 F 值，可以判定在冒險率 1% 之下是顯著的。

其次，因子 A, B 的交互作用效果的變異數比，分子的自由度 4，分母的自由度 9，由 F 分配表，1% 顯著點是 6.42，5% 顯著點是 3.63，相對的，因子 A, B 的交互作用效果的變異數比是 2.73，低於 5% 顯著點的 F 值，因之統計上並不顯著。

由以上知，因子 A 的射出速度在冒險率 1% 以下是顯著的，因子 B 的模具溫度在冒險率 5% 以下是顯著的，對樹脂零件的彎曲量的影響是不能忽略的。另一方面，因子 A, B 的交互作用可以判斷小。此事，是指樹脂零件的彎曲量，能以因子 A：射出速度，因子 B：模具溫度的單獨效果來說明。

4. 純變動與貢獻率的計算

首先，因子 A, B 與其交互作用 A×B 的純變動，如下式從各自的變動減去自由度 f 個的誤差變異數。

$$S_A' = S_A - f_A \times V_e = 0.49 - 2 \times 0.044 = 0.40 \qquad (11\text{-}55)$$

$$S_B' = S_B - f_B \times V_e = 3.01 - 2 \times 0.044 = 2.92 \qquad (11\text{-}56)$$

$$S_{A \times B}' = S_{A \times B} - f_{A \times B} \times V_e = 0.48 - 4 \times 0.044 = 0.30 \qquad (11\text{-}57)$$

其次，各變動成分的貢獻率（%），如下式以總變動除上述純變動，再乘上

100 來求出。

$$\rho_A = \frac{S'_A}{S_T} \times 100 = \frac{0.40}{4.38} \times 100 = 9.13(\%) \tag{11-58}$$

$$\rho_B = \frac{S'_B}{S_T} \times 100 = \frac{2.92}{4.38} \times 100 = 66.67(\%) \tag{11-59}$$

$$\rho_{A \times B} = \frac{S'_{A \times B}}{S_T} \times 100 = \frac{0.30}{4.38} \times 100 = 6.85(\%) \tag{11-60}$$

$$\rho_e = 100 - (\rho_A + \rho_B + \rho_{A \times B}) = 100 - 82.65 = 17.35(\%) \tag{11-61}$$

依據此，在此次的實驗中，變動要因對樹脂零件的彎曲量有 67% 可以利用因子 B：模具溫度的水準變化來說明，已獲得了確認。另一方面，因子 A：射出速度的貢獻率是 10% 左右。並且，因子 A 與因子 B 的交互作用效果的貢獻率大約 7%，影響小。因此，改善樹脂零件的彎曲量，詳細檢討模具溫度是不可欠缺的。另外，不取決於射出速度或模具溫度的變動成分是 20% 弱，因之，成形時的條件設定變異或測量變異等的影響也不能忽視。

將以上的結果整理成變異數分析表，即為表 11-7。

▼表 11-7　變異數分析表

source （要因）	f （自由度）	S （變動）	V （變異數）	F_0 （變異數比）	S' （純變動）	$\rho(\%)$ （貢獻率）
A	2	0.49	0.245	5.57*	0.40	9.13
B	2	3.01	1.505	34.20**	2.92	66.67
A×B	4	0.48	0.120	2.73	0.30	6.85
e	9	0.40	0.040			17.35
T	17	4.38				100.00

11.3 直交表

本節就直交表的基本構成與使用方法，以及使用時的注意事項與簡單配置方法加以說明。

11.3.1 直交表的概要

多元配置實驗是以所有因子、所有水準的組合進行實驗，如因子或水準增多時，實驗數即變得膨大。另一方面，直交表實驗是利用直交表，各因子在直交下水準被配列，利用一部分的水準組合進行實驗。因之，能大幅減少實驗數。例如，對 2 水準 7 因子的多元配置實驗需要 $2^7 = 128$ 次的實驗，如利用稱為 L_8 的直交表時，只要以 8 次的實驗，即可將 7 因子的要因效果定量化。

直交表有許多的種類，此處以表 11-8 所示的直交表 L_8 為例來說明直交表的基本構成。直交表由行號、No.（實驗號碼）與水準配列所構成，行是配置所列舉的因子。所謂配置是讓因子對應直交表的行，有 7 行的直交表 L_8 可以配置 7 因子。並且，表中的 1, 2 的數字是表示所配置之因子水準配列。譬如，第 1 行配置因子 A 時，No. 1, 2, 3, 4 的 4 條件即為第 1 水準，No. 5, 6, 7, 8 的 4 條件即為第 2 水準。像這樣，表中的數字是由「1」與「2」的 2 水準所構成的直交表稱為 2 水準系直交表。此處，列的 No.（實驗號碼）是表示總實驗數，直交表 L_8 是進行合計 8 次的實驗。

▼表 11-8　直交表 L_8

No. ＼ 行號	1	2	3	4	5	6	7
1	1	1	1	1	1	1	1
2	1	1	1	2	2	2	2
3	1	2	2	1	1	2	2
4	1	2	2	2	2	1	1
5	1	1	2	1	2	1	2
6	2	1	2	2	1	2	1
7	2	2	1	1	2	2	1
8	2	2	1	2	1	1	2

2 水準系直交表除 L_8 之外，也有 L_{12}, L_{16} 等。又，表中的數字是由「1」，「2」，「3」的 3 水準所構成的 3 水準系直交表，有 L_9, L_{27} 等，此外，混有 2 水準與 3 水準之行的直交表，有 L_{18}, L_{36} 等。於實驗時，取決於想評價的因子數

與水準數，從這些直交表中選定適切者。又，上述的直交表全部揭錄在附錄中可供參考。

此處，以記號表示直交表時，加在 L 的數字的意義，說明於圖 11-5 中。

以下，就圖 11-5 所表示的記號，以實際的直交表為例加以說明。

首先，表 11-9 所顯示的直交表 $L_9(3^4)$，是 3 水準系中最小直交表，可以配置 3 水準的因子最多至 4 因子。實驗數是從 No. 1 到 No. 9 的 9 次。並且，表 11-10 所表示的直交表 $L_{18}(2^1 \times 3^7)$ 中有 2 水準的行與 3 水準的行，第 1 行配置 2 水準的因子，第 2 行到第 8 行配置 3 水準的因子至多 7 因子。實驗數 No. 1 到 No. 18 有 18 次。

▼表 11-9　直交表 L_9

$L_9(3^4)$

No. \ 行號	1	2	3	4
1	1	1	1	1
2	1	2	2	2
3	1	3	3	3
4	2	1	2	3
5	2	2	3	1
6	2	3	1	2
7	3	1	3	2
8	3	2	1	3
9	3	3	2	1

▼表 11-10　直交表 L_{18}

$L_{18}(2^1 \times 3^7)$

No. \ 行號	1	2	3	4	5	6	7	8
1	1	1	1	1	1	1	1	1
2	1	1	2	2	2	2	2	2
3	1	1	3	3	3	3	3	3
4	1	2	1	1	2	2	3	3
5	1	2	2	2	3	3	1	1
6	1	2	3	3	1	1	2	2
7	1	3	1	2	1	3	2	3
8	1	3	2	3	2	1	3	1
9	1	3	3	1	3	2	1	2
10	2	1	1	3	3	2	2	1
11	2	1	2	1	1	3	3	2
12	2	1	3	2	2	1	1	3
13	2	2	1	2	3	1	3	2
14	2	2	2	3	1	2	1	3
15	2	2	3	1	2	3	2	1
16	2	3	1	3	2	3	1	2
17	2	3	2	1	3	1	2	3
18	2	3	3	2	1	2	3	1

▲圖 11-5　直交表中記號的看法

　　其次，就直交表的性質加以說明。直交表是在任意 2 行中，行內的所有水準組合出現的次數相同具有此種性質。關於此性質，以表 11-10 的直交表 L_{18} 為例來說明。

　　如圖 11-6 所示，直交表 L_{18} 中 2 水準的第 1 行與 3 水準的任一行（譬如第 2 行），(1, 1)，(1, 2)，(1, 3)，(2, 1)，(2, 2)，(2, 3) 的組合一定出現 3 次。並且，3 水準的任 2 行（譬如第 3 行與第 4 行），(1, 1)，(1, 2)，(1, 3)，(2, 1)，(2, 2)，

行號 No.	①	②	3 · · ·
1	1	1	
2	1	1	3次
3	1	1	
4	1	2	
5	1	2	3次
6	1	2	
7	1	3	
8	1	3	3次
9	1	3	
10	2	1	
11	2	1	3次
12	2	1	
13	2	2	
14	2	2	3次
15	2	2	
16	2	3	
17	2	3	3次
18	2	3	

行號 No.	1	2	③	④	5 · · ·	組合	
1			1	1		(1 1)	2次
2			2	2			
3			3	3		(1 2)	2次
4			1	1			
5			2	2		(1 3)	2次
6			3	3			
7			1	2		(2 1)	2次
8			2	3			
9			3	1		(2 2)	2次
10			1	3			
11			2	1		(2 3)	2次
12			3	2			
13			1	2		(3 1)	2次
14			2	3			
15			3	1		(3 2)	2次
16			1	3			
17			2	1		(3 3)	2次
18			3	2			

▲圖 11-6　直交表 L_{18} 的構成

(2, 3)，(3, 1)，(3, 2)，(3, 3) 的組合一定出現 3 次。取決於直交表，水準的組合或出現次數有不同，但此基本原則是不變的，根據此原則所構成的表即為直交表。

11.3.2 直交表的概念與要因配置中的直交

本節就向量中直交的概念，以及應用此概念的要因配置的想法加以說明。

1. 向量中直交的概念

以 2 次元平面來想時，所謂 2 個向量 A 與 B 直交的關係，如圖 11-7 所示，是指 2 個向量形成直角的關係。當形成直角時，B 對 A 的投影或 A 對 B 的投影均為 0，A 與 B 形成相互獨立之關係。

另外，n 次元的向量 A 與 B 直交時，如其成分當作 A（a_1, a_2, …, a_n），B（b_1, b_2, …, b_n），時，A 與 B 的內積為 0，亦即，成立有 $a_1b_1 + a_2b_2 + \cdots + a_nb_n = 0$。此種直交的概念也可應用在多元配置實驗或直交表實驗的水準排列中。

2. 要因配置中的直交

所謂要因配置中的直交，是在實驗的組合中，當著眼於任意 2 因子水準組合時，針對一方的因子的各水準，另一方的因子的所有水準均同數加以組合的狀態。此關係成立時，對一方的因子的效果測量，不會影響另一方的因子效果。具有此種性質的實驗方法，只有多元配置實驗與直交表實驗而已。

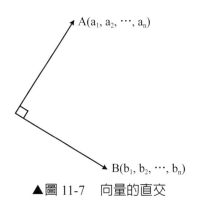

▲圖 11-7　向量的直交

(1) 多元配置中直交

有 2 個因子 A, B 均為 2 水準時，A 與 B 的所有水準的組合（二元配置）
如表 11-11 所示，有 A_1B_1, A_1B_2, A_2B_1, A_2B_2 4 種。此處，對 A 的第 1 水準
與第 2 水準來說，B 的第 1 水準與第 2 水準各 1 次被組合。並且從 B 的
第 1 水準與第 2 水準來看，A 的第 1 水準與第 2 水準也各 1 次被組合。
因此，A 與 B 的要因配置有直交關係。

A 與 B 的直交關係，如表 11-11 的係數表所示，讓 A 與 B 的第 1 水準對
應 1，第 2 水準對應 −1 的係數，將 A 與 B 的水準配排看成向量 A(1, 1,
−1, -1）與 B(1, −1, 1, -1）時，內積即為

$$1 \times 1 + 1 \times (-1) + (-1) \times 1 + (-1) \times (-1) = 0$$

從向量直交也可獲得確認。像這樣，多元配置的要因配置中的直交關係
經常是成立的。

▼表 11-11　　二元配置與其係數表

(a) 二元配置				(b) 係數表		
	A	B			A	B
1	A_1	B_1		1	1	1
2	A_1	B_2		2	1	−1
3	A_2	B_1		3	−1	1
4	A_2	B_2		4	−1	−1

(2) 直交表中的直交

多元配置實驗是在所列舉的所有因子、所有水準的組合下進行實驗，相
對的，直交表實驗是以一部分的水準組合進行實驗。在此直交表實驗中
因子間的直交關係是成立的。

如前述，直交表水準配列到任一行中，顯示水準的數字出現的次數均相
同，在任兩行的組合中，對於一方的行的各水準來說，另一方的行的所
有水準均以相同次數加以組合有此性質。譬如，表 11-12 的 (a) 所表示的
直交表 L_{18}，2 水準的第 1 行中 1, 2 各出現 9 次，3 水準的第 2～8 行中的
任一行，1, 2, 3 各出現 6 次。並且，2 水準的第 1 行與 3 水準的任一行
加以組合時，(1, 1)，(1, 2)，(1, 3)，(2, 1)，(2, 2)，(2, 3) 的組合各出現 3

次。同樣，將 3 水準的任二行加以組合時，(1, 1)，(1, 2)，(1, 3)，(2, 1)，
(2, 2)，(2, 3)，(3, 1)，(3, 2)，(3, 3) 的組合各出現 2 次。由此得知，配置
在直交表 L_{18} 的各因子形成直交。此關係，如表 11-12 的 (b) 所示，直交
表 L_{18} 的第 1 行的第 1 水準對應 1，第 2 水準對應 −1，第 1 水準對應 1，
第 2 行到第 8 行的第 1 水準對應 1，第 2 水準對應 0，第 3 水準對應 −1 時，
從任 2 行的向量積和成為 0 也可獲得確認。譬如，在表 11-12 的直交表
L_{18} 中，2 水準的第 1 行與 3 水準的第 8 行之間的係數之積和為，
$1×1+1×0+1×(−1)+1×(−1)+1×1+1×0+1×(−1)+1×1+1×0+(−1)$
$×1+(−1)×0+(−1)×(−1)×0+(−1)×(−1)+(−1)×1+(−1)×0+(−1)×$
$(−1)+(−1)×1=0$

▼表 11-12

(a) 直交表 L_{18}

行號 No.	1	2	3	4	5	6	7	8
1	1	1	1	1	1	1	1	1
2	1	1	2	2	2	2	2	2
3	1	1	3	3	3	3	3	3
4	1	2	1	1	2	2	3	3
5	1	2	2	2	3	3	1	1
6	1	2	3	3	1	1	2	2
7	1	3	1	2	1	3	2	3
8	1	3	2	3	2	1	3	1
9	1	3	3	1	3	2	1	2
10	2	1	1	3	3	2	2	1
11	2	1	2	1	1	3	2	2
12	2	1	3	2	2	1	1	3
13	2	2	1	2	3	1	3	2
14	2	2	2	3	1	2	1	3
15	2	2	3	1	2	3	2	1
16	2	3	1	3	2	3	1	2
17	2	3	2	1	3	1	2	3
18	2	3	3	2	1	2	3	1

(b) 係數表

行號 No.	1	2	3	4	5	6	7	8
1	1	1	1	1	1	1	1	1
2	1	1	0	0	0	0	0	0
3	1	1	−1	−1	−1	−1	−1	−1
4	1	0	1	1	0	0	−1	−1
5	1	0	0	0	−1	−1	1	1
6	1	0	−1	−1	1	1	0	0
7	1	−1	1	0	1	−1	0	−1
8	1	−1	0	−1	0	1	1	0
9	1	−1	−1	1	−1	0	1	0
10	−1	1	1	−1	−1	0	0	1
11	−1	1	0	1	1	−1	−1	0
12	−1	1	−1	0	0	1	1	−1
13	−1	0	1	0	−1	1	−1	0
14	−1	0	0	−1	1	0	1	−1
15	−1	0	−1	1	0	−1	0	1
16	−1	−1	1	−1	0	−1	1	0
17	−1	−1	0	1	1	0	−1	−1
18	−1	−1	−1	0	1	0	−1	1

又，3 水準的第 2 行與第 3 行之間的係數積和為

$$1\times1+1\times0+1\times(-1)+0\times1+0\times0+0\times(-1)+(-1)\times1+(-1)\times0+(-1)$$
$$\times(-1)+1\times1+1\times0+1\times(-1)+0\times1+0\times0+0\times(-1)+(-1)\times0+(-1)$$
$$\times0+(-1)\times(-1)=0$$

像這樣，直交表的行間的水準配列，成立著與向量直交的相同關係，且在所有行間成立著直交關係，此種關係，不限於 L_{18}，為所有的直交表共同的性質。

11.3.3 水準和、水準別平均的計算與要因效果圖的製作

本節，首先針對從直交表實驗所得出的數據的水準別平均求出各因子的要因效果之理由加以說明。其次，就配量在直交表上的各因子分別計算水準和、水準別平均、製作要因效果圖的步驟加以說明。

1. 各因子的水準別平均與要因效果

此處，針對由直交表實驗所得出之數據的水準別平均求出各因子的要因效果之理由加以說明。於說明時，是使用實驗計畫法，或下一章將會說明的品質工程也經常利用的直交表 L_{18}。

譬如，某實驗將 2 水準的因子 A 配置在直交表 L_{18} 的第 1 行，3 水準的因子，B, C, D, E, F, G, H 配置在第 2 行到第 8 行，進行合計 18 次的實驗，假定得出如表 11-13 所示的數據。

此處，2 水準的因子 A 效果，是先求出 A 為第 1 水準的數據平均與 A 為第 2 水準的數據平均，再以其差表示，亦即，在表 11-13 所表示的直交表 L_{18} 中，實驗 No.1～9 的數據平均（A_1 水準別平均）與實驗 No.10～18 的數據平均（A_2 水準別平均）之差即為因子 A 的效果。

▼表 11-13　在直交表 L_{18} 的因子配置與實驗數據

No. 行號 \ 因子	A	B	C	D	E	F	G	H	實驗數據
	1	2	3	4	5	6	7	8	
1	1	1	1	1	1	1	1	1	$y_1 = 20.56$
2	1	1	2	2	2	2	2	2	$y_2 = 31.07$
3	1	1	3	3	3	3	3	3	$y_3 = 35.90$
4	1	2	1	1	2	2	3	3	$y_4 = 17.43$
5	1	2	2	2	3	3	1	1	$y_5 = 32.90$
6	1	2	3	3	1	1	2	2	$y_6 = 37.61$
7	1	3	1	2	1	3	2	3	$y_7 = 28.11$
8	1	3	2	3	2	1	3	1	$y_8 = 38.17$
9	1	3	3	1	3	2	1	2	$y_9 = 27.81$
10	2	1	1	3	3	2	2	1	$y_{10} = 41.09$
11	2	1	2	1	1	3	3	2	$y_{11} = 33.50$
12	2	1	3	2	2	1	1	3	$y_{12} = 35.10$
13	2	2	1	2	3	1	3	2	$y_{13} = 36.53$
14	2	2	2	3	1	2	1	3	$y_{14} = 36.98$
15	2	2	3	1	2	3	2	1	$y_{15} = 35.77$
16	2	3	1	3	2	3	1	2	$y_{16} = 38.07$
17	2	3	2	1	3	1	2	3	$y_{17} = 30.54$
18	2	3	3	2	1	2	3	1	$y_{18} = 40.34$

　　此時，如圖 11-8 所示，包含 A 的第 1 水準之組合，從因子 B 到 H 的第 1、第 2、第 3 水準一定以相同次數加以組合，此關係對包含 A 的第 2 水準之組合也完全相同。因此，對於包含 A 的第 1 水準的數據平均與包含第 2 水準的數據平均來說，其他因子的效果全部均等地在作用，以因子 A 水準別平均之差，可以求出因子 A 單獨的效果。

　　同樣，因子 B 的第 1、第 2、第 3 水準的水準別平均之差即為因子 B 的效果。此時，如圖 11-9 所示，包含 B 的第 2 水準的組合，2 水準的因子 A 的第 1、第 2 水準各出現 3 次，3 水準的因子 C 到 H 的各因子第 1、第 2、第 3 水準各出現 2 次。此關係在包含 B 的第 2 水準與第 3 水準的組合中也是成立的。因之，如取

因子 B 的水準別平均之差時，在未受到其他因子的影響下，可以求出因子 B 單
獨的效果。

No. \ 因子	A	B	C	D	E	F	G	H	
1	1	1	1	1	1	1	1	1	
2	1	1	2	2	2	2	2	2	
3	1	1	3	3	3	3	3	3	
4	1	2	1	1	2	2	3	3	從No.1～No.9
5	1	2	2	2	3	3	1	1	9次實驗的
6	1	2	3	3	1	1	2	2	平均值
7	1	3	1	2	1	3	2	3	
8	1	3	2	3	2	1	3	1	
9	1	3	3	1	3	2	1	2	
10	2	1	1	3	3	2	2	1	
11	2	1	2	1	1	3	3	2	
12	2	1	3	2	2	1	1	3	
13	2	2	1	2	3	2	1	2	從No.10～No.18
14	2	2	2	3	3	2	1	3	9次實驗的
15	2	2	3	1	2	2	2	1	平均值
16	2	3	1	3	2	3	1	2	
17	2	3	2	1	3	1	2	3	
18	2	3	3	2	1	2	3	1	

（$\overline{A_1}$ 對應 No.1～No.9，$\overline{A_2}$ 對應 No.10～No.18）

▲圖 11-8　直交表 L_{18} 中的因子 A 的效果

此種關係，不限於因子 A, B，就於配置在其他行的因子 C～H 也是一樣。因
之，從直交表實驗所得出的數據的水準別平均，可以求出各因子的要因效果。

No.	因子	A	B	C	D	E	F	G	H	
1		1	1	1	1	1	1	1	1	$\overline{B_1}$
2		1	1	2	2	2	2	2	2	
3		1	1	3	3	3	3	3	3	
4		1	2	1	1	2	2	3	3	
5		1	2	2	2	3	3	1	1	
6		1	2	3	3	1	1	2	2	
7		1	3	1	2	1	2	2	3	$\overline{B_2}$
8		1	3	2	3	2	3	1	1	
9		1	3	3	1	3	2	1	2	
10		2	1	1	2	2	2	2	1	
11		2	1	2	1	1	3	3	2	
12		2	1	3	2	2	1	1	3	
13		2	2	1	2	2	1	2	2	$\overline{B_3}$
14		2	2	2	3	1	2	1	3	
15		2	2	3	1	2	3	2	1	
16		2	3	1	2	2	1	1	2	
17		2	3	2	1	3	1	2	3	
18		2	3	3	2	1	2	3	1	

$\overline{B_1}$　No.1～No.3與
No.10～No.12與
6次實驗的
平均值

$\overline{B_2}$　No.4～No.6與
No.13～No.15與
6次實驗的
平均值

$\overline{B_3}$　No.7～No.9與
No.16～No.18與
6次實驗的
平均值

▲圖 11-9　直交表 L_{18} 因子 B 的效果

2. 水準別平均的計算與要因效果圖的製作

此處，以表 11-13 的數據為例，就計算各因子的水準和與水準別平均，製作要因效果圖的步驟加以說明。

首先，因子 A 的第 1 水準的水準和，是包含因子 A 的第 1 水準的所有 9 個數據之和，以下式求出。

$$A_1 = y_1 + y_2 + y_3 + y_4 + y_5 + y_6 + y_7 + y_8 + y_9$$
$$= 20.56 + 31.07 + 35.90 + 17.43 + 32.90 + 37.61 + 28.11 + 38.17 + 27.81 \quad （11\text{-}62）$$
$$= 269.56$$

其次，因子 A 的第 1 水準的水準別平均，是將水準和除以水準的出現次數所得之值，以下式求出。

$$\overline{A}_1 = \frac{A_1}{9} = \frac{269.56}{9} = 29.95 \quad (11\text{-}63)$$

同樣，因子 A 的第 2 水準的水準和與水準別平均分別以下式求出。

$$A_2 = y_{10} + y_{11} + y_{12} + y_{13} + y_{14} + y_{15} + y_{16} + y_{17} + y_{18}$$
$$= 41.09 + 33.50 + 35.10 + 36.53 + 36.98 + 35.77 + 38.07 + 30.54 + 40.34 \quad (11\text{-}64)$$
$$= 327.92$$

$$\overline{A}_2 = \frac{A_2}{9} = \frac{327.92}{9} = 36.44 \quad (11\text{-}65)$$

以下同樣，計算因子 B～H 的水準和水準別平均，將這些結果整理成表 11-14 的輔助表。

最後，將表 11-14 的水準別平均描點，製作如圖 11-10 的要因效果圖。從此要因效果圖可以確認因子 A, C, D, H 的效果較大。

11.3.4 直交表利用時的注意事項

本節提出在利用直交表時應注意的事項，並就因應方法加以說明。具體言之，首先，1. 是就因子配置在直交表的方法加以說明，其次，2. 是就質數冪型直交表與混合系直交表的活用方法加以說明。最後，3. 就直交表的空行的需要性加以說明。

▼表 11-14　水準和與水準別平均之輔助表

(a) 水準和的輔助表

因子	第 1 水準	第 2 水準	第 3 水準
A	2,611.55	327.91	−
B	197.22	197.21	203.04
C	181.78	203.16	212.52
D	165.60	204.05	227.81
E	197.09	195.61	204.76
F	198.50	194.71	204.25
G	191.41	204.18	201.86
H	208.83	204.58	184.05

(b) 水準別平均的輔助表

因子	第 1 水準	第 2 水準	第 3 水準
A	211.95	36.43	−
B	32.87	32.87	33.84
C	30.30	33.86	35.42
D	27.60	34.01	37.97
E	32.85	32.60	34.13
F	33.08	32.45	34.04
G	31.90	34.03	33.64
H	34.81	34.10	30.67

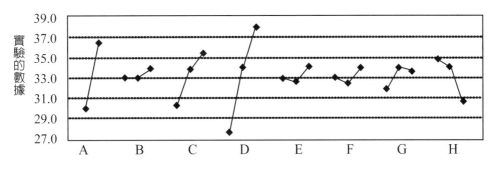

▲圖 11-10　配置在直交表 L_{18} 的各因子的要因效果圖

1. 因子配置在直交表的方法

　　直交表有**質數冪型直交表**（power of prime orthogonal array）與**混合系直交表**（mixed orthogonal array）。所謂質數冪型直交表，是指列數（No.）能以單一的質數的冪表示的直交表。$L_8(8 = 2^3)$, $L_{16}(16 = 2^4)$, $L_9(9 = 3^2)$, $L_{27}(27 = 3^3)$ 等與此相當。另一方面，所謂混合系直交表，是指將列數進行質因數分解時，並非單質數的冪乘，而是 2 與 3 的冪乘混合出現的直交表，$L_{12}(12 = 2^2 \times 3^1)$, $L_{18}(18 = 2^1 \times 3^2)$, $L_{36}(36 = 2^2 \times 3^2)$ 等與此相當。為了正確分析因子的效果，先好好理解此 2 種直交表的性質是有需要的。

　　以下，就「質數冪型直交表」與「混合系直交表」的性質加以說明。

(1) 質數冪型直交表

質數冪型直交表，是具有因子間的交互作用出現在特定行的性質，譬如，直交表 L_8，配置在第 1 行的因子 A 與配置在第 2 行的因子 B 的交互作用 A×B 的效果，即出現在第 3 行。因此，忽視此性質，於第 3 行配置因子 C 時，第 3 行因子 C 的效果與因子 A, B 的交互作用效果就會相混雜。此相混雜的效果，因為在實驗後無法分離，因之考慮到因子 A, B 的交互作用時，有需要先將第 3 行使之成為空行。

像這樣，使用質數冪型直交表時，掌握因子間的交互作用出現在哪一行後，再進行因子的配置。有關因子間的交互作用的資訊，可從田口玄一博士所想出的線點圖（linear graph）得到。點表示因子的主效果行，連結兩點的線，表示交互作用行。所謂主效果，是指其他因子的水準在各種改變之中，當變更該因子的水準時的平均效果的大小。因此，主效果大，該因子單獨的效果即大。

表 11-15 中 (1) 的線點圖，第 1、第 2、第 4、第 7 行是主效果行，配置在第 1、第 2 行的因子間的交互作用出現在第 3 行；配置在第 1、第 4 行的因子間的交互作出現在第 5 行；配置在第 2、第 4 行的因子間的交互作出現在第 6 行。另一方面，(2) 的點線圖，第 1、第 2、第 4、第 6 行是主效果行，配置在第 1、第 2 行的因子間的交互作出現在第 3 行，配置在第 1、第 4 行的因子間的交互作出現在第 5 行；配置在第 1、第 6 行的因子間的交互作出現在第 7 行。但是，原本第 6 行是配置在第 2 行與第 4 行的因子間的交互作用出現之行，因之使用 (2) 的線點圖時，配置在第 2 與第 4 行的因子間的交互作用十分小是前提所在。

▼表 11-15 直交表的線點圖

$L_8(2^7)$

No. \ 行號	1	2	3	4	5	6	7
1	1	1	1	1	1	1	1
2	1	1	1	2	2	2	2
3	1	2	2	1	1	2	2
4	1	2	2	2	2	1	1
5	2	1	2	1	2	1	2
6	2	1	2	2	1	2	1
7	2	2	1	1	2	2	1
8	2	2	1	2	2	1	2
成分	a	b	a b	c	a c	b c	a b c

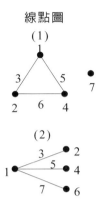

線點圖

以線點圖 (1) 與 (2) 的靈活運用的想法來說，列舉 A, B, C 3 因子時，想評價 A×B, A×C, B×C 3 個因子間的交互作用時，使用 (1) 的線點圖。又，以特定的因子 A 為中心，想評價 A×B, A×C, A×D 的交互作用時，使用 (2) 的線點圖。

另一方面，附錄的附表 14 所表示的直交表 L_{16}，在線點圖 (1) 中，主效果第 5 行，交互作用第 10 行，相對的，在線點圖 (2) 中，主效果第 7 行，交互作用第 8 行，主效果行與交互作用行的行數改變。因此，配合實驗的目的，為了能選擇適切的配置形式，有需要先記好線點圖的看法。

像這樣，如能記住線點圖的看法，那麼取決於評價的主效果與交互作用之配置即有可能。但是，如果已知 2 因子間無交互作用時，將這些交互作用行視為主效果行，配置其他因子也行。

線點圖 (1) 的關係，也可從直交表下方的成分表讀取。在表 11-15 中，第 1 行最下端記有 a，第 2 行最下端記有 b，是指能單獨配置這些的主效果，第 2 行最下端記有 ab，是表示 a（第 1 行）與 b（第 2 行）的交互作用出現之行。又，第 7 行的最下端記有 abc，是表示 a（第 1 行），b（第

2行），c（第4行）的3因子交互作用出現之行。一般來說，此種3因子交互作用與主效果相比十分小，因之忽略交互作用再配置主效果。(1)的線點圖中第7行並非線（交互作用行），以點（主效果）表示即為此緣故。

(2) 混合系直交表

混合系直交表是2因子間的交互作用效果未出現在特定的行，在其他的行均等地加以分配。因此，所有的行想成主效果行，如果是相同水準數的因子時，配置在哪一行均可。因之，混合系直交表也不存在線點圖。

依據以上，質數冪型直交表有需要根據因子間的交互作用的有關資訊與線點圖來配置。另一方面，混合系直交表，是相同水準數的因子配置在任一行均可。

2. 質數冪型直交表與混合系直交表的活用法

是對質數冪型直交表與混合系直交表的性質加以說明。此處，就它們的活用法加以說明。

一般而言，實驗計畫法視目的可以使用質數冪型直交表與混合系直交表兩者。以活用的想法來說，因子間的交互作用不能忽視時，使用質數冪型直交表，依據線點圖配置因子，交互作用的大小也要評價。另一方面，已知因子間的交互作用十分小，只想評價主效果時，使用質數冪型直交表或混合系直交表任一者均可。可是交互作用的大小，在實驗後才知道的有很多，事前就知道是很少的。基於如此之理由，實驗計畫法使用質數冪型直交表，將交互作用也包含在內進行評價的較多。

相對的，第12章將說明的品質工程的參數設計，利用受交互作用左右的強烈主效果，提高設計的安定性作為目的，因之，推薦使用混合系直交表，詳細情形容於第12章說明。

3. 直交表中空行的需要性

實驗計畫法是從比較因子的效果與誤差的效果，檢定因子的效果的顯著性，因之有需要計算誤差的效果（誤差變異數）。一元配置實驗與二元配置實驗，是在因子的水準組合為相同條件下進行重複實驗，從重複數據的變動計算誤差變異

數。另一方面，直交表實驗有以全部的水準組合進行重複實驗的方法以及在直交表上設定空行的方法。所謂空行未配置因子之行，也稱為誤差行。如設定空行時，即使對所有的水準組合不進行重複實驗，也能計算誤差變異數，以統計的方式檢定因子的效果也是可行的。另一方面，直交表的所有行均配置因子，未設定空行時，以所有的實驗組合進行 2 次以上的重複實驗是有需要的。

另外，空行是設定在多因子間的交互作用行，在為數較少的主效果行上配置因子是一般的做法。譬如，表 11-15 的直交表 L_8，將 3 因子間的交互作用行的第 7 行使之成為空行是一般的做法。

相對的，第 12 章要說明的品質工程的參數設計，不進行對要因效果進行統計檢定。因此，從實驗效率的面來看，推薦不設定空行，在所有的行上配置因子。

11.3.5 直交表配置的方法

利用直交表時，基本上是選擇適合於因子數與水準數的直交表。可是，在既有的直交表之中，不一定存在能完全符合因子數與水準數的直交表。從如此的背景來看，已確立有以既有的直交表為基礎的各種配置方法。本節就是就這些配置的方法加以介紹。

但是，對因子數來說，選擇行數要大於所列舉的因子數的直交表，剩餘的行當作誤差行來處理是可行的，此處，就水準數不一致時所利用的配置方法加以說明。具體言之，配置因子其水準比直交表的水準數還少的方法有虛擬法（dummy treatment）；相反的，配置因子其水準比直交表的水準數還多的方法有多水準製作法（multi-level arrangement），就此 2 種方法加以說明。另外，就有交互作用的因子間的水準設定法即水準滑動法（sliding levels treatment）也加以說明。

1. 虛擬法（虛擬水準法）

所謂虛擬法是配置因子其水準比直交表的行的水準數還少時所使用的方法。譬如，在 3 水準系的直交表 L_9 配置 2 水準的因子的情形加以使用。

(1) 配置方法

以虛擬法在直交表的 3 水準行上配置 2 水準的因子時，使 2 水準的一方的水準重複，形式上做成 3 水準。譬如，將 2 水準因子 B（B_1, B_2）配置

在 3 水準的行中時，將水準設定成（B_1, B_1, B_2）或（B_1, B_2, B_2）。哪一個水準使之重複雖然是自由的，但認爲比較重要的水準使之重複的方法是一般的做法。

將直交表 L_{18} 的第 2 行適用虛擬法的例子如表 11-16 所示。此情形是將所列舉的因子第 2 水準使之重複。此處，當作虛擬水準的第 3 水準爲了表示是第 2 水準的虛擬而加上記號表示成 2′。此虛擬水準設定成直交表第 1、第 2、第 3 水準之中的哪一水準均無問題。

(2) 水準別平均的求法

使用表 11-16 的數據，求出以虛擬法所配置因子 B 的水準別平均。首先，第 1 水準的水準別平均，是配置因子 B 之行的水準爲 1 的 No.1, 2, 3, 10, 11, 12 等 6 個數據之平均，以下式求出。

$$B_1 = \frac{(8.09 + 8.24 + 8.31 + 10.80 + 8.88 + 8.46)}{6} = 8.80 \qquad （11\text{-}66）$$

其次，第 2 水準的水準別平均，包含虛擬的列在內，配置因子 B 之行的水準爲 2 與 2′ 的 No.4, 5, 6, 7, 8, 9, 12, 14, 15, 16, 17, 18 等 12 個數據的平均如下式求出。

$$B_2 = \frac{(10.72 + 11.43 + 10.08 + 10.47 + 13.75 + 10.91)}{12}$$
$$+ \frac{(17.82 + 9.56 + 7.79 + 15.09 + 11.63 + 10.96)}{12} = 11.68 \qquad （11\text{-}67）$$

▼表 11-16　直交表 L_{18} 虛擬法的配置

No. \ 因子	A	B	C	D	E	F	G	H	實驗數據
1	1	1	1	1	1	1	1	1	8.09
2	1	1	2	2	2	2	2	2	8.24
3	1	1	3	3	3	3	3	3	8.31
4	1	2	1	1	2	2	3	3	11.72

No. ＼ 因子	A	B	C	D	E	F	G	H	實驗數據
5	1	2	2	2	3	3	1	1	11.43
6	1	2	3	3	1	1	2	2	11.08
7	1	2′	1	2	1	3	2	3	11.47
8	1	2′	2	3	2	1	3	1	13.75
9	1	2′	3	1	3	2	1	2	11.91
10	2	1	1	3	3	2	2	1	11.80
11	2	1	2	1	1	3	3	2	8.88
12	2	1	3	2	2	1	1	3	8.46
13	2	2	1	2	3	1	3	2	17.82
14	2	2	2	3	1	2	1	3	11.56
15	2	2	3	1	2	3	2	1	7.79
16	2	2′	1	3	2	3	1	2	15.09
17	2	2′	2	1	3	1	2	3	11.63
18	2	2′	3	2	1	2	3	1	11.96

關於其他的行，因為不受虛擬行的影響，以平常的方法計算水準別平均。

2. 多水準製作法

所謂多水準製作法是將直交表的 2 水準與 3 水準之行多個組合，製作 4 水準、6 水準、7 水準等多水準之行的方法。直交表的基本形，有 2 水準系、3 水準系以及 2 水準與 3 水準相混的 3 種類型，因之能評估的水準數最大是 3。可是，產品開發中必須評估 3 水準以上之因子的情形也不少。特別是質因子，水準是因子種類，因之有需要評估多水準的情形有很多。此種情形，如使用多水準製作法時，評估 4 水準、6 水準、8 水準等多水準的因子也是可能的。

附錄中說明有應用多水準製作法的直交表例。具體言之，即：

(1) 組合直交表 L_8 的 3 行，製作 4 水準的 1 行之方法（附錄的附表 13）。

(2) 組合直交表 L_{16} 的 7 行，製作 8 水準的 1 行之方法（附錄的附表 14）。

(3) 組合直交表 L_{18} 的 2 行，製作 6 水準的 1 行之方法（附錄的附表 15）。

並且，此多水準製作法與先前所說明的虛擬法組合時，也能製作 5 水準、7 水準等之行。

多水準製作法的詳細情形，參照參考文獻 18。

3. 水準滑動法

所謂水準滑動法，是考慮到配置在直交表的 2 因子間的交互作用時，將一方的因子的水準值與另一方的因子的水準值加上關聯設定，以正確評價因子的主效果的方法。一般來說，因子的水準雖然考慮過去的實驗數據與現實性等再獨立設定的居多，但可以預料甚大的交互作用時，有需要應用水準滑動法，正確評價所列舉的因子的主效果。以下說明可以預料因子間有甚大交互作用的化學反應實驗的例子，就應用水準滑動法的水準設定的想法加以說明。

化學反應的實驗中，列舉在直交表的因子列舉 A：觸媒的種類，B：反應時間。一般來說，標準的反應時間依據觸媒的種類而有不同，因之在觸媒的種類與反應時間的水準設定應用水準滑動法。譬如，觸媒 a 與 b 的標準反應時間分別是 8min 與 10min 時，首先，將各個的標準反應時間設定成第 2 水準。具體言之，將對觸媒 a 的反應時間的第 2 水準當作 8min，將對觸媒 b 的反應時間的第 2 水準當作 10min。其次，第 1 水準及第 3 水準，設定成比各自的第 2 水準稍短及稍長的值，如表 11-17 那樣，設定觸媒的種類與反應時間的水準。

對此種實驗未應用水準滑動法，將 B：反應時間的水準，一律設定成 6min, 8min, 10min 時，對觸媒 a 的標準反應時間是第 2 水準，相對的，對觸媒 b 的標準反應時間即為第 3 水準。此結果，依觸媒的種類，反應時間的水準具有的意義失去統一性，變得無法正確評價觸媒的種類與反應時間的效果。

▼表 11-17　利用水準滑動法的水準設定例

	B：反應時間		
	B_1	B_2	B_3
A_1：觸媒 α	6 min（短）	8 min（標準）	10 min（長）
A_2：觸媒 β	8 min（短）	10 min（標準）	12 min（長）

11.4 直交表數據的變異數分析

本節針對將數個因子配置在直交表上進行實驗時的分析步驟，使用有關汽車的驅動零件的強度評價之例子來說明。

首先，就配置在直交表的步驟加以說明。其次，就要因效果的定量化加以說明。

11.4.1 直交表的配置與實驗數據

在汽車的驅動零件所使用的特殊鋼材中，為了調查各種不純物的含有率對零件強度之影響進行了實驗。鋼材所含的不純物，硫、錳、鋁、磷、矽 5 種。以這些不純物的含有率作為因子，各含有率的規格的上下限值當作第 1 水準、第 2 水準。所列舉的因子與水準如表 11-18 所示。

將表 11-18 所表示的因子與水準配置在直交表 L_8，以直交表 L_8 的各組合製作測試片，測量伸縮強度。

此處，顧慮到硫與錳有交互作用，將硫配置在第 1 行，錳配置在第 2 行，它們的交互作用出現的第 3 行不配置因子，作為評價交互作用的大小。並且，為了求出誤差變異數，將第 7 行當作空行。如此所配置在直交表 L_8 的結果與測量數據如表 11-17 所示。

▼表 11-18　實驗所列舉的因子與水準

因子	第 1 水準	第 2 水準
硫含有率	規格下限	規格上限
錳含有率	規格下限	規格上限
鋁含有率	規格下限	規格上限
磷含有率	規格下限	規格上限
矽含有率	規格下限	規格上限

（註）因子的水準實際上是以定量值（％）設定

11.4.2 水準和、水準別平均的計算與要因效果的製作

首先，從表 11-19 的數據計算各因子的水準和、水準別平均。譬如，因子 A

的水準和是篩選出因子 A 的第 1 水準的數據與第 2 水準的數據，以各自的和即可求出。並且，因子 A 的水準別平均，是將水準和除以水準的出現次數（直交表 L_8 中經常是 4 次），以下式求出。

$$\overline{A_1} = \frac{y_1 + y_2 + y_3 + y_4}{4} = \frac{2,095 + 1,947 + 2,040 + 2,061}{4} = 2,036 \qquad (11\text{-}68)$$

$$\overline{A_2} = \frac{y_5 + y_6 + y_7 + y_8}{4} = \frac{1,951 + 1,979 + 1,972 + 2,112}{4} = 2,004 \qquad (11\text{-}69)$$

▼表 11-19　直交表 L_8 的因子實驗數據

因子	A	B	A×B	C	D	E	F	硫含有率	錳含有率	鋁含有率	磷含有率	矽含有率	伸縮強度（MP$_a$）
行號 No.	1	2	3	4	5	6	7	1	2	4	5	6	
1	1	1	1	1	1	1	1	下限	下限	下限	下限	下限	$y_1 = 2,095$
2	1	1	1	2	2	2	2	下限	下限	上限	上限	上限	$y_2 = 1,947$
3	1	2	2	1	1	2	2	下限	上限	下限	上限	上限	$y_3 = 2,040$
4	1	2	2	2	2	1	1	下限	上限	上限	下限	下限	$y_4 = 2,061$
5	2	1	2	1	2	1	2	上限	下限	下限	下限	上限	$y_5 = 1,951$
6	2	1	2	2	1	2	1	上限	下限	上限	上限	下限	$y_6 = 1,979$
7	2	2	1	1	2	2	1	上限	上限	下限	上限	下限	$y_7 = 1,972$
8	2	2	1	2	1	1	2	上限	上限	上限	下限	上限	$y_8 = 2,112$
成分	a	b	a b	c	a c	b c	a b c						

同樣，計算所有因子的水準和、水準別平均，將結果整理在表 11-20。

▼表 11-20　直交表 L_8 各因子的水準和與水準別平均之輔助表

(a) 水準和的輔助表

因子	第 1 水準	第 2 水準
A	8,143	8,014
B	7,972	8,185
A×B	8,126	8,031
C	8,058	8,099
D	8,226	7,931
E	8,219	7,938
e	8,107	8,050

(b) 水準別平均的輔助表

因子	第 1 水準	第 2 水準
A	2,036	2,004
B	1,993	2,046
A×B	2,032	2,008
C	2,015	2,025
D	2,057	1,983
E	2,055	1,985
e	2,027	2,013

其次，算出如表 11-20 的水準別平均，做成如圖 11-11 所示的要因效果圖。

由圖 11-11 的要因效果圖知，因子 D（磷）與因子 E（矽）的效果較大，均是含有率越低伸縮強度越高。並且因子 A（硫）與因子 B（錳）被認為也有效果，因子 B 的含有率越高伸縮強度即越高。另一方面，因子 C（鋁）被認為只與誤差行有相同程度的效果。並且因子 A 與 B 的交互作用，與並非甚大效果的主效果 A 是相同程度的效果。

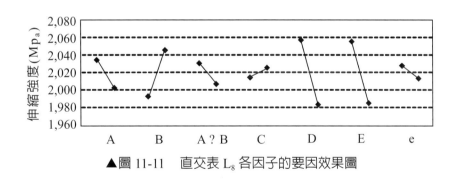

▲圖 11-11　直交表 L_8 各因子的要因效果圖

像這樣，製作要因果圖，對實驗結果就能大略的判斷。以下利用變異數分析將各因子的效果定量化，對實驗結果提供客觀性。

11.4.3 變異數的分解

一般而言，直交表實驗的變異數分析，是將數據的總變動 S_T，分解成直交

表上所配置的各因子的變動。譬如，在有 7 行的直交表 L_8 上配置因子 A～G 的 7 個因子時，即如下分解變動。

$$S_T = S_A + S_B + S_C + S_D + S_E + S_F + S_G \qquad （11-70）$$

此次的實驗，第 3 行未配置因子當作 A 與 B 的交互作用，第 3 行變動以 $S_{A \times B}$ 表示。並且，第 7 行不配置因子當作誤差，第 7 行的變動以 S_e 表示。

因此，此次的分析總變動 S_T 分解成下式所表示的各變動要因。

$$S_T = S_A + S_B + S_{A \times B} + S_C + S_D + S_E + S_e \qquad （11-71）$$

以下計算式（11-71）中各項的變動。

首先，將修正項 CF 如下計算。

$$
\begin{aligned}
CF &= \frac{(y_1 + y_2 + \cdots + 18)^2}{8} = \frac{(2,095 + 1,947 + \cdots + 2,112)^2}{8} \\
&= \frac{16,157^2}{8} = 32,631,081 \ (f = 1)
\end{aligned}
\qquad （11-72）
$$

其次，從所有數據的平方和減去修正項 CF，如下式計算總變動 S_T。

$$
\begin{aligned}
S_T &= y_1^2 + y_2^2 + \cdots + y_8^2 - CF = 2,095^2 + 1,647^2 + \cdots + 2,112^2 - 32,631,081 \\
&= 30,244 \ (f = 8 - 1 = 7)
\end{aligned}
\qquad （11-73）
$$

最後，計算各因子引起的變動。譬如，因子 A 引起的變動 S_A，由式（11-10）的一般式如下式計算。

$$S_A = \frac{A_1^2}{4} + \frac{A_2^2}{4} - CF \qquad （11-74）$$

此處，2 水準的因子引起的變動其計算式可以簡化如下。

$$S_A = \frac{A_1^2}{4} + \frac{A_2^2}{4} - CF$$

$$= \frac{A_1^2}{4} + \frac{A_2^2}{4} - \frac{(A_1 + A_2)^2}{8} \qquad (11\text{-}75)$$

$$= \frac{(A_1 - A_2)^2}{8} \quad (f = 1)$$

利用式（11-75）可以求出因子 A 引起的變動。

$$S_A = \frac{(8,143 - 8,014)^2}{8} = 2,080 \ (f = 1) \qquad (11\text{-}76)$$

以下同樣，求出各變動。

$$S_B = \frac{(7,972 - 8,185)^2}{8} = 5,671 \ (f = 1) \qquad (11\text{-}77)$$

$$S_{A \times B} = \frac{(8,126 - 8,031)^2}{8} = 1,128 \ (f = 1) \qquad (11\text{-}78)$$

$$S_C = \frac{(8,058 - 8,099)^2}{8} = 210 \ (f = 1) \qquad (11\text{-}79)$$

$$S_D = \frac{(8,226 - 7,931)^2}{8} = 10,878 \ (f = 1) \qquad (11\text{-}80)$$

$$S_E = \frac{(8,219 - 7,938)^2}{8} = 9,870 \ (f = 1) \qquad (11\text{-}81)$$

$$S_e = \frac{(8,107 - 8,050)^2}{8} = 406 \ (f = 1) \qquad (11\text{-}82)$$

又，誤差變動也可如下式求出。

$$\begin{aligned}
S_e &= S_T - (S_A + S_B + S_{A \times B} + S_C + S_D + S_E) \\
&= 30,244 - (2,080 + 5,671 + 1,128 + 210 + 10,878 + 9,870) \\
&= 406 \ (f = 7 - 6 = 1)
\end{aligned} \qquad (11\text{-}83)$$

由以上，式（11-71）所表示的各變動的大小即如下式。

$$S_T = S_A + S_B + S_{A \times B} + S_C + S_D + S_E + S_e$$
$$= 2,080 + 5,671 + 1,128 + 210 + 10,878 + 9,870 + 406 \quad (11\text{-}84)$$

11.4.4 所列舉之因子的顯著性檢定

首先，將各變動成分分別除以自由度，求出變異數。

$$V_A = \frac{S_A}{f_A} = \frac{2,081}{1} = 2,081 \quad (11\text{-}85)$$

$$V_B = \frac{S_B}{f_B} = \frac{5,671}{1} = 5,671 \quad (11\text{-}86)$$

$$\vdots$$

$$V_E = \frac{S_E}{f_E} = \frac{9,870}{1} = 9,870 \quad (11\text{-}87)$$

$$V_e = \frac{S_e}{f_e} = \frac{406}{1} = 406 \quad (11\text{-}88)$$

其次，求出各因子的變異數與誤差變異數的變異比 F。

$$F_A = \frac{V_A}{V_e} = \frac{2,080}{406} = 5.12 \quad (11\text{-}89)$$

$$F_B = \frac{V_B}{V_e} = \frac{5,671}{406} = 13.96 \quad (11\text{-}90)$$

$$\vdots$$

$$F_E = \frac{V_E}{V_e} = \frac{9,870}{406} = 24.30 \quad (11\text{-}91)$$

將至此為止的結果整理成變異數分析表，即為表 11-21。

針對所求出的變異數比進行 F 檢定，判斷統計上的顯著因子。此處，表 11-21 所表示的變異數比，分子、分母的變異數的自由度均為 1，因此，利用附錄的附表 4 的 F 分配表（單邊）知，1% 顯著點是 4,052。5% 顯著點是 161。可

是，效果最大的因子 D 的變異數比是 26.79，因之，所列舉的因子全部統計上都不顯著。此結果，與根據圖 11-11 的要因效果圖的判斷不一定一致。成為如此結果的理由，可以想成是在於誤差變異數的自由度不足。一般來說，誤差變異數的自由度很小時，誤差變異數之值會不明確，因之，根據它所檢定之因子的結果，只要不是相當大就無法信任。此事，從 F 分配表中，隨著誤差變異數（變異數比的分母）的自由度減少，1% 顯著點、5% 顯著點的門檻值會提高也可明白得知。因此，為了提高檢定的精確度，有需要增大誤差變異數的自由度。但是，如果增加直交表的空行時，「以較少的實驗得出較多的資訊」此直交表的優點就會受損，因之可以使用誤差的合併此種方法。所謂誤差的合併是將實驗的結果，其中效果被看成誤差程度的要因重新加到誤差中的方法。因之，增大誤差的自由度，提高檢定精確度即有可能。

　　譬如，觀察表 11-21 的變異數分析時，因子 C 的變異數比誤差變異數小。因此，將因子 C 的效果看成誤差，將該行當作新的誤差行來處理。併入誤差的因子，是以表 11-21 所表示的併入誤差前的變異數比之值來判斷。一般而言，將變異數比在 2 以下的因子併入誤差的有很多，但變異數比 2 並無統計上的根據，因之以判斷的一指標來說，將相對變異數比小的因子併入誤差。

▼表 11-21　變異數分析表

source （要因）	f （自由度）	S （變動）	V （變異數）	F_0 （變異數比）
A	1	2,080	2,080	5.12
B	1	5,671	5,671	13.96
A×B	1	1,128	1,128	2.78
C	1	210	210	0.52
D	1	10,878	10,878	26.79
E	1	98,70	9,870	24.30
誤差 e	1	406	406	
總變動	7	30,244		

　　此次，將因子 C 併入誤差，誤差的自由度是加上因子 C 的自由度 1，變成 2。具體言之，如下式將因子 C 的變動 S_C 加到誤差變動 S_e，當作新的誤差變動 S'_e。

$$S'_e = S_e + S_C = 406 + 210 + 616 \ (f = 1 + 1 = 2) \tag{11-92}$$

將此新的誤差變動 S'_e 除以自由度 2，求出新的誤差變異數 V'_e。

$$V'_e = \frac{S'_e}{f'_e} = \frac{616}{2} = 308 \tag{11-93}$$

根據此新的誤差變異數 V'_e，如下求出各因子的變異數與誤差變異數的變異數比。

$$F_A = \frac{V_A}{V'_e} = \frac{2,080}{308} = 6.75 \tag{11-94}$$

$$F_B = \frac{V_B}{V'_e} = \frac{5,671}{308} = 18.41 \tag{11-95}$$

$$F_{A \times B} = \frac{V_{A \times B}}{V'_e} = \frac{1,128}{308} = 3.66 \tag{11-96}$$

$$F_D = \frac{V_D}{V'_e} = \frac{10,878}{308} = 35.30 \tag{11-97}$$

$$F_E = \frac{V_E}{V'_e} = \frac{9,870}{308} = 32.03 \tag{11-98}$$

此次的檢定，誤差變異數的自由度由 1 增加到 2，因之所求出之變異數比的分母的自由度是 2，分子的自由度是 1。因此，由附錄的附表 4 F 分配表（單邊）知，1% 顯著點是 98.49%，5% 顯著點是 18.51%，因子 D, E 在冒險率 5% 之下成為顯著。並且，變異數比為 18.41 的因子 B 也幾乎可以看成顯著。另一方面，因子 A，交互作用 A×B 的效果，在統計上不能說是顯著的。此結果，與根據圖 11-11 的要因效果圖所考察的結果大致是一致的。

像這樣，檢定的結果也依誤差的自由度而改變，因之自由度小時，有需要適切進行誤差的合併。因之，在變異數分析之前，使用要因效果圖確認各因子的效果，對似乎具有效果之因子與被認為是誤差程度之因子，從技術的觀點進行大致的判斷是很重要的。

11.4.5 純變動與貢獻率之計算

首先，各因子的純變動，如下式利用從各自的變動減去自由度份的誤差變異數來求之。

$$S_A' = S_A - f_A \times V_e' = 2,081 - 1 \times 308 = 1,772 \tag{11-99}$$

$$S_B' = S_B - f_B \times V_e' = 5,671 - 1 \times 308 = 5,363 \tag{11-100}$$

$$\vdots$$

$$S_E' = S_E - f_E \times V_e' = 9,870 - 1 \times 308 = 9,562 \tag{11-101}$$

其次，各因子的貢獻率如下式求之。

$$\rho_A = \frac{S_A'}{S_T} \times 100 = \frac{1,772}{30,244} \times 100 = 5.86(\%) \tag{11-102}$$

$$\rho_B = \frac{S_B'}{S_T} \times 100 = \frac{5,363}{30,244} \times 100 = 17.33(\%) \tag{11-103}$$

$$\vdots$$

$$\rho_E = \frac{S_E'}{S_T} \times 100 = \frac{9,562}{30,244} \times 100 = 31.62(\%) \tag{11-104}$$

$$\rho_e = 100 - (\rho_A + \rho_B + \rho_{A \times B} + \rho_D + \rho_E) = 7.13(\%) \tag{11-105}$$

將到目前為止的結果整理成變異數分析表時，即為表 11-22。又，在表 11-22 中，因子 C 的變異數比的旁邊加上〇記號，是表示因子 C 要被併入誤差之因子。

▼表 11-22　將因子 C 併入誤差後的變異數分析表

source （要因）	f （自由度）	S （變動）	V （變異數）	F_0 （變異數比）	S' （純變動）	ρ(%) （貢獻率）
A	1	2,080	2,080	6.75	1,772	5.86
B	1	5,671	5,671	18.41	5,363	17.73
A×B	1	1,128	11,28	3.66	820	2.71
C	1	210	210	0.68 ○	—	—
D	1	10,878	10,878	35.30 *	10,570	34.95
E	1	9,870	9,870	32.03 *	9,562	31.62
誤差 e	1	406	406			
總變動	7	30,244				100.00
誤差 e'(C+e)	2	616	308		2,157	7.13

　　由表 11-22 知，對特殊網材的強度來說，各種不純物的含有率造成的影響，以因子 D：磷、因子 E：矽的效果大，分別具有 35%、32% 左右的貢獻率。其次，因子 B：錳的效果大，以貢獻率來看具有 18% 的影響。另一方面，因子 A：硫的貢獻率約為 6%，因子 A 與因子 B 的交互作用的貢獻率約為 3%，影響都很小。並且，不取決於上述要因的誤差變動的貢獻率約為 7% 也很小，因之可以判斷測試片的製作與實驗中的誤差是比較小的。

第12章　品質工程

本章說明有關品質工程的核心即參數設計的基本事項，就理解參數設計所不可欠缺的機能性評估、SN 比、直交表加以說明。

12.1　品質工程的體系

所謂品質工程（quality engineering）是由田口玄一（Genichi Taguchi）博士所確立，爲了促進技術開發、產品開發的一種理論體系，是由如下所示的 4 個範疇所構成。

1. **參數設計**（parameter design）：針對雜音決定穩健的設計條件之方法。
2. **允差設計**（tolerance design）：合理地決定設計值的允差之方法。
3. **線上品質工程**（on-line quality engineering）：合理地決定量產工程的檢查間隔或測量器的校正間隔等之方法。
4. **MT 法**（Mahalanobis-Taguchi method）：決定預測、診斷、檢驗等的評估基準之方法。

此處，各範疇在品質工程的體系中的地位，整理成圖 12-1。

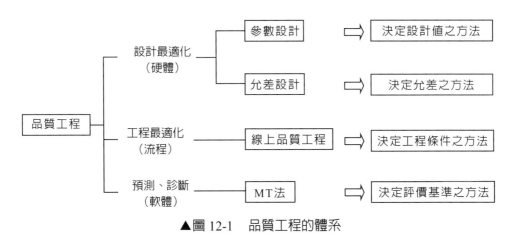

▲圖 12-1　品質工程的體系

本章，就品質工程的核心即參數設計加以說明。另外，關於允差設計、線上品質工程、MT 法請參照參考文獻。

12.2 參數設計的概要

參數設計是有效率地將系統使之最適化的設計理論。

所謂參數設計中的「最適」，是指對於各種**雜音**（noises）來說，系統的機能處於安定的狀態，亦即**穩健**（robust）的狀態。此處，所謂雜音是就擾亂系統機能的原因系的總稱，可分成以下 3 種。

1. **外亂**：以溫度、溼度等的環境條件為主，來自系統外部的雜音。
2. **內亂**：以劣化為主，系統內部發生之雜音。
3. **製造變異**：以構成系統的子系統或零件之變異為主，起因於製造的變異所產生之雜音。

受到這些各式各樣雜音的影響，系統的機能如有變異時，本來所意圖的功能或輸出即無法得出，並且，發生了稱為**弊害項目**（side effect）此種不希望發生的現象。譬如，直流馬達的機能是「將電力變換成動力」，但因雜音的影響，此種本來的機能有變異時，振動、噪音、發熱等的弊害項目就會發生，帶給消費者各種品質問題。

另一方面，所謂「**穩健**（robust）」是指所設計的產品品質受到周圍環境影響的敏感度為最小。對各種雜音來說系統的機能處於安定狀態稱為穩健狀態（robust state）。參數設計是針對開發階段的雜音，確保機能的穩健性，未然防止市場中發生各種品質問題的設計理論。

從下節起，以評估機能的重要性以及成為機能安定性的評估測度的 SN 比為中心加以說明。並且，參數設計由於同時評估數個參數甚為重要，因之與實驗計畫法一樣要利用直交表。因此，也針對參數設計中的直交表的目的加以說明。

12.3 參數設計中的機能性評估

本節首先使機能與機能性的定義明確，並就機能性評估的重要性加以說明。其次，使用 P 圖說明機能的表示方法，最後，以改善機能性的設計理論立場，就參數的非線性之利用加以說明。

12.3.1 機能與機能性

　　參數設計是基於「所有的系統均有機能」以及「所有的機能均是能源的變換」之前提來考慮機能。因此，以圖 12-2 所示的能源輸出入關係掌握所有系統的機能，將變換能源的系統效用稱爲**機能**（function），其機能的安定性定義爲**機能性**（functionality）。並且，依據系統的結構，將更本質的機能稱爲**基本機能**（generic function）。

　　譬如，直流馬達的基本機能是「將電力變換成動力」，其機能的安定性即爲機能性。其他像弓箭的基本機能是「弓與弦的彎曲能源變換成箭的運動能源」，車輛的刹車的基本機能可以想成是「將車輛的運動能源變換成輪胎與路面間的機能」，評估、改善此種基本機能的安定性，是參數設計的最大的目的。

▲圖 12-2　基於能源變換的系統機能

12.3.2 品質的定義與品質評估的問題點

　　產品有消費者希望的品質，像機能、設計等，以及消費者不需要的品質，像機能的變異或故障、公害等。田口玄一博士將前者定義爲**商品品質**（customer quality），將後者定義爲**技術品質**（engineered quality）。關於商品品質，因爲有消費者的嗜好之問題，因之利用企劃或行銷來檢討是核心。另一方面，技術品質與嗜好的問題無關，它純粹是必須以技術來改善的問題。因此，參數設計是著眼於技術品質，著手它的改善。亦即，將品質定義爲「產品出廠後，帶給社會的損失」，透過降低社會成本或消費者不希望的品質，擴大社會的總自由作爲目的。

　　又，參數設計在改善品質時，被看成品質本身是無法評估的。此事從 1989 年於美國所舉辦的第 8 次田口研討會的副標題即 "To get quality, don't measure quality"（想使品質變好，就不要測量品質）也可得知，它的理由有以下兩點。

　　第一，對於完全不發揮機能的系統，品質問題也不會發生，因之如評估振動、噪音等的品質問題，只追求它的降低時，結果，甚至連原來的機能發生降低

的可能性也是很高的。

第二，預測消費者所有的使用條件後，事前因應所設想的所有的品質問題，這被認為是不可能的。

因此，參數設計並不直接評估振動、噪音等的品質問題，而是透過評估、改善系統的機能，改善各種的品質問題就變得很重要。機能對系統而言是唯一獨特的，如可提高機能對雜音的穩健性，即可期待所有品質問題的改善。

12.3.3 P 圖的效用

作為對象之系統其機能的資訊，要整理成 **P 圖**（P-diagram）。所謂 P 圖是將系統的機能的輸出入關係、阻害輸出入關係的雜音，以及系統的參數設計的關係加以圖式化者。此處，所謂參數設計是設計者能自由控制的設計變數，也稱為**控制因子**（control factor）。

舉例來說，將有關直流馬達的 P 圖表示在圖 12-3。P 圖是將對象的系統配屬於圖的中央，左右則配置著將系統的機能以能源變換所掌握的輸入與輸出。而且，在系統的上下，放置著阻礙機能的輸出入關係的雜音以及改善對雜音的穩健性的參數設計。弊害項目是機能的輸出入關係有變異時所發生的不希望現象，如能改善機能的穩健性時，即能抑制弊害項目。

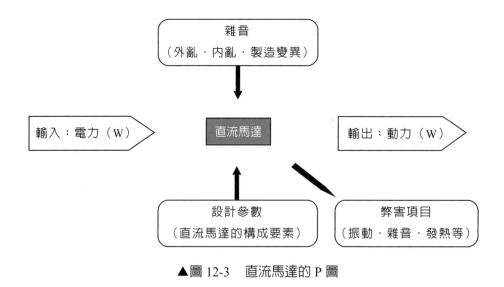

▲圖 12-3　直流馬達的 P 圖

在 P 圖的檢討中，重要的事項是依據系統的結構，正確定義機能的輸出入關係，以及網羅市場上所設想的雜音。並且，參數設計是利用控制因子的設定值，設計出對雜音的穩健系統，因之列舉較多的控制因子，提高系統的穩健性是非常重要的。因之，為了提高穩健性，希望系統是複雜的，從複雜的系統列舉較多的參數置入於 P 圖中。

由以上知，正確建構 P 圖，此事與正確理解系統的機能，毫無遺漏地整理出阻害其機能性的雜音與作為改善手段的控制因子是相同意義的。因此，P 圖的製作在參數設計中是非常重要的步驟。

12.3.4 設計參數的非線性的利用

提高系統對雜音的穩健性是參數設計的目的，但作為它的手段來利用的是設計參數的**非線性**（nonlinearity）。本節就其概念加以說明。

構成系統的數個設計參數與系統的輸出特性之關係，如圖 12-4 所示，不外乎是非線性的關係，或是線性的關係，或者是全無關係之中的一者。

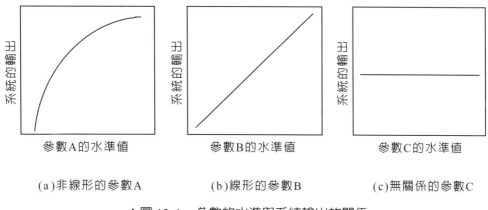

（a）非線形的參數 A　　　（b）線形的參數 B　　　（c）無關係的參數 C

▲圖 12-4　參數的水準與系統輸出的關係

此處，如圖 12-5 所示，為了與輸出的目標值 m 一致，如將非線性的參數 A 的水準設定在 A_1 時，參數的水準只要些微變動時，系統的輸出就會大幅地變動。另一方面，忽略輸出的目標值 m，將參數 A 的水準設定在 A_2 時，參數的水準即使多少有變動，系統的輸出也很安定。

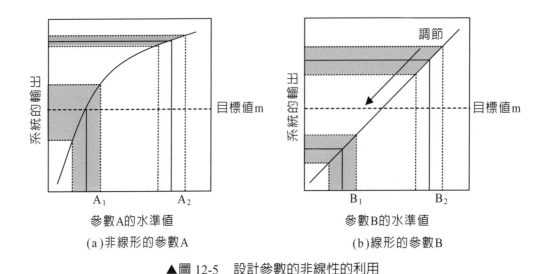

▲圖 12-5　設計參數的非線性的利用

　　設計參數的水準，由於受到環境條件、劣化及製造變異等雜音之影響而變動，因之，在系統的使用期間中，經常保持一定值是不可能的。因此，利用設計參數的非線性，是在系統的輸出較為安定的範圍中設定參數之值的方法，並不需要依賴採用高價的零件或素材，就可以提高系統的穩健性的合理方法。並且，此時，在能設定控制因子的水準的可能範圍內廣泛地設定，從廣泛的領域探索安定領域是很重要的。

　　可是，只著眼於輸出的安定性，檢討非線性的參數的水準設定時，輸出不一定與目標值一致。因此，調整參數 B 此種線性的參數水準，最後再將系統的輸出與目標值一致。線性的參數設計，不管是哪一水準，系統的輸出的安定性並未變化，因之，事前所確保的輸出的安定性並未損及。在參數設計中，像此種目標值的調整稱為調整（tuning），調整所使用的參數稱為**調整因子**（tuning factor）。一般，調整因子是使用 1 個或 2 個線性的參數。

　　如以上，參數設計中的最適化的步驟，第一階段是使用非線性的參數，使系統的輸出的安定性提高，第二階段是使用線性的參數，將輸出調整到目標值。像這樣，參數設計因為將系統的最適化分成二階段進行，也稱為**二階段設計法**（two steps optimization procedure）。

12.4 機能性的測度 SN 比

本節就前節所說明的機能的安定性（機能性）的測度中所使用的「SN 比」的基本構成與計算方法加以說明。

12.4.1 SN 比的基本構成

SN 比原來是在通信的領域中所使用的測度，意謂信號（signal）對雜音（noises）之比。相對的，在參數設計中的 SN 比，是以系統的輸出大小與輸出變異之比加以定義，當作所有的系統的機能性的測度加以使用。利用此 SN 比的機能性評估，即為參數設計核心的手法。以下以直流馬達為例，就 SN 比的概念加以說明。

當比較圖 12-6 所示之 4 種直流馬達的經過時間與回轉數之關係時，一般來說，馬達 A 的性能認為是最好的，這是基於系統的機能中之輸出，高值且安定是比較理想的一種想法。亦即，回轉數的平均值當作 m，回轉數的變異（標準差）當作 σ 時，它的比率 (m / σ) 越大，可以判斷越是性能好的馬達。因此，參數設計是將此比率平方後 (m^2 / σ^2) 當作 SN 比的基本形。

SN 比是取 (m^2 / σ^2) 的常用對數如下式以分貝（decibel）單位表示。另外，參數設計中 SN 比的單位不是 dB，是以 db 表示。這是為了區分參數設計中的 SN 比與通信領域中的 SN 比所致。

$$SN \text{ 比} : \eta = 10\log\frac{m^2}{\sigma^2} \text{（db）} \tag{12-1}$$

一般來說，以輸出的平均值予以標準化後每單位輸出的標準差 (σ / m) 稱為誤差率。參數設計為了評估機能性的好壞，將誤差率的倒數 (m / σ) 作為 SN 比的基礎。

此處，對於取對數的理由加以補充說明。參數設計是利用數個參數設計的非線性來改善 SN 比。因此，有需要從各個設計參數的 SN 比的改善效果估計整體系統的改善效果。但 (m^2 / σ^2) 是比率的測度，全體的改善效果並非各個效果的加算，以乘算推估是妥當的。因此，藉著取 (m^2 / σ^2) 的對數，各個設計參數的改善效果即可利用加算來估計應以乘算來估計全體的改善效果。

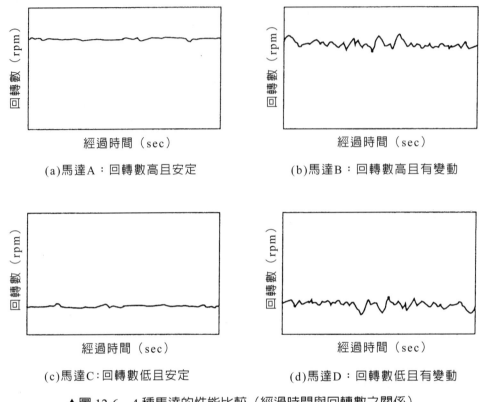

(a)馬達A：回轉數高且安定　　　　(b)馬達B：回轉數高且有變動

(c)馬達C：回轉數低且安定　　　　(d)馬達D：回轉數低且有變動

▲圖 12-6　4 種馬達的性能比較（經過時間與回轉數之關係）

12.4.2 動態特性與靜態特性

前節曾對 SN 比的基本特性加以說明，但是，如 12.4.7 節所述那樣，系統的特性有動態特性與靜態特性，SN 比的計算方法也依特性而有不同。因此，本節就動態特性與靜態特性的想法加以說明。

參數設計中，輸出最好是依據輸入而變化的特性，定義為**動態特性**（dynamic characteristic），而最好是固定輸出的特性，定義為**靜態特性**（static characteristic）。參數設計中，將系統的基本機能以能源的輸出入關係來掌握，以動態特性的 SN 比來評估其輸出入關係的安定性是基本所在。另一方面，從計測技術等的限制來看，對一定的輸入能源只評估輸出之情形，或評估振動、噪音等的弊害項目之情形，適用靜態特性來評估。但是，這些的評估均不能成為系統的基本機能的評估，即使以這些的評估得到好的做法，也無法保證本來的機能被改善。

譬如，以前述的直流馬達為例來想，如圖 12-6 所示的特性是將成為輸入的電力予以固定的靜態特性，只顯示對特定的輸入條件的安定性。因之，即使評估此特性且選定好的做法，在其他的輸入條件中是否也是好的做法並不得而知。另一方面，依據「將電力變換成動力」的直流馬達的基本機能，慢慢地增加對馬達的輸入電力，若是想要評估與動力之關係時，可以得出如圖 12-7 所示的輸出入關係的數據。此關係以動態特性的 SN 比評估時，對廣泛的輸入條件評估直流馬達的機能性即有可能。像這樣，參數設計是將系統的機能當作動態特性來定義，以動態特性的 SN 比評估它的安定性是很理想的。

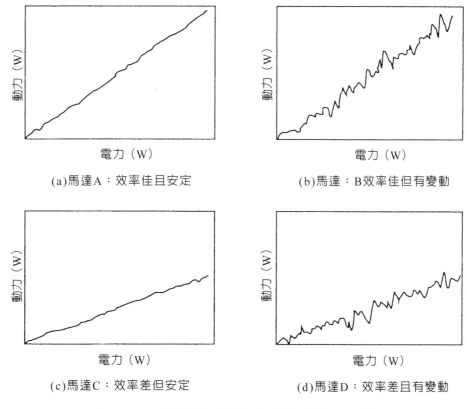

(a)馬達A：效率佳且安定

(b)馬達：B效率佳但有變動

(c)馬達C：效率差但安定

(d)馬達D：效率差且有變動

▲圖 12-7　4 種馬達的性能比較（電力與動力之關係）

此外，在能源的輸出入關係中，輸入能源如果是零時，輸出能源也成為零。因此，參數設計將能源的輸出入關係，以通過零點（原點）為前提，以**零點比例式**（zero-point proportional dynamic characteristic）來評估是一般的做法。

12.4.3 動態特性的 SN 比的基本構成

前節是對動態特性與靜態特性加以說明，並說明了利用動態特性評估的重要性。本節針對動態特性的 SN 比的基本架構加以說明。如 12.4.1 節所說明，SN 比的基礎，有誤差率 (m / σ) 的想法，此即為系統的輸出的平均值 m 與標準差 σ 之比。誤差率是利用將系統的輸出變動除以輸出大小來表示每單位的變動。

試將此種概念，應用在輸出取決於輸入而變化的動態特性上。首先，輸出的平均值 m，如圖 12-8 所示，相當於輸出入關係中的比例常數。其次，輸出的變動，相當於比例常數 β 周邊數據的變動（標準差）σ。因此，透過將此標準差 σ 除以 β，即可評估每單位輸出的變動的大小。

因此，動態特性的 SN 比的基礎，即為輸出入關係中的比例常數 β 與 β 周邊的變動（標準差）σ 之比 (σ / β)。此處，減少每單位輸出的變動 (σ / β)，與增大它的倒數 (σ / β) 是同義的，動態特性的 SN 比是以下式來定義。

$$\text{SN 比：} \eta = 10 \log \frac{\beta^2}{\sigma^2} \, (\text{db}) \tag{12-2}$$

此處，β 是由系統的輸出入資料所導出之迴歸直線的比例常數。並且，σ 包含有因雜音造成輸出的變異（標準差）以及輸出入關係中的非線性成分。

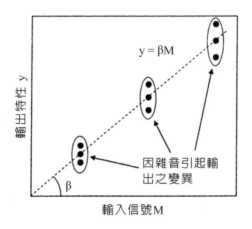

▲圖 12-8　動態特性中的變異的概念

一般而言，因雜音引起的輸出變異，即為因雜音引起的比例常數 β 的變化，

非線性成分是機能的能源變換中的損失部分。綜合此等的誤差成分 σ 越小，可以認爲越是機能性優良的系統。

12.4.4 利用變異數分析的 SN 比的計算

SN 比的計算，要利用第 11 章所說明的變異數分析。此處，針對式（12-2）所表示的動態特性的 SN 比之計算，在變異數分析的想法加以說明。

變異數分析的目的，是將實驗所得到的數據的總變動 S_T，分解成各種變動要因。在動態特性的 SN 比的計算中，也是組合各種雜音的條件之下取得系統的輸出入關係的數據，將此等數據的總變動 S_T 分解成如下。

$$S_T = S_\beta + S_{\beta \times N} + S_e \qquad （12\text{-}3）$$

此處，S_T 是表示總變動（總數據的平方和），與實驗計畫法的變異數分析不同，不減去修正項 CF 是要注意的地方。這是因爲修正項 CF 相當於輸出的平均大小的變動成分，有需要先包含在 SN 比的分子中。

總變動 S_T 分解成比例項的變動 S_β、誤差的主效果 $S_{\beta \times N}$、誤差變動 S_e 3 個成分。此處，比例項的變動 S_β，相當於機能的輸出入關係中之輸出的大小，S_β 大是意指更多的輸入已轉換爲所需的輸出。因此，比例項的變動 S_β，即爲對系統的機能來說的有效成分。另一方面，誤差的主效果 $S_{\beta \times N}$，是因雜音引起之比例常數 β 的變動，表示雜音的影響大小。另外，誤差變動 S_e 是輸出入關係中的非線性成分，表示偏離理想的線性關係的大小。亦即，誤差的主效果 $S_{\beta \times N}$ 與誤差變動 S_e，對系統的機能來說是不希望的誤差成分。

因此，構成動態特性的 SN 比的分子 β，是從比例項的變動 S_β 來計算，而構成分母的 σ^2，是從誤差的主效果 $S_{\beta \times N}$ 與誤差變動 S_e 來計算。但是，如第 11 章所說明，變動的統計量因爲受到數據數的影響，因之變異之評估，是使用以自由度除變動後的變異數。首先，SN 比的分母 σ^2，是將誤差的主效果 $S_{\beta \times N}$ 與誤差變動 S_e 之和 $S_N = S_{\beta \times N} + S_e$ 除以自由度 f_N，以下式來計算。將如此所計算的變異數，定義爲包含誤差的主效果的誤差變異數 V_N。

$$\sigma^2 = \frac{(S_{\beta \times N} + S_e)}{f_N} = \frac{S_N}{f_N} = V_N \qquad （12\text{-}4）$$

另一方面，SN 比之分子 β^2 是使用比例項的變動 S_β，以下式來計算。

$$\beta^2 = \frac{1}{nr}(S_\beta - V_e) \qquad （12\text{-}5）$$

此處，r 稱爲**有效除數**（effective divider），表示輸入到系統之大小。n 是誤差條件數，n 與 r 之積 nr，相當於輸入一方的變動。亦即，從比例項的變動 S_β 相當於輸出一方的變動與輸入一方的變動 nr 來計算比例常數 β。關於有效除數的計算方法將在下節中說明。並且，從比例項的變動 S_β 減去誤差成分（誤差變動 S_e 除以自由度之值），如第 11 章所說明的，比例項的變動 S_β，包含有自由度的誤差變異數。

由以上知，動態特性零點比例式的 SN 比是利用下式來計算。

$$\text{SN 比：} \eta = 10 \ \log\frac{\beta^2}{\sigma^2} = 10 \ \log\frac{\dfrac{1}{nr}(S_\beta - V_e)}{V_N} \ （\text{db}） \qquad （12\text{-}6）$$

12.4.5 動態特性的 SN 比的計算步驟

至目前爲止，說明了動態特性的 SN 比是使用系統的輸出入關係中的比例常數 β，與 β 周邊的變動（標準差）σ，定義成 β^2 / σ^2。並且，σ^2 與 β^2 之值，利用第 11 章所說明的變異數分析的計算即可求出。本節，依據這些基本，從機能性評估的數據，就計算 SN 比的步驟予以說明。

首先，就機能性評估的數據蒐集方法加以說明。參數設計是以能源的輸出入關係掌握系統的機能，將其輸出入關係的安定性定義爲**機能性**。因此，機能性評估的實驗，是在阻礙機能性的各種誤差條件下，蒐集輸出入關係的數據。

此處，將實驗中所列舉的雜音稱爲**誤差因子**（noise factor），成爲輸入之因子稱爲**信號因子**（signal factor）。譬如，直流馬達的機能性評估中，誤差因子列舉環境溫度或劣化。並且，對直流馬達來說，信號因子列舉輸入的電力。因此，在組合環境溫度與劣化等的誤差因子的條件（誤差條件）下，測量電力與動力之關係。

按照以上所求出的測量數據，整理成表 12-1 的形式。

表 12-1 是在 k 水準的信號因子與 n 水準的誤差條件下測量輸出之情形。而且，表中的 $M_1, M_2, \ldots, M_k$ 是表示信號因子的水準。從這些數據，如下計算動態特性的 SN 比。

▼表 12-1　機能性評估的測量數據

誤差條件	信號因子（輸入）			
	M_1	M_2	$\cdots$	M_k
N_1	y_{11}	y_{12}	$\cdots$	y_{1k}
N_2	y_{21}	y_{22}	$\cdots$	y_{2k}
$\vdots$	$\vdots$	$\vdots$	$\cdots$	$\vdots$
N_n	y_{n1}	y_{n2}	$\cdots$	y_{nk}

*y 是在各信號因子、誤差條件下的輸出的測量結果

$$總變動：S_T = y_{11}^2 + y_{12}^2 + \cdots + y_{nk}^2 \quad (f = nk) \tag{12-7}$$

$$有效除數：r = M_1^2 + M_2^2 + \cdots + M_k^2 \tag{12-8}$$

$$線性式：L_1 = M_1 y_{11} + M_2 y_{12} + \cdots + M_k y_{1k} \tag{12-9}$$

$$L_2 = M_1 y_{21} + M_2 y_{22} + \cdots + M_k y_{2k} \tag{12-10}$$

$$\vdots$$

$$L_n = M_1 y_{n1} + M_2 y_{n2} + \cdots + M_k y_{nk} \tag{12-11}$$

此處，線性式是表示各誤差條件中的比例常數 β 的大小。這些線性式的變異，是當作誤差的主效果 $S_{\beta \times N}$ 加以計算，成為表示雜音之影響大小的變動成分。

$$比例項的變動：S_\beta = \frac{(L_1 + L_2 + \cdots + L_n)^2}{nr} \quad (f = 1) \tag{12-12}$$

$$誤差的主效果：S_{\beta \times N} = \frac{(L_1^2 + L_2^2 + \cdots + L_n^2)^2}{r} - S_\beta \quad (f = n-1) \tag{12-13}$$

誤差變動：$S_e = S_T - S_\beta - S_{\beta \times N}$　$(f = nk - n)$　　　　　　（12-14）

誤差變異數：$V_e = \dfrac{S_e}{nk - n}$　　　　　　　　　　　　　　　　（12-15）

包含誤差之主效果的誤差變動：$S_N = S_e + S_{\beta \times N}$　$(f = nk - 1)$　（12-16）

包含誤差的主效果的誤差變異數：$V_N = \dfrac{S_N}{nk - 1}$　　　　　　（12-17）

由以上知，SN 比 η 即為

$$\eta = 10 \ \log \frac{\dfrac{1}{nr}(S_\beta - V_e)}{V_N} \ (\text{db}) \qquad （12\text{-}18）$$

使用此 SN 比，以評估系統機能的安定性。

並且，以表示輸出入關係中比例常數 β 的大小的評估尺度來說，要計算**靈敏度**（sensitivity）。一般來說，靈敏度相當於能源變換效率，值越大，能源變換效率即越高。並且，比例常數 β 有目標值時，對靈敏度影響大的控制因子選定成調整因子。靈敏度 S，利用下式來計算。

$$靈敏度：S = 10 \ \log\beta^2 = 10 \log \frac{1}{nr}(S_\beta - V_e)（\text{db}） \qquad （12\text{-}19）$$

SN 比與靈敏度的計算，均為平方和之分解的應用，利用第 11 章所說明的變異數分析即可求出。關於 SN 比與靈敏度的計算數理，詳細情形請參照參考文獻 17。

12.4.6 動態特性的 SN 比的計算例

本節使用實際的數值資料，說明動態特性的 SN 比的計算例。關於汽車驅動電動窗的小型直流馬達，進行了 A 公司產品與 B 公司產品的比較。馬達的機能是將電力變換成動力。信號因子是電力，輸出是動力。電力從車載蓄電器的電壓與馬達的內部電源的關係，列舉出 60W, 90W, 120W 3 個水準。並且，以阻礙馬達的機能性的誤差因子來說，列舉環境溫度，設定成 20°C（常溫）與 80°C（高溫）。

　　在上述設定條件下，評估 A 公司產品與 B 公司產品之結果如表 12-2 所示。將表 12-2 的資料描點時，即如圖 12-9 所示。

　　如要比較 A 公司產品與 B 公司產品時，A 公司產品在高溫條件中動力降低大，對環境溫度的變化不安定。並且，A 公司產品的比例常數 β，比 B 公司產品的比例常數 β 小，知能源變換效率低。以下從表 12-2 的數據計算 A 公司產品與 B 公司產品的 SN 比與靈敏度，將上述的定性判斷，試著定量化看看。

▼表 12-2　小型直流馬達的機能性評估數據

(a) A 公司產品

動力（單位：w）

誤差條件	信號因子（電力 w）		
	60	90	120
N_1（常溫 20℃）	13.25	19.10	25.72
N_2（高溫 80℃）	12.71	16.68	21.76

(b)B 公司產品

動力（單位：w）

誤差條件	信號因子（電力 w）		
	60	90	120
N_1（常溫 20℃）	12.75	20.39	26.82
N_2（高溫 80℃）	12.31	19.40	24.51

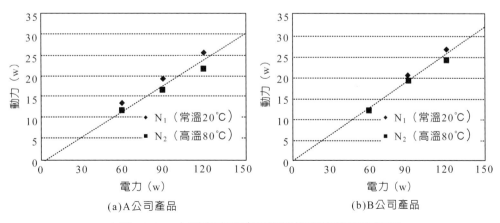

(a)A公司產品　　　　　　　　(b)B公司產品

▲圖 12-9　小型直流馬達的機能性評估數據的點圖

1. A 公司產品

$$S_T = y_{11}^2 + y_{12}^2 + \cdots + y_{23}^2$$
$$= 13.25^2 + 19.10^2 + \cdots + 21.76^2 = 2,090.7350 \quad (f = 6) \qquad (12\text{-}20)$$

$$r = M_1^2 + M_2^2 + M_3^2$$
$$= 60^2 + 90^2 + 120^2 = 26,100 \qquad (12\text{-}21)$$

$$L_1 = M_1 y_{11} + M_2 y_{12} + M_3 y_{13}$$
$$= 60 \times 13.25 + 90 \times 19.10 + 120 \times 25.72 = 5,600.40 \qquad (12\text{-}22)$$

$$L_2 = M_1 y_{21} + M_2 y_{22} + M_3 y_{23}$$
$$= 60 \times 11.71 + 90 \times 16.68 + 120 \times 21.76 = 4,815.00 \qquad (12\text{-}23)$$

$$S_\beta = \frac{(L_1 + L_2)^2}{2r}$$
$$= \frac{(5,600.4 + 4,815.0)^2}{2 \times 26,100} = 2,078.1716 \quad (f = 1) \qquad (12\text{-}24)$$

$$S_{\beta \times N} = \frac{(L_1^2 + L_2^2)}{r} - S_\beta = \frac{(L_1 - L_2)^2}{2r}$$
$$= \frac{(5,600.4 - 4,815.0)^2}{2 \times 26,100} = 11.8171 \quad (f = 1) \qquad (12\text{-}25)$$

$$S_e = S_T - S_\beta - S_{\beta \times N}$$
$$= 2,090.7350 - 2,078.1716 - 11.8171 = 0.7463 \quad (f = 4) \qquad (12\text{-}26)$$

$$V_e = \frac{S_e}{4} = \frac{0.7463}{4} = 0.1866 \qquad (12\text{-}27)$$

$$S_N = S_e + S_{\beta \times N}$$
$$= 0.7463 + 11.8171 = 12.5634 \quad (f = 5) \qquad (12\text{-}28)$$

$$V_N = \frac{S_N}{5} = \frac{12.5634}{5} = 2.5127 \qquad (12\text{-}29)$$

SN 比：

$$\eta = 10 \ \log \frac{\frac{1}{nr}(S_\beta - V_e)}{V_N}$$

$$= 10 \log \frac{\frac{1}{2 \times 26,100}(2,078.1716 - 0.1866)}{2.5127}$$

$$= -18.00 \quad (db) \tag{12-30}$$

靈敏度：

$$S = 10 \ \log \frac{1}{nr}(S_\beta - V_e)$$

$$= 10 \log \frac{1}{2 \times 26,100}(2,078.1716 - 0.1866)$$

$$= -14.00 \quad (db) \tag{12-31}$$

2. B 公司產品

$$S_T = y_{11}^2 + y_{12}^2 + \cdots + y_{23}^2$$

$$= 12.75^2 + 20.39^2 + \cdots + 24.51^2 = 2,426.2632 \quad (f = 6) \tag{12-32}$$

$$r = M_1^2 + M_2^2 + M_3^2$$

$$= 60^2 + 90^2 + 120^2 = 26,100 \tag{12-33}$$

$$L_1 = M_1 y_{11} + M_2 y_{12} + M_3 y_{13}$$

$$= 60 \times 12.75 + 90 \times 20.39 + 120 \times 26.82 = 5,818.50 \tag{12-34}$$

$$L_2 = M_1 y_{21} + M_2 y_{22} + M_3 y_{23}$$

$$= 60 \times 12.31 + 90 \times 19.40 + 120 \times 24.51 = 5,425.80 \tag{12-35}$$

$$S_\beta = \frac{(L_1 + L_2)^2}{2r}$$

$$= \frac{(5,818.5 + 5,425.8)^2}{2 \times 26,100} = 2,422.1127 \quad (f = 1) \tag{12-36}$$

$$S_{\beta \times N} = \frac{(L_1^2 + L_2^2)}{r} - S_\beta = \frac{(L_1 - L_2)^2}{2r}$$

$$= \frac{(5,818.5 - 5,425.8)^2}{2 \times 26,100} = 2.9543 \quad (f = 1) \tag{12-37}$$

$$S_e = S_T - S_\beta - S_{\beta \times N}$$

$$= 2,426.2632 - 2,422.1127 - 2.9543 = 1.1962 \quad (f = 4) \tag{12-38}$$

$$V_e = \frac{S_e}{4} = \frac{1.1962}{4} = 0.2991 \tag{12-39}$$

$$S_N = S_e + S_{\beta \times N}$$

$$= 1.1962 + 2.9543 = 4.1505 \quad (f = 5) \tag{12-40}$$

$$V_N = \frac{S_N}{5} = \frac{4.1505}{5} = 0.8301 \tag{12-41}$$

SN 比：

$$\eta = 10 \ \log \frac{\frac{1}{nr}(S_\beta - V_e)}{V_N}$$

$$= 10 \log \frac{\frac{1}{2 \times 26,100}(2,422.1127 - 0.2911)}{0.8301}$$

$$= -12.53 \quad (db) \tag{12-42}$$

靈敏度：

$$S = 10 \ \log \frac{1}{nr}(S_\beta - V_e)$$

$$= 10 \log \frac{1}{2 \times 26,100}(2,422.1127 - 0.2911)$$

$$= -13.34 \quad (db) \tag{12-43}$$

　　將以上計算結果，整理在表 12-3 中。由表 12-3 知，A 公司產品與 B 公司產品相比，SN 比遜色 5.47db，靈敏度遜色 0.66db。

▼表 12-3 SN 比與靈敏度的計算結果

單位：db

	SN 比	靈敏度
A 公司產品	−18：00	−14：00
B 公司產品	−12：53	−13：34

此處，就表 12-3 所表示的 SN 比與靈敏度的物理上意義加以說明。首先，靈敏度依 12.4.5 節的式（12-19），可以如下求出。

靈敏度：

$$S = 10 \ \log\beta^2 = 10\log\frac{1}{nr}(S_\beta - V_e) \ (db)$$

將此式就比例常數 β 求解時，即為下式。

$$輸出入關係中的比例常數：\beta = 10^{\frac{S}{20}} \tag{12-44}$$

使用此式，計算 A 公司產品與 B 公司產品的輸出入關係中的比例常數 β 時，即為如下。

$$\beta_A = 10^{\frac{S}{20}} = 10^{\frac{-14.00}{20}} = 0.1995 \tag{12-45}$$

$$\beta_B = 10^{\frac{S}{20}} = 10^{\frac{-13.34}{20}} = 0.2153 \tag{12-46}$$

此處 β_A 是 A 公司產品的比例常數，β_B 是 B 公司產品的比例常數。依據此結果，輸入－輸出間的能源變換效率，A 公司產品是 19.95%，B 公司產品是 21.53%，兩產品之間得知大約有 1.6% 的效率差異。但，式（12-44）的 β 的計算式，由比例項的變動 S_β 的計算式與式（12-19）可知，它是計算 $\{(L_1 + L_2)/nr\}^2 - (V_e/nr)$ 的平方根。比例常數 β 因為是以 $(L_1 + L_2)/n$ 來計算，因之 (V_e/nr) 一項是多餘的。像這樣，嚴格來說，雖然由 $(L_1 + L_2)/n$ 計算 β 是正確的，但一般來說，(V_e/nr) 之值甚小，因之，即使利用式（12-44）估計比例

常數 β，實用上也無問題。

其次，就 SN 比的物理意義加以考察。SN 依據 12.4.4 節的式（12-6）可以如下求出。

SN 比：

$$\eta = 10 \log \frac{\beta^2}{\sigma^2} = 10 \ \log \frac{\frac{1}{nr}(S_\beta - V_e)}{V_N} \ （db）$$

此式就 σ 求解時，即成為下式。

比例常數 β 周邊的輸出的變異：

$$\sigma = \frac{10^{\frac{S}{20}}}{10^{\frac{\eta}{20}}} \tag{12-47}$$

使用此式，計算 A 公司產品與 B 公司產品的動力（輸出）的標準差 σ 時，即為如下。

$$\sigma_A = \frac{10^{\frac{S}{20}}}{10^{\frac{\eta}{20}}} = \frac{10^{\frac{-14.00}{20}}}{10^{\frac{-18.00}{20}}} = 1.58 \tag{12-48}$$

$$\sigma_A = \frac{10^{\frac{S}{20}}}{10^{\frac{\eta}{20}}} = \frac{10^{\frac{-13.34}{20}}}{10^{\frac{-12.53}{20}}} = 0.92 \tag{12-49}$$

依據上述，起因於環境溫度的變化的電力變異如以標準差 σ 表示時，A 公司產品是 1.58W，B 公司產品是 0.92W，A 公司產品的電力變異，約為 B 公司產品的 1.7 倍。此種機能的變異，是振動、噪音、發熱等各種品質問題的原因。又，由式（12-48）、（12-49）所求出的標準差 σ，即為各比例常數 β 標準化後的標準差，表示每單位輸出的變異。

像這樣，由 SN 比與靈敏度，計算輸出的變異（標準差）σ 與輸出入關係中的比例常數 β 時，以原來的數據比較及評估機能的優劣也是可行的。

12.4.7 評估特性的分類與 SN 比

　　至前節爲止，就參數設計之核心的動態特性的 SN 比，配合計算例加以說明。本節就評估特性包含靜態特性在內以及取決於評估特性的 SN 比的想法加以說明。

　　評估系統機能的特性有各式各樣，但如圖 12-10 所示可大略區分爲動態特性與靜態特性。並且，動態特性可分類爲零點比例式與基準點比例式，靜態特性可分類爲望小特性、望大特性、望目特性以及零望目特性。

　　因此，取決於這些特性，也有需要區分 SN 比。但是，如 12.4.2 節中所說明的，參數設計因爲是將機能當作能源的變換來考慮，因之將系統的特性以動態特性定義，以動態特性的 SN 比來評估是很理想的。

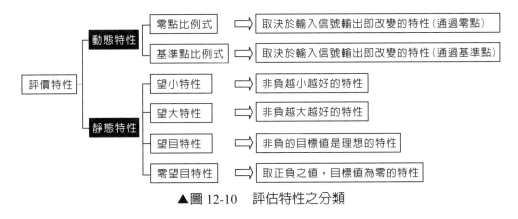

▲圖 12-10　評估特性之分類

　　以下，對應評估特性的分類，就 SN 比的想法與應用例加以整理。並且，從 2000 年以後，廣受活用的新型 SN 比即**標準 SN 比**，也加以說明。

1. 動態特性的 SN 比

　　表 12-4 中整理出動態特性中的評估特性之分類，以及相對應的 SN 比的想法及應用例。詳細情形參照參考文獻 17。

　　表 12-4 的**基準點比例式**（reference-point proportional dynamic characteristic）是與零點比例式不同，應用在未通過座標上的零點之特性的評估。譬如，像測量器等，即使零點有偏離也能簡單補正的系統，大多是以基準點比例式來評估。

　　並且，彈簧的機能，是依彎曲而發生反作用力，基本上是以零點比例式評估

虎克定律 F = kx。可是，汽車的避震器所使用的線圈彈簧等，事先施加負載（設定負荷），並在彎曲的狀態下使用時，是將施加負載（設定負載）的點當作基準點，以基準點比例式去評估。

▼表 12-4　動態特性中評估特性的分類與 SN 比

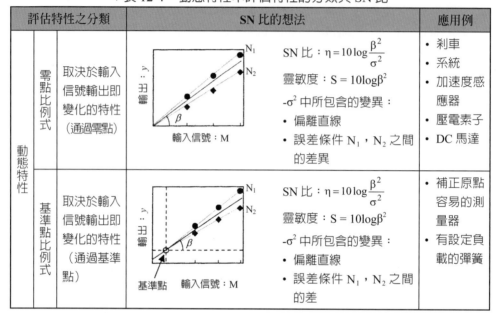

評估特性之分類		SN 比的想法	應用例
動態特性	零點比例式	取決於輸入信號輸出即變化的特性（通過零點）	SN 比：$\eta = 10\log\dfrac{\beta^2}{\sigma^2}$　靈敏度：$S = 10\log\beta^2$　$-\sigma^2$ 中所包含的變異：・偏離直線・誤差條件 N_1，N_2 之間的差異	・刹車・系統・加速度感應器・壓電素子・DC 馬達
	基準點比例式	取決於輸入信號輸出即變化的特性（通過基準點）	SN 比：$\eta = 10\log\dfrac{\beta^2}{\sigma^2}$　靈敏度：$S = 10\log\beta^2$　$-\sigma^2$ 中所包含的變異：・偏離直線・誤差條件 N_1，N_2 之間的差	・補正原點容易的測量器・有設定負載的彈簧

2. 靜態特性的 SN 比

表 12-5 整理了靜態特性中的評估特性之分類，以及相對應的 SN 比的想法與應用例。一般來說，利用靜態特性的 SN 比之評估並不推薦，但是，來自計測技術的限制等，使用靜態特性的 SN 比的情形也有。譬如，本來作為輸入的信號因子固定在 1 水準進行評估的情形，或評估振動、噪音等的弊害項目的情形等即是。

在表 12-5 中，**望小特性**（smaller-the-better characteristic）像振動、噪音、發熱或有害物質的濃度等，越小越好的特性，適用於評估弊害項目之情形等。但是，即使弊害項目能最小化，機能性也不一定可以改善。原本，通過機能性的改善，設法降低各種弊害項目是很重要的。

其次，**望大特性**（larger-the-better characteristic），像強度或剛性等，越大越

好的特性，適用於物性評估等。但是，伸縮強度或截斷強度等的破壞特性，並非材料所要求的原本的機能。因之，參數設計中的物性評估，著眼於材料的彈性變形域，推薦將負荷 F 與彎曲 x 之關係 F = kx（虎克定律）以動態特性來評估。

最後，所謂**望目特性**（nominal-the-better characteristic），像尺寸、硬度、濃度等，某目標值是所希望的特性。其中，材料成形時的反作用量或位差等，特性值取正負之值的特性稱爲**零望目特性**（zero nominal-the-better characteristic）。但不管是尺寸或是硬度、濃度，考量到預估將來的多樣產品群時，確立可以對應各種目標值的設計技術或生產技術是很理想的，將目標值固定在 1 點的評估，在結果的泛用性面留下問題。因此，不固定輸出的目標值，以動態的方式定義可以控制輸出與輸入的關係，當作動態特性來評估是較爲理想的。譬如，NC 車床的加工條件的最適化，可以加工成各種尺度是很理想的，如圖 12-11，對 NC 車床的加工指示值當作輸入信號，加工後的尺寸當作輸出，將兩者的輸出入關係當作動態特性來評估是一般的做法。

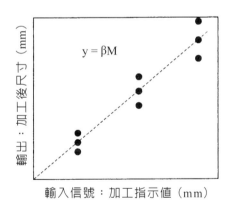

y = βM

對加工品材質或加工方向等的誤差因子來說，尺寸的變異小，加工指示值與加工後尺寸之關係形成比例關係是很理想的。

輸出：加工後尺寸（mm）

輸入信號：加工指示值（mm）

▲圖 12-11　NC 車床的加工條件的評估

此處就靈敏度補充說明。SN 比是輸出安定性的測度，有需要與表示輸出的平均大小之靈敏度搭配使用。因之，動態特性與望目特性提供有 SN 比與靈敏度的計算式。可是，望小特性與望大特性是不必計算靈敏度。此由表 12-5 所表示的計算式也可明白，望小特性與望大特性的 SN 比，是同時評估安定性與平均值之緣故。亦即，望小特性的 SN 比，是計算數據與零的偏差的平方和，SN 比大是表示數據的平均值接近零，而且安定。另外，望大特性的 SN 比是計算數據與

無限大之偏差的平方和，SN 比大，說明數據的平均值大，而且安定。

▼表 12-5　靜態特性中評估的特性的分類與 SN 比

評估特性之分類			SN 比的想法	應用例
靜態特性	望小特性	非負越小越好的特性	控制變異想降低平均值 SN 比 SN 比 $$\eta = 10\log\frac{1}{n}\left(\frac{1}{y_1^2} + \frac{1}{y_2^2} + \frac{1}{y_n^2}\right)$$	• 振動 • 發熱 • 摩耗量 • 消費電力 • 有害物質濃度 ⋮
	望大特性	非負越大越好的特性	控制變異提高平均值 SN 比 $$\eta = 10\log\frac{1}{n}\left(\frac{1}{y_1^2} + \frac{1}{y_2^2} + \frac{1}{y_n^2}\right)$$	• 強度 • 收量 ⋮
	望目特性	非負的目標值是希望的特性	控制變異，想將輸出配合目標值 $$SN 比 = 10\log\frac{m^2}{2}$$ 零敏度 $S = 10\log m^2$	有目標值 • 尺度 • 硬度 • 濃度 • 電阻值 ⋮
	零望目特性	取正負之值目標值是零的特性	控制變異，想將輸出配合零 $$SN 比 = -10\log m^2$$ 零敏度 $S = m$（平均值）	零是理想的 • 反作用量 • 位差 ⋮

3. 標準 SN 比

2000 年以後，提出**標準 SN 比**（standardized S/N ratio）的想法，一直廣受活用。此處就標準 SN 比的概念與計算方法，以及向使用直交展開的目標值去**調整**（tuning）加以說明。

(1) 標準 SN 比的概念

所謂標準 SN 比如圖 12-12 那樣，將標準條件中的輸出當作信號因子，與

各種誤差條件中的輸出之關係當作動態特性進行評估的方法。此處，所謂**標準條件**是所列舉的誤差因子全部成為標準的水準條件，關於溫度來說，意指常溫；關於劣化來說，意指新品；關於製造變動來說，意指全部成為設計中央值的條件。因此，在各種誤差條件中的輸出值，越接近標準條件的輸出值，對雜音來說即為穩健條件，標準 SN 比也變大。

標準 SN 比之分母的誤差成分，如 12.4.4 節中所說明，只包含誤差的主效果 $S_{\beta \times N}$（比例常數 β 因雜音的變動），不包含誤差變動 S_e（在輸出入關係中的非線性成分）。亦即，使用標準 SN 比的新二階段設計法的最大特徵是，第一階段純粹只評估因雜音造成輸出的變動，對輸出入關係的非線性來說，當作第二階段的調整問題來處理。

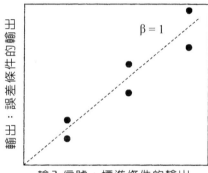

在左圖的關係中，誤差條件的輸出越接近 $\beta = 1$ 的直線，即越接近標準條件的輸出，即越是穩健的條件。

▲圖 12-12　標準 SN 比的概念

在上圖的關係中，誤差條件的輸出越接近 $\beta = 1$ 的直線，就越接近標準條件的輸出，越成為穩健的條件。

(2) 標準 SN 比的計算

求標準 SN 比，與求動態特性的 SN 比一樣，有需要在各種誤差條件下取得輸出入關係的數據。但是，在標準 SN 比的計算中，如表 12-6 所示，除了要測量 $N_1, N_2, N_3 \cdots$ 的各誤差條件的輸出數據外，也有需要測量標準條件 N_0 中的輸出數據。由此數據以如下的步驟計算標準 SN 比。

$$總變動：S_T = y_{11}^2 + y_{12}^2 + \cdots + y_{nk}^2 \quad (f = nk) \tag{12-50}$$

有效除數：$r = y_{01}^2 + y_{02}^2 + \cdots + y_{0k}^2$ $\qquad$ （12-51）

線性式：$L_1 = y_{01}y_{11} + y_{02}y_{12} + \cdots y_{0k}y_{1k}$ $\qquad$ （12-52）

$$L_2 = y_{01}y_{21} + y_{02}y_{22} + \cdots y_{0k}y_{2k} \qquad （12\text{-}53）$$

$$\vdots$$

$$L_n = y_{01}y_{n1} + y_{02}y_{n2} + \cdots + y_{0k}y_{nk} \qquad （12\text{-}54）$$

比例項的變動：$S_\beta = \dfrac{(L_1 + L_2 + \cdots + L_n)^2}{nr}$ $\quad (f = 1)$ $\qquad$ （12-55）

包含誤差的主效果的誤差變動：$S_N = S_T - S_\beta$ $\quad (f = nk - 1)$ $\qquad$ （12-56）

包含誤差的主效果的誤差變異數：$V_N = \dfrac{S_N}{nk - 1}$ $\qquad$ （12-57）

標準 SN 比利用下式求出：

$$\eta = 10 \ \log \frac{nr}{V_N} \ （db） \qquad （12\text{-}58）$$

▼表 12-6　標準 SN 比計算的測量數據

誤差條件	信號因子（輸入）			
	M_1	M_2	$\cdots$	M_k
N_0（標準條件）	y_{01}	y_{02}	$\cdots$	y_{0k}
N_1	y_{11}	y_{12}	$\cdots$	y_{1k}
N_2	y_{21}	y_{22}	$\cdots$	y_{2k}
$\vdots$	$\vdots$	$\vdots$	$\cdots$	$\vdots$
N_n	y_{n1}	y_{n2}	$\cdots$	y_{nk}

*y 是在各信號因子、誤差條件下的輸出的測量結果

由以上知，標準 SN 比的分母的誤差變異數 V_N，是表示誤差條件 $N_1 \sim N_n$ 的輸出的變動。一般來說，誤差條件 $N_1 \sim N_n$ 的輸出，因為是以標準條件

N_0 的輸出為中心，在其左右變動，因之誤差變異數 V_N 之值越小，各誤差條件的輸出就越接近標準條件之輸出。另一方面，分子的 nr，相當於標準條件中的輸出大小。因此，所謂標準 SN 比，可以想成是利用標準條件的輸出的大小作為基準的誤差變異數 V_N 的評估測度。

(3) 向使用直交展開的目標值去調整

參數設計的第一階段是使用 SN 比評估輸出對雜音的安定性，決定有關機能性的最適條件。接著，第二階段是為了使在最適條件中的標準條件之輸出與目標值一致進行調整。並且，使用了標準 SN 比的參數設計，因為輸出入的比例關係並未以 SN 比加以評估，因之第二階段除了調整比例常數 β 之外，也要將輸出入關係的線圖調整成理想關係（許多時候是比例關係）。因此，有需要顯示輸出入關係中之比例常數與輸出入關係偏離理想關係之大小測度。所以，以標準 SN 比求出機能性的最適條件之後，將輸出的目標值與標準條件的輸出關係如表 12-7 加以整理，在兩者的關係中應用直交展開，計算 1 次項 β_1 與 2 次項 β_2。此處，1 次項 β_1 是比例常數的大小，相當於靈敏度。另外，2 次項 β_2 是 2 次的非線性項的大小，相當於輸出入關係偏離理想關係之大小。由以上知，在圖 12-13 的關係中，如果 1 次項 $\beta_1 = 1$，2 次項 $\beta_2 = 0$ 時，即可判斷最適條件之輸出即與目標值完全一致。像這樣，使用標準 SN 比，進行系統的最適化之後，使用此 1 次項 β_1 與 2 次項 β_2 向目標值進行調整。另外，一般來說，3 次項以上的高次項的影響甚小，大多忽略，如不能忽略時，也要同時進行 3 次項 β_3 的調整。

▼表 12-7　輸出目標值與標準條件中的輸出

	信號因子（輸入）			
	M_1	M_2	…	M_k
輸出的目標值	m_1	m_2	…	m_k
標準條件中的輸出	y_{n1}	y_{n2}	…	y_{nk}

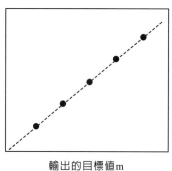

如左圖，標準條件的輸出與目標值一致時，利用直交展開計算後，1次項 β_1 是1，2次項 β_2 是0。

輸出的目標值m

▲圖 12-13　輸出的目標值與標準條件中之輸出的關係

　　關於直交展開的數理的詳細的情形，參照參考文獻 21，使用 1 次項 β_1 與 2 次項 β_2 的具體調整參照參考文獻 22。以下，由表 12-7 的數據，就計算 1 次項 β_1 與 2 次項 β_2 的步驟加以說明。使用標準 SN 比後系統的最適化過程，取代靈敏度 S，計算此 1 次項 β_1 與 2 次項 β_2，向目標值進行調整。

目標值的平方和：

$$S_2 = m_1^2 + m_2^2 + \cdots + m_k^2 \qquad (12\text{-}59)$$

目標值的 3 次方和：

$$S_3 = m_1^3 + m_2^3 + \cdots + m_k^3 \qquad (12\text{-}60)$$

目標值的 4 次方和：

$$S_4 = m_1^4 + m_2^4 + \cdots + m_k^4 \qquad (12\text{-}61)$$

1 次項的線性式：

$$L_1 = m_1 y_1 + m_2 y_2 + \cdots m_k y_k \qquad (12\text{-}62)$$

2 次項的線性式：

$$L_2 = \left(m_1^2 - \frac{S_3}{S_2}m_1\right)y_1 + \left(m_2^2 - \frac{S_3}{S_2}m_2\right)y_2 + \cdots + \left(m_k^2 - \frac{S_3}{S_2}m_k\right)y_k \qquad （12\text{-}63）$$

1 次項 β_1：

$$\beta_1 = \frac{L_1}{S_2} \qquad （12\text{-}64）$$

2 次項 β_2：

$$\beta_2 = \frac{L_2}{S_4 - \dfrac{S_3^2}{S_2}} \qquad （12\text{-}65）$$

12.5　參數設計中的直交表

　　本節就參數設計中直交表的目的與從使用直交表的實驗結果選定最適條件之步驟加以說明。

12.5.1 參數設計中直交表的目的

　　機能性評估在圖 12-3 的 P 圖中，是著眼於配置於系統左右的輸入與輸出的關係。相對的，改善輸出入關係的安定性，配置於系統上下的誤差因子與控制因子之關係就很重要。但是，設計者無法控制誤差因子，因之機能性提高的手段，被限定在誤差因子的選定與水準設定。亦即，利用參數的非線性，必須在不易受到誤差因子影響的領域中，設定控制因子的水準。因此，為了提高機能性，有需要列舉許多的控制因子，使誤差因子的影響衰減。基於以上的理由，在參數設計中，為了有效率地評估更多的控制因子要利用直交表。

　　譬如，為了沖泡出美味的咖啡，列舉豆的種類、豆的烘焙法、豆的研磨法、水的種類、萃取時間等合計 8 個控制因子進行實驗，以此為例來考察看看。豆的種類設定成 2 水準，其他的 7 因子設定成 3 水準時，將這些設定因子以多元配置

（所有組合）進行實驗，需要 $2 \times 3^7 = 4{,}374$ 次實驗。亦即，在各種條件下必須抽出 4,374 次的咖啡，並進行 4,374 次的試飲。另一方面，如將這些因子配置在直交表 L_{18} 時，如圖 12-14 所示，以 18 次的實驗即可評估所有因子的效果。

控制因子	水準 1	水準 2	水準 3
A：豆的種類	摩卡	哥倫比亞	—
B：豆的烘培法	淺	中	深
C：豆的研磨法	粗	中	細
D：水的種類	水道水	淨水	天然水
E：	1	2	3
F：	1	2	3
G：	1	2	3
H：	1	2	3

上記控制因子的所有組合，有 4,374 種，如配置在直交表 L_{18} 時，以 18 次即可解決

實驗 No.	豆的種類				E	F	G	H
1	摩卡	淺	粗	自來水	1	1	1	1
2	摩卡	淺	中	淨水	2	2	2	2
3	摩卡	淺	細	天然水	3	3	3	3
4	摩卡	中	粗	自來水	2	2	3	3
5	摩卡	中	中	淨水	3	3	1	1
6	摩卡	中	細	天然水	1	1	2	2
7	摩卡	深	粗	淨水	2	3	2	3
8	摩卡	深	中	天然水	2	1	3	1
9	摩卡	深	細	自來水	3	2	1	2
10	哥倫比亞	淺	粗	天然水	3	2	2	1
11	哥倫比亞	淺	中	自來水	1	3	3	2
12	哥倫比亞	淺	細	淨水	2	1	1	3
13	哥倫比亞	中	粗	淨水	3	1	3	2
14	哥倫比亞	中	中	天然水	1	2	1	3
15	哥倫比亞	中	細	自來水	2	3	2	1
16	哥倫比亞	深	粗	天然水	2	3	1	2
17	哥倫比亞	深	中	自來水	3	1	2	3
18	哥倫比亞	深	細	淨水	1	2	3	1

▲圖 12-14　直交表實驗

以上的內容，基本上與第 11 章所說明的實驗計畫法中的直交表的利用目的是共通的。加之，在參數設計中，下游條件中的**重現性**（reproducibility）的確保即為利用直交表的重要目的。所謂下游條件是意指實際的市場與量產工程，以及在實驗室或測試工程中所選定的最適條件，即使在此種下游條件中也成立時，可以說下游工程中重現性是存在的。一般，參數設計是在研究、開發階段中所應用，因之下游條件中的重現性之確保就很重要。

其次，就利用直交表所選定的最適條件，在下游條件中要具有較高的重現性的理由予以說明。

如圖 12-15 所示，譬如，決定了配置在直交表 L_{18} 的第 1 行的因子 A 的水準，要比較直交表的上半部（No.1～No.9：第 1 水準）數據之平均值與下半部（No.10～No.18：第 2 水準）數據之平均值。此時，上下的兩條件，由於其他因子（B～H）的水準做了各種的改變，縱使其他因子的水準改變，也只有那些具有一定效果的因子被評估是有效的。因此，利用直交表實驗所選定的最適條件，即使在預期各種條件發生變化的下游條件中，也可以期待具有較高的重現性。

實驗 No.	控制因子 *A*	*B*	*C*	*D*	*E*	*F*	*G*	*H*
1	1	1	1	1	1	1	1	1
2	1	1	2	2	2	2	2	2
3	1	1	3	3	3	3	3	3
4	1	2	1	1	2	2	3	3
5	1	2	2	2	3	3	1	1
6	1	2	3	3	1	1	2	2
7	1	3	1	2	1	3	2	3
8	1	3	2	3	2	1	3	1
9	1	3	3	1	3	2	1	2
10	2	1	1	3	3	2	2	1
11	2	1	2	1	1	3	3	2
12	2	1	3	2	2	1	1	3
13	2	2	1	2	3	1	3	2
14	2	2	2	3	1	2	1	3
15	2	2	3	1	2	3	2	1
16	2	3	1	3	2	3	1	2
17	2	3	2	1	3	1	2	3
18	2	3	3	2	1	2	3	1

試著眼於控制因子 A
因子 A 為第 1 水準時，
其他因子（B～H）的水準做各種改變，
此在第 2 水準也完全一樣。
其他因子的水準的出現次數因為一定（3 次）
因之能純粹評價因子 A 的主效果。

與其他因子的水準無關，
以具有一貫效果的穩健水準
決定最適條件。

▲圖 12-15　直交表實驗

關於直交表的詳細情形，請參照第 11 章與參考文獻 18。

12.5.2 要因效果圖的製作與最適條件之選定

參數設計爲了評估更多的控制因子，要將控制因子配置在直交表再進行實驗。譬如，若是直交表 L_{18} 時，將 8 個控制因子配置在直交表，進行合計 18 次的實驗。從所得到的數據，如圖 12-16 計算 18 個條件的 SN 比與靈敏度。並且，從 18 個條件的 SN 比與靈敏度製作要因效果圖（將針對各因子的 SN 比與靈敏度的影響度定量化之圖形），根據其結果決定最適條件。

本節，就要因效果圖的製作步驟與選定最適條件時的基本想法加以說明。

1. 要因效果圖的製作

此處，以圖 12-16 所示配置在直交表 L_{18} 的因子 D 爲例，說明要因效果圖的製作步驟。另外，因子 D 被配置在直交表 L_{18} 的第 4 行。

從直交表 L_{18} 的 18 種實驗組合，就分別包含因子 D 的第 1 水準、第 2 水準、第 3 水準的 6 個 SN 比，計算水準別平均。其次，將其結果繪製成折線圖，得出因子 D 有關 SN 比的要因效果圖。像這樣，將要因效果圖形化，即可將因子 D 對 SN 比的效果大小與傾向視覺化。

單位db

	A	B	C	D	E	F	G	H	SN比	靈敏度
1	1	1	1	1	1	1	1	1	20.56	2.36
2	1	1	2	2	2	2	2	2	31.07	1.04
3	1	1	3	3	3	3	3	3	35.90	3.66
4	1	2	1	1	2	2	3	3	17.43	1.58
5	1	2	2	2	3	3	1	1	32.90	0.20
6	1	2	3	3	1	1	2	2	37.61	2.95
7	1	3	1	2	1	3	2	3	28.11	-5.37
8	1	3	2	3	3	1	3	1	38.17	-6.67
9	1	3	3	1	3	2	1	2	27.81	12.56
10	2	1	1	3	3	2	2	1	41.09	-6.50
11	2	1	2	1	1	3	3	2	33.50	6.38
12	2	1	3	2	2	1	1	3	35.10	13.73
13	2	2	1	3	3	1	3	2	36.53	-3.72
14	2	2	2	3	1	2	1	3	36.98	-0.70
15	2	2	3	1	2	3	2	1	35.77	15.71
16	2	3	1	3	2	3	1	2	38.07	-6.80
17	2	3	2	1	3	1	2	3	30.54	6.78
18	2	3	3	2	1	2	3	1	40.34	7.10

① 因子

$$\overline{D}_1 = (20.56 + 17.43 + 27.81 + 33.50 + 35.77 + 30.54)/6 = 27.60$$

$$\overline{D}_2 = (31.07 + 32.90 + 28.11 + 35.10 + 36.53 + 40.34)/6 = 34.01$$

$$\overline{D}_3 = (35.90 + 37.61 + 38.17 + 41.09 + 36.98 + 38.07)/6 = 37.97$$

② 水準別

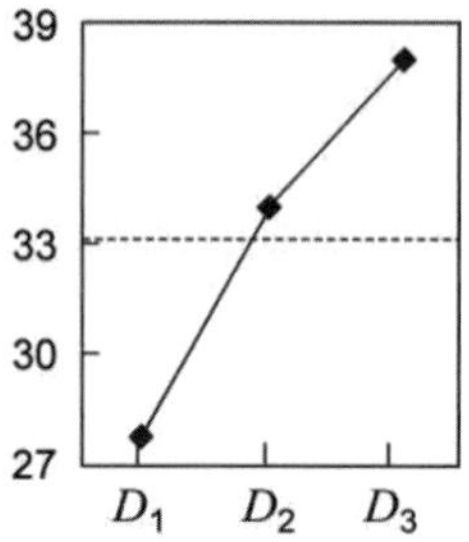

▲圖 12-16　有關 SN 比與靈敏度之要因效果圖的製作方法

　　此處，像因子 D 那樣，SN 比的數值依水準變化的因子，即為雜音的影響度依水準在變化的非線性的參數（參照 12.3.4 節）。將此種非線性的參數的水準，設定成不易受雜音影響的水準，選定穩健設計條件是參數設計的目標。因此，在參數設計中，將因子 D 的設計值設定在使 SN 比成為最大的第 3 水準。

　　以下，與因子 D 一樣，就所有因子計算 SN 比及靈敏度的水準別平均，製作圖 12-17 所示的要因效果圖。此處，使用直交表的實驗，如第 11.3.2 節所說明那樣，所列舉的因子之間形成直交，因之某因子不受其他因子的效果測量所影響。利用此性質，從所求出的 SN 比及靈敏度的水準別平均，即可求出各因子的要因效果。

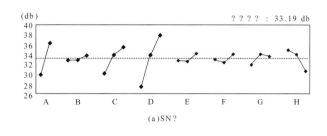

(a)SN？

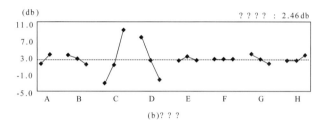

(b)？？？

▲圖 12-17　SN 比及靈敏度的要因效果圖

2.最適條件的選定

　　參數設計以機能性的測度來說是使用 SN 比，以輸出大小的測度來說是使用靈敏度。因此，從圖 12-17 所顯示的 SN 比與靈敏度的要因效果圖決定機能性的最適條件。此處，就選定最適條件時的基本想法加以說明。

　　在最適條件的選定中，首先，以機能性的提高為優先，利用 SN 比較高的水準組合建構最適條件。其次，使用對 SN 比的影響小、對靈敏度的影響大的因子，將靈敏度調整成目標值。此處，這些因子如靈敏度越大越好時，選定靈敏度最大的水準，相反地，靈敏度越小越好時，選定靈敏度最小的水準。最後，視需要，加入成本或生產力等的限制條件，決定最終的選定條件。

12.6　參數設計的實施步驟

　　至前節為止，就參數設計的核心即機能性評估、SN 比、直交表說明基本的定義與想法。本節為了加深對參數設計全盤的理解，以實際的事例為基礎，說明參數設計的實施步驟。

1. 開發目標的明確化

在 12.4.6 節中，針對汽車驅動電動窗的小型馬達，實施 A 公司的產品與 B 公司的產品的機能性評估，計算 SN 比與靈敏度的結果，如表 12-8 所示。

▼表 12-8　A 公司產品與 B 公司產品的 SN 比、靈敏度

單位：db

	SN 比	靈敏度
A 公司產品	−18.00	−14.00
B 公司產品	−12.53	−13.34
A 公司產品—B 公司產品	−5.47	−0.66

此結果，確認了 A 公司產品對 B 公司產品來說，SN 比遜色 5.47db，靈敏度遜色 0.66db。接受此結果後，A 公司應用參數設計，擬訂目標以開發出駕凌 B 公司產品之性能的小型直流馬達。

2. 機能性的定義

在以往的馬達開發，大多是評估、改善馬達效率等的品質特性、振動及噪音等的弊害項目。相對的，此次著眼於馬達的機能，著手機能性的評估、改善。此處，馬達的機能性如圖 12-18 所示，是將電力變換成動力。因此，將馬達的機能性，定義為針對各種的雜音而言，電力與動力的輸出入關係的安定性。除此機能

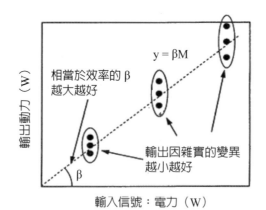

▲圖 12-18　小型直流馬達的機能性

性要高之外，加上相當於能源變換效率的輸出入關係的比例常數 β 大是較爲理想的。

3. 因子與水準的決定及直交表的配置

　　首先，從機能的定義來看，成爲輸入的信號因子是電力，設定成 60, 90, 120W 的 3 水準。其次，以阻礙機能的安定性的誤差因子來說，列舉環境溫度，設定成常溫（20°C）與高溫（80°C）的 2 水準。這是因爲在高溫環境下，小型直流馬達的效率會降低所致。此外，就成爲提高機能性之手段的控制因子，從構成馬達的設計參數來看，列舉被認爲特別重要的 8 個因子。

　　列舉的因子與水準如表 12-9 所示。將此處所表示的控制因子配置在直交表 L_{18}，試製 18 種規格的馬達後，再評估機能性。

▼表 12-9　因子與水準

因子		水準		
		1	**2**	**3**
控制因子	A 支座固定方法	現行	剛硬	—
	B 板彈簧厚度	薄	中	厚
	C 固定子	形狀 1	形狀 2	形狀 3
	D 輊子寬度	小	中	大
	E 轉輪盒	形狀 1	形狀 2	形狀 3
	F 內側曲率半徑	小	中	大
	G 型心偏度	形狀 1	形狀 2	形狀 3
	H 型心板厚	薄	中	厚
信號	M 電力（W）	60	90	120
誤差	I 環境溫度（°C）	20		80

4. SN 比及靈敏度的計算與最適條件之決定

　　此處，從評估機能性的測量數據計算 SN 比與靈敏度，在決定出最適條件爲止的一連串步驟加以說明。

(1) SN 比及靈敏度的計算

直交表 L_{18} 的 No.1 條件的測量數據如表 12-10 所示。

使用表 12-10 的數據，計算 SN 比與靈敏度即為如下。

▼表 12-10　直交表 L_{18} 中 No.1 的測量數據

動力（單位：w）

誤差條件	信號因子（電力 w）		
	60	**90**	**120**
N_1（常溫 20°C）	13.99	23.03	32.28
N_2（高溫 80°C）	13.11	20.28	28.32

$$S_T = y_{11}^2 + y_{12}^2 + \cdots + y_{23}^2$$
$$= 13.99^2 + 23.03^2 + \cdots + 28.32^2 = 31,53.2723 \quad (f = 6) \tag{12-66}$$

$$r = M_1^2 + M_2^2 + \cdots + M_k^2$$
$$= 60^2 + 90^2 + 120^2 = 26,100 \tag{12-67}$$

$$L_1 = M_1 y_{11} + M_2 y_{12} + \cdots + M_3 y_{13}$$
$$= 60 \times 13.99 + 90 \times 23.03 + 120 \times 32.28 = 6,785.70 \tag{12-68}$$

$$L_2 = M_1 y_{21} + M_2 y_{22} + \cdots + M_3 y_{23}$$
$$= 60 \times 13.11 + 90 \times 20.28 + 120 \times 28.32 = 6,010.20 \tag{12-69}$$

$$S_\beta = \frac{(L_1 + L_2)^2}{nr}$$
$$= \frac{(6,785.7 + 6,010.2)^2}{2 \times 26,100} = 3,136.6869 \quad (f = 1) \tag{12-70}$$

$$S_{\beta \times N} = \frac{(L_1^2 + L_2^2)}{r} - S_\beta = \frac{(L_1 - L_2)^2}{nr}$$
$$= \frac{(6,785.7 - 6,010.2)^2}{2 \times 26,100} = 11.5210 \quad (f = 1) \tag{12-71}$$

$$S_e = S_T - S_\beta - S_{\beta \times N}$$
$$= 3{,}153.2723 - 3{,}136.6869 - 11.5210 = 5.0644 \quad (f = 4) \qquad (12\text{-}71)$$

$$V_e = \frac{S_e}{4} = \frac{5.0644}{4} = 1.2611 \qquad (12\text{-}72)$$

$$S_N = S_e + S_{\beta \times N}$$
$$= 5.0644 + 11.5210 = 16.5854 \quad (f = 5) \qquad (12\text{-}73)$$

$$V_N = \frac{S_N}{5} = \frac{16.5854}{5} = 3.3171 \qquad (12\text{-}74)$$

SN 比：

$$\eta = 10 \ \log \frac{\dfrac{1}{2r}(S_\beta - V_e)}{V_N}$$

$$= 10 \log \frac{\dfrac{1}{2 \times 26{,}100}(3{,}136.6869 - 1.2611)}{3.3171}$$

$$= -17.42 \quad (db) \qquad (12\text{-}75)$$

靈敏度：

$$S = 10 \ \log \frac{1}{2r}(S_\beta - V_e)$$

$$= 10 \log \frac{1}{2 \times 26{,}100}(3{,}136.6869 - 1.2611)$$

$$= -12.21 \quad (db) \qquad (12\text{-}76)$$

同樣，計算實驗 No.2～No.18 的 SN 比與靈敏度，結果如表 12-11 所示。

▼表 12-11　直交表 L_{18} 的配置與 SN 比及靈敏度的計算結果

No. \ 因子	1 A	2 B	3 C	4 D	5 E	6 F	7 G	8 H	SN 比 （db）	靈敏度 （db）
1	1	1	1	1	1	1	1	1	−17.42	−12.21
2	1	1	2	2	2	2	2	2	−20.60	−13.59

因子 No.	1 A	2 B	3 C	4 D	5 E	6 F	7 G	8 H	SN 比 (db)	靈敏度 (db)
3	1	1	3	3	3	3	3	3	−13.94	−12.08
4	1	2	1	1	2	2	3	3	−14.97	−12.88
5	1	2	2	2	3	3	1	1	−20.47	−13.50
6	1	2	3	3	1	1	2	2	−13.53	−12.96
7	1	2	1	2	1	3	2	3	−17.37	−12.67
8	1	3	2	3	2	1	3	1	−18.77	−13.32
9	1	3	3	1	3	2	1	2	−20.53	−13.97
10	2	3	1	3	3	2	2	1	−22.62	−13.93
11	2	1	2	1	1	3	3	2	−17.50	−13.25
12	2	1	3	2	2	1	1	3	−19.99	−12.52
13	2	1	1	2	3	1	3	2	−16.93	−12.71
14	2	2	2	3	1	2	1	3	−21.52	−13.11
15	2	2	3	1	2	3	2	1	−16.89	−13.43
16	2	3	1	3	2	3	1	2	−20.23	−13.57
17	2	3	2	1	3	1	2	3	−14.18	−12.44
18	2	3	3	2	1	2	3	1	−20.76	−13.47
總平均									−18.23	−13.03

(2) 要因效果圖的製作與最適條件之決定

從表 12-11 的 SN 比與靈敏度，依據 12.5.2 節的步驟計算 SN 比與靈敏度的水準別平均，結果表示於表 12-12。

其次，從表 12-12 的 SN 比與靈敏度的水準別平均，製作如圖 12-19 所示的要因效果圖。

▼表 12-12　水準和與水準別平均之輔助表

(a) SN 比的水準別平均				(b) 靈敏度的水準別平均			
因子	第 1 水準	第 2 水準	第 3 水準	因子	第 1 水準	第 2 水準	第 3 水準
A	−17.51	−18.96	−	A	−12.91	−13.16	−
B	−18.68	−17.39	−18.64	B	−12.93	−12.93	−13.24
C	−18.26	−18.84	−17.61	C	−13.00	−13.20	−12.91
D	−16.91	−19.35	−18.44	D	−13.03	−13.08	−13.00
E	−18.02	−18.57	−18.11	E	−12.78	−13.22	−13.11
F	−16.80	−20.17	−17.73	F	−12.53	−13.49	−13.08
G	−20.03	−17.53	−17.51	G	−13.15	−13.00	−12.95
H	−19.49	−18.22	−17.00	H	−13.31	−13.18	−12.62

觀察圖 12-19 的要因效果圖時，SN 比高的水準，靈敏度也高，如果能源變換安定時，效率也會提高。因之，最適條件決定在使 SN 比成為最大的水準組合即 $A_1B_2C_3D_1E_2F_1G_3H_3$。但是，就因子 E 來說，因為成本的限制所以選定第 2 水準。此處，英文字母表示因子，號碼表示因子的水準。

另一方面，A 公司的現行條件的水準組合是 $A_1B_2C_1D_3E_2F_1G_1H_1$。與最適條件比較時，因子 G 與 H 的水準，知 SN 比或靈敏度均設定在不利的水準。

5. SN 比與靈敏度的估計與重現性的確認

此處，計算 4. 所決定的最適條件與現行條件之 SN 比與靈敏度的估計值。並且，以最適條件及現行條件進行確認實驗，確認 SN 比與靈敏度的重現性，確認下游工程中的重現性，就這些步驟進行說明。

(1) SN 比與靈敏度的估計

直交表實驗，因為各因子直交，將各因子對 SN 比與靈敏度的效果，如圖 12-19 可以分解成要因效果圖。將如此所分解之各因子的效果，加上 SN 比與靈敏度的總平均，即可估計各條件的 SN 比與靈敏度。亦即，如下計算 SN 比與靈敏度的估計值。

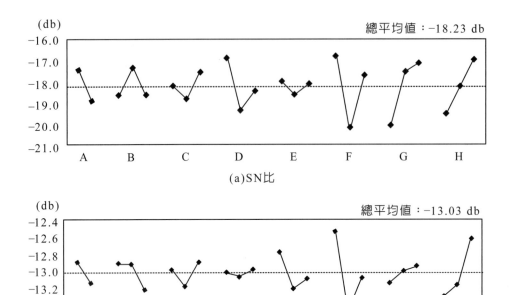

▲圖 12-19　SN 比與靈敏度的要因效果圖

（SN 比的估計值）＝（SN 比的總平均）＋（因子 A 的效果）＋（因子 B 的
　　　　　　　　效果）＋…

（靈敏度的估計值）＝（靈敏度的總平均）＋（因子 A 的效果）＋（因子 B
　　　　　　　　的效果）＋…

譬如，最適條件（$A_1B_2C_3D_1E_2F_1G_3H_3$）的 SN 比的估計值 $\eta_{optimal}$，是以如
下計算。

$$\eta_{optimal} = (SN比的總平均\overline{T}) + (\overline{A_1} - \overline{T}) + (\overline{B_2} - \overline{T}) + \cdots + (\overline{H_3} - \overline{T})$$

$$= -18.23 + (-17.51 + 18.23) + (-17.39 + 18.23)$$

$$+ \cdots + (-17.00 + 18.23)$$

$$= -11.29 \quad (db) \tag{12-77}$$

式（12-77）中，$\overline{A_1}$ 是表示因子 A 對第 1 水準而言的 SN 比的水準別平

均，就 B～H 而言，也是對足碼的水準表示有關 SN 比的水準別平均。

並且，最適條件（$A_1B_2C_3D_1E_2F_1G_3H_3$）的靈敏度的估計值 $S_{optimal}$，是以下式求出。

$$
\begin{aligned}
S_{optimal} &= (\text{靈敏度的總平均}\overline{T}) + (\overline{A_1} - \overline{T}) + (\overline{B_2} - \overline{T}) + \cdots + (\overline{H_3} - \overline{T}) \\
&= -13.03 + (-12.91 + 13.03) + (-12.93 + 13.03) \\
&\quad + \cdots + (-12.62 + 13.03) \\
&= -11.85 \quad (db)
\end{aligned}
\tag{12-78}
$$

同樣，計算現行條件 $A_1B_2C_1D_3E_2F_1G_1H_1$ 的 SN 比與靈敏度的估計值時，即為如下。

$$
\eta_{current} = -18.84 \quad (db) \tag{12-79}
$$

$$
S_{current} = -12.80 \quad (db) \tag{12-80}
$$

最適條件對現行條件以估計來說，SN 比改善 7.55db，靈敏度改善 0.95db。將此種 SN 比與靈敏度的改善效果，稱為 SN 比與靈敏度的利得（gain）。

(2) 確認 SN 比與靈敏度的重現性

參數設計中 SN 比與靈敏度的利得的估計值，是重視確認實驗中的重現性，一定要實施最適條件與現行條件的確認實驗。以下就確認實驗的重要性加以說明。

參數設計是只將控制因子的主效果配置在直交表，如式（12-77）、式（12-78）所示，SN 比與靈敏度的估計值也只以主效果進行估計。因此，這些估計值如能以確認實驗重現時，即可確認是以堅強的主效果所構成的穩健條件。此種穩健條件，在各種雜音存在的量產工程或實際市場等的下游條件中，也可期待發揮穩定的機能。另一方面，在確認實驗中，以主效果所預測的 SN 比與靈敏度的利得未充分重現時，控制因子間存在著強烈的交互作用的可能性是很高的。有交互作用時，控制因子的最適水準，就會因其他控制因子的水準而變化。在此種不安定的條件中，

是無法期待下游條件的穩健性。

像這樣，參數設計是從直交表只配置主效果的實驗結果來決定最適條件，只以主效果預測所決定的最適條件的 SN 比。並且，從所預測的 SN 比的利得的重現性，確認控制因子間的交互作用。因此，確實實施確認實驗，評估下游條件中之最適條件的重現性是不可或缺的。

另外，確認實驗的結果，對 SN 比的利得無法獲得重現性時，特性值大多有問題。一般來說，能量的加算與減算是容易成立的物理量，將系統的機能如能以能源變換正確掌握時，控制因子間的效果來說，**加法性**（additivity）也是成立的，大多可以迴避交互作用的問題。因此，利得的重現性不佳時，根據能源輸出入關係，有需要重新定義系統的基本機能。

此次的實驗，也進行最適條件與現行條件的確認實驗，並確認了利得的重現性。以比較條件而言，也將當作目標的 B 公司產品進行實驗，因之將其結果也一併表示在表 12-13 中。

▼表 12-13　SN 比與靈敏度的估計及確認實驗的結果

	SN 比（db）		靈敏度（db）	
	估計值	確認值	估計值	確認值
最適條件	−12.29	−12.46	−12.85	−12.46
現行條件	−18.84	−18.00	−12.80	−14.00
利得	7.55	5.54	0.95	1.54
B 公司產品	—	−12.53	—	−13.34

依據表 12-13，SN 比的利得，對估計值的 7.75db 來說，確認實驗是 5.54db。一般而言，確認實驗中的 SN 比的利得對估計值來說，如可控制在 ±30% 以內時，重現性被視為良好，因此，此次的實驗可以判斷已獲得重現性。並且，將最適條件與 B 公司的產品比較時，最適條件的 SN 比是 0.07db，靈敏度是 0.88db，只略為超出，在機能性此面，可以確認與 B 公司產品有同等以上的設計條件。

6.帶來機能性改善的結果

圖 12-20 是說明將最適條件、現行條件、B 公司產品的實驗結果所繪製而成的圖形。

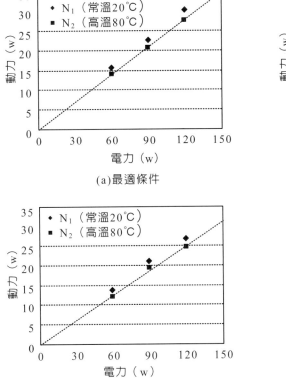

(a)最適條件　　(b)現行條件

(c)B公司產品

▲圖 12-20　最適條件、現行條件、B 公司產品中之實驗結果的比較

依據圖 12-20，可知利用參數設計所選定的最適條件，對雜音所列舉的環境溫度的穩健性較高，相當於馬達效率的靈敏度也較高。特別是，靈敏度大幅超過作為目標的 B 公司產品。由以上知，此次的產品開發應用參數設計，謀求機能性的提高之餘，能源變換效率極高的小型直流馬達的開發也是成功的。並且，如圖 12-3 的 P 圖所示，如果能源變換效率高時，成為輸入的電源，即可更為有效率地變換成動力。因之，被振動、噪音、發熱等的弊害項目所消耗的能源必然減

少，也可期待弊害項目的改善。因此，就最適條件、現行條件、B 公司產品的 3 種方式，讓馬達達到一定運轉時測量音壓，如圖 12-21 所示。

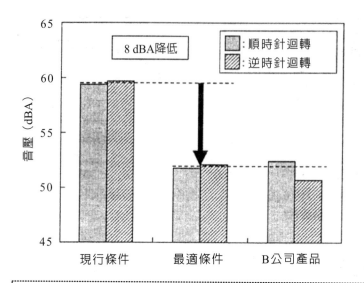

▲圖 12-21　音壓的比較結果

此結果，得以確認最適條件的音壓，從現行條件大約降低 8db。並且，此值與作為開發目標的 B 公司產品之音壓同等，以小型直流馬達來說，達成了最高水準的安靜性。由以上來看，如同 "To get quality, don't measure quality（如想要品質好，就不要測量品質）" 所說的，如想使噪音的品質變好，不是評估噪音本身，評估、改善馬達的機能性是有效的，此事獲得了證實。

Tea Break

　　二次戰後，日本進行戰後重建時，面臨高品質原料、生產設備和有技術之工程師等嚴重短缺的問題。在此惡劣條件下，生產高品質產品與不斷改善品質便成為一項具有挑戰且急需解決的問題。1947 年，日本為了解決通信品質低落的問題，成立電器通信實驗室（Electronic Communication Laboratory），初期規模與預算不如美國貝爾實驗室。在資源不足、缺少高品質機台下，只有靠著調整機台參數設定來提升交換機生產的品質。在 1949 年，田口玄一（Genichi Taguchi）博士於日本電器通信實驗室工作時，發現傳統實驗設計方法在實務上並不適用，逐漸發展了「品質工程」的基本原理。利用此方法，生產了高品質的交換機。田口所發展的是一透過實驗進行系統參數最佳化設計的方法，重視實際的應用性，而非以困難的統計為依歸，田口方法是用來改善品質的工程方法，在日本稱之為品質工程（quality engineering）。

　　田口方法自發明至今，已受到全世界（工業界與學術界）的肯定與尊崇。

第13章　聯合分析

13.1　何謂聯合分析

從許多要因的組合所構成的商品，對於它的偏好程度以順序關係加以設定時，估計各個要因的效果以及它的同時結合尺度（許多要因之組合所決定的偏好程度等稱為：conjoint scale）是**聯合分析**（conjoints analysis）的目的。

就許多商品的偏好提出詢問時，與其直接詢問喜歡的程度，不如採取「最喜歡何種產品？」「其次是哪個產品？」……的問題較為輕鬆。利用此種詢問所得到的數據，稱為「序列尺度」的數據或「順序數據」。其次，商品的**偏好**（preference）取決於商品的形狀、式樣、價格等，解析此種各個因素對判定該商品的偏好影響之手法，即為聯合分析。

一般的**聯合分析**有如下的特徵：

1. 藉著探尋商品的偏好。

2. 為什麼該產品會被喜歡？可以了解各要因的影響度。

3. 它的數據即為各商品的偏好順序。

像這樣，受試者的回答以順序所提供的數據，其解析雖然在心理學等種種領域中發展著，但在消費者研究或行銷研究的領域中，以分析有關評價偏好的手法來說，從很早起即一直受到注意。

在行銷研究的領域中，就對象（商品等）的屬性〔像大小、重量、式樣等商品加上特徵的要因，稱為**屬性**（attributes），詳細情形參照 13.2.2 而言按各個不同水準引進對應的效用值，將此手法定義為聯合分析之情形居多〕。並且，該效用值並非是各個屬性的偏好，而是就「整個屬性」的商品或假想商品，基於整體偏好程度的數據加以評價。

最近，不限於行銷，在許多領域中也都利用聯合分析。雖然有相同的聯合分析之名稱，其中卻也存有許多差異。找出能包涵所有一般性定義相當不易。可是，關於聯合分析的定位，可以整理成圖 13-1。

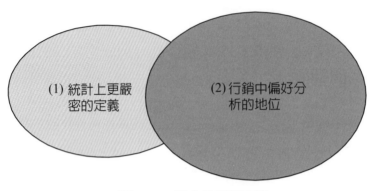

▲圖 13-1　聯合分析的定位

13.2　構想的評估

13.2.1 構想的測試

關於新商品的創意發想，可歸納為「商品特性」、「商品圖像」，雖然可以稱為「**商品構想（product concept）**」，但並非它的一切都能商品化。

利用「發想法」所得到的構想，首先要斟酌是否能為消費者所接受。為了使這些構想得以商品化，進入下階段時，就需要品質展開或經濟性評價等甚花費用的作業。並且，此步驟越是往下進展就越需要花費成本，因此，設法只留下已加以嚴選的構想甚為重要（參照圖 13-2）。可是，在選別作業的途中，被捨棄的創意真的毫無幫助嗎？慎重考慮也是非常重要的。如果其他公司根據所捨棄的創意與類似的構想進而推出商品上市，它也有成為熱門商品的時候吧！

此處，將所提出的創意選別過程與各階段所留下的創意數關係，表示成圖 13-2。在圖上對於每一件創意及根據該創意所完成的商品（包含試製品或構想圖等），其各階段的費用也一併表示。

此新商品開發的各過程並不一定非照此順序進行不可，任何一個階段都需要讓消費者來評估構想才行。此時，如果根據各個構想而開發的試製品或精密的模型時，消費者的評價即可更為確實。另外，製作此種精密模型等使構想具體化，需要甚多的費用與時間，因此，事前必須先將構想的數目加以某種程度的精選。

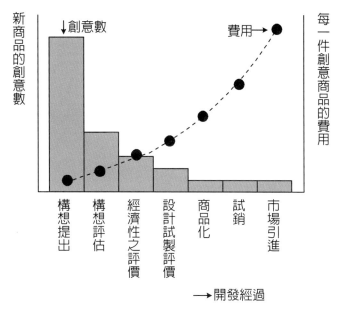

▲圖 13-2　創意過程之各階段所留下的創意數

　　亦即，在製作品質表之前進行構想的評價再加以精選時，即可省去對多數構想進行品質展開的時間。可是，利用**品質表**將構想具體化的階段中，也要參考消費者的評價，依據由品質表所得到的「**圖像素描（image sketch）**」來向消費者提示，以寄望消費者的評價。

　　像這樣，將所提出的構想利用關鍵語或形象素描來表示商品的特徵，以評估該價值的一個方法，即為本章所要解說的「**聯合分析**」。

13.2.2 商品的屬性與水準

　　決定商品價值的要因，此處稱為「**屬性（attribute）**」。譬如，談到「含有維他命 C、有水果口味的飲料，其價格為 200 元」時，則含有維他命 C 之有無、口味、價格即為此飲料的商品屬性。該屬性如何加以設計呢？具體表示的用語或數值稱為「**水準（level）**」。譬如，有關此「口味」屬性的一個水準即為「水果口味」，另外有關價格的一個水準即為「200 元」。

　　前面提到的商品屬性之想法，並不光是有形的產品，對於服務也能適用。譬如，就旅行業者所提供的配套旅行（package tour），決定旅行商品之價值的要因，可以想到旅行去處、旅行目的、日數、價格等。接著，此配套旅行商品之構

想可以用「旅行去處」、「旅行目的」、「日數」、「價格」……之類的屬性來記述。各屬性又可按水準別來畫分,譬如,旅行去處可分成「歐洲」、「美國」2 水準,旅行目的分成「風景之旅」、「藝術之旅」2 水準……之類來記述。圖 13-3 是說明它的一個例子。像這樣將各屬性的水準加以組合,可以將浮現該商品圖像的商品記述(列出關鍵字也行)稱為「**屬性輪廓(attribute profile)**」。

1. 屬性:決定商品價值的要因。
2. 水準:具體記述屬性條件的內容。

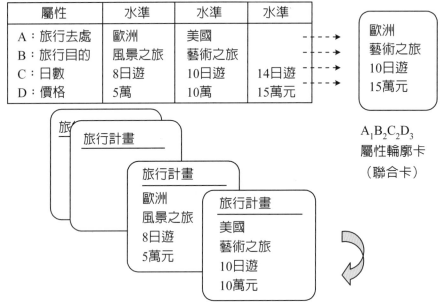

▲圖 13-3　配套旅行商品的構想例與屬性輪廓卡

13.2.3 偏好的評價與商品的價值

商品的偏好是由該商品輪廓(product profile)中的屬性水準與該組合所決定。可是,明確了解此事然後再判斷是否購買的大概不多。譬如,詢問購買某飲料的人為何購買該飲料,能明確回答理由的人並不太多。

可是,對於從事新飲料開發的企劃負責人來說,就想了解「為什麼」。亦即,需要填入品質表的具體屬性與它的水準,提供此回答的一個分析手法正是聯合分析。

此處，就與商品偏好有直接關係的商品價值加以考慮。在價值工程（VE）中，價值是以「價值＝機能／價格」來定義，以消費者購買商品具有的機能來掌握的居多。

在行銷學中，大多將**價值**（value）與**效用**（utility）區分處理，並以如下兩個定義加以考慮：

1. 依據消費者的評價基準，商品的整體性需求之充足度即為「價值」。許多時候，價格也可想成是一個屬性。

2. 依據消費者的評價基準，商品的整體性需求之充足度稱為「效用」，將此效用除以價格即為「價值」。亦即，與 VE 的情形相同，對商品效用而言，價格的低廉便宜即為價值。

聯合分析是為了評價各屬性對商品之效用的貢獻而加以使用。此外，在價格與其他重要屬性之「**權衡分析**」（trade-off）中，也可以適用聯合分析，因此，採用上記 1. 的定義較為方便。在一般性的聯合分析中，對消費者需求之充足度稱為「**整體效用**」（total utility）。其次，將影響商品偏好之各個屬性的效果分離求出時，各屬性的效用稱為「**部分效用**」（part worth）。從整體效用的評價結果估計部分效用之手法，也可以稱為聯合分析。

1. 全體效用：針對商品需求的充足度。
2. 部分效用：各商品屬性的效用。

13.2.4 順位數據

以一般統計解析的對象來說，容易處理的數據是計量值或計數值的數據。可是，測量商品的偏好程度時，使用此種計量值表示其程度並非易事。對於商品 A 與 B 而言，雖能正確說出何者較為喜歡，但偏好程度的差異是多少，或者像「歐洲旅行」是「美國旅行」的幾倍喜歡，若要在計量上表現它的程度，一般甚為困難，因為對於此種「感覺性」數據而言，它「尺度」的原點或刻度的間隔並不明確地存在。

關於此種感覺性數據而言，利用順位數據來測量，大多能正確地表現受試者的評價。

13.3 偏好的模式

13.3.1 消費者行為的模式

基於消費者行為的理論所建立的消費者行為之模型，即為「消費者行為模式」，有利用文件或流程圖加以記述，也有以數式來表現的，或是綜合處理「需要性認識」、「資訊探索」、「替代案評估」、「購買決策」、「購買後行動」的整個消費者行為階段之模式，也有只以某個特定階段詳細記述的模式。

為了理解聯合分析，需要將消費者行為的分析手法之發展經過，予以適度地掌握，特別是在替代案評價中的許多模式，均是與聯合模式有密切的關係。

試著針對消費者對商品的選擇或偏好進行判斷時，就思考過程中所採用的許多模式加以細想看看。此處把消費者所想到的「物」的整體，稱為「想起集合（evoked set）」。對於由此「想起集合（對象商品群）」內的各品牌（替代案）而言，消費者有可能基於該商品的機能等重要的商品屬性進行評價，記述此時的思考過程者，即為「替代案評價」模式。

首先，以商品屬性的觀點來分類模式。譬如，以汽車的屬性來說，有價格、性能（引擎馬力）、燃料費、式樣、安全性、高速安定性、裝潢的豪華等不勝枚舉。其中，引擎馬力如果夠大的話，即使燃料費少許貴些也無妨，可以用另一屬性彌補某一個屬性的不足之模式，稱為「補償型模式」。另外，以最重要的屬性選擇品牌，該屬性不足的部分無法以其他屬性來彌補之模式，則稱為「非補償型模式」。

試以「補償型模式」中較具代表的「期待價模式」來說明。某消費者對品牌 j 而言，態度分數（偏好的程度）S_j 可以用如下（13-1）式來表示。

（偏好的程度）＝ S（屬性 i 的重要度）（就屬性 i 而言該品牌 j 的評分）

$$S_j = \sum_{i=1}^{n} w_i b_{ij} \tag{13-1}$$

w_i：屬性 i 的重要度

b_{ij}：就品牌 j 來說，屬性 i 的評分即消費者的信念

n：重要屬性的數目

式（13-1）的模式就品牌 j 而言，是屬性 i 之評分的加權平均。就所有的屬性而言，在理想的情形下，如能使 b_{ij} 的值增大，再予以設定等級時，S_j 最大的品牌即為理想的品牌。

以「非補償型模式」的代表來說，可以列舉如下的模式：

1.結合模式

就重要屬性 i 而言，評分 b_{ij} 在某基準以下的品牌 j，在選定時不列入考慮而予以刪除的方法。

2.分離模式

就重要屬性 i 而言，選擇評分 b_{ij} 在某基準以上的品牌 j 之方法。

3.檢索模式

首先利用最重要的屬性選擇品牌，就該屬性 i 而言，其評分 b_{ij} 之值相同的品牌有數個產生時，利用次重要的屬性選擇品牌，然後重複此操作之方法。

此處，就購買汽車來說，基於某人的個人判斷，屬性（引擎馬力、燃料費、式樣）的評分 b_{ij} 與屬性 i 的重要度 w_i，其值假定如表 13-1 所示。

▼表 13-1　對汽車屬性的消費者評分與重要度

車　　種	消費者的評分 b_{ij} 之值		
	（i = 1） 引擎馬力	（i = 2） 燃料費	（i = 3） 式樣
A（i = 1） B（i = 2） C（i = 3） D（i = 4）	8 10 9 9	9 6 7 9	8 10 7 6
屬性的重要度 w_i	0.3	0.5	0.2

（註）屬性的評分以最高 10 分、最低 0 分來設定等級。

以「想起集合」來說，分別為 A，B，C，D，4 種車種。就此人對各屬性的重要度來說，燃料費最為重要，其次是引擎馬力，最後是式樣。另外，重要度

w_i 的等級設定，應注意其合計為 1.0。

在品牌選擇上採用結合模式，就重要度最高的燃料費來說，如果不選擇評分在 8 分以下的車子時，那麼 B 車與 C 車就落選了。

在檢索模式中對重要度最高的燃料費而言，首先選擇評分較高的燃料費而言，首先選擇評分較高的 A 車與 B 車；其次就重要度屬第 2 高的引擎馬力比較評分時，由於 A 車比 D 車高，因之最終選擇 D 車。

其次，試計算（13-1）式所表示之期待價值模式中的態度分數。

A 車的分數：$0.3 \times 8 + 0.5 \times 9 + 0.2 \times 8 = 8.5$

B 車的分數：$0.3 \times 10 + 0.5 \times 6 + 0.2 \times 10 = 8.0$

C 車的分數：$0.3 \times 9 + 0.5 \times 7 + 0.2 \times 7 = 7.6$

D 車的分數：$0.3 \times 9 + 0.5 \times 9 + 0.2 \times 6 = 8.4$

結果，A 車的態度分數為 8.5，D 車的分數為 8.4。依據期待價值模式，最後選擇 A 車。

13.3.2 偏好的模式

挑選對象（商品等）時之喜好程度，稱為「偏好（preference）」。定量性表示此偏好的方法之一，即為前節所說明的期待價值模式。此最單純的模式是以如下所表示的加法如下所表示的加法模式，即

$$（偏好的程度）＝\sum（屬性 i 有關的效用）$$

在式（13-1）之類型的模式中，如表 13-1 所示的各屬性之水準評分與該屬性的重要度，大多直接詢問受試者。在此期待價值模式，由於是以受試者所回答之各屬性的價值予以累積來求商品整體的效用，所以也稱為「合成模式」。

相對地，在聯合分析中，一開始就不是以各個屬性，而是以屬性所組合的商品詢問受試者的偏好，基於該結果再估計各屬性具有的效用。像這樣在聯合分析中，與商品有的各屬性重要度與屬性相互間的關係，對於受試者（消費者）來說是如何感覺，即可以分解方式加以檢討，所以也稱為「分解模式」（參照圖 13-4）。

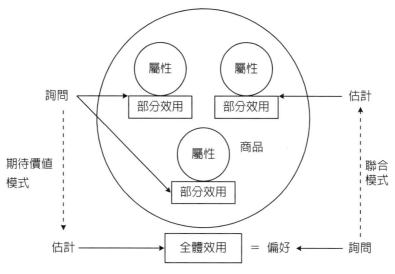

▲圖 13-4　期待價值模式與聯合模式之關係

13.3.3 聯合模式

　　由受試者對各構想的評價，如果能以一般性的計量值數據取得時，利用通常的迴歸分析等種種手法，即可估計「**部分效用值**」。另一方面對各構想的評價，如果給予的是順位數據時，利用單調迴歸分析 * 等的手法求部分效用值，也是需要的步驟。此處就聯合分析的想法簡單說明。

　　所謂聯合分析是以偏好的程度及商品的各屬性水準當作輸入資料，估計各屬性水準對偏好之影響度（此稱為部分效用值）的一種數學模式。

　　此處，就提示給各受試者的所有商品來說，將各屬性水準的資訊加以整理做成矩陣者，稱為「**設計矩陣**」。在此設計矩陣中，某商品的某屬性相當於該水準的設定值時，即為「1」；否則即為「0」。受試者的回答是各商品偏好的排名值，因此，如將此順位的倒數數值當作分數來採用時，則效用值越大、分數也會越大，所以容易理解（越喜歡，分數的值即越大）。

　　此處，以簡單的例子來說明聯合模式。受試者想從旅行計畫當中選擇中意的計畫時，調查他是重視哪一個屬性，以及希望該屬性的哪一個水準。將 6 種旅行計畫以卡片來表示，按偏好的順位記上分數，結果如表 13-2。接著，將此意見調查（表 13-2）的分數排列稱為**偏好向量 Z**，整理記入到卡片上的各屬性與水

* 單調迴歸（monotonic regression）是迴歸分析的一種，說明參 13.3.5 節。

新產品開發與分析法

準，即如表 13-3，此稱為設計矩陣 D。

設計矩陣 D 的值，在聯合分析的卡片製作時即已決定。在許多聯合分析軟體（SPSS conjoint）中，可以自動製作。

▼表 13-2　旅行計畫的偏好順位

（旅行日數）	（旅行去處）		
	夏威夷	西海岸	香港
6日	③ 4	① 6	⑤ 2
4日	④ 3	② 5	⑥ 1

①……⑥
1, 2, ……, 6 的順序表示分數越高者越喜歡。

▼表 13-3　對應旅行計畫（表 13-2）的設計矩陣

卡片號碼	設計矩陣					順位
	d1 夏威夷	d2 西海岸	d3 香港	d4 6日間	d5 4日間	
①	0	1	0	1	0	6
②	0	1	0	0	1	5
③	1	0	0	1	0	4
④	1	0	0	0	1	3
⑤	0	0	1	1	0	2
	0	0	1	0	1	1

$$Z = \begin{bmatrix} 6 \\ 5 \\ 4 \\ 3 \\ 2 \\ 1 \end{bmatrix} \quad D = \begin{bmatrix} 0 & 1 & 0 & 1 & 0 \\ 0 & 1 & 0 & 0 & 1 \\ 1 & 0 & 0 & 0 & 1 \\ 1 & 0 & 0 & 1 & 0 \\ 0 & 0 & 1 & 1 & 0 \\ 0 & 0 & 1 & 0 & 1 \end{bmatrix} \quad b = \begin{bmatrix} b_1 \\ b_2 \\ b_3 \\ b_4 \\ b_5 \end{bmatrix}$$

偏好向量 Z 之值是將受試者觀看卡片所回答順位的逆順位之數值，當作分數輸入到電腦中，然後輸出所得到的資訊，即為部分效用係數 b。

$$b = \begin{bmatrix} 2 \\ 4 \\ 0 \\ 2 \\ 1 \end{bmatrix}$$

　　根據此結果，旅行去處「夏威夷」的部分效用為 2，「西海岸」為 4，「香港」為 0，旅行日數「6 日」為 2，「4 日」為 1，由此可知受試者最喜歡的旅行去處是「西海岸」，期望「6 日」甚於「4 日」。像這樣就各屬性來說，希望哪一水準的此種問題答案，即可從部分效用係數之值求得。

　　此部分效用係數之值的估計結果，如圖 13-5 所示。基於此部分效用值計算全體效用，若加上順位時，如表 13-4，即可重現表 13-3 的數據。

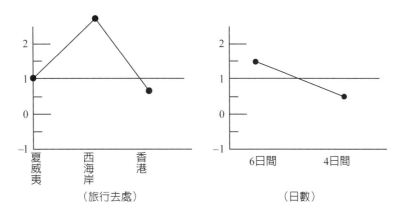

（設法使各屬性的部分效用值之和成為零）

▲圖 13-5　旅行計畫之部分效用值的計算結果

▼表 13-4　利用部分效用值所求出的偏好（整體效用）

常數項 $b_0 = 3.5$		旅行去處		
		夏威夷 $b_1 = 0$	西海岸 $b_2 = 2$	香港 $b_3 = -2$
旅行日數	6 日 $b_4 = 0.5$	4	6	2
	4 日 $b_5 = -0.5$	3	5	1

此處就上述情形再進一步解說。

13.3.4 偏好的模式

與對象（商品等）偏好有關的各屬性水準設為 x_p，而受試者對各屬性的個別評價設為 s_p，各屬性的比重設為 w_p，此時，偏好（喜好的程度）S 的最單純模式可以表示成如下的**向量模式**：

$$S = \sum s_p w_p \ , \ s_p = g(x_p) \tag{13-2}$$

此處 g(x) 是表示各別評價的函數。屬性 p 的水準有最適值（理想點）x_{p0} 時，式（13-2）變成了 $w_p(x_p - x_{p0})^2$，的模式，此即為**理想點模式**。另外，**部分效用函數**（part worth function）設為 $f_p(x_p)$ 時，偏好 S 可以表示成：

$$S = \sum f_p(x_p) \tag{13-3}$$

此處，在式（13-2）類型的模式中，如表 13-1 所示，將屬性的各水準評分與該屬性的比重（重要度），直接詢問受試者的也不少，此種模式也稱為**期待價值模式**，在消費者研究中位於建立多屬性模式的核心。此期待價值模式由於是累積受試者所回答的各屬性價值而後求出產品的整體效用，所以也被稱為**合成性**（compositional）模式。

相對地，在聯合分析方面，最初先詢問受試者有關產品偏好的整體效用，再基於它的結果，估計各屬性具有的部分效用。像這樣在聯合分析方面，對於商品各屬性的重要度及屬性的相互間關係，受試者（消費者）是如何感受的，即可**分解式地**（decompositional）予以檢討。

13.3.5 聯合模式

依據受試者對各構想的評價，如能以一般性計量值數據獲得時，以通常的迴歸分析等各種手法即可估計部分效用值。

另一方面，對各構想的評價如以序數尺度（順位數據）加以設定時，利用如下所示的單調迴歸分析等求部分效用值，也是必要的步驟。

　　對於順序數據 $y_1, y_2, \cdots, y_n$ 來說，第 i 個與第 j 個順序如為 $y_i < y_j$ 時，對於 $y_i \rightarrow z_i$，$y_j \rightarrow z_j$ 的變換，加上 $z_i < z_j$ 的條件，即可假定以 z 為目的變數的模式。此處 z_i 是實數，此種變換稱為**單調變換**。

　　針對以序數尺度所測量的偏好之單調變換值來說，如在式（13-3）中套上線形之部分效用函數時，即可得出式（13-4）。

$$z_i = \sum f_p(x_{pi}) = \sum \beta_p x_{pi} \qquad （13\text{-}4）$$

　　此處為了使 z_i 的適合度最大（或使不一致度最小），在 $y_i \rightarrow z_i$ 變換下求迴歸係數 β_p 的手法，稱為**單調迴歸分析**。

　　說明變數 x 如為連續量時，雖然只是表示因子，但是在一般聯合模式中是利用所謂「設計矩陣」統一加以處理。在設計矩陣中，即使說明變數是連續量，也不使用該屬性之值（長度、重量、價格等）而換成「0」「1」的數據；「0」「1」只是表示是否符合第幾個水準而已。

　　與單調迴歸中之迴歸係數向量 β 相當之偏好模式的母數 b，稱為部分效用係數。此時，偏好向量 Z（間隔尺度的數據或序數尺度之數據的變換值）是以式（13-5）表示。

$$Z = D \cdot b \qquad （13\text{-}5）$$

　　此處，設計矩陣是 $D = [d_{ij}]$，當對象 i 相當於某屬性的某個水準 j（各屬性的水準數合計設為 M, j = 1, 2, $\cdots$, M）時，$d_{ij} = 1$，若不然，則為 $d_{ij} = 0$。此種模式稱為偏好的線性模式。在一般聯合模式中，只處理主效果，忽略交互作用。

　　受試者就第 i 個商品（商品卡）的回應（response）如設為 y_i 時，即為

$$\hat{y}_i = \beta_0 + \sum u_{ij} \qquad （13\text{-}6）$$

　　部分效用值 u_{ij} 是利用第 j 個條件的部分效用係數乘上設計矩陣的要素值來求，即

$$u_{ij} = b_i d_{ij} \qquad\qquad (13\text{-}7)$$

以受試者的回答 y_i 之值來說，如將原順位之逆順位的數值當作分數採用時，由於效用值 u_{ij} 越大，分數也就越大，所以容易了解（越喜歡，分數之值就越大）。

此處以卡片表示 6 種旅行計畫，讓受試者按喜歡的順序打上分數，結果即成為表 13-2。基於此意見調查（決定卡片的順位）的結果，製作設計矩陣時即如表 13-3。將此分數排列後之偏好向量 Z、設計矩陣 D 以及部分效用係數向量 b 的各變數值，即為如下。

$$
Z = \begin{bmatrix} 6 \\ 5 \\ 4 \\ 3 \\ 2 \\ 1 \end{bmatrix}
\qquad
D = \begin{bmatrix} 0 & 1 & 0 & 1 & 0 \\ 0 & 1 & 0 & 0 & 1 \\ 1 & 0 & 0 & 0 & 1 \\ 1 & 0 & 0 & 1 & 0 \\ 0 & 0 & 1 & 1 & 0 \\ 0 & 0 & 1 & 0 & 1 \end{bmatrix}
\qquad
b = \begin{bmatrix} b_1 \\ b_2 \\ b_3 \\ b_4 \\ b_5 \end{bmatrix}
$$

利用此求解式（13-5），即可求出 b。

$$
b = \begin{bmatrix} 2 \\ 4 \\ 0 \\ 2 \\ 1 \end{bmatrix}
$$

13.3.6 偏好順位的重現

在一般聯合分析軟體中，如將**聯合卡**（conjoint card）的順位輸入時，即可輸出各屬性的部分效用值。譬如，就表 13-2 中各卡片的順位，以逆順位的數值（分數）輸入時（第 1 位的卡片①之分數設為 6，第 2 位的卡片②之分數設為 5，……，第 6 位的卡片⑥之分數設為 1），即可得到聯合模式的解 b 之值，此事已在 13.3 節中有所說明。亦即，旅行去處「夏威夷」的部分效用係數 $b_1 = 2$，

旅行去處「西海岸」的部分效用係數 $b_2 = 4$，……，旅行日數「4 日」的部分效用係數 $b_5 = 1$。

　　至於旅行計畫的卡片①之全體效用，由於是「西海岸 6 日遊」，所以 $b_2 + b_5 = 4 + 2 = 6$。另外，在卡片②方面由於是「西海岸 4 日遊」，所以 $b_2 + b_5 = 4 + 1 = 5$，……，以及在卡片⑥方面由於是「香港 4 日遊」，所以 $b_3 + b_5 = 0 + 1 = 1$，……。實際上，利用式（13-6）、（13-7），卡片①的整體效用，可計算如下：

$$y_i = \sum u_{ij} = \sum d_{ij}b_j = 0 \times b_1 + 1 \times b_2 + 0 \times b_3 + 1 \times b_4 + 0 \times b_5$$
$$= 0 \times 2 + 1 \times 4 + 0 \times 0 + 1 \times 2 + 0 \times 1 = 6$$

　　亦即，在設計矩陣中將對應「1」之列的部分效用係數 b_j 相加時，可得知該卡片（聯合卡）的全體效用分數（偏好順位之逆順位數值）。

　　即使將此值予以定數倍或加上定數，也可使表 13-2 的順序重現。因此，就各屬性使不同水準的部分效用係數之合計成為 0 之下予以設定**等級**（scaling）時，就會很方便。在屬性「旅行去處」方面，由於 $b_1 + b_2 + b_3 = 2 + 4 + 0 = 6$，因此從所有的數據減去 $6 \div 3 = 2$，即為 $b_1 = 0$，$b_2 = 2$，$b_3 = -2$。同樣，在屬性「旅行日數」方面，由於 $b_4 + b_5 = 2 + 1 = 3$，所以從所有的數據減去 $3 \div 2 = 1.5$，得出 $b_4 = 0.5$，$b_5 = -0.5$；然後將各數據所減去的部分，即 $2 + 1.5 = 3.5$ 當作常數項 $b_0 = 3.5$。使用此安排設定等級後的部分效用向量時，像式（13-6）一樣，需要加上常數項。譬如，在旅行計畫的卡片①方面，計算如下：

$$y_i = b_0 + \sum d_{ij}b_j = b_0 + b_2 + b_4 = 3.5 + 2 + 0.6 = 6$$

　　像這樣，如計算出卡片②～⑥的整體效用時，如表 13-4 所示，可重現受試者的回答而加以確認。

　　另外，受試者的回答沒有一貫性時，或各屬性的水準間存在有特別相容的組合時，就無法嚴密地重現受試者的順位。像此種情形，不妨求出受試者偏好順位的逆順位之分數與聯合模式中所估計的整體效用之分數，亦即兩者之間的相關係數，而成為表示聯合模式之「適合度」好壞與否的指標，而此常使用 Kendall's tau 係數 τ 來表示。

13.4 數據收集的方法

13.4.1 聯合分析的數據

在聯合分析方面，是向受試者詢問各種商品的偏好，從中收集數據。此時，即使直接詢問有關商品的各個屬性，像「購買車子時，燃料費低較好嗎？」「價格便宜較好嗎？」大多是理所當然的回答。即使處於權衡關係（trade-off）之屬性來說，也只是回答「價格便宜而且品質要好」，相當不易說出「真心話」，因此需要好好設法才行。像此種情形聯合分析是有效的。

在聯合分析方面，有以下兩種情形：一是評價商品群（記述構想時也有屬性輪廓群之情形）分析個人感想的效用，以及分析數人平均感受的效用。在使用以 MONANOVA 作為代表的一般性單調迴歸分析之聯合分析模式方面，求出整個群的平均效用相當不易。因為只處理各個的偏好評價，所以數據也是每個人的加以收集、解析。另一方面，使用最多的最小平方法之聯合分析軟體方面，利用複數的受試者合計順位數據並加以處理的情形，也是可行的。

在聯合分析的數據收集方面，首先要考慮成調查對象的受試者之選取方式是否妥當？詢問項目的數目（加上順位的屬性輪廓群數）是否太多而造成受試者的負擔，這都是要非常注意的。

13.4.2 數據的收集方法

在聯合分析中所使用的數據收集方法有：(1) 全概念法（full concept）；(2) 二因子一覽表法；(3) 一對比較法；(4) 評分法等。

在這些數據收集方法之中，使用較多的是 (1) 全概念法與 (2) 二因子一覽表法。所謂**全概念法**，是將記述商品屬性之卡片與印象圖向受試者提示，讓他提出順問的方法（參圖 13-6）。在全概念法中，即使屬性的數目甚多，透過使各屬性（對應實驗計畫法中的因子）直交的配置，即可以減少屬性個輪廓數。

公寓 1
離車站：5 分
房屋面積：60m^2
停車場：有

公寓 2
離車站：10 分
房屋面積：80m^2
停車場：有

公寓 3
離車站：10 分
房屋面積：60m^2
停車場：無

公寓 4
離車站：5 分
房屋面積：60m^2
停車場：無

▲圖 13-6

　　二因子一覽表法也稱交替法，此即在與二因子分割表相同形式之表中，讓受試者提出偏好順序之方法。本方法如圖 13-7，若想調查的屬性是 2 個時（在公寓的例子中，即為離車站的距離與房屋面積），或許是妥當的詢問量（屬性輪廓數）吧！可是，除此之外如停車場有無、建築物之層數、建築年數、窗的大小等屬性增多時，加上順位的作業變得非常煩雜，並不太實用。

　　另外，直接詢問受試者對各個商品的偏好，讓受試者以間隔尺度（非常喜歡、喜歡、普通、討厭、非常討厭等）回答之評分的採用，則有增加的傾向。

		房屋面積		
		60m^2	70m^2	80m^2
離車站	5 分	7	3	1
	10 分	8	5	2
	20 分	9	6	4

▲圖 13-7　有關公寓的二因子一覽表例

　　一對比較法是從多數的屬性輪廓中向受試者提示每兩個，讓受試者回答覺得哪一個比較好的方法。採用一對比較法的例子有 Sawtooth 公司的**適應性聯合分析**（adaptive conjoint analysis）。

全概念法如考慮與現狀諸多軟體的對應時，是實用性最高的方法。另外，順位的下位資訊並不重要，所以也有要求受試者只對一部分之上位訂出順位的方法。

13.4.3 在全概念法中的直交表利用

利用發想法所得到的構想比其他類似的構想，是否較受到消費者的喜歡？以及哪一個屬性對消費者的偏好判斷產生甚大的影響呢？調查此種課題時，雖然可以用聯合分析，但對象商品的構想，如設定特徵的屬性數目增多時，要如何設計問卷（大多時候是屬性輪廓卡片），即為重要的問題。

譬如，表 13-5 有 5 個屬性時，儘管所有屬性的水準數均為 2，就需要製作屬性輪廓卡共 $2^5 = 32$（張），然後要求受試者在屬性輪廓卡中，按偏好的順位從 1 位～32 位加上順位。可是，以現實問題來說，充分理解第 25 位與第 26 位之差異後決定順位，是相當不容易的。亦即，將多數的（20～30 張以上）卡片要求受試者加上順位，不僅讓受試者感到疲勞，也會降低調查結果的可靠性。

▼表 13-5　配套旅行商品的構想

屬性	水準 1	水準 2
A：旅行去處	歐洲	美國
B：旅行目的	風景之旅	藝術之旅
C：日數	8 日遊	10 日遊
D：價格	5 萬元	10 萬元
E：住宿旅館	三星級	四星級

像這樣如使用直交表時，即可有效率地估計各屬性的效果。直交表中之表 13-6「上側」表示屬性的種類，「左側」表示卡片號碼，「內側」表示各屬性的水準。所謂直交表是指對任何屬性而言，各水準的實驗均能以相同次數實施所規劃的實驗方法，並且使用此直交表後，即可製作屬性輪廓卡。

在表 13-6 的 7 行直交表中，可以製作出能調查最多 7 個屬性的卡片，但儘可能將屬性數目控制在行數的 1/2～1/3 程度。亦即，在 7 行的直交表中，同時加以調查的屬性數目以 4～5 個程度即可。

使用直交表並製作屬性輪廓卡（也有稱為聯合卡）時，首先必須決定哪一行

要對應哪個屬性，此作業稱為「直交表上的屬性配置」。

表13-5之配套旅行商品的屬性，配置在7行的直交表例子，如表13-7所示。

▼表 13-6　7 行的直交表例

卡片號碼	屬性的號碼						
	1	**2**	**3**	**4**	**5**	**6**	**7**
①	1	1	1	1	1	1	1
②	1	1	1	2	2	2	2
③	1	2	2	1	1	2	2
④	1	2	2	2	2	1	1
⑤	2	1	2	1	2	1	2
⑥	2	1	2	2	1	2	1
⑦	2	2	1	1	2	2	1
⑧	2	2	1	2	1	1	2

▼表 13-7　在 7 行的直交表上分配配套旅行商品的屬性例

卡片號碼	屬　性						
	1 旅行去處	2 旅行目的	3 日數	4 價格	5 住宿	6	7
①	1	1	1	1	1	1	1
②	1	1	1	2	2	2	2
③	1	2	2	1	1	2	2
④	1	2	2	2	2	1	1
⑤	2	1	2	1	2	1	2
⑥	2	1	2	2	1	2	1
⑦	2	2	1	1	2	2	1
⑧	2	2	1	2	1	1	2

← 卡片 No.3

表 13-7 中未配置屬性之任一行，就照樣空著即可。表 13-6 及表 13-7 的內側所記載的 1～2 之數字是表示水準。譬如，卡片號碼 3 的屬性輪廓卡，表示旅行去處為水準 1（歐洲）、旅行目的為水準 2（藝術）、日數為水準 2（10 日遊）、

價格為水準 1（5 萬元）、住宿為水準 1（3 星級大飯店）。第 6 與第 7 行均未配置屬性，因此此型的水準數並不需要記載在卡片上，而卡片號碼 3 的旅行計畫即如圖 13-8。

(卡片號碼 3) 旅行計畫 No.3

旅行去處：歐洲

目的：藝術之旅

日數：10 日

▲圖 13-8　在直交表上對應卡片 No.3 的屬性輪廓卡

使用此直交表，關於 5 種屬性的屬性輪廓卡張數，即可從 32 張減為 8 張。而且，讓受試者對此 8 張卡片訂出順位，即可估計 5 個屬性的效果。

本章中假定各屬性沒有交互作用。所謂**交互作用**是指各屬性間特別存在性質相容之組合。譬如，旅行去處經常是歐洲比美國受到喜歡，天數是 10 天比 5 天受到喜歡時，就沒有交互作用。另一方面，某人雖然喜歡美國勝於歐洲，喜歡自然勝於藝術之旅，但是如果去歐洲的話，假定想走訪藝術之旅時，此人旅行商品的偏好即有交互作用。一般聯合分析的軟體，大多是假定沒有交互作用的分析手法。有關交互作用的分析請參照相關書籍。

13.4.4 聯合分析的部分效用值的估計方法

利用受試者回答的偏好程度 Z 與表示各屬性水準的設計矩陣 D，來估計部分效用係數向量 b 之估計法，依數據的收集方法而有不同，Green 等人即如下加以分類：

1. 目的變數（偏好）是序數尺度時：MONANOVA, LINMAP, JOHNSON；TRADE-OFF 法。
2. 目的變數為間隔尺度時：通常是最小平方（OLS）迴歸（偏好迴歸等）。
3. 有關選擇機率模式的一對比較數據時：LOGIT 模式、PROBIT 模式。

另外，有關 MONANOVA，LINMAP 的論文，不只是對單調變換值建議新的解析方法，並提示有具體的計算手法，對普及聯合分析在許多領域也有甚大的貢獻。此處在有關聯分析的實用性解析軟體之中，就利用實績較多的幾個方法，簡單加以介紹：

1. MONANOVA：以序數尺度所測量的偏好予以單調變換之值，與利用現行模式所計算之值，使其表示兩者差距的應力（stress）為最小之下以反覆計算求部分效用值。

2. TRADEOFF：將以序數尺度所測量的偏好向量值（順位之數值），直接以部分效用值的線形模式表示其不適合度指標，以反覆計算求出使之最小的部分效用值，但不求順位的估計值。

3. LINMAP：各對象（商品）的屬性水準與消費者所想的理想值之差，以各屬性的加權平均距離求之，在此距離與各對象（商品）的偏好（一對比較數據）不相矛盾的限制條件下，使商品距離差之合成為最小，再以線性計畫法求加權平均距離的比重係數。

Wittink 等人曾報告有關聯合分析之利用狀況，有關部分效用值之估計法的分類請參圖 13-9。

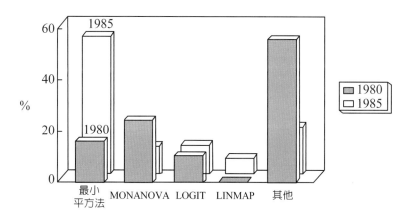

（出處：CattinandWittink, J.Marketing46, 53, 1989）

▲圖 13-9　聯合分析的部分效用值之估計法的分類

13.5 事例「上班族的活力果凍」的聯合分析

13.5.1 解析的步驟

首先，在聯合分析中想要調查的事項是「上班族的健康飲食品」之各屬性重要度與其最適水準的資訊。想調查的屬性有很多，如過於貪婪則會降低受試者回答的可靠性。有關屬性與水準，可參考小組面談（group interview）或意見調查的結果，如表 13-8 決定列舉的屬性與其水準。此處是利用全概念法收集數據，利用 MONACO 等的單調迴歸或最小平方法求部分效用值來說明。

▼表 13-8　聯合分析的因子與水準

	水準 2	水準 2
A：成分	以巴西可可為中心	維他命 C 為中心
B：口味	咖啡口味	水果口味
C：形狀	卵型	角型
D：式樣	成分擴散型	成分分離型
E：價格	200 元	400 元

像聯合分析軟體 SPSS conjoint 是能自由配置在直交表上的軟體，可用來決定好各屬性所配置之行。表 13-9 是所決定的配置。將此結果輸入個人電腦中，利用 SPSS conjoint 製作聯合卡，輸出結果如表 13-10 所示。

▼表 13-9　直交配列表上之配置與偏好位置

卡片號碼	1 行 A 成分	2 行 B 味	3 行 C 形狀	4 行 D 式樣	5 行 E 價格	6 行	7 行	M 小姐的 偏好順位
①	1	1	1	1	1	1	1	3
②	1	1	1	2	2	2	2	4
③	1	2	2	1	1	2	2	1
④	1	2	2	2	2	1	1	2
⑤	2	1	2	1	2	1	2	7
⑥	2	1	2	2	1	2	1	8

卡片號碼	1行	2行	3行	4行	5行	6行	7行	M 小姐的偏好順位
	A 成分	B 味	C 形狀	D 式樣	E 價格			
⑦	2	2	1	1	2	2	1	5
⑧	2	2	1	2	1	1	2	6

▼表 13-10　屬性輪廓（聯合卡）

卡片 No.1 中心成分：以巴西可可為中心 整體的口味：咖啡口味 形狀：卵型 2 成分的混合方式：成分擴散 1 箱的價錢：200 元	卡片 No.5 中心成分：以維他命 C 為中心 整體的口味：咖啡口味 形狀：直方體 2 成分的混合方式：成分擴散 1 箱的價錢：400 元
卡片 No.2 中心成分：以巴西可可為中心 整體的口味：咖啡口味 形狀：卵型 2 成分的混合方式：2 成分分離 1 箱的價錢：400 元	卡片 No.6 中心成分：以維他命 C 為中心 整體的口味：咖啡口味 形狀：直方體 2 成分的混合方式：2 成分分離 1 箱的價錢：200 元
卡片 No.3 中心成分：以巴西可可為中心 整體的口味：水果口味 形狀：直方體 2 成分的混合方式：成分擴散 1 箱的價錢：200 元	卡片 No.7 中心成分：以維他命 C 為中心 整體的口味：水果口味 形狀：卵型 2 成分的混合方式：成分擴散 1 箱的價錢：400 元
卡片 No.4 中心成分：以巴西可可為中心 整體的口味：水果口味 形狀：直方體 2 成分的混合方式：2 成分分離 1 箱的價錢：400 元	卡片 No.8 中心成分：以維他命 C 為中心 整體的口味：水果口味 形狀：卵型 2 成分的混合方式：2 成分分離 1 箱的價錢：200 元

　　將此聯合卡讓受試者看，為了讓受試者容易掌握印象，可描繪插圖。圖 13-10 是根據表 13-10 的輸出所製作的 8 張聯合卡。

　　在聯合分析中，受試者有 18 名，此處只是比較 8 張卡片，按「想要購買」的順序排列，想來並不怎麼困難。

接著是計算部分效用值。18 名的屬性評價也可利用一般的軟體求之，但此處利用 SPSS Conjoint 就每一位的偏好，說明解析的結果。

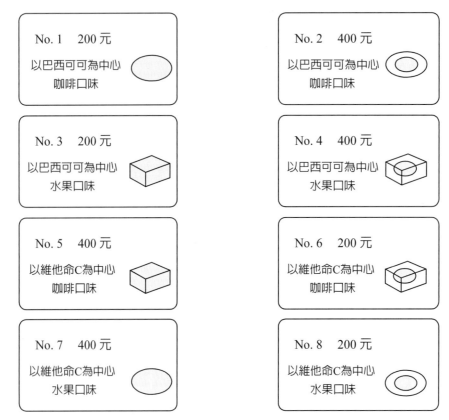

▲圖 13-10　「上班族的活力果凍」的聯合卡

每個人的評價略有些微的差異，但並無決定性差異，整體的解析結果也幾乎相同。此處試以標準的上班族、在都市銀行上班、年齡 27 歲的 M 小姐之偏好來分析。M 小姐的偏好順位，表示在表 13-9 的右側。

13.5.2 分析結果的看法

試就 M 小姐的偏好，稍加詳細地考察看看。首先，如將個人電腦輸出的部分效用係數值加以整理時，即如表 13-11。

就受試者的偏好，判斷哪一個屬性的影響較大，不妨從各屬性的水準之間，以部分效用係數的寬度（最大值減最小值）來看即可。

依據表 13-11 得知「上班族的活力果凍」之屬性，由於「成分」是 2 − (−2) = 4，「式樣」是 0.5 − (−0.5) = 1，所以「成分」比「式樣」的影響大。

▼表 13-11　M 小姐「上班族活力果凍」之偏好

屬性	部分效用係數		貢獻率	最適水準
	第 1 水準	第 2 水準		
A（成分）	2.005	−2.005	76.2	A₁（巴西可可為中心）
B（口味）	−1.002	1.002	19.0	B₂（水果口味）
C（形狀）	0.0	0.0	0.0	—
D（式樣）	0.501	−0.501	4.8	C₁（成分擴散型）
E（價格）	0.0	0.0	0.0	—

在許多聯合分析的軟體中，不用部分效用係數的寬度，如表 13-11，而以貢獻率*加以表示的也很多。觀察此結果，「成分」的貢獻最大，對偏好順位之分數而言，大約 76% 是受「成分」的影響。

就影響最大的屬性來說，調查哪一個水準最理想之問題，可以觀察部分效用係數之值。亦即，此值較大者即為最適水準。另外，將部分效用係數值，如圖 13-11，做成圖形的軟體也有很多。觀察圖 13-11 可得知「成分」的貢獻率最大，而最理想的水準是「以巴西可可為中心」。

然後，組合各屬性之最理想水準者，即為最適構想。對於「上班族的活力果凍」來說，M 小姐的偏好是「以巴西可可為中心」、「水果口味」、「成分擴散型」。形狀與價格不管是哪一水準均可獲得相同結果。此處要注意的是，在向受試者提示的輪廓（聯合卡）中，此理想水準的組合也有不存在的。而且，對於此種情形來說，最好再度傾聽受試者有關此組合的判斷。

此處，試著就 M 小姐的偏好進行分析，與剩下的 17 人相比，「成分」與「口味」的傾向雖然一致，但在「式樣」方面仍可看出不同的傾向。最後，將全員的數據合計，即可求出全體的部分效用係數。

* 貢獻率有使用全距的相對重要度表示，也有使用變異數表示相對重要度者。

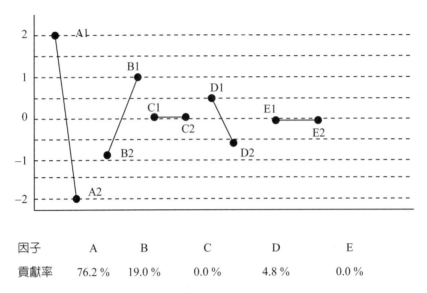

因子	A	B	C	D	E
貢獻率	76.2 %	19.0 %	0.0 %	4.8 %	0.0 %

▲圖 13-11　關於「上班族的活力果凍」的各屬性部分效用係數值與貢獻率

 Tea Break

　　聯合分析（conjoint analysis），早期稱為聯合衡量，是 1964 年由數理心理學家 R. Luce 和統計學家 J.Tukey 提出來的。1971 年由 P. Green 和 V. Rao 引入消費者行為研究領域，成為該研究領域內最重要的研究方法之一。1978 年 F. Carmone、P. Green 和 A. Jain 等人將聯合衡量改為聯合分析。

　　在理論發展過程中，套用性的研究占據了理論發展的主流，伴以漸進的理論性研究。這充分表明了聯合分析法在現實中的有效性。隨著該方法的廣泛傳播，其套用範圍從市場調研領域延伸到更廣闊的涉及選擇偏好的領域，涵蓋了金融、醫療衛生、農村消費、流通業、會展以及選舉等領域。據 Wittink 調查，在 1981～1984 年間，聯合分析法套用於商業研究的例子平均達 400 例。

第14章 約略集合論

14.1 特徵的掌握

在解說約略集合之前，想談談特徵的掌握。我們是如何區分友人與他人呢？如何區分中意的西裝與不中意的西裝呢？

人在區分對象（人或物）時，並非觀察所有的要素（屬性）後再判斷，而是掌握特徵來分辨的。掌握特徵即可「向同伴通知在人山人海中的友人」或「讓店員取出中意的西服」。

那麼特徵是什麼？以及人掌握特徵到底是掌握什麼？就此想想看。首先，在賦予特徵上列舉重要的特點時，是指「能完全與其他區別」及「儘可能是直截了當的資訊」。

譬如，「友人的 A 先生」假定是「戴上眼鏡」，「有白頭髮」，「個子高」的人。但 A 先生的身旁如有另一位戴眼鏡的 B 先生，有白頭髮的 C 先生，個子高的 D 先生時，就變得很難完全區別。此事當我們向某人說明群眾中的友人時經常碰到。此時，首先要考慮的是尋找只有 A 先生才有的外表上的要素，而且，儘可能直截了當的說明，設法掌握其他人所沒有的外表之要素。若能夠找出他人所沒有的要素，以要素組合來掌握他人所沒有的特徵，像「戴眼鏡且白髮……」之類，就能適切區分出友人與他人。

像這樣，利用語言記述對象，譬如「友人的 A 先生是一位戴眼鏡、有白頭髮、個子高」之類，列舉對象具有的性質（特徵）是經常採行的。在此例子中，知該對象是屬於「戴眼鏡」「有白髮」「個子高」的集合中的任一者。

日常所使用的用語中，像「白髮」「個子高」的表現所表示的那樣，是將對象就某屬性大略地分類。如要更正確地表現對象時，像「友人的 A 先生，是戴著茶色的眼鏡，頭髮的 82% 是白髮，身高大約 180cm」那樣，就要列舉出較多的性質。

粗略的記述具有無法充分鎖定對象的缺點。另一方面，仔細的記述因為精密地鎖定對象容易變成難以洞察本質之缺點，因此，事實上，取決於當時的狀況恰如其份記述的方式，可以認為是理想的。亦即，如其名稱所表示的那樣，約略集

合是在能適切鎖定對象集合的範圍內使資訊約略呈現，恰如其份求出對象集合的一種手法。

以上是有關掌握特徵的說明，想必可以讓你對約略集合具有某種程度的印象。

14.2 關於集合

在進入**約略集合**之前，就所需要的集合簡單說明。由集合 A 的一部分所構成之集合，亦即 A 的一部分之元素為其構成元素之集合，稱為集合 A 的部分集合，集合 B 是集合 A 的部分集合，記成 $B \subseteq A$。

空集合是不具元素的集合。原來不能說是集合，但基於數學上的方便所使用，以 ϕ 表示空集合。

聯集是以集合 A 與集合 B 的元素全體作為元素的集合，此以 $A \cup B$ 表示。交集（共同集合）是同時屬於集合 A 與集合 B 的所有元素的集合。此以 $A \cap B$ 表示。這些內容圖示時即為圖 14-1。

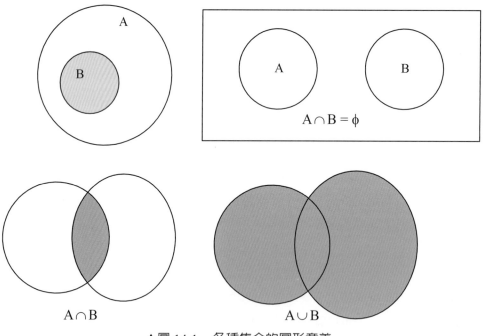

▲圖 14-1　各種集合的圖形意義

從圖 14-1 的圖形意義來看，想必可以理解，它表示以下 3 個集合的演算是成立的。

1. $A \cup A = A,\ A \cap A = A$。

2. $A \cap (A \cup B) = A$〔這是因為 $A \subseteq (A \cup B)$〕。

3. $A \cup (A \cap B) = A$〔這是因為 $A \supseteq (A \cap B)$〕。

對應以上的集合演算，約略集合的演算，是使用與此等有密切關係的邏輯演算。所使用的邏輯記號是 or 結合的「$\vee$」，以及 and 結合的「$\wedge$」。

以此記號將上述 3 個集合演算以邏輯演算改寫時，即成為如下。

1. $A \vee A = A,\ A \wedge A = A[A + A = A,\ A \times A = A]$。

2. $A \wedge (A \vee B) = A[A \times (A + B) = A]$。

3. $A \vee (A \wedge B) = A[A + (A \times B) = A]$。

將「$\vee$」換成 +，「$\wedge$」換成 ×，表示於右方的括號之中。以下的說明是為了更容易了解，主要使用加算與乘算來說明。

14.3 資訊表與縮減

以約略集合的應用上經常被使用的數據來說，舉出如表 14-1 所示的調查數據的例題，試著打開約略集合的心扉吧。首先，此表是針對許多的對象（汽車的樣本：S1, S2, … S6）表示屬性值數據的表，稱為資訊表。並且，位於表上端的「顏色」「造形」「車門形式」「形象」「前罩」稱為屬性。在表中的各屬性，像「彩色系」「有機式」等有各種屬性所選取之值（屬性值）。

▼表 14-1　汽車的調查數據（例題）

樣本	顏色	造形	車門形式	形象	前罩
S1	彩色系	有機式	2 門	個人的	貓臉
S2	彩色系	曲線式	2 門	輕便的	狗臉
S3	黑白系	曲線式	4 門	正規的	狗臉
S4	黑白系	有機式	4 門	個人的	貓臉
S5	黑白系	曲線式	4 門	個人的	狗臉
S6	彩色系	曲線式	2 門	輕便的	貓臉

　　表 14-1 的例題是將汽車的形態上的特徵當成各屬性所做成的。以各屬性的具體內容來說，首先，「顏色」是有關汽車的車體，它的屬性值有像鮮明顏色的紅或藍等的彩色系列，以及綜白、銀、黑等的黑白系列。其次，「造形」雖然最近的汽車以曲線式的樣式居多，但更強調它的有機式的汽車也有所見，因之將它們當作屬性值。另外，以汽車的代表性式樣來說，有「車門形式」，因之將 2 車門及 4 車門當作屬性值。接著，將汽車整體的形象大略分成「個人的」「輕便的」「正規的」三者，分別當作屬性值。「前罩」可以說是汽車的臉。因此，從設計者的觀點來看，車燈與層板的形狀與配置，可分成暗示表情強烈的貓臉與表情穩重的狗臉，將它們分別當作屬性值。

　　此處，將對象（樣本）全體的集合當作 U = {S1, S2, S3, S4, S5, S6}，屬性全體集合當作 AT =｛顏色、造形、車門形式、形象、前罩｝。

　　其次，為了容易說明，屬性全體集合 AT 的任意部分集合 A，取成 A =｛顏色、造形｝，將它表示在表 14-2 中。試從顏色與造形的屬性值來觀察樣本間的同值關係。

▼表 14-2　利用 2 個屬性的資訊表

樣本	顏色	造形
S1	彩色系	有機式
S2	彩色系	曲線式
S3	黑白系	曲線式
S4	黑白系	有機式
S5	黑白系	曲線式
S6	彩色系	曲線式

　　首先，樣本 S2 與樣本 S6，可看出各屬性所選取的值「彩色系」及「曲線式」是相同的。同樣 S3 與 S5 的「黑白系」及「曲線式」也是相同的。另外，S1 與 S4 中，屬性「造形」的「有機式」雖是相同，但屬性「顏色」卻是不同的，由此來看，同類值的集合即為如下：

$$\{\{S1\}, \{S2, S6\}, \{S3, S5\}, \{S4\}\}$$

　　這是以屬性的顏色與造形，將樣本視爲基本顆粒（basic granules），對屬性的集合 A ＝｛顏色、造形｝來說，它可稱之爲**基本集合**。

　　此結果是說明此部分集合 A ＝｛顏色、造形｝的屬性，無法個別地識別對象（樣本）。又譬如，部分集合當作 A ＝｛顏色、形象，前罩｝，調查 3 個屬性的同值類的集合。爲此做成表 14-3。

▼表 14-3　3 個屬性的資訊表

樣本	顏色	形象	前罩
S1	彩色系	個人的	貓臉
S2	彩色系	輕便的	狗臉
S3	黑白系	正規的	狗臉
S4	黑白系	個人的	貓臉
S5	黑白系	個人的	狗臉
S6	彩色系	輕便的	貓臉

　　如仔細觀察表 14-3 的各屬性所選取之值時，與先前的表 14-2 是不同的，對所有的對象（樣本）來說並不相同。亦即，同值類的集合是

$$\{\{S1\}, \{S2\}, \{S3\}, \{S4\}, \{S5\}, \{S6\}\}$$

可以完全識別 6 個樣本。

　　當然，以表 14-1 也能識別 6 個樣本，但不使用 5 個屬性，亦即只使用比它少的 3 個屬性也可識別樣本。另外，從基本集合的觀點來看，表 14-3 與表 14-1 可以說是相同的。

　　約略集合中，與資訊表中所提供的所有屬性的集合 AT 同等可以識別對象所需的最小屬性的部分集合稱爲「縮減」（reduction）。亦即，最初之資訊表的基本集合，與較少屬性的部分集合的資訊表的基本集合相同時，此部分集合即爲縮減。

　　一般來說，縮減大多存在有數個，因之再度仔細觀察看看。知屬性的部分集合｛車門形式，形象，前罩｝也可完全識別 6 個樣本，因之，它也是縮減。亦即，表 14-1 的資訊表的縮減有｛顏色，形象，前罩｝與｛車門形式，形象，前

罩}2 個。

　　像以上求縮減的想法，因為簡潔，因之即使大的資訊表如果有程式的知識時，使用電腦軟體（ROSE2）不用費力也可求出。

　　縮減的想法，想直接向使用者說明自己公司的產品與其他公司的產品有何不同時是很有效的。譬如，S1 是自己公司的汽車，其他的樣本是競爭公司的 5 家汽車時，從 {顏色，形象，前罩} 或 {車門形式，形象，前罩} 的 2 個屬性集合即可說明。

14.4 決策表與識別矩陣

　　其次，從不同於先前的資訊表的另一個觀點來考察。此不同的觀點是基於多變量分析的複迴歸分析的說明變數與目的變數的因果關係。資訊表並非數值，而是類別，因之將任一屬性中的一個當作目的變數，其他當作說明變數時，即與多變量分析的數量化理論 II 類成為相同的數據形式。關於數量化理論 II 類請參相關書籍。

　　資訊表的屬性的全體集合 AT，當被分成對應說明變數的條件屬性的集合 CT，與對應目的變數的決策屬性的集合 D 時，此資訊表稱為決策表。表 14-1 的資訊表分成條件屬性集合 CT 與決策屬性集合 D 時，即如表 14-4 所示。亦即，表 14-4 為了說明方便，將前述的「前罩」的屬性改成「偏好」後，分成條件屬性集合 C = {顏色，造形，車門形式，形象} 與決策屬性集合 D = {偏好}。

　　另外，「偏好」的屬性值，請想成對某位用戶進行意見調查詢問是否喜歡樣本汽車的結果。

▼表 14-4　決策表

| 對象集合 U | 條件屬性集合 CT | | | | 決策屬性集合 D |

樣本	顏色（C）	造形（F）	車門形式（D）	形象（I）	偏好
S1	彩色系	有機式	2 門	個人的	喜歡
S2	彩色系	曲線式	2 門	輕便的	無意見
S3	黑白系	曲線式	4 門	正規的	無意見
S4	黑白系	有機式	4 門	個人的	喜歡
S5	黑白系	曲線式	4 門	個人的	無意見
S6	彩色系	曲線式	2 門	輕便的	喜歡

　　決策表是針對條件屬性之值表示決策屬性之值的決策規則。譬如，表 14-4 的最上列，即為以下的 If-then 規則形式的決策規則。

If〔顏色是彩色系〕and〔造形是有機式〕

and〔車門形式是 2 門〕

and〔形象是個人的〕→ Then〔偏好是喜歡〕

　　因此，表 14-4 的決策表有 6 列（6 個樣本），因之即成為由 6 個決策規則所構成。另外，If-then 規則形式是形成「If（條件部位）Then（結論部位）」。

　　決策屬性集合 D =｛偏好｝的屬性值是「喜歡」與「無意見（不喜歡也不討厭）」2 個，此 2 個值可將樣本的所有對象的集合 U 分割成 D1（喜歡）與 D2（無意見）。此 D1 與 D2 稱為決策類別（decision class）。決策類別是決策屬性之值，也可以說是結論。因此，表 14-4 的決策表可以分割成評價「喜歡」的樣本集合 D1 = ｛S1, S4, S6｝，以及評價「無意見」的樣本集合 D2 = ｛S2, S3, S5｝。而且，決策類別分割成 2 個以上之集合也是可能的。

　　其次，為了容易說明，以表 14-5 的條件屬性集合 A =｛顏色，造形｝來解說。

▼表 14-5　由 2 個屬性所形成的決策表

樣本	顏色	造形	偏好
S1	彩色系	有機式	喜歡
S2	彩色系	曲線式	無意見
S3	黑白系	曲線式	無意見
S4	黑白系	有機式	喜歡
S5	黑白系	曲線式	無意見
S6	彩色系	曲線式	喜歡

　　首先針對屬性的集合 A =｛顏色，造形｝來說，基本集合是 {S1}, {S2, S6}, {S3, S5}, {S4}。今考察 D1 = {S1, S4, S6} 時，在基本集合的意義下，成為 D1 的部分集合的是樣本 S1 與樣本 S4。

　　換言之，決策類別 D1（喜歡）之中的樣本 S1 與 S4 的顏色與造形的屬性值，以組合來看時，與決策類別 D2（無意見）的屬性值並不相同，因之，這些的屬

性值必然可以說是能識別決策類別 D1。將此以約略集合的表記法來表示時，即
為如下

$$A*(D1) = \{S1, S4\}$$

A*(D1) 的此種記號是意指決策規則 D1 的下近似（lower approximation）。
換言之，與樣本 S1 及 S4 的屬性值具有相同屬性的汽車樣本，**必然是屬於決策
類別** D1（喜歡）。另外，下近似是以記號「*」記在下方。

另一方面，決策類別 D1 的樣本 S5 與決策類別 D2 的樣本 S2 此 2 個屬性的
屬性值雖然相同，但決策類別是不同的。由於屬性值相同，所以樣本 S6 與樣本
S2 可以說有可能是決策類別 D1，亦即，雖然不能斷言是決策類別 D1，但是卻
有可能。以前述相同的表記法，記成

$$A*(D1) = \{S1, S2, S4, S6\}$$

稱此為上近似。A*(D1) 的意義是指有**可能是決策類別** D1（喜歡）的**對象集**
合。為了表示上近似（upper approximation），記號「*」記於上方。

如使用另一種表現時，所謂上近似是指決策類別 D1 的集合 {S1, S4, S6} 與
基本集合 {{S1}, {S2, S6}, {S3, S5}, {S4}} 相交的樣本集合。本例未相交的是 {S3,
S5}，因之即為除此之外的集合。

以上就決策類別 D1，求出下近似與上近似，對決策類別 D2 也同樣去求出
時，即為如下：

$$A*(D2) = \{S3, S5\}$$
$$A*(D2) = \{S2, S3, S5, S6\}$$

為了以視覺理解下近似與上近似的關係，使用圖 14-2 來說明。

以 2 次元的同值關係所區分的 k1, k2, …, k30 想成基本集合，今給予 X 的集
合時，以基本集合 k1, …, k30 表現 X 的方法 2 種，可用下近似 A*(X) 與上近似
A*(X) 表示。具體來說即為如下。

k1	k2	k3	k4	k5	k6
k7	k8	k9	k10	k11	k12
k13	k14	k15	k16	k17	k18
k16	k17	k18	k19	k20	k21
k22	k23	k24	k25	k26	k27

▲圖 14-2　下近似與上近似的圖形意義

$$A_*(X) = \{k15, k16\} \qquad [A_*(X) = \{ki \mid ki \subseteq X\}]$$
$$A^*(X) = \{k8, k9, k10, k11, k14, k15, k16, k17, k20, k21, k22, k23\}$$
$$[A^*(X) = \{ki \mid ki \cap X \neq \phi\}]$$

亦即，如圖 14-2 所示，下近似 $A^*(X)$ 是完全包含於集合 X 以手畫的橢圓之中的基本集合。這可以說是表示集合 X 具有必然性的基本集合。另一方面，上近似 $A^*(X)$ 是與橢圓相交的基本集合也包含在內。這可以說是有可能表示集合 X 的基本集合。

理解之後，回到表 14-4 的決策表，就此表的下近似與下近似來考察看看。亦即是最初的條件屬性集合 C ＝{顏色，造形，車門形式，形象} 與決策屬性集合 D ＝{偏好} 的話題。

首先，如同前述的說明那樣，如求出 2 個決策類別的集合 D1 ＝ {S1, S4, S6} 與集合 D2 ＝ {S2, S3, S5} 的下近似 $C_*(D1)$ 與 $C_*(D2)$ 以及上近似 $C^*(D1)$ 與 $C^*(D2)$ 時，仔細觀察表 14-4 即可明白是

$$C^*(D1) = \{S1, S4\} \quad C^*(D1) = \{S1, S2, S4, S6\}$$
$$C^*(D2) = \{S3, S5\} \quad C^*(D2) = \{S2, S3, S5, S6\}$$

是否發覺此與條件屬性集合 A ＝{顏色，造形} 的情形完全有相同的結果呢？試就此事詳加考察看看。

首先，從結論來說，與前述的縮減有關。縮減如所說明的是為了能識別對象最少所需的屬性的部分集合。條件屬性集合 CT 雖然具有 4 個屬性，但是條件屬性集合 A 只有 2 個屬性，即使 2 個屬性也有相同的結果，因之表 14-4 的決策

表的 1 個縮減似乎可以推測不正是｛顏色，造形｝嗎？

對於求資訊表的縮減的方法已有所說明，此處，就求決策表的縮減的方法也具體地解說。首先，有需要製作如表 14-6 所示的以｛偏好｝作為決策屬性集合的識別矩陣。

▼表 14-6　以｛偏好｝作為決策屬性集合的識別矩陣

	s1	s2	s3	s4	s5	s6
S1	*					
S2	{F, I}	*				
S3	{C, F, D, I}	*	*			
S4	*	{C, F, D, I}	{F, I}	*		
S5	{C, F, D}	*	*	{F}	*	
S6	*	φ	{C, D, I}	*	{C, D, I}	*

今說明如何製作此識別矩陣。為了容易觀察識別矩陣，將條件屬性集合 CT ＝｛顏色，造形，車門形式，形象｝的各屬性換成英文字母的記號。亦即，顏色（color）當作「C」，造形（form）當作「F」，車門形式（door-type）當作「D」，形象（image）當作「I」。

那麼，試著從表 14-6 左上的樣本 S1 的行向下檢討看看。樣本 S1 與樣本 S1 相同，此處基於不當作識別對象之意加上「*」的記號。樣本 S1 與樣本 S2，由於是不同的決策類別故成為識別的對象。在表 14-4 的決策表中此兩者的樣本的不同屬性是造形或形象，故在表 14-6 的符合欄中記入｛F, I｝。這是說明為了區別樣本 S1 與樣本 S2，屬性的造形或形象是需要的。換言之，｛F, I｝是指｛F or I｝之意。

以下的樣本 S1 與樣本 S3 也是不同的決策類別，所以成為識別的對象。決策表中不同的屬性即為條件屬性集合 CT 之全部，因之在符合欄中記入｛C, F, D, I｝。

樣本 S1 與樣本 S4 因為是相同的決策類別，因之不成為識別的對象，故加上「*」的記號。樣本 S1 與樣本 S5 是屬於不同的決策類別，所以成為要識別的對象。因此，同樣的檢討於符合欄中記入｛C, F, D｝。

其他的樣本行也向下同樣檢討。其中樣本 S2 與樣本 S6，儘管決策類別不

同，條件屬性集合 CT 的所有屬性值相同，有如此的矛盾關係。此時，因爲沒有相異的屬性，爲了表示此事，加上空集合的記號「φ」。

使用以上的想法製作樣本間的一對比較表時，即爲表 14-6 所示的識別矩陣。

由於有需要全部滿足表 14-6 的識別矩陣的內容，對於記號「*」與空集合以外的內容，使用 and 結合的「∧」。亦即成爲

$$(F, I) \wedge (C, F, D, I) \wedge (C, F, D,) \wedge (C, F, D, I) \wedge (F, I) \wedge (C, D, I) \wedge F \wedge (C, D, I)$$

上式的刮號內即爲 or 結合的「∨」。譬如，(C, F, D) = (C ∨ F ∨ D)。

接著，爲了容易計算過程，以（14-2）節所說明的「+」之表現來改寫時，即爲如下。

$$(F + I) \times (C + F + D + I) \times (C + F + D) \times (C + F + D + I)$$
$$\times (F + I) \times (C + D + I) \times F \times (C + D + I)$$

將此使用 14.2 節所敘述的 3 個演算加以展開，整理看看。上式中有單獨的 F，由於

$$F \subseteq (F + I), \quad F \subseteq (C + F + D + I), \quad F \subseteq (C + F + D)$$

因而

$$(F + I) \times F = F, \quad (C + F + D + I) \times F = F, \quad (C + F + D) \times F = F$$

因此，上式即成爲 F×(C + D + I)。亦即，成爲如下：

$$F \times (C + D + I) = C \times F + D \times F + I \times F$$

計算結果即成爲 (C ∧ F) ∨ (C ∧ D) ∨ (F ∧ I)。

依據此計算結果，由決策表所求出的縮減知，有｛顏色，造形｝，｛造形，車門形式｝，｛造形，形象｝3 者。的確包含先前所推測的｛顏色，造形｝。

此決策表的縮減想法，當要估計新的樣本如何被偏好評價時，可以求出最少所需的屬性，因之基於萃取特徵之意是非常有效的。

另一方面，此處所求出的 3 個縮減，均包含屬性｛造形｝。此稱為「核心」（core），意指重要的屬性。

今將縮減｛顏色，造形｝的規則表示如下。但只是從下近似所得出的規則（參照表 14-5）。

（S1）：If〔顏色是彩色系〕and〔造形是有機式〕Then〔偏好是喜歡〕
（S4）：If〔顏色是黑白系〕and〔造形是有機式〕Then〔偏好是喜歡〕
（S3）：If〔顏色是黑白系〕and〔造形是曲線式〕Then〔偏好是無意見〕
（S5）：If〔顏色是黑白系〕and〔造形是曲線式〕Then〔偏好是無意見〕

像這樣，下近似的樣本有 4 個，因之可得出 4 個規則。此處只以屬性｛造形｝記述前述的基本集合時，即為

$$\{S1, S4\}, \quad \{S1, S3, S5, S6\}$$

此樣本 S1 與樣本 S4 由於是 D1（喜歡）的部分集合，所以上記的 (S1) 與 (S4) 的規則可以簡化成為如下。

$$If〔造形是有機式〕Then〔偏好是喜歡〕$$

得出此種極小決策規則的方法會在下節說明。從屬性數據求出規則時，經常使用此極小決策規則。

14.5 決策矩陣與決策規則

如前述表 14-4 的決策表是由 6 個決策規則所構成。在此決策規則的條件部位由於資訊過多，因之如同縮減的想法那樣，先成為最少所需的決策規則的條件部位，再求出可以說明決策類別 D1（喜歡）。將此縮減後的決策規則稱為極少

決策規則（以下，記成決策規則）。

　　為了求出決策規則，有需要製作｛偏好 = 喜歡｝的決策矩陣。那麼，說明要如何製作此決策矩陣。首先，為了容易觀察決策矩陣，將表 14-4 的決策表中的條件屬性的各屬性值換成英文字母的記號。此處「顏色」的屬性值的彩色系與黑白系分別當作 A1 與 A2，「造形」的屬性值的有機式與曲線式分別當作 B1 與 B2，「車門形式」的屬性值即 2 門與 4 門分別當作 C1 與 C2，最後的「形象」的屬性值即個人的、輕便的、正規的分別當作 D1, D2, D3。

　　另一方面，為了容易了解條件屬性的屬性值與決定屬性的屬性值之差異，將決策屬性的屬性值即「喜歡」與「無意見」分別當作數字的「1」與「2」（表 14.7）。

　　前述的識別矩陣雖然對所有的樣本做了檢討，但由表 14-4 的決策表製作｛偏好 = 喜歡｝的決策矩陣所使用的樣本，是決策類別 D1（喜歡）的下近似 $C_*(D1) = \{S1, S4\}$ 以及另一個識別對象的決策類別 D2 = {S2, S3, S5}。樣本 S6 雖然屬於 D1（喜歡），但由於條件屬性值與 S2 相同，所以不包含在下近似中。接著，以$C_*(D1)$的樣本作為列，D2（無意見）的樣本作為行，製作表 14-8。

　　縮減雖然是觀察各屬性，但決策規則是**觀察屬性值**，因之表 14-8 的左端的樣本 S1 與樣本 S2，記入由樣本 S1 所見的與 S2 不同的屬性值的英文字母，譬如，樣本 S1 與樣本 S2，從表 14-7 的樣本 S1 之觀點，可以看出B1, D1 是不同的。同樣檢討，針對 D2 的所有樣本記入，由下近似的樣本 S1 與樣本 S4 所見的不同屬性值的英文字母，即為表 14-8 的決策矩陣。

▼表 14-7　決策表的改寫

樣本	顏色	造形	車門形式	形象	偏好
S1	A1	B1	C1	D1	1
S2	A1	B2	C1	D2	2
S3	A2	B2	C2	D3	2
S4	A2	B1	C2	D1	1
S5	A2	B2	C2	D1	2
S6	A1	B2	C1	D2	1

▼表 14-8　｛偏好 = 喜歡（Y = 1）｝的決策矩陣

C*(D1) ╲ D2	S2	S3	S5
S1	B1, D1	A1, B1, C1, D1	A1, B1, C1
S4	A2, B1, C2, D1	B1, D1	B1

再次考察表 14-8 的決策矩陣的意義。首先，對於下近似的樣本 S1 來說，與樣本 S2 有區別的是 B1 or D1。與樣本 S3 有區別的是 A1 or B1 or C1 or D1，與樣本 S5 有區別的是 A1 or B1 or C1。**樣本 S1 為了能與樣本 S2, S3, S5 有所區別**，屬性值成為如下。

$$樣本 S1 的列：(B1 \vee D1) \wedge (A1 \vee B1 \vee C1 \vee D1) \wedge (A1 \vee B1 \vee C1)$$
$$= (B1 + D1) \times (A1 + B1 + C1 + D1) \times (A1 + B1 + C1)$$

此處，$(A1 + B1 + C1 + D1) \supseteq (A1 + B1 + C1)$，

所以 $(A1 + B1 + C1 + D1) \times (A1 + B1 + C1) = A1 + B1 + C1$，

因之上式成為 $(B1 + D1) \times (A1 + B1 + C1)$。亦即，成為如下。

$$(B1 + D1) \times (A1 + B1 + C1) = A1 \times D1 + B1 + C1 \times D1$$

同樣，對於下近似的另一個樣本 S4 來說，**為了能與樣本 S2, S3, S5 有所區別**，屬性值可以如下計算。

$$樣本 S4 的列：(A2 \vee B1 \vee C2 \vee D1) \wedge (B1 \vee D1) \wedge B1$$
$$= (A2 + B1 + C2 + D1) \times (B1 + D1) \times B1$$
$$= (A2 + B1 + C2 + D1) \times B1$$
$$= B1$$

由此等結果來看，由樣本 S1 所得到的屬性值可得出 Y = 1 的結論。並且由樣本 S4 所得到的屬性值也可得出 Y = 1 的結論。因此，由於使用來自樣本 S1 的屬性值或來自 S4 的屬性值，因之可以用 or 結合（∨）。亦即，成為如下。

$$\{樣本\ S1\ 的列\} \lor \{樣本\ S4\ 的列\}$$

$$= (A1 \times D1 + B1 + C1 \times D1) + (B1) = B1 + A1 \times D1 + C1 \times D1$$

亦即，所求出的決策規則成為如下 3 個。

- If〔造形是有機式（B1）〕

  Then〔偏好是喜歡（Y = 1）〕
- If〔顏色是彩色系（A1）〕and〔形象是個人的（D1）〕

  Then〔偏好是喜歡（Y = 1）〕
- If〔車門形式是 2 門（C1）〕and〔形象是個人的（D1）〕

  Then〔偏好是喜歡（Y = 1）〕

此寫法作為決策規則來說是正確的，但只注意 If-Then 規則形式的前半部的條件部位時，那麼也可使用「表 14-7 的決策表中結論 Y = 1 的決策規則條件部位，即為 B1, A1D1, C1D1 的簡潔寫法。

從所求出的 3 個決策規則，顯示使用者所喜歡的汽車是有機式造形式樣的汽車，或具有個人形象有鮮明色彩（彩色系）或 2 門形式的汽車。此即為知識獲取。另一方面，從這些決策規則所帶來的資訊，推論使用者所喜歡的汽車於企劃與設計時成為非常有益的知識。

同樣的做法，試求決策屬性〔偏好〕的屬性值是「無意見」（結論 Y = 2）時的決策規則看看。

製作結論 Y = 2 的決策規則的樣本，從決策類別 D2（無意見）的下近似 C*(D2) = {S3, S5} 與另一個識別對象的決策類別 D1 = {S1, S4, S6} 得出表 14-9 所示的決策矩陣。此次，為了更容易了解起見，將決策規則全部只以加算與乘算求出。並且，為了簡化，在計算過程中省略乘算的記號。

▼表 14-9　{偏好 = 無意見（Y = 2）} 的決策矩陣

C*(D2) ＼ D1	S1	S4	S6
S3	A1, B2, C2, D3	B2, B3	A2, C1, D3
S5	A2, B2, C2	B2	A2, C2, D1

樣本 S3 的列：$(A2 + B2 + C2 + D3)(B2 + D3)(A2 + C2 + D3)$

（利用 $(A2 + B2 + C2 + D3) \supseteq (B2 + D3)$）

$= (B2 + D3)(A2 + C2 + D3)$

$= B2A2 + B2C2 + B2D3 + D3A2 + D3C2 + D3$

$= A2B2 + B2C2 + D3$

樣本 S5 的列：$(A2 + B2 + C2)B2(A2 + C2 + D1)$

$= B2(A2 + C2 + D1)$

$= A2B2 + B2C2 + B2D1$

｛樣本 S3 的列｝＋｛樣本 S5 的列｝

$= (A2B2 + B2C2 + D3) + (A2B2 + B2C2 + B2D1)$

$= A2B2 + B2C2 + D3 + B2D1$

因此，表 14-7 的決策表中結論 Y = 2 的決策規則條件部位是 A2B2, B2C2, D3, B2D1。

由表 14-7 的決策表知，使用者不選擇的汽車，顯示出黑白系的顏色且曲線式的車子，或曲線式且 4 門車，或正規形象的車子，或曲線式且有個人形象特徵的車子。這是知識獲取。從事產品企劃或設計時規避此特徵就不會失敗是可以被推論的。

此處是從決策類別與下近似製作決策矩陣後再求出決策規則，但應用於實際問題時，有可能無法從決策矩陣求出決策規則。此時，略為放寬條件使用上近似做出決策矩陣再求出決策規則的方法也有。它的詳細的解說此處割愛，可是，在想要開發新產品的感性工學的立場中，由於是反映差異化的觀點，幾乎不會有求不出決策規則，更進一步說，條件屬性之值雖然全部相同，而結論（決策類別）卻是不同的數據，視為矛盾數據一般是要重估或刪除的，所以某決策類別的對象集合照樣成為該類別的下近似的情形可以說有很多。從此種觀點來看，表 14-4、表 14-7 可以說是含有矛盾的決策表，探討感性的實際場合中，可以認為大多是會被訂正的。本書所列舉的應用例是使用不含矛盾的決策表。此處，為了說明約略集合，乃製作出較為一般性的表 14-4、表 14-7。

此處，試著將前面所說明的內容予以整理看看。根據從許多對象的數個屬性值所形成的資訊表，為了正確分類對象，敘述了最少所需的屬性集合縮減想法，

以及利用縮減屬性得出規則，萃取（最小）決策規則等的約略集合的解析手法。

14.6　決策表的指標

　　從後述的應用事例（14.8 節）的內容想必可以理解，在約略集合之中決策規則的想法是最常使用的。因此，所求出的數個決策規則條件部位的何者對決策表的結論有多少的貢獻，如有重要度的指標時，可以期待對分析結果的考察成為有效的尺度。以其尺度來說，針對決策規則條件部位有使用 C.I.（covering index）的想法。

　　所謂決策規則條件部位的 C.I. 是指與該規則的結論相同的決策類別的對象數之中，符合其規則之對象數所占的比率。換句話說，將符合其規則的對象數除以與該規則的結論相同的決策類別的對象數。

　　具體上是如何求出的呢？從表 14-8 的決策矩陣所計算出來的決策規則條件部位作為例子來說明。為了容易理解其計算內容所製作者即為表 14-10。決策表的結論 Y = 1（喜歡）的決策條件部位如前述是 B1, A1D1, C1D1，但在其計算途中從所求出的樣本 S1 的列的計算結果，可以求出 B1, A1D1, C1D1 三者，將它表示者即為表 14-10 的樣本 S1 的行的記號「*」。接著，從樣本 S4 的列的計算結果，只求出 1 個 B1，因之，表 14-10 的樣本 S4 的行中記入「*」的只有 B1 而已。

▼表 14-10　covering index（C.I.）的計算內容

Y=1	C.I.	S1	S4
B1	2/3	*	
A1D1	1/3	*	*
C1D1	1/3	*	

　　此決策規則條件部位的 B1，由於樣本 S1 與樣本 S4 的雙方均加上「*」的記號，因之此「*」的個數有 2 個。並且，Y = 1 的對象數是 3，所以 B1 的 C.I. 的計算即為 C.I. = 2/3。亦即，表示 B1 對結論 Y = 1（喜歡）的樣本 S1 與樣本 S4 雙方的識別有貢獻。

　　其次，A1D1 也以同樣的想法檢討時，只有樣本 S1 記有「*」，因之「*」

的個數即有 1 個，Y = 1 的對象數是 3 個，亦即 A1D1 的 C.I. 的計算即為 C.I. = 1/3。C1D1 的情形也是同樣的結果，表 14-10 的 C.I. 行均可求出。

　　從此 C.I. 的具體的計算內容也可理解，高的 C.I. 值，暗示決策規則條件部位對決策表的結論的貢獻也高。換言之，從表 14-10 的 C.I. 結果來看，使用者所喜歡的汽車，可以說與其是有個人形象鮮明顏色（彩色系），或者 2 門車，不如是有機式造形的車。像這樣 C.I. 在評價決策規則時是非常方便的指標。

　　決策表的指標除了 C.I. 的想法外，較具代表的有近似精度、近似值、分割的近似值 3 個指標。

　　以表 14-4 的決策表具體來考察看看時，

D1：偏好的樣本之集合 {S1, S4, S6} = 3 個樣本

U：對象樣本的全體集合 {S1, S2, S3, S4, S5, S6} = 6 個樣本

　　可以無誤判定喜歡（或無意見）的對象集合

　　（下近似）

　　$C_*(D1) = \{S1, S4\}$ = 2 個樣本

　　$C_*(D2) = \{S3, S5\}$ = 2 個樣本

　　可以判斷有可能喜歡的對象集合（上近似）

　　$C^*(D1) = \{S1, S2, S4, S6\}$ = 4 個樣本

使用這些值，近似精度、近似值、分割的近似值，分別如下計算如下。

$$近似精度 = \frac{|C_*(D1)|}{|C^*(D1)|} = \frac{2}{4} = \frac{1}{2}$$

$$近似值 = \frac{|C_*(D1)|}{|D1|} = \frac{2}{3}$$

$$分割的近似值 = \frac{|C_*(D1)| + |C_*(D2)|}{|U|} = \frac{4}{6} = \frac{2}{3}$$

　　從此計算式可以理解，近似精度是表示取決於條件屬性 C 的資訊，決策類別 D1 可以近似到何種程度。另外，近似值是表示取決於條件屬性 C 的資訊，決策類別 D1 有多少的要素可以正確判斷呢？接著，分割的近似值也同樣，表示取決於條件屬性 C 的資訊，全體集合 U 內有多少的要素可以正確判斷呢？另外，此近似值或分割的近似值太低時，有需要回到決策表，重新檢討它的內容。

此 3 個指標，與由決策表所求出的各個決策規則所討論的 C.I. 的想法不同，是針對決策表的全體加以討論。

14.7 利用約略集合獲取知識與推論

此處，就如何利用被應用最多的決策規則來考察看看。14-5 節中為了說明起見在所列舉的汽車例中，所求出的決策規則可照樣當作知識獲取，並且，根據該資訊可以推論汽車的企劃、設計，曾有過敘述。

縮減與決策規則的應用方式，大略來說可以分成**知識獲取**與**推論**。知識獲取是在決策表上的對象集合的範圍內將縮減與決策規則當作確實的知識獲取，可以說是資料採礦的一種方法。另一方面，推論是將該知識擴大應用在決策表中所沒有且有可能存在的對象去進行推論。對於決策表的某一對象的規則，即使是決策表中所沒有的對象，雖然並不確實，但推論幾乎可以適用。不限於產品企劃，當應用在一般事物的新計畫或改善目前的某事物時，也是可使用此種推論。

在實際的應用中，特別是以推論作為目的時，為了充分滿足決策表的條件屬性與結論之關係，有需要具備條件屬性。如以知識獲取作為目的時，即使條件屬性不充分，如可分辨決策表的範圍內的知識時也是可以的，但推論的情形，疏忽對結果有甚大影響的原因，推論的精度就會變得非常差。

14.8 汽車的應用事例

此處介紹近乎實際利用約略集合獲取知識的事例。想找出汽車的前面部位的設計，各家廠商是否有何種的特徵。本事例可參閱文獻 29。

首先，製作決策表。樣本是以世界上所銷售的汽車作為對象，因之從位於瑞士的哈爾互格公司所發行的「目錄‧汽車‧評比 2000」所選出。在各廠商別的特徵中，特別尋找以日本大汽車廠的特徵作為目的，選出日產車 9 台、豐田車 9 台、本田車 7 台、三菱車 7 台，其他的日製車 6 台，歐洲車 15 台、美國車 7 台，合計 60 台。

屬性當作是汽車前面部位的設計。參考過去汽車設計的各種研究例，任誰看了均能認知設計的 7 個部位。與前面的例題一樣，約略集合的屬性關係是有需要

以類別資料來表述，因之設定了如下的屬性與屬性值。另外，與表 14-7 一樣，
對屬性分配從 A 到 G 的記號，並對它使用加上數字的屬性值。

A：造形（對車體來說層板燈是否為獨立的造形）

A1　被鑲在車體的層板燈

A2　中間

A3　獨立型層板燈

B：中央（是否以車體或零件強調車前的中央）

B1　中央無強調

B2　中央略有強調

B3　以車體造形、層板、標誌強調中央

C：層板（與燈形成連續或一體化否）

C1　無層板或與燈無關

C2　雖與燈分離但略有關係的層板

C3　燈與層板一體化

D：燈（燈的面積大小）

D1　燈的面積小

D2　燈的面積中

D3　燈的面積大

E：表情（燈或層板是否有表情的臉孔）

E1　幾何式無表情

E2　像狗那樣穩重的表情

E3　像貓或猛禽類的強烈表情

F：保險桿（大且獨特的形狀明顯，保險桿孔如何）

F1　保險桿無孔或幾何不明顯

F2　中間

F3　保險桿孔大獨特的形狀非常顯目

G：縱橫（是否強調橫方向的設計）

G1　未強調橫方向

G2　中間

G3　整個臉部的設計強調橫方向

其次，針對所選出的 60 台汽車樣本，基於目錄中所登錄的樣本照片進行評估、檢討，設定上述相符合的屬性值。

將結果表示在表 14-11 中。另外，結論 Y 是廠商別的決策類別，Y = 1 是表示日產車，Y = 2 是豐田車，Y = 3 是本田車，Y = 4 是三菱車，Y = 5 是其他的日製車，Y = 6 是歐洲車，Y = 7 是美國車。

▼表 14-11 汽車的前面設計與廠商別的決策表

		A	B	C	D	E	F	G	Y			A	B	C	D	E	F	G	Y
1	Micra	A2	B3	C2	D2	E2	F1	G1	1	31	GTO	A2	B2	C3	D2	E2	F3	G1	4
2	Cube	A2	B1	C2	D2	E2	F2	G2	1	32	Space Wagon	A2	B2	C3	D2	E2	F2	G2	4
3	Almera	A2	B3	C2	D3	E2	F2	G2	1	33	Mazda-Demio	A2	B2	C2	D2	E1	F2	G2	5
4	Sunny	A3	B2	C2	D2	E2	F2	G2	1	34	Mazda-626	A2	B2	C2	D2	E2	F2	G2	5
5	Tino	A2	B3	C2	D2	E2	F2	G2	1	35	Mazda-Eunos500	A2	B2	C2	D2	E3	F2	G2	5
6	Primera	A2	B3	C2	D2	E2	F2	G2	1	36	Subaru-Impreza	A2	B1	C2	D2	E2	F2	G2	5
7	Presage	A2	B2	C3	D2	E2	F2	G2	1	37	Subaru-Legacy	A2	B2	C2	D2	E2	F1	G2	5
8	Cedric	A2	B1	C3	D2	E2	F2	G2	1	38	Subaru-Forester	A2	B1	C2	D2	E2	F1	G2	5
9	Cima	A3	B2	C2	D2	E2	F2	G2	1	39	Volvo-C70	A2	B2	C2	D2	E2	F2	G2	6
10	Will VI	A1	B1	C2	D2	E2	F2	G2	2	40	Audi-TT	A1	B2	C2	D2	E2	F1	G2	6
11	Yaris	A1	B2	C1	D2	E3	F2	G1	2	41	Audi-S3	A2	B2	C2	D2	E1	F2	G2	6
12	Starlet	A2	B1	C2	D2	E2	F2	G2	2	42	Mercedes SLK	A2	B2	C2	D2	E2	F2	G1	6
13	Carolla	A2	B2	C2	D2	E2	F2	G2	2	43	Mercedes CLK	A2	B2	C1	D2	E2	F1	G1	6
14	Celica	A1	B2	C1	D2	E3	F3	G1	2	44	Mercedes S	A2	B2	C2	D2	E2	F1	G1	6
15	Gaia	A2	B2	C2	D2	E2	F2	G2	2	45	BMW-Z3	A1	B3	C2	D2	E2	F2	G2	6
16	Camry	A2	B1	C2	D2	E2	F2	G2	2	46	Opel-CORSA	A2	B2	C2	D2	E2	F2	G2	6
17	Progres	A3	B1	C1	D1	E2	F1	G1	2	47	Oper-Omega	A2	B2	C3	D2	E2	F2	G2	6
18	Supra	A1	B1	C1	D2	E2	F2	G1	2	48	VW-Golf	A2	B2	C2	D2	E2	F1	G2	6
19	Civic	A2	B2	C2	D2	E2	F2	G2	3	49	Citroen-Picasso	A2	B2	C2	D2	E3	F2	G2	6
20	Integra	A1	B1	C1	D1	E1	F2	G1	3	50	Citroen-Xantia	A2	B2	C2	D2	E1	F2	G2	6
21	Accord	A2	B2	C2	D2	E3	F2	G2	3	51	Peugeot-206	A1	B2	C2	D2	E3	F3	G2	6
22	Prelude	A2	B1	C2	D1	E2	F2	G1	3	52	Peugeot-406	A2	B2	C3	D2	E3	F2	G3	6
23	Legend	A3	B2	C2	D2	E2	F2	G1	3	53	Peugeot-607	A2	B2	C2	D2	E3	F2	G2	6
24	Capa	A2	B2	C2	D2	E2	F2	G1	3	54	Buick-Century	A2	B2	C2	D2	E2	F1	G2	7
25	HRV	A2	B1	C2	D2	E2	F2	G2	3	55	Cadillac-Seville	A2	B2	C2	D2	E1	F1	G2	7

26	Lancer	A2	B2	C2	D2	E2	F2	G3	4
27	Mirage	A2	B1	C2	D2	E2	F2	G3	4
28	Dingo	A2	B1	C2	D3	E3	F1	G2	4
29	Carisma	A2	B2	C3	D2	E2	F2	G3	4
30	Galant	A3	B2	C3	D2	E3	F2	G3	4

56	Olds-Alero	A2	B1	C1	D2	E2	F2	G2	7
57	Ford-Focus	A2	B2	C2	D2	E3	F2	G2	7
58	Lincoln-Continental	A2	B2	C2	D2	E2	F1	G2	7
59	Chry-Neon	A2	B1	C2	D2	E2	F1	G2	7
60	Chry-300M	A2	B1	C1	D2	E2	F2	G2	7

使用約略集合的決策規則計算軟體（ROSE2），從此所做成的決策表求出廠商別的決定規則條件部位時，可得出如表 14-12 所示的計算結果。

表 14-12 是記有 C.I. 以及在它的右側的各欄以記號「*」記入符合各決策規則條件的對象（汽車樣本）號碼。譬如，Y = 1 的最初的 B3A2 的決策規則條件部位，說明 C.I. 是 4/9，亦即 9 台之中的 4 台是符合 Y = 1。此 4 台是對象 1（Micra），對象 3（Almera），對象 5（Tino），對象 6（Primera），此從記有「*」的位置即可得知。此 B3A2 的決策規則條件部位如以文章表示時，即為如下。

「以車體造形、層板、標誌強調中央（B3），以及，層板與燈對本體來說是否獨立屬於中間程度（A2）」，這是能以 Micra, Almera, Tino, Primera 來呈現的日產車的特徵，也是其他公司的汽車所沒有的特徵。換句話說，對象的 60 台之中，如具有此條件時，它可以說確實是日產車。

▼表 14-12(a)　決策規則條件部位與 C.I. 及符合的對象號碼

（日產車）

Y=1	C.I.	1	2	3	4	5	6	7	8	9
B3A2	4/9	*		*		*	*			
B3C2	4/9	*		*		*	*			
B3F1	1/9	*								
B3G1	1/9	*								
B3D3	1/9			*						
D3F2	1/9			*						
D3E2	1/9			*						
A3G2	2/9				*					*
C3B1	1/9								*	

（豐田車）

Y=2	C.I.	10	11	12	13	14	15	16	17	18
A1C2B1	1/9	*								
A1D2B1	2/9	*								*
A1E2B1	2/9	*								*
A1G2B1	1/9	*								
A1E2G1	1/9									*
A1C2F2	1/9	*								
A1B2F2	1/9		*							
C1B2A1	2/9		*			*				
A1B2G1	2/9		*			*				
A1D2G1	3/9		*			*				*
E3A1F2	1/9		*							
F3A1C1	1/9					*				
F3A1G1	1/9					*				
C1B2F2	1/9		*							
F3B2C1	1/9					*				
F3B2G1	1/9					*				
E3C1	2/9		*			*				
E3G1	2/9		*			*				
B1G1D2F2	1/9									*
C1E2F2G1	1/9									*
C1D2F2G1	2/9		*							*
B1F1G1	1/9								*	
C1A3	1/9								*	
A3B1	1/9								*	
D1A3	1/9								*	
A3F1	1/9								*	
C1E2D1	1/9								*	
D1F1	1/9								*	
C1F1B1	1/9								*	

（本田車）

Y=3	C.I.	19	20	21	22	23	24	25
A3G1B2	1/7					*		
D1C2	1/7				*			
B1G1C2	1/7				*			
A3G1C2	1/7					*		
D1A1	1/7		*					
E1A1	1/7		*					
D1F2	2/7		*		*			
D1A2	1/7				*			
E1D1	1/7		*					
E1C1	1/7		*					
E1B1	1/7		*					
E1G1	1/7		*					
F2G1A2B1	1/7				*			
A3G1F2	1/7					*		
A3G1D2	1/7					*		

（三菱車）

Y=4	C.I.	26	27	28	29	30	31	32
G3C2	2/7	*	*					
G3E2	3/7	*	*		*			
G3B1	1/7		*					
G3A3	1/7					*		
D3B1	1/7			*				
D3F1	1/7			*				
E3D3	1/7			*				
E3B1	1/7			*				
E3F1	1/7			*				
E3A3	1/7					*		
C3A3	1/7					*		

Y=4	C.I.	26	27	28	29	30	31	32
F3B1	1/7						*	
F3E2	1/7						*	
F3A2	1/7						*	
C1A2B1G1	1/7						*	
B1G1A2D2	1/7						*	

▼表 14-12(b)　決策規則條件部位與 C.I. 及符合的對象號碼

（歐洲車）

Y=6	C.I.	39	40	41	42	43	44	45	46	47	48	49	50	51	52	53
A1B2E2	1/15		*													
A1B2C2	2/15		*											*		
A1B2G2	2/15		*											*		
B2F1G1	2/15					*	*									
C1E2B2	1/15					*										
B2F1C1	1/15					*										
C1A2B2	1/15					*										
E3C2A1	1/15													*		
F3C2	1/15													*		
E3G2A1	1/15													*		
A1F1	1/15		*													
A1B3	1/15							*								
C1G2A1	1/15							*								
C1F1D2	1/15					*										
C1A2F1	1/15					*										
C1B3	1/15							*								
E3C3A2	1/15														*	
G3E3A2	1/15														*	
F3G2	1/15													*		

（美國車）

Y=7	C.I.	54	55	56	57	58	59	60
E1F1	1/7		*					
C1G2B1	2/7			*				*
C1G2A2	2/7			*				*
C1A2F2	2/7			*				*

　　再仔細觀察表 14-12 時，可以從表得到各種的知識。譬如，日產車如圖 14-3 所示，帶有甚高的 C.I. 值，「以車體造形、層板、標誌強調中央」的屬性值 B3 在所求出的決策規則條件部位中見到許多，所以可以解讀以強調中央部位的設計為中心的特徵約占一半，剩下的一半是每種車子在不同的部位都是有其特徵的設計。

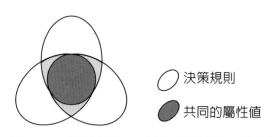

決策規則

共同的屬性值

▲圖 14-3　日產車具有一個共同觀點的特徵構造

　　與日產車相比，豐田車的決策規則條件部位的內容更為複雜。換言之，有許多的特徵，而且每種車子幾乎不同，甚至構成的屬性值也多而複雜。此內容即使詢問何處是特徵，想必也窮於回答。可是，仔細觀察時，各決策規則條件部位並非分歧，知相互共有部分構造的屬性值。亦即，如圖 14-4 所示，決策規則條件部位具有連鎖狀的構造。因之，即使不能明快說出豐田車的特徵，以整體而言使用者感受到有豐田車的樣子，可以認為是起因於此連鎖狀的構造。此連鎖狀的連結，在認知科學的用語中，稱為類緣關係或家族式類似性的構造。

　　特徵的構造，如圖 14-3 與圖 14-4 所表示的 2 種是頗為有趣的結果。而且，9 台車的 5 台亦即半數有此特徵，其他則特徵並未明確呈現。

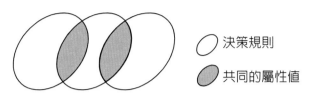

決策規則

共同的屬性值

▲圖 14-4　豐田車的連鎖狀的特徵構造

　　本田車與三菱車則是每一種汽車具有不同的特徵。而且，「在整個臉部的設計上強調橫方向」的屬性值 G3，這在與其他的屬性值相組合的決策規則條件部位之中多有所見。這是半數的三菱車所見到的顯著特徵。兩家公司與豐田車比較，決策規則條件部位之中的屬性值較少，所以可以想成具有容易理解的特徵。但是，本田車與豐田車一樣，雖然約半數不具有特徵，但三菱車 7 台中有 6 台具有特徵是值得矚目的。

　　其他的日製車（Y = 5）無法求出決策規則條件部位。換言之，其他的日製車任取一種車子來看，就 7 個屬性來說，與日本的大汽車廠或歐美的任一家必定會成為相同屬性值的組合，因之可以解讀不會形成特徵。

　　此點，歐洲車是不同的。每一種車子均具有特徵，可是，卻是 15 台中的 6 台，其他的 9 台並沒有。最後關於美國車來說，從結果來看呈現具有特徵的汽車台數甚少。

14.9　合併決策規則條件部位所獲取知識的特徵分析

　　使用前述的汽車前罩中的形態要素，將評價（結論）當作「喜歡 / 不喜歡」「討厭 / 不討厭」「輕便 / 不輕便」使用樣本 52 車種（表 14-13）針對受試者 20 名（18～24 歲的男女學生進行意見調查），表 14-14 中是基於受試者 A 的意見調查在各結論中將「如此認為」當作「1」，「不如此認為」當作「2」所做成的決策表。

▼表 14-13　汽車樣本

1. ACCORD	19. CORONA PREMIO	37. Mercedes Benz THE SLK
2. ALTEZZA	20. CROWN	38. MILLENIA
3. ARISTO	21. CROWN MAJESTA	39. PLATZ
4. AUDI A4	22. DIAMANTE	40. PRESEA
5. BLUEBIRD	23. IMPREZA WRX ('00)	41. PRIMERA
6. CAMRY	24. IMPREZA WRX ('99)	42. PRIUS
7. CAPELLA	25. INSPIRE	43. PROGRES
8. CARINA	26. INTEGRA	44. PRONARD
9. CEDIA	27. LANCER	45. PULSAR
10. CEDRIC	28. LAUREL	46. SENTIA
11. CEFIRO	29. LEGACY B4	47. SKYLINE
12. CELSIOR	30. LEGEND	48. SOARER
14. CIMA	31. MARK II ('00)	49. SPRINTER
14. CIVIC 3DOOR ('00)	32. MARK II ('99)	50. SUNNY
15. CIVIC FERIO ('00)	33. Mercedes Benz C-CLASS	51. VISTA
16. CIVIC FERIO ('99)	34. Mercedes Benz E-CLASS	52. WINDOM
17. COROLLA ('00)	35. Mercedes Benz S-CLASS	
18. COROLLA ('99)	36. Mercedes Benz THE SL	

▼表 14-14　在受試者 A 中的決策表

樣本	屬性值										喜歡	討厭	輕便
1. ACCORD	a1	b2	c2	d2	e1	f3	g3	h1	i2	j2	1	2	1
2. ALTEZZA	a3	b2	c2	d1	e1	f3	g3	h2	i3	j3	2	2	1
3. ARISTO	a3	b2	c1	d1	e2	f3	g2	h1	i2	j3	1	2	2
4. AUDI A4	a1	b3	c2	d1	e1	f3	g1	h2	i2	j3	2	2	2
5. BLUEBIRD	a1	b1	c2	d2	e1	f3	g5	h2	i1	j3	2	2	2
6. CAMRY	a1	b2	c2	d2	e1	f3	g3	h1	i3	j3	2	2	2
7. CAPELLA	a1	b2	c2	d2	e1	f3	g5	h2	i3	j1	2	2	2
8. CARINA	a1	b3	c2	d2	e1	f3	g3	h1	i2	j2	2	2	2
9. CEDIA	a1	b2	c2	d1	e1	f3	g4	h2	i1	j2	2	2	2
10. CEDRIC	a1	b2	c2	d1	e1	f3	g3	h2	i2	j1	2	1	2
11. CEFIRO	a1	b2	c2	d1	e1	f3	g3	h2	i3	j3	2	1	1
12. CELSIOR	a1	b2	c2	d2	e1	f3	g3	h2	i3	j3	2	1	2
14. CIMA	a1	b1	c2	d2	e1	f3	g4	h2	i3	j3	2	2	2
14. CIVIC 3DOOR ('00)	a2	b4	c3	d1	e1	f3	g3	h1	i4	j3	1	2	1
15. CIVIC FERIO ('00)	a3	b2	c3	d1	e1	f3	g3	h1	i4	j2	2	2	2

樣本	屬性值										喜歡	討厭	輕便
16. CIVIC FERIO ('99)	a3	b3	c3	d1	e1	f3	g1	h1	i1	j3	1	2	2
17. COROLLA ('00)	a3	b2	c3	d2	e1	f3	g5	h1	i1	j3	2	2	2
18. COROLLA ('99)	a1	b1	c2	d2	e1	f3	g3	h2	i4	j3	2	2	2
19. CORONA PREMIO	a1	b2	c2	d2	e1	f3	g3	h2	i3	j3	2	2	2
20. CROWN	a1	b1	c2	d2	e1	f1	g5	h2	i2	j3	2	1	2
21. CROWN MAJESTA	a1	b1	c2	d2	e1	f1	g2	h2	i3	j3	2	1	2
22. DIAMANTE	a1	b3	c2	d1	e1	f3	g4	h2	i2	j3	2	1	2
23. IMPREZA WRX ('00)	a3	b2	c1	d1	e1	f2	g1	h1	i3	j3	1	2	1
24. IMPREZA WRX ('99)	a1	b2	c2	d2	e1	f3	g5	h2	i3	j3	2	2	1
25. INSPIRE	a1	b2	c2	d2	e1	f3	g3	h2	i3	j3	2	2	1
26. INTEGRA	a1	b1	c2	d1	e1	f3	g1	h1	i1	j3	1	2	2
27. LANCER	a1	b3	c2	d2	e1	f3	g4	h1	i1	j3	2	2	2
28. LAUREL	a1	b2	c2	d1	e1	f3	g2	h2	i2	j2	2	2	2
29. LEGACY B4	a3	b2	c2	d2	e1	f2	g1	h1	i1	j2	1	2	2
30. LEGEND	a1	b1	c2	d2	e1	f3	g3	h2	i2	j2	2	2	2
31. MARK II ('00)	a3	b2	c3	d1	e1	f3	g3	h2	i3	j3	2	2	1
32. MARK II ('99)	a1	b3	c2	d2	e1	f3	g3	h2	i2	j3	2	2	2
33. Mercedes Benz C-CLASS	a2	b2	c3	d2	e1	f3	g3	h2	i3	j2	1	2	1
34. Mercedes Benz E-CLASS	a2	b2	c1	d2	e2	f3	g3	h2	i3	j3	1	2	1
35. Mercedes Benz S-CLASS	a3	b2	c3	d2	e1	f3	g3	h2	i1	j3	2	2	2
36. Mercedes Benz THE SL	a1	b2	c2	d2	e1	f3	g3	h1	i2	j3	2	1	2
37. Mercedes Benz THE SLK	a3	b2	c2	d2	e1	f3	g1	h1	i2	j3	2	2	2
38. MILLENIA	a1	b2	c2	d2	e1	f3	g4	h2	i3	j3	2	1	2
39. PLATZ	a3	b2	c2	d2	e1	f3	g4	h1	i4	j3	2	2	2
40. PRESEA	a1	b1	c2	d2	e1	f3	g1	h1	i3	j3	2	2	2
41. PRIMERA	a1	b1	c2	d2	e1	f3	g4	h1	i3	j3	2	2	1
42. PRIUS	a2	b4	c3	d2	e1	f3	g4	h1	i4	j1	1	2	2
43. PROGRES	a1	b1	c2	d2	e2	f1	g3	h2	i2	j3	2	2	2
44. RPONARD	a1	b2	c2	d1	e1	f3	g2	h2	i3	j3	2	2	2
45. PULSAR	a1	b1	c2	d2	e1	f3	g3	h2	i1	j3	2	2	2
46. SENTIA	a1	b3	c2	d2	e1	f3	g2	h2	i2	j3	2	2	2
47. SKYLINE	a1	b2	c2	d1	e1	f1	g1	h2	i1	j1	2	1	2
48. SOARER	a3	b4	c3	d1	e2	f3	g3	h1	i3	j3	1	2	1
49. SPRINTER	a1	b1	c2	d2	e1	f3	g2	h2	i4	j2	2	2	2
50. SUNNY	a1	b1	c2	d2	e1	f3	g2	h2	i1	j3	2	2	2
51. VISTA	a1	b2	c2	d1	e1	f3	g4	h2	i2	j3	2	1	1
52. WINDOM	a1	b2	c2	d2	e1	f3	g3	h1	i2	j3	1	2	2

　　想將約略集合適用在新產品設計時，設計者將會採取如下的做法，亦即，包決策規則部位所含的屬性值即照樣使用，另外決策規則條件部位未包含的屬性值，則是使所有屬性值的組合與任何現有產品形成不同屬性值的組合。因為新產品必須是新的緣故，當然，這是決策表的樣本未具有的屬性值的組合。決策規則條件部位對決策表的樣本是有必然性的影響，但對於決策表上沒有的對象或今後也許會出現的所有對象，不過是有可能性而已。因之，在約略集合的利用上，可以考慮的一者是選取 C.I. 大的決策條件部位；另一者是在相同的決策類別之中，有效率地合併決策規則條件部位（and 結合；以下稱為合併規則條件部位）。合併後的屬性值集合要儘可能提高在新產品中所呈現之 C.I. 大小的可能性。

　　此處，「有效率的合併」是指以下 2 點。

1. 合併後的結果，盡力使合併規則條件部位的長度（所含的屬性值數）縮小。這是因為在新產品的設計中，設計者某種程度想確保以自己的意思所決定的屬性數的緣故，此處條件部位的長度最多當作 7 個。

2. 儘可能使合併 C.I. 值（包含 1 個以上被合併的各決策規則條件部位的樣本總數 ÷ 符合的決策類別的樣本總數）增大。

　　其次，說明決策規則條件部位的合併方法（圖 14-5）。譬如，要被合併的決策規則條件部位，在圖 14-5 中假定是 "d1h1j3"，"a2"，"e2f3" 三者。合併規則條件部位是將此等 3 個決策規則條件部位以線段連結。譬如，"d1h1j3" 與 "a2" 合併時，表示成 "d1h1j3-a2"。此處，a1, a2 是當作相同屬性內的屬性值，當合併條件部位得出 "a1b2-a2c3" 時，由於無法同時滿足相同屬性有不同的屬性值，因之，此情形的合併規則條件部位當作矛盾除去。並且，呈現此處所得到的合併規則條件部位之信賴性的 C.I. 值，如上述之「有效率的合併」的 2. 所述，符合被合併的 2 個決策規則的樣本集合的聯集的樣本數，對該決策類別的樣本總數之比率，在圖 14-6 中，d1h1j3-a2 的 0.818 是 d1h1j3 的樣本集合與 a2 的樣本集合的聯集的樣本數 9 除以符合「喜歡」的樣本數 11 所求出。

　　具體上，如求出受試者 A 在「喜歡」中的合併規則條件部位時，即為圖 14-7。圖 14-8 及 14-9 說明 CIMA、CIVIC 將形態要素重排後與重排前相比較所得出的意見調查結果。

			樣本										合併
			1	3	14	16	23	26	29	33	34	42	48	C.I.
決策規則條件部位（形態要素）	d1h1j3	（顯目，薄，V 字）	-	*	*	*	*	*	-	-	-	-	*	0.545
	a2	（Type-B）	-	-	*	-	-	-	-	*	*	*	-	0.364
	c1	（圓形）	-	*	-	-	*	-	-	-	*	-	-	0.273
	b2j2d2	（Type-2，八字形，不顯目）	*	-	-	-	-	-	*	*	-	-	-	0.273
	e2f3	（4 燈，V 字形）	-	*	-	-	-	-	-	-	*	-	*	0.273
	b4	（Tyep-4）	-	-	*	-	-	-	-	-	-	*	*	0.273
	g1h1d1	（轉暗，薄，顯目）	-	-	-	*	*	*	-	-	-	-	-	0.273
	g1i1h1	（轉暗，分割型，薄）	-	-	-	*	-	*	*	-	-	-	-	0.273
	e2a3	（4 燈，Type-C）	-	*	-	-	-	-	-	-	-	-	*	0.182
								⋮						⋮
	j1h1	（垂直，薄）	-	-	-	-	-	-	-	-	-	*	-	0.091
	h1i4	（垂直，無分割型）	-	-	-	-	-	-	-	-	-	*	-	0.091
	h1j3g3a3	（薄，V 字形，橫向網孔，Type-C）	-	-	-	-	-	-	-	-	-	-	*	0.091
	h1i3c3	（薄，V 字形，異形）	-	-	-	-	-	-	-	-	-	-	*	0.091
	h1i3g3	（薄，V 字形，橫向網孔）	-	-	-	-	-	-	-	-	-	-	*	0.091
	e2c3	（4 燈，異形）	-	-	-	-	-	-	-	-	-	-	*	0.091

▲圖 14-5 約略集合在「喜歡」中的決策規則條件部位

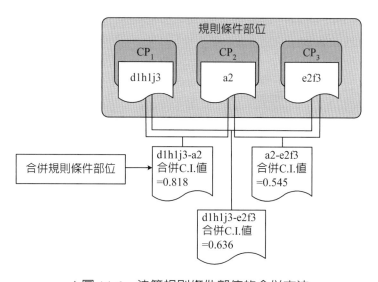

▲圖 14-6 決策規則條件部位的合併方法

		樣本											合併 C.I. 值
		1	3	14	16	23	26	29	33	34	42	48	
合併規則條件部位	d1h1j3-a2 （顯目，薄，V 字形－Type-B）	-	*	*	*	*	*	-	*	*	*	*	0.818
	d1h1j3-e2f3 （顯目，薄，V 字形－4 燈，V 字）	-	*	*	*	*	*	-	-	*	-	*	0.636
	d1h1j3-b4 （顯目，薄，V 字形－Type-4）	-	*	*	*	*	*	*	-	*	*	*	0.636
	d1h1j3-g1i1h1 （顯目，薄，V 字形－轉暗，分割型，薄）	-	*	*	*	*	*	*	-	-	*	*	0.636
	d1h1j3-e2b2 （顯目，薄，V 字形－4 燈，Type-2）	-	*	*	*	*	*	*	-	*	-	*	0.636
	d1h1j3-c1 （顯目，薄，V 字形－圓形）	-	*	*	*	*	*	-	-	*	-	*	0.636
	d1h1j3-g1i1a3 （顯目，薄，V 字形－轉暗，分割型，Type-C）	-	*	*	*	*	*	*	*	-	-	*	0.636
	d1h1j3-f2 （顯目，薄，V 字形－八字形）	-	*	*	*	*	*	*	-	-	*	*	0.636
	d1h1j3-e2i3 （顯目，薄，V 字形－4 燈，分割型）	-	*	*	*	*	*	*	-	*	-	*	0.636
	d1hij3-c2i1a3 （顯目，薄，V 字形－四角形，分割型，薄，Type-C）	-	*	*	*	*	*	*	-	-	*	*	0.636
	d1hij3-c2i1hib2 （顯目，薄，V 字形－四角形，分割型，薄，Type-2）	-	*	*	*	*	*	*	-	-	*	*	0.636
	d1h1j3-c3g4 （顯目，薄，V 字形－異形，鷹鉤鼻）	-	*	*	*	*	*	-	-	-	*	*	0.636
	a2-g1h1d1 （Type-B 轉暗，薄，顯目）	-	-	*	*	*	*	-	*	*	*	-	0.636
	:	:					:					:

▲圖 14-7　關於受試者 A 的「喜歡」的決策規則條件部位的合併結果

CIMA 變更前
屬性值 a3 b2 c3 d1 e1 f3 g3 h2 i1 j3

適合值
喜歡 0.182　　討厭 0.000

CIMA 變更後
使用屬性值 a3 b2 c3 d1 e1 f3 g1 h1 i1 j3
的合併規則條件部位：
d1h1j3-g1i1h1　　併合 C.I. 值…0.636
適合值
喜歡 0.545　　討厭 0.111

結果

變壞	尚可	變好
		○

圖 14-8　形態要素的重排「CIMA」

CIVIC（'00 模型）變更前
滿足屬性值 a2 b4 c3 d1 e1 f3 g3 h1 i4 j3
的合併規則條件部位：
d1h1j3-a2　　併合 C.I. 值…0.818
適合值
喜歡 0.545　　討厭 0.000

CIVIC（'00 模型）變更後
屬性值 a3 b4 c3 d1 e1 f3 g3 h1 i4 j2

適合值
喜歡 0.273　　討厭 0.000

結果

變壞	尚可	變好
○		

圖 14-9　形態要素的重排「CIVIC」

產品開發篇

第 15 章　品質展開法

■原始資料之收集

不管對象商品是既存改良型的商品或是新開發型的商品，掌握市場要求是有需要的。以文字表現顧客對對象商品的資訊（要求）稱為「原始資料」，所謂「屬性資料」是表示顧客資訊（年齡、性別等）的資料。原始資料、屬性資料，在既存改良型的商品裡，可從意見調查、面談調查來收集顧客對對象商品之要求，或者從顧客收集客訴資訊。在新開發商品的情形裡，從顧客那兒掌握直接要求是很困難的，但把市場要求予以資料庫（data base）化進行解析，或使用**語意行銷**（semantic marketing）領域中所採用之方法，來掌握潛在的市場要求是有需要的。

此處以「預估生產—既存改良—硬體商品」的品質展開來掌握市場要求為中心來說明。

15.1　原始資料的收集方法

收集原始資料、屬性資料的方法，有利用意見調查法、面談調查法等之用戶調查，除此之外也有考慮到活用客訴資訊、意見卡、公司內部資訊、業界需求等，而掌握顧客的真正要求此種態度是非常重要的。為了獲得更好的原始資料，平常就應留意資訊的儲存。而且，要如何儲存哪種的資訊呢？如何在需要的時候即可取出呢？均為資訊管理的關鍵所在。以及，原始資料是否為顧客的原始心聲？以及依屬性資料之不同，原始資料是以哪種途徑發生的？均為掌握真正要求的關鍵。營業人員收集來的資訊，大多是營業人員在腦海中變換之後的資訊，且在公司內設想顧客要求之情形，也大都是有偏差的資訊。為了收集顧客的原始心聲，最好還是利用意見調查或面談調查。並且，在過去所實施的意見調查中，自由回答的部分也可以當作原始資料。

15.2　日常業務與新產品開發業務之關係

在日常業務中，像客訴資訊、商品懇談卡等，最好加以整理使能利用在商品

開發上。此種業務隨著效率化之實施，以下步驟的作業，亦即向原始資料的展開也要有效率化，其間重點應放在作業與作業的「銜接部分」，因之決定好本公司的規定再進行效率化，是在新產品開發時甚爲重要的工作。日常業務與在新產品開發時，向原始資料展開的關係圖，說明在圖 15-1 中。

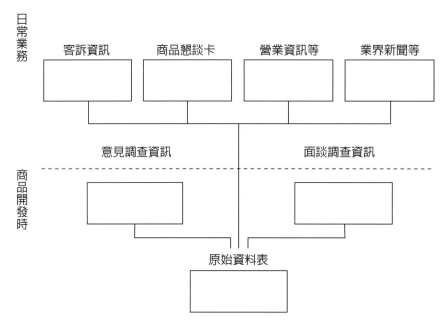

▲圖 15-1　日常業務與商品開發時之作業的關係

又，營業單位在日常業務中的立場，不單只是「銷售」商品，也要擔負感測器（sensor）的功能，發掘顧客的要求品質。在營業活動中，要經常性的努力去收集顧客要求的原始資料。並且，有需要提高收集要求之技術。商品的開發是針對「顧客的要求心聲」收集資料。營業單位的「興趣」或「靈機一動」作爲創意來源雖是有需要的，但應認清僅僅是如此並非就可以進行開發。

對於客訴資訊來說，需要系列性的進行調查，在以往的產品中初期發生之事故有哪些？以及在現時點中該客訴可否加以改善等，有需要加以分析。在創造新產品的時點中對於重大的客訴，可利用「失效模式與影響分析」（FMEA: failure mode and effect analysis）等，使新產品不要發生同樣的問題。客訴之時間系列一覽表的例子，如表 15-1 所示。

▼表 15-1　客訴資訊一覽表

No.	年/月/日	客訴資料	備考	年齡	職員	性別	販賣地區	對策
1	86/12/01	落入水中點不著	落在洗臉槽	36	作業員	男	北部	現物解析、未對策
2	86/12/23	瓦斯洩漏了	不良批	-	-	-		閥鎖調整
3	86/01/12	剛買火石就掉了	落在道路上	23	OL	女	中部	間隙之改善，1m 之落下強度變成 2m
4	86/03/12	瓦斯洩漏	不良批	-	-			閥鎖再調整，工程中完成
5	86/04/22	頭部不緊	瓦斯無漏	42	醫師	男	西部	接著強度重估，不明，未對策
6	86/05/05	有瓦斯卻點不著	火石沒有	36	職員	男		打火石與頭部模具之間隙規格變更，已對策
7	86/05/12	剛買火石就掉了	不知不覺之中	45	職員	男	西部	保持火石之間隙為 0.2mm
⋮	⋮	⋮	⋮	⋮	⋮	⋮	⋮	⋮
212	89/02/11	襯衫的口袋沾汙了	黑色沾汙	36	職員	男	南部	現物解析之結果，火石沾汙，無對策
213	89/03/03	瓦斯不好攜帶	1 個月	20	OL	女	南部	現物解析，使用頻率非常高
214	89/03/10	瓦斯洩漏了	不良批	-	-			日常點檢強化，閥鎖機調整，工程中完成
215	89/04/29	瓦斯都有	瓦斯無漏	25	職員	男	西部	現物觀察仍不明

　　從例子中所說明之客訴資訊來看，可知在工程中如未確實實施閥鎖機的日常點檢，就會連續發生閥鎖不良，容易造成不良批。並且，因為留下許多未採行對策之問題，所以也發現在開發時進行品質保證活動是有需要的。

15.3 意見調查法及面談調查法

對於想開始著手商品開發的企業來說，最重要的事情是在現狀中要決定以哪一個市場作為目標來開發商品。這是因為市場能否接受商品乃是掌握新產品開發之成功與否的關鍵。為了掌握「目標市場」的狀況，首先要從收集顧客的要求開始。理想的意見調查是從意見調查之結果所獲得的資料，即可實施如下之事項：

1. 能夠判斷商品是否滿足顧客的要求。

2. 對於競爭廠商可用來作為優位性的判斷資料。

3. 能檢討市場的大小。

4. 為了向市場滲透，可企劃策略性的活動。

實際上，在各公司實施時，有需要從所有的角度拍攝現場或產品的相片。此事有助於將原始資料展開成要求項目時的思考，且可幫助思考各種的場面。又針對對象產品考慮要求時，觀察對象產品實際所使用之現場狀況，或該產品現物本身實際上如何被使用，也是有需要的。

意見調查、面談調查主要是以消費者個人來掌握的，此種調查的目的有助於分析產品的設計與要求。為了總體性的掌握資料，利用表 15-2 的層別基準或要求項目來分析，明確定義出市場或者使市場區隔明確，則產品的規格化即有可能，隨之也可謀求生產的效率化。

▼表 15-2　層別基準的例子

統計上的基準	年齡、性別、職業、家族構成、學歷、婚姻之有無等
地理上的基準	都市、鄉鎮、郊區等
心理上的基準	性格、生活方式
社會上的基準	社會階層、公司中的職位等
行為上的基準	消費者的類別（再購入、初次）、消費量等

當掌握消費者的真正要求設法開發商品時，為每一位消費者製造及提供商品，一般的企業是不可能的。必定存在著想讓所有的消費者滿足的理想與企業能力之間的權衡關係（trade-off）。因此對消費者的總體性看法也就有需要了。因之，使層別基準明確是非常重要的。

　　如果，對象產品存在著複數的配銷通路時，對於批發商具有何種的要求呢？專門店是如何想的？以及對配銷的各階段也要透過面談調查法使之明確。像此種情形，對於調查內容也要事先特別加以考慮。譬如，哪種商品容易銷售？最近哪種產品比較暢銷？以及來自零售店的客訴是哪種的產品等，均需要加以調查。

　　意見調查的對象，應考慮購買對象之所有人員。服務業中只以來店人數或製造業中只以購買商品的顧客作為對象來調查，是無法掌握所有的顧客要求。因為，對於未到店中來的顧客或未購買的顧客，讓他們上門或讓他們購買也是目的所在，所以只要調查來店的顧客或購買的顧客，不能說是真正的顧客要求。意見調查表的例子如表 15-3 所示。

 Tea Break

> 　　消費者調查問卷可協助您掌握客戶的喜惡，以及貴公司有待改進之處。例如，一般客戶對您的定價有何看法？太貴嗎？還是合理？員工在客戶服務方面表現如何？對於客戶日益提升的需求及期望又有多了解？在整個客戶體驗的歷程當中，是否有哪個環節會讓客戶感到失望？您甚至可以展開民意調查來了解客戶為何不再使用您的服務或商品、該如何贏回這些客戶的信任，以及如何防止未來再度流失客戶。
>
> 　　讓您的員工能根據客戶需求達成階段性目標。此外，如果您正在研發新產品或是改良現有產品，不妨讓客戶針對產品的設計與功能提供寶貴的意見，畢竟客戶往往能夠看出您未留意到的問題。

▼表 15-3　意見調查用紙例

關於用完即丟之打火機的意見調查　　　　NO._____

請回答下列問題。以○圈出相當的題目或者請記入。不清楚時不記入也可以。

性別	1. 男性　2. 女性	年齡____歲

職業	1. 公司人員（事系）　　　2. 公司人員（技術系） 3. 公務員　　　　　　　　4. 商工自營業 5. 農業　　　　　　　　　6. 漁業 7. 自由業　　　　　　　　8. 學生 9. 主婦　　　　　　　　　10. 其他

未既昏	1. 未婚 2. 已婚	子女的年齡	1. 無高中以上的子女　　2. 有中學的子女 3. 有小學的子女　　　　4. 有高中的子女

購入店	1. 車站的銷售店　2. 文具店　3. 百貨店　4. 超市　5. 連鎖店 6. 雜貨店　　　　7. 其他

1. 有買過用完即丟之打火機？

　(1) 買過 10 次以上　　(2) 買過數次　　(3) 沒有買過

2. 現在你有幾個了？

3. 使用打火機點火石，你聯想到何種之場面？

　（以你覺得怎麼才好之場面）

(1)	
(2)	
(3)	

4. 購買打火機時注意什麼才購買？

(1)	
(2)	
(3)	

5. 希望有何種之打火機呢？

(1)	
(2)	
(3)	

6. 前次買的打火機有哪些困擾、不滿意的地方？

(1)	
(2)	
(3)	

15.4　業界消息與雜誌資訊的利用

雖然從一般能取得之資訊源可以收集到原始數據，但在企業之中，可從業界雜誌抽出所使用之詞彙當作模仿用語亦即感性用語，並做成形容詞對語一覽表。

利用形容詞與要求品質之組合抽出新的要求品質，或將原始資料展開成要求項目時，可作爲發想的資訊。並且，掌握想要開發之產品的感性要求部分，利用SD 法（semantic differential method），去分析哪一感性的重要度高。感性的用語例子說明在表 15-4 之中。

▼表 15-4　感性的用語詞

簡單的—複雜的 新潮的—古典的 柔軟的—堅硬的 明的—暗的 輕鬆的—沉重的	穩重的—輕浮的 都市的—鄉下的 周密的—粗略的 開放的—封閉的 新式的—老舊的	上品的—下品的 個性的—大眾的 溫和的—冷漠的 柔和的—冷酷的 高價的—低價的	豪華的—貧窮的 純的—雜的 快樂的—痛苦的 嶄新的—陳腐的

重點

收集資料的方法

(1) 使用者調查意見調查、面談調查法。

(2) 客訴資訊之活用。

(3) 意見卡之活用。

(4) 公司內部資訊之活用。

15.5　原始資料的製作

原始資料雖然要利用上面的各種方法來收集，但由顧客那兒收集來的或已收集的資料，利用 SD 整理成容易活用之形式是有需要的。在本書的練習中爲了整理原始資料，可使用「原始資料變換表」（參照練習中各種表），而各企業也要設法去整理並儲存資料。將由客訴資訊、意見調查等收集來的顧客心聲，與能分

層別的因子一起整理成一覽表，按各層別因子排列，觀察會出現何種之原始資料。一般可按如下之步驟來實施。

意見調查資料表及客訴資訊表的製作如下：

步驟 1 自意見調查表將意見資料及層別項目記入到原始資料變換表中。

步驟 2 自客訴資訊將客訴資訊及層別項目記入到原始資料變換表中。

步驟 3 選出對象產品的感性語句，做成感性用語一覽表。

在品質展開中雖然從掌握顧客的要求開始，此處使用意見調查資料表，練習原始資料的收集。

練習事例

(1) 把對「100 元打火機」的要求記入到意見調查資料表之例子，表示在表 15-5 之中。這是「有關 100 元打火機之意見調查」與「有關 100 元打火機之客訴」的例子。

(2) 列記詢問 1 中使用打火機時的場面。使用者是男性，聯想喝酒的場面。像「煙霧籠罩中一人飲酒」、「運動後一包菸」等。

(3) 抽出詢問 2 之中購買 100 元打火機時的基本要求。此顧客的基本要求，想來有「瓦斯不能洩漏」、「容易攜帶」。

(4) 抽出詢問 3 中對 100 元打火機所希望之要求。如「即使風大也不滅」、「拿著覺得可愛」的要求。又像「電子打火」等的方案，或「瓦斯不能洩漏」等的否定表現，「輕的」等抽象水準高的表現等，以各種的方式加以表現。在練習中，將對對象產品之要求記入意見調查表時，不拘於表現方法，自由奔放的記入要求。

(5) 客訴資料是聯想自己使用時，抽出可能會形成客訴的項目。「三週就沒瓦斯」、「突然點不著」、「雖有瓦斯卻點不著」是顧客的基本要求，未能滿足時就會出現客訴是可以理解的。

▼表 15-5　意見調查資料表記入例

100 元打火機意見調查表		性別	⒨ 女

請回答以下問題。

年齡：21 歲

1. 使用 100 元打火機時，聯想到何種場面？
（你自己覺得好的場面）

(1)	在煙霧籠罩中一人飲酒	(6)	在下雨中仍能點火
(2)	運動後一包菸	(7)	撞球時可單手抽菸
(3)	一面聽音樂一面抽菸		
(4)	沉思中抽菸		
(5)	躺在沙發中		

2. 購買 100 元打火機時，注意什麼事情？

(1)	瓦斯不能洩漏		
(2)	容易攜帶		
(3)			
(4)			
(5)			

3. 你希望有何種的 100 元打火機？

(1)	即使風大也不滅		
(2)	拿著覺得可愛		
(3)	色澤美麗		
(4)	電子打火		
(5)	瓦斯不能洩漏		
(6)	火焰的顏色可改變		
(7)	有高級感		

關於 100 元打火機的客訴資料表

1. 請寫出前次購買 100 元打火機的不滿意、困擾之處？

(1)	三週就沒瓦斯	(4)	到高的地方就點不著
(2)	突然點不著	(5)	火焰一大就不安定
(3)	雖有瓦斯卻點不著		

■ 向要求品質進行變換

有需要把從顧客那兒收集來的原始資料加以分類、整理。顧客的要求是以各種的方式帶進公司來的，而意見或客訴、評價、要求等內容也是各式各樣的。並且，顧客要求有的是與品質有關的事項，也有與價格有關的事項，或與機能有關之事項，因之對於此事也需要加以分類、整理。原始資料是顧客的原始心聲，將顧客發出來的信號加以翻譯是有需要的。因之，儲存原始資料與發生資料之人的屬性，然後再進行從原始資料變換為要求品質。一般從原始資料直接變換為要求品質可以說是很難的，此處引進新的要求項目之概念，就會容易變換成要求品質。

15.6　原始資料變換表的製作

為了儲存從顧客那兒而收集來的資訊，應製作原始資料變換表。在此原始資料變換表上，意見調查資料自不待言，當然包括客訴資訊，從所收集的資料來源（data source）開始，到對象產品所使用之狀況與條件，以 5W1H 的方式加以記錄。此外，從原使資料所抽出的要求品質或方案、機能、品質要素等也要予以記錄。對於原始資料變換表上應設置何種項目，依各公司的實情與對象產品之性質而有各式各樣，因之有需要設定適宜的項目。

15.7　從意見調查資料及客訴資訊變換為要求項目

由於意見調查資料或客訴資訊是顧客的原始心聲，因之基於意見調查資料照著所想到的那樣變換為要求項目。要求項目否定型的也行，機能本身也行，與意見調查資料相同也行。變換要領如表 15-6 所示。

▼表 15-6 要求項目要領

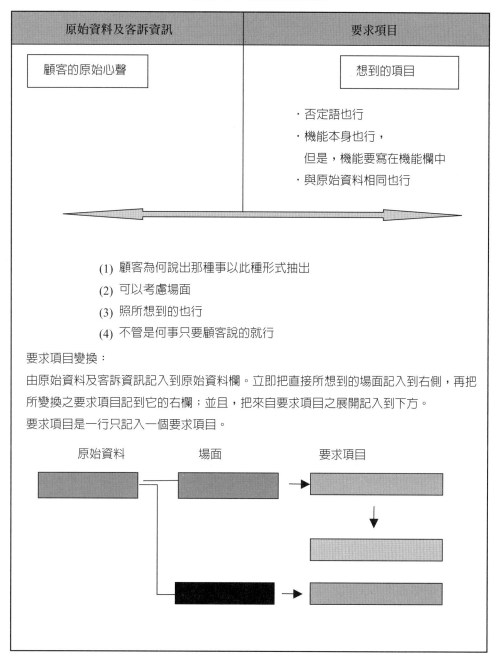

要求項目變換：

由原始資料及客訴資訊記入到原始資料欄。立即把直接所想到的場面記入到右側，再把所變換之要求項目記到它的右欄；並且，把來自要求項目之展開記入到下方。

要求項目是一行只記入一個要求項目。

┌─ **重　點** ─────────────────────────────────────┐

　要求項目的變換

　(1) 否定的表現也行。

　(2) 不問抽象的層次。

　(3) 不受制於表現。

　(4) 靈機一動也行。

　(5) 任何內容均可。

　(6) 以自己的用語表達。

└──┘

練習事例

(1) 在「100 元打火機」中將記入到原始資料變換表上的例子，表示在表 15-7 中。將意見調查表上所抽出的場面作為參考抽出要求項目時，可以順利的抽出許多。

(2) 譬如，表 15-5 的 3.(1) 風大的時候也會熄，將此種原始資料轉記到原始資料變換表上。

(3) 從原始資料的「即使風大也不滅」先直接地想到「在高爾夫球場抽一支菸時」的場面，如可想到高爾夫球場，那麼「到山中郊遊」場面也可出現。從「風大」可聯想到「雨中」場面。考慮各種的場面寫出要求項目時，即可抽出「風大火焰也不會熄」、「在山上也可確實的點著」、「在山上火焰也安定」、「在雨中也難熄滅」等等。

(4) 從「拿著覺得可愛」聯想年輕女性拿著走，即可想出小型。

(5) 從「電子打火」所抽出之「做成電子打火」的方案，記入到方案欄中。從原始資料的「有耐久性」所抽出之「耐久性」品質要素，記入到品質要素欄中。請參照表 15-15。

▼表 15-7 由原始資料向要求項目的變換例

No.	資料屬性		原始資料	場面 WHO WHERE WHEN WHY WHAT HOW	要求項目
	性別	年齡			
1	男	21	風大也不滅	在高爾夫球場抽一支菸	風大也不滅
				到山中露營	在山上確實可著火
					在山上火焰也安定
				在雨中的車站	在雨中也不易熄滅
					確實著火
					火焰安定
2	男	21	帶著也不變	在宴會上	色澤美麗
					可愛的設計
				放入小口袋散步	小型
3	男	21	品味佳	一面聽音樂一面喝酒	有品味
				一面沉思一面喝酒	著火聲音佳
					關閉的聲音佳
4	男	21	電子打火		一點即著
5	男	21	有耐久性	掉落	耐久性
				掉在雪上	不壞
				沒有瓦斯就不要了	用完即丟

15.8 由要求項目向要求品質進行變換

如表 15-7 所表示之顧客的原始心聲，是混合著客訴或概括性的要求或與細部的事項有關之要求。並且，方案與特性值（在規格書中加以表示）也有被要求的。並非是照樣承認這些要求，有需要解析真正的要求是什麼。此解析就是將要求細分化、再結合。因此，首先要將要求項目變換為要求品質。從要求項目抽出與品質有關，不含兩個意義能簡潔表現的語言資訊，將此當作要求品質。因為是品質，因之必須避免特性值或方案地表現者，最好也不要抽象。並且，了解顧客是誰，想像產品被使用的狀況再進行變換才有意義。在變換時，雖可從一個要求項目抽出幾個要求品質，然而重複也沒有關係，最好把所想到的要求品質全部寫出來。要求品質由於被抽象化表現，因之將具體的方案寫在備註上，可作為往後的參考。

15.8.1 觀察乃是向要求品質變換之線索

以向要求品質變換的線索來說，具有重要價值的是「觀察」。觀察是在著手新產品開發活動之前一定要實施的。觀察是誕生新產品構想之契機。當收集資料時，利用重點性的觀察活動，在意見調查中即可浮現出未察覺到的資料。談到觀察並非是「走馬看花（town watching）」而已，而是對自然或人以及日常的事情等的一切觀察，有助於向要求品質進行變換。

譬如，在練習「100 元打火機」時，有人發言「別克廠牌的打火機底部有洞，而其他的打火機沒有」。此事即可發現在瓦斯的充填工程中別克廠牌與其他廠牌的方法不同。透過自己本身的觀察來發現事實是非常重要的。

15.8.2 向要求品質去變換之過程要點

在變換的過程中最重要的事情是不要受限於既存的產品。有好多事情對自己本身來說當然是常識，但對他人來說卻是新奇的，先認清此事也是很重要的。譬如，欣賞芭蕾舞時，對於舞者的移動，有以宛如電視整個畫面來欣賞之情形，以及將視線集中於一位舞者，以畫面像的方式將之急速擴大、縮小之方式來觀賞之情形。如果改變視線即可欣賞種種的場面。像手的移動、腳的移動，有以個別來掌握之情形，以及以整體的移動來掌握之情形那樣，從各種視野來觀察原始資料

是有需要的。透過此種事情，意想不到的要求品質即可浮現出來。

　　思考為何會有此要求項目後再變換成要求品質。顧客為什麼會說出此種事情？把「思索」的事情集合起來即可提出有臨場感的構想，並可抽出許多的項目。又，設計者首先要打破自己具有的固定觀念，這是發想的原點。當考慮人的意識與產品機能之配合，譬如有「反應遲鈍」的要求項目。「慢」或「快」的感覺，有賴於意識之地方甚多。如今，即使感覺「快」如能習慣的話，就會有「慢」的感覺，改變快慢的程度使接近人的意識此種的發想也是有需要的，以下說明幾個重點。

重 點

由要求項目向要求品質變換

(1) 首先一個人思考，用自己的用語來定義。

(2) 對要求項目抱持懷疑。

(3) 對所抽出之要求品質不做好壞之批評。

(4) 要求品質的提出立場是越接近顧客越好。

(5) 儘可能從一個要求項目抽出數個要求品質。

(6) 改良他人所抽出之要求品質，利用其他幾個要求品質之組合做出新的要求品質。

(7) 檢討要求品質有無矛盾之處。

(8) 檢討是否在既存產品之範圍內考慮要求品質。

(9) 從要求項目及其背景來推測、類推及抽出。

(10) 與他人討論要求品質。

15.9　要求品質的表現

　　要求品質要做到「不含 2 個以上之意義的簡潔表現」。要求品質畢竟是品質，並非是像「希望……」、「能夠……」的要求表現，而是要做到「是什麼」的品質表現。有的產品已經由顧客將特性值明記在規格書上，品質特性已有所要求，在此種情形中，該特性值為何需要呢？做成語言表現時即成為要求品質。並

且，特性值在要求品質表現之中要使之不要混同。同樣，對策或方案在要求品質表現之中也不要混同。原始資料如為客訴資訊時，不要用否定表現，要做成肯定的表現。像「不是……」的表現是不好的。否定的表現在許多情形中是不規定事情的。

在顧客的要求中，混雜著對於應該具備之事情卻未能實現之要求；以及現狀中雖有某種的滿足，但以更高品質的提高為目標之要求。雖然符合前者的要求，顧客仍未能滿足，但如能符合後者的要求，顧客即可獲得滿足。這是魅力品質、當然品質的想法，將要求品質分解成此等品質，擺在要求品質之中是有需要的。

另外，有機能面之要求品質以及情緒面的要求品質。顧客對產品有要求機能之充實，以及要求情緒的滿足等之情形。將這些區別也是很重要的。

重點

要求品質之表現
(1) 做成不含 2 個以上意義的簡潔表現。
(2) 加入品質的表現。
(3) 不要包含品質特性（特性值）。
(4) 不要包含方案或對策。
(5) 避免否定的表現，做成肯定的表現。
(6) 沒有詞尾的表現是不好的。
(7) 使對象明確。
(8) 把抽象化的表現儘可能具體的表現。
(9) 表現顧客的真正需求。
(10) 並非希望式的表現而是表現狀態。
(11) 並非又臭又長的說明文而是簡潔的表現。

15.10 原始資料變換表的要求品質欄的製作

將原始資料變換表的要求項目變換為要求品質，再記入到要求品質欄中。由一個要求項目變換成數個要求品質。變換之際，要站在顧客的立場，查明顧客的

真正要求之後再變換。思考為何出現此種要求，顧客要求的什麼等，並非只是將表面所出現的語言變換成要求品質語言，而是要盡力變換成真正的要求品質。

當變換成要求品質之際，機能與方案、品質要素等浮現在腦海中時，要記入到各對應欄之中。另外，有需要再次考慮顧客是誰。大多數的情形，顧客形成階層的形式，當有一階顧客、二階顧客時，有需要注意將之層別使能儲存資料。要求品質變換要領如表 15-8 所示。

▼表 15-8　要求品質變換要領

透過資料想抽出顧客真正要求之姿態	
■ 變換要點	
(1) 設想產品被使用之場面，抽出隱藏在資料裡面之要求	
一面沉思在喝酒之場面 要求項目 • 著火聲音好	要求品質 • 著火時的聲音感覺舒服 • 著火時出現聲音
年輕女性從皮包中拿出之場面 要求項目 • 小型	要求品質 • 容易保管 • 容易攜帶 • 使用可愛的顏色 • 選出喜歡的顏色
從「使用可愛的顏色」之要求品質到細分成為「選擇喜歡的顏色」，可浮現出構想來在變換的過程中所出現者，要不斷的記下來是非常重要的	
(2) 對要求項目以逆說的方式抽出要求品質	
要求項目 • 不會從銼出現黑粉	要求品質 • 攜帶也安心 • 保管容易 • 攜帶方便
(3) 對於要求項目為何有那種的要求	
要求項目 • 銼穩當	要求品質 • 火順利地點著 • 簡單的著火

練習事例

(1) 在「100元打火機」中將記入到原始資料變換表上的例子，表示在表 15-9 中。

▼表 15-9　自要求項目向要求品質之變換例

No.	資料 性別			場面 WHO WHERE WHEN WHY WHAT HOW	要求項目	要求品質
1	男			在高爾夫球場抽一根菸	風大也不滅	強風中也能點著
						強風中火焰也安定
				到山中露營	在山上確實可著火	寒冷的地方也可著火
					在山上火焰也安定	寒冷的地方火焰也安定
				在雨中的車站	在雨中也不易熄滅	在雨中也可著火
						在雨中火焰也安定
					確實著火	確實著火
					火焰安定	火焰安定
2	男			在宴會上	色澤美麗	可選擇喜好的顏色
					可愛的設計	可愛的顏色
						可愛的設計
				放入小口袋散步	小型	可放在手中
						可放入口袋中
3	男			一面聽音樂一面喝酒	有品味	用濃色
						用淡色
				一面沉思一面喝酒	著火聲音佳	著火時聲音悅耳
					關閉的聲音佳	關閉時聲音悅耳
4	男				一觸即著	可單手點火
						輕觸即可點火
5	男			掉落	耐久性	落下也可使用
						耐強烈撞擊
						持久
				掉在雪上	不壞	落入水中也能使用
				丟了就算了	用完即丟	可丟入垃圾箱

(2) 從「即使風強的時候火也很難熄滅」變換爲「在強風中也能點著」與「在強風中火焰也安定」。由一個要求項目抽出數個要求品質。

(3) 要求項目「確實著火」、「火焰安定」，直接成爲要求品質。

(4) 並非是從「小型」的要求項目變成「是小型的」的單純變換，而是抽出「可放在手中」，「可放入口袋中」的要求品質。

(5) 從「瓦斯不會漏」的要求品質，抽出像「只有著火時才會流出瓦斯」此種肯定表現之要求品質。

(6) 從「一觸即著」的要求項目，抽出「可單手點火」、「輕觸即可點火」之要求品質，而「做成電子著火」的表現，因爲是方案所以記到方案欄中。

(7) 從「用完即丟」的要求項目，抽出「可丟入垃圾箱」之要求品質。

(8) 從「耐久性」之要求品質，抽出「能耐強烈衝擊」、「落下也能使用」之要求品質。從「有品味」之要求項目，抽出「使用濃的色彩」、「使用淡的色彩」之要求品質。

■要求品質展開表的製作

將所抽出的要求品質一一轉記到標籤（小卡片）上，然後再統合。如圖 15-4 所示，將所抽出的要求品質一一轉記到標籤上，進行 KJ 式的組群（grouping），再去統合起來。首先，斟酌標題所記載的內容，將意義內容相似的標籤集合成 4～5 張。抽出能表現該 4～5 張整體所要求之要求品質之後，記入到新標籤。對於所有的標籤進行此操作，其次，對新記載的標籤也進行同樣的操作，亦即，對於要求品質建立階層構造。利用此種 KJ 式的組群方式進行要求品質的整理。要求品質的階層構造化完成之後，按階層別將要求品質整理成一覽表的形式，即可完成如

表 15-11 所示之「要求品質展開表」。使用此要求品質展開表即可設定企劃品質。

15.11 語言的階層構造

人與人之間的資訊傳達是以各種方式進行的，據說有 35% 是利用語言來進行的。剩下的 65% 是非語言的世界，當我們用語言傳達資訊時，據說是在語言

的抽象層次範圍內，或以上位層次或以下位層次來說明事情。所謂抽象的層次，是指從具體的表現到抽象表現之間的階段。譬如，「去海外」、「去美國」、「去紐約」逐漸的具體化。又「喝 XO」，「喝威士忌」、「喝洋酒」、「喝酒」慢慢的抽象化。

「花貓」「虎」等集合而成「貓科」，「貓」、「狗」、「山鳥」集合起來構成了「寵物」。即使說「家裡的寵物是……」那說不定是獅子呢！像這樣在抽樣層次的上下範圍內進行資訊傳達。

將抽象的層次表現階梯狀的例子，如圖 15-2 所示。在最下階段所示的 Oldpar 語言是品牌，Oldpar 此語言是意指什麼，對了解的人來說，知道它是酒、是洋酒、是威士忌、是 Scotch Whisky。對不了解 Oldpar 此語言意指什麼的人來說，在說明時，就會在抽象層次的上下之間來說明「它是酒的一種，是 Scotch Whisky」。「昨天，喝酒過量」之表現是抽象的，以這樣結束會話的時候也有，談到酒，它是日本酒或是洋酒就無法得知。不管哪種語言表現，此種階層構造是否都很明確呢？雖然不一定明確的情形也很多，但某種程度的階層化是有可能的。

▲圖 15-2　抽象層次的階段

所謂語言的階層構造，乃是考慮抽象的層次。建立要求品質的階層構造，是將要求品質區分成數段的層次來表現。顧客的要求，一般是以高的抽象層次來表現，儘可能使用具體的層次表現來抽出要求品質。然後，抽出這些之共通點，再思考更上一段的要求品質表現。抽象層次的上位當作 1 次，越向下位即為 2 次、3 次……。亦即，1 次是抽象的，次數越高就愈具體。

15.12 要求品質以 KJ 法的組群方式

　　將顧客的要求細分化後，再進行統合，這可利用 KJ 法進行組群。首先將要求品質按每一項目轉記在標籤上。核對標籤上所記載的要求品質，確認內容之後，捨棄重複的標籤做成能一覽的方式。不管是練習或由市場所收集的實際資訊，並非只是捨棄，最好記錄它的重複次數。其次，把感到有意義、內容有相似的標籤集合在一起，抽出能表現該群內容的要求品質之表現，記錄到新的標籤上。此時，不受限於標籤上所記載的用語，把內容、意義相類似的集合在一起。注意不要採用先在腦海中構成了類目（category），然後對該類目套合標籤的做法。其次對於上位的標籤也同樣去組群。此種操作稱為「KJ 法的組群方式」。

　　在練習中，將低次的標籤以黑色筆來寫，抽象的層次更上一層者用藍筆來寫，再上一層者用紅筆來寫。可用不同的顏色來層別。此概念圖如圖 15-3 所示。

　　一般把最初所抽出之要求品質之層次，以 3 階的層次來建立階層構造，實際上語言的階層構造因為未明確加以規定，因之最初大多製作出抽象層次高之要求品質之標籤。這些的階層構造化也是經驗法則。KJ 法式的組群要領如表 15-10 所示。

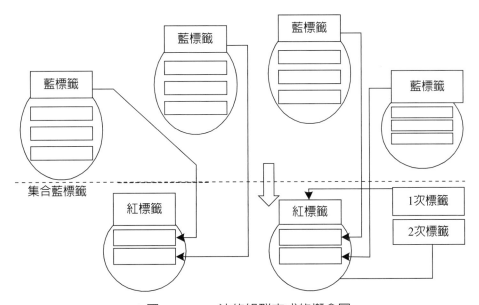

▲圖 15-3 KJ 法的組群方式的概念圖

▼表 15-10　KJ 法式的組群要領

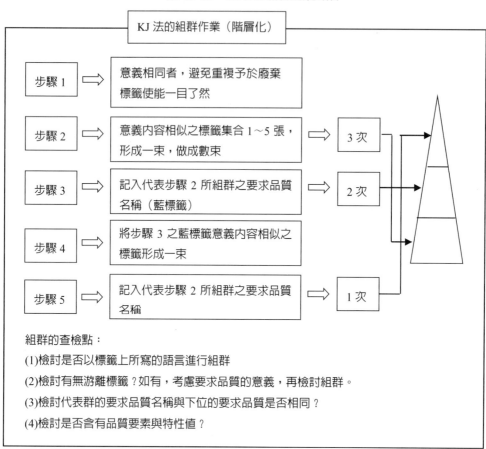

組群的查檢點：

(1)檢討是否以標籤上所寫的語言進行組群

(2)檢討有無游離標籤？如有，考慮要求品質的意義，再檢討組群。

(3)檢討代表群的要求品質名稱與下位的要求品質是否相同？

(4)檢討是否含有品質要素與特性值？

重 點

KJ 法式的組群

(1) 不要先在腦海中製作類別（category），並在類別中套用標籤。

(2) 不受限於標籤上所記載的用語，重視意義、內容。

(3) 需確認抽象的層次高低是混合在標籤之中的。

(4) 要重視組群過程中的發想。

(5) 首先，做成群再觀察全體，考慮各群的上位層次。

練習事例

(1) 在「100 元打火機」中，將要求品質以 KJ 法式組群的例子，表示圖 15-4 中。

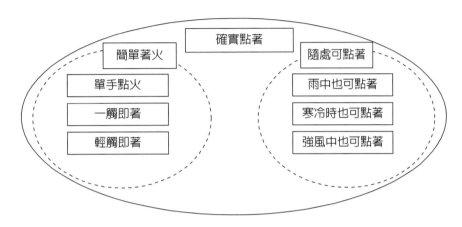

▲圖 15-4　要求品質以 KJ 法組群的例子

(2) 收集「單手能點火」、「一觸即能點火」、「輕觸即可點火」的要求品質，將代表此集合的要求品質表現即「簡單的點火」，以藍筆記入新的標籤中。此概念圖說明在圖 15-5 之中。

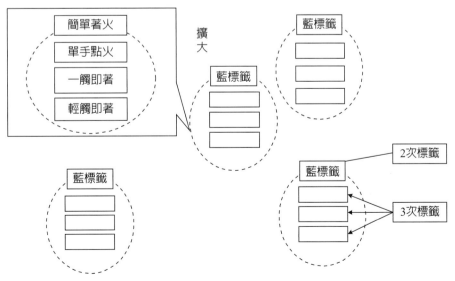

▲圖 15-5　要求品質以 KJ 法組群之概念圖

(3) 又，收集「雨中也能點著」、「寒冷的時候也能點著」、「強風中也能點著」之要求品質，將代表此集合之要求品質表現亦即「隨處均能點火」，以藍筆記入標籤中。

(4) 其次，收集以藍筆所寫的「簡單著火」、「隨處均能點火」之要求品質，將代表此集合之要求品質表現亦即「確實點著」，以紅筆記入標籤中。

15.13 要求品質展開表之製作

將要求品質以 KJ 法組群之結果予以轉記，做成要求品質展開表。將組群的結果轉記在要求品質展開表的例子，如圖 15-5 所示。進行 KJ 法組群時，紅筆的標籤為 1 階的要求品質，藍筆的標籤成為 2 階的要求品質，黑筆的標籤成為 3 階的要求品質。

在品質展開的概念圖中，要求品質展開表與品質要素展開表與品質要素展開表及其他的各展開表皆以三角形來表示，是因為形成 1 階、2 階、3 階的「階層構造」之關係。

練習事例

(1) 在「100 元打火機」中，將要求品質利用 KJ 法的組群到製作要求品質表的例子，表示在

(2) 表 15-11 中。

(3) 將用紅筆所記載之標籤內容「確實點著」轉記到第 1 次之欄中。

(4) 將屬於紅筆標籤之集合即以藍筆記載之標籤內容「簡單著火」轉記到第 2 次之欄中，將屬於藍筆標籤之集合即黑筆標籤的「單手點火」、「一觸即著」、「輕觸即著」轉記到第 3 次之欄中。

(5) 對於其他藍筆標籤的集合，同樣將「隨處均可點著」轉記到第 2 次之欄中，將「雨中也能點著」、「寒冷的時候也能點著」、「強風中也能點著」轉記到第 3 次之欄中。

▼表 15-11 要求品質展開表例

1 次	2 次	3 次	
確實點著	簡單著火	單手點火	
		一觸即著	
		輕觸即著	
	隨處可著火	雨中也能點著	
		寒冷中也能點著	
		強風中也能點著	
容易使用	安心使用	火焰能調整	
		火焰安定	
		火焰也點久	
	處理容易	處於何處均可安心	
		可丟入垃圾箱中	
能安心攜帶	安心攜帶	僅在需要時可著火	
		火確實熄滅	
		只在著火時瓦斯流出	
	更換時期清楚	瓦斯的量知道	
		可用到無瓦斯為止	
能長期使用	耐用	能耐衝擊	
		掉下也可使用	
		落入水中也可使用	
	大小適中	可放在水中	
		適當的重量	
		可放入的口袋	
良好設計	袖珍型	圓形的形狀	
		薄型	
	舒暢之顏色	顏色明亮	
		顏色穩重	
		顏色樸素	
愛不釋手	提供話題	點火時有聲音	
		火焰的顏色改變	
		蓋子可換	
	看起來高貴	點火時聲音悅耳	
		瘦長型	

■品質要素的提出

　　將以顧客的用語所記載的要求品質，展開成技術的用語即品質特性，經由如此即可將抽象的顧客要求具體的使之產品化。為了將市場的世界變換為技術的世界，因之，必須將要求品質變換為品質特性。所謂品質特性是指品質評價之對象即性質、性能，與顧客的真正要求相對的代用特性。作為對象之商品是硬體的商品，固有技術如可儲存的話，所抽出之品質特性在質與量方面大多會出現良好的結果。可是，實際上，也有感性的特性。特別是像服務之類很難抽出可以計測的品質特性，就只好抽出品質要素。所謂品質要素是有可能成為評價品質之尺度，當此能計測時，即稱之為品質特性。一般是對品質要求先抽出品質要素。

15.14　品質要素的想法

　　將市場的世界變換為技術的世界的第一步驟是品質要素的提出。這是用以測量是否滿足要求品質？其尺度為何？等作為中心去思考。在此階段中，不需要考慮到構成產品之零件層次為止的品質特性，以抽象層次較高的來表現也行。雖然是盡可能提出能測量的品質特性是最好的，但仍不受制於測量可能性地提出品質要素也是需要的。可是，專心於提出品質要素時，像「……度」，「……性」之類，常會在用語上加上「度」或「性」一味地造出抽象層次高的用語，所以需要注意。

　　又，關於設計與形狀的特性表現不易，就會以品質要素的表現提出來，然而在選定重要要求品質，設定設計品質的階段中，有需要考慮實際是如何計測該品質要素。此事像服務的無形財之情形也是相同，實際上，即使是服務的情形，也存在許多能計測的尺度。

15.15　品質特性與品質要素

　　如 JIS 的定義中所明白表示的，為了決定商品是否滿足使用目的，其評價的對象是性質、性能，而品質是集合此性質、性能的概念，商品的品質是由品質特性所構成的。提出品質特性，也就是將品質細分成品質特性，分解成品質的性質、性能。談到品質要素之概念與品質特性之概念哪一者有概括的概念時，從要

素的用語來看，似乎品質要素是細分化的概念，然而事實上品質要素則是概括的概念。品質要素之中計測可能者稱爲品質特性，計測方法、測定方法明確，可利用計測加以數值化且單位明確者即爲品質特性。品質要素之一覽表如表 15-12 所示。在此表之中，雖也包含品質特性，但後面因有需要設定設計品質，所以有需要提出能測量的品質特性。對於只能在品質要素之層次中提出時，是否應在決定重要品質要素之時點中考慮品質特性呢？有需要再度檢討。

▼表 15-12　品質要素

1. 物性的要素
　　外觀特性（大小、長度、重量、厚度）
　　力學特性（適度、牽引力、強度、脆度）
　　物性（通氣性、保溫性、耐熱性、伸縮性）
　　光學特性（透明度、遮光性、夜光性）
　　音響特性（音色、遮音性、音響出力、S/N 比）
　　資訊關係（冗長度、資訊量、正確性）
　　化學的特性（耐蝕性、不燃性、耐爆性）
　　電氣的特性（絕緣性、電導性、誘電性）
2. 機能的要素
　　效率（能源效率、處理之容易性、自動化）
　　安全性（無害性、防呆化之設計）
　　機能多樣性（多功能品、利用組合產生多樣化）
　　攜帶性（隨身攜帶型）
　　使用者的範圍（外行人使用、內行人使用）
3. 人間的要素
　　印象（高級品、知名度）
　　稀少性（特別訂購品、輸入品、天然品）
　　習慣（傳統、新製品）
　　官能特性（粗細度、觸感、味道、居住性）
　　充實度（知的充實感、情緒的充實感）
　　接客性（笑顏度、照顧、用詞、清潔度、親切度）
4. 時間的要素
　　耐環境性（耐寒性、耐溼性、耐塵性）
　　時間（效果之持續性、速效性）
　　耐久、保存性（耐用年數、故障率、修理容易性）
　　廢棄容易性
5. 經濟的要素
　　有利性（維持費低廉）

互換性（零件交換性）
6. 生產的要素
  作業性（工數少、故障修理少、不需特殊技能，作業標準彈力性）
  原材料（品質彈力性、庫存容易、檢查容易性、工程能力之合適性）
  收率（收率大，修護容易，其他品種之轉換容易）
7. 市場的要素
  適時性（流行，季節）
  品種多樣性（多種選擇）
  信用度
  購入決定之契機（以各自之基準選擇、意見領導者之決定、第三者決定）
  壽命週期（壽命週期長，短仍有利處）

15.16 品質要素欄的製作

　　從原始資料變換表中的「要求品質欄」的各要求品質，取出品質要素，記入到原始資料變換表中的「品質要素欄」中。此時，考慮測量的可能性，如測定單位明確時，則附記在所記入的品質要素中。如從其他的要求品質提出時，即使具有前面所提出之品質要素，也不必介意重複，可按各要求品質記入品質要素。品質要素提出要領如表 15-13 所示。

▼表 15-13　品質要素提出要領

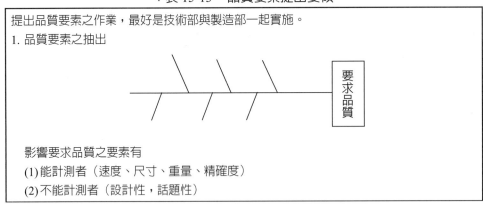

提出品質要素之作業，最好是技術部與製造部一起實施。
1. 品質要素之抽出

要求品質

影響要求品質之要素有
(1)能計測者（速度、尺寸、重量、精確度）
(2)不能計測者（設計性，話題性）

2. 換成機能表現之後提出品質要素也行

要求品質	機能	尺度
	做什麼	速度 重量 尺寸

重 點

品質要素的提出

(1) 市場的世界變換爲技術的世界。

(2) 不受制於測量可能性地提出品質要素。

(3) 儘可能地提出能測量的品質特性。

(4) 品質要素之中當能測量時，稱爲品質特性。

▼表 15-14　品質要素取出的例子 (1)

NO	資　料			要求品質	對應	特　　性	對應	特　　性
1	男			強風中也能點著		滅火風力		瞬間風壓
				強風中火焰也安定		滅火風力		
						氣壓		外氣壓
				寒冷的地方火焰也安定		氣壓		
				雨中也能著火		溫度		著火壓力
				雨中火焰也安定		溫度		
				確實著火		著火壓力		著火次數
				火焰安定		連續使用時間		火焰安定性
				可選擇喜愛的顏色		機體之色數		外觀互換度
				使用可愛的顏色		女性感心度		淡色使用率
				可愛的設計		高度		寬度
				可放在手中		重量		容積
				可放入口袋中		重量		高度
				使用穩重的顏色		使用色數		淡色使用率

NO	資　　料				要求品質	對應	特　　　性	對應	特　　　性
					使用樸素的顏色		使用色數		淡色使用率
					著火時聲音悅耳		發火音		
					關閉時聲音悅耳		發火音		發生時間
					可單手點火		重量		容積
					輕觸即著		重量		容積
					部下也能使用		落下強度		耐久性
					耐強烈衝擊		落下強度		變形應力
					持久		使用時間		使用次數
					落入水中也能使用		回轉摩擦力		耐久性
					可丟入垃圾桶		內部壓力		落下強度

▼表 15-15　品質要素取出的例子 (2)

品質要素							
特性	對應	特性	對應	特性	對應	特性
著火壓力		閥徑				
著火壓力		火焰高度		火焰寬度		閥徑
溫度		著火壓力				
溫度		著火壓力		火焰寬度		火焰寬度
火焰寬度		火焰寬度				
服裝配合度						
明度		彩度				
厚度尺寸		流線度		模樣連續度		多彩度
寬度尺寸		厚度尺寸				
		彩度				

品質要素						
特性	對應	特性	對應	特性	對應	特性
著火壓力		表面摩擦力				
著火壓力		著火次數				
耐久性						
耐久性						

練習事例

(1) 在「100 元打火機」中將抽出品質要素的例子表示在表 15-14 中。

(2) 從「單手即能點火」的要求品質，抽出「重量」、「容積」、「點火壓力」、「表面摩擦係數」之品質要素。

(3)「重量」可考慮（g），「容積」可考慮（cm^3）的測量單位。

(4) 從「只要點火時瓦斯流出」的要求品質，抽出了「氣密性」此種抽象層次高的品質要素。

(5) 從「放在手中」的要求品質，抽出「重量」、「容積」之品質要素，雖重複但仍記入。

■ 品質要素展開表的製作

　　把所取出的品質要素一一的轉記到標籤中，與要求品質展開表的製作一樣，對品質要素建立階層構造。此品質要素展開表與要求品質展開表組合成二元表即可作出品質表。但一般來說品質表就變成了大表，因之很難透視整體。因此，以 2 階層次（或 1 階層次）切出來做成小的品質表，使之能透視整體。此時，階層構造的適切建立是有所要求的。

　　品質要素的階層構造化，動輒極易變成兼帶零件展開的展開表。此乃是在抽

出產品的品質特性時，過於受制於「能測量者」，於是就抽出零件的品質特性出來。考慮測量對象產品整體的品質然後抽出品質要素，作成階層構造的想法是非常重要的。本書雖未涉及，然而在設定設計品質之後，就要對單元零件去展開，此時就要考慮零件品質特性。

15.17 品質要素的 KJ 法組群

品質要素的 KJ 法組群，與要求品質的組群同樣進行即可。但是與要求品質之情形相同，雖以標籤上所記載的表面性語言進行群組，卻在腦海中製作類別再去套用標籤的組群做法最好不要採行。製作品質要素展開表，或以上位的品質要素去切割出來再製作小的品質要素展開表時，應注意也要能成為品質要素展開表那樣去組群是有需要的。

品質要素展開表的上位項目，極易成為工程名、單位名、零件名。在以既存產品的品質保證為中心的情形中，因為生產方法與生產零件是一定的，可考慮按工程別展開品質要素，而此時也可當作工程別品質要素展開表。新產品開發的情形，如明記零件名稱會阻礙發想，因之要注意。

> **重點**
>
> **品質要素的 KJ 法組群**
> (1) 不要以測量單位來組群。
> (2) 因為是製作品質要素的階層構造，因之任一層次皆為品質要素之表現。
> (3) 不要在腦海中製作類別進行組群。
> (4) 考慮測量目的進行組群。

練習事例

(1) 在「100 元打火機」中，將品質要素利用 KJ 法的組群例，說明於圖 15-6 之中。

(2) 集合「閥徑」、「高度」、「厚度」、「寬度」的品質要素，構成「尺寸」的上位品質要素，集合「橢圓長徑」、「橢圓短徑」、「長短徑比率」之品

質要素，構成「橢圓形狀率」的上位品質要素，集合「尺寸」、「橢圓形狀率」的上位品質要素，構成更上位的「形狀尺寸」的品質要素。

(3) 對於「接合強度」、「接合部長度」、「瓦斯保持部材質強度」的品質要素，其集合以「氣密性」的品質要素作為上位項目，集合「能使用外氣溫度」、「能使用外氣溼度」、「滅火風力」、「火焰發生持續時間」之品質要素，構成「使用頑強性」的上位品質要素，再集合位於上位的品質要素如「氣密性」、「使用頑強性」，構成「耐久性」之更上位品質要素。

(4) 對其他的品質要素也同樣建立階層構造。

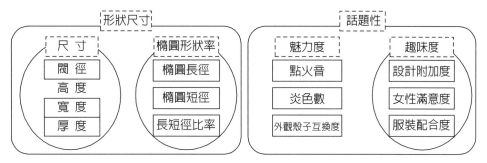

▲圖 15-6 品質要素以 KJ 法組群例

15.18 品質要素展開表的製作

　　將品質要素以 KJ 法組群的結果予以轉記，做成品質要素展開表。品質要素展開表，如與要求品質展開表組合在一起製作品質表時，由於變成了橫軸方向，因之以縱寫的方式按橫向去製作。將 KJ 法的組群結果轉記到品質要素展開表的例子，表示在圖 15-7 之中。

　　品質要素展開表的下位項目，儘可能是品質特性為宜。特別是在練習，可考慮該特性值的單位，記入像 kg 或 cm 等的單位。那是因為在後面設計設計品質時，如果不是能計量化的特性時，目標值就很難決定的關係。

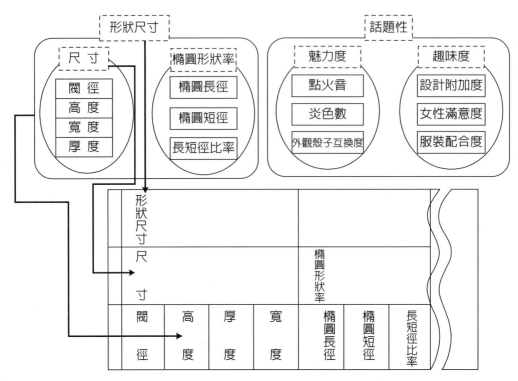

▲圖 15-7 將 KJ 法組群之結果轉記到品質要素展開表例

練習事例

(1) 在「100 元打火機」中，從品質要素利用 KJ 法的組群製作品質要素展開表例，說明於圖 15-7 之中。

(2) 此作業與製作要求品質展開表的情形一樣。

(3) 在「100 元打火機」中，品質要素展開表的一部分如圖 15-8 所示。

1次	形狀尺寸							重　量						
2次	尺　　寸				橢圓形狀率			著火零件重量				瓦斯桶重量		
3次	閥徑	高度	厚度	寬度	橢圓長徑	橢圓短徑	長短徑比徑	閥重量	桿重量	蓋重量	內側蓋	外側蓋	螺絲重量	服裝配合度

▲圖 15-8　品質要素展開表的一部分

■品質表的製作

所謂品質表是「利用語言表現將顧客要求的眞正品質加以體系化，爲了表示顧客要求與品質特性之關聯，將顧客的要求變換成代用特性，以進行品質設計的一種表」。亦即，它是爲了將市場的抽象語言資訊，在公司內設計成具體的產品而變換成技術資訊（品質特性）的一種表。品質表的製作，是將「要求品質展開表」與「品質要素展開表」以矩陣的形狀組合成二元表之謂。品質表這句話也可作爲廣義使用，所謂廣義的品質表是「傳達顧客要求的一切表的總稱」。

此處是以「要求品質展開表」與「品質要素展開表」的二元表，即狹義的「品質表」的製作方法爲中心來敘述。

15.19　品質表的想法

將顧客的要求變換成代用特性的表即爲「品質表」，將顧客的要求有系統展開的「要求品質展開表」，與變換成代用特性的「品質要素展開表」組合成二元表，用記號表示要求品質與品質要素之關係。此關係記號通常使用◎○△。◎：表示強烈對應，○：有對應，△：略有對應。

其次，使用此對應關係，將「要求品質的重要度」變換爲「品質要素的重要度」，作爲決定重要品質要素的線索。將要求品質重要度變換成品質要素重要度的方法，有「獨立配點法」、「比例分配法」等。對於新產品的開發的情形，可採用 15.28 節所敘述的「企劃品質設定表」，將加入了企劃品質的要求品質比重，變換成品質要素比重的方法。此時可使用獨立配點法、比例分配法等的變換方法。並且，變換重要度之際，對◎○△要分配多少的數值是問題所在，通常是◎：5，○：3，△：1，而這也是經驗法則。從柏拉圖（Pareto）的指數法則知，也經常採用◎：4，○：2，△：1 的數值。

又，◎○△在現狀裡是依經驗來分配的，有多少程度可以信賴也是問題，姑且先依經驗予以記號化，當關聯明確時，再加進重要度的方法也可加以考慮。首先不必太深思的去製作品質表，使用品質表之後再去改訂的態度是很需要的。與其一開始就要製作完美，不如一面使用一面去改訂更爲實際。

15.20　要求品質展開表與品質要素展開表的矩陣化

　　將要求品質展開縱向地放在左側，將品質要素展開表橫向地放在上側，做成矩陣表。一般品質表會很大，然而品質表即使很大仍有需要製作。可是，像設定企劃品質時，從品質表抽出一部分（譬如 2 次的部分）做成小的品質表是需要的。對大的品質表進行比較分析是「勞多益少」的。大雖然是好，但為了透視整體，小的品質表更為適切。

練習事例

(1) 在「100 元打火機」中，將要求品質展開表與品質要素展開表的矩陣化的例子，表示在圖 15-9 中。

品質要素展開表／要求品質展開表	形狀尺寸	重量	耐久性	著火性	操作性	設計性	話題性
確實點著							
容易使用							
能安心攜帶							
能長期使用							
良好設計							
愛不釋手							

▲圖 15-9　要求品質展開表與品質要素展開的矩陣化例

(2) 本例中，要求品質、品質要素均以 1 次的層次製作成矩陣圖。

15.21　對應關係的記入

　　製作品質表之際，取決於使用的方法是從要求品質抽出品質要素之方法，或考慮構成品質的要素為何再抽出的方法，在對應關係的填記方法上，似乎有若干的不同。實際上，製作品質要素展開表的方法有兩種，本書建議採用前者的方

法。對於品質要素展開表的品質要素可從要求品質抽出時，能否以它的品質要素來測量是否滿足各要求品質，對此去填記◎○△。亦即，能否以品質要素來測量是否滿足要求品質，或者能否以它的品質要素來測量要求品質的滿足度，對此去填記對應關係。對於品質要素展開表的品質要素未從要求品質抽出時，從要求品質與品質要素是否有關聯，或者品質要素與要求品質是否有關聯，對此去填記◎○△的記號。

重點

加上對應關係

(1) 一對一對的獨立判斷。

(2) ◎○△之記號的意義是

◎：強烈對應。

○：有對應。

△：略有對應。

(3) 對各要求品質至少一個。

(4) 對◎的地方並無一致。

(5) 並無◎○△過多的項目。

(6) ◎○△不要只在對角線上填記。

練習事例

(1)「在 100 元打火機」中，將填記要求品質與品質要素之關係例子，表示在圖 15-10 中。

(2) 是否滿足「確實點火」的要求品質，因經常能以「著火性」的品質要素來測量，所以加上◎，「耐久性」與「操作性」加上○。

(3) 對其他項目也加以各個比較，再加上對應關係。

(4) 對任一要求品質來說，◎至少也有一個。

(5) ◎○△過多的項目不存在，在◎的地方也沒有一致的情形。

要求品質展開表 ＼ 品質要素展開表	形狀 尺寸	重量	耐久性	著火性	操作性	設計性	話題性
確實點火			○	◎	○		
使用安心	◎	◎				○	
能安心攜帶	○	△	◎	○			
能長期使用			◎	○	○	△	
良好設計	○	○				◎	○
愛不釋手			△		△	○	◎

對應關係
◎ 5：強烈關係　　○ 3：對應　　△ 1：略有對應

▲圖 15-10　要求品質與品質要素之對應關係決定例

15.22　品質表的查核

當製作要求品質展開表與品質要素展開表時,抽出抽象層次低、較具體者,進行組群建立階層構造,而實際上檢討各階層的層次是否吻合是不可能的。在製作了品質表,並加上了對應關係的階段中,調整階層構造的層次與進行各種的查核是有需要的。

觀察所做成的品質表,查核有無如圖 15-11 那樣,對應關係只填記在對角線上。此種情形,品質要素混雜在要求品質之中的情形是很多的。像受訂生產的商品之情形,顧客將品質特性與規格一同要求在規範上的情形甚多,而此時將該規格當作要求品質照樣地製作要求品質時,會得出如圖 15-11 那樣的品質表。此情形要檢討要求品質,重新思考所要求的特性爲何是需要的呢?顧客爲何會要求將該特性表示在規格上呢?打聽清楚之後,再變換成眞正的品質特性,重新製作要求品質展開表。

要求品質 展開表	品質要素 展開	1 次	X			Y			Z			
		2 次	X1	X2	X3	Y1	Y2	Y3	Z1	Z2	Z3	
1 次	2 次											
1. A	1.1 a1		◎									
	1.2 a2			◎								
	1.3 a3				◎							
2. B	2.1 b1					◎						
	2.2 b2						◎	△				
	2.3 b3					△		◎				
3. C	3.1 c1								◎			
	3.2 c2							△		◎	○	
	3.3 c3									◎		
4. D	4.1 d1										○	◎
	4.2 d2											
	:											

▲圖 15-11　對應關係出現對角線上之例子

　　其次，查核有無如圖 15-12 一般，在某個要求的橫方向上填記過多的對應關係。此種情形大多是抽象層次高的要求品質混雜在下位的要求品質之中。極端來說，如有像「商品的品質好」之類的要求品質時，對所有的品質要素就會加上了對應關係。這是要求品質層次不一致的一個例子，對此種情形有需要重估要求品質的階層構造化。同樣，在某品質要素的縱方向填記過多的對應關係時，也是表示品質要素的層次度不一致。此種情形也有需要重估品質要素的階層造化。

要求品質展開表		品質要素展開 1次	X			Y			Z			
1次	2次	2次	X1	X2	X3	Y1	Y2	Y3	Z1	Z2	Z3	
1.A	1.1 a1						◎					
	1.2 a2			○					△		◎	
	1.3 a3					◎		○				
2.B	2.1 b1			◎	◎	◎	◎	○	○	◎	◎	◎
	2.2 b2						◎			◎		
	2.3 b3				◎			○			△	
3.C	3.1 c1			◎					△			
	3.2 c2						○			○		
	3.3 c3					◎						
4.D	4.1 d1							◎			△	
	4.2 d2											

▲圖 15-12　具有抽象層次高的要求品質時的例子

　　其次，查核有無如圖 15-13 一般，在某部分形成區塊的情形。此種情形大多是抽象層次低的要求品質混雜在上位的要求品質之中，以及下位的品質要素混雜在上位的品質要素之中。實際的品質表將要求品質全部整理成 3 次項目或 4 次項目是不可能的。對某項目來說，有的可以展開至 3 次，而有的可以展開至 4 次。對於品質要素也是同樣，有的能展開至非常低次的品質要素，有的也只能展開至高次的品質要素。對於此種情形，以資訊來說雖然有需要保留下來，但是所做成的品質表，它的要求品質、品質要素有需要均以 3 次來製作並進行整理。

要求品質展開表 品質要素展開		1次	X			Y			Z			
		2次	X1	X2	X3	Y1	Y2	Y3	Z1	Z2	Z3	
1次	2次											
1.A	1.1 a1						○					
	1.2 a2					○			◎			
	1.3 a3		○			△		◎				
2.B	2.1 b1								◎	◎	◎	
	2.2 b2				◎				◎	◎	◎	
	2.3 b3						△		◎	◎	◎	
3.C	3.1 c1			◎				△				
	3.2 c2					◎			△			○
	3.3 c3		○							△		
4.D	4.1 d1							◎			△	
	4.2 d2											

▲圖 15-13　對象關係區塊化之例子

15.23　製作小的品質表

　　品質表雖然說會變得非常的膨大，而在日本品質學會的品質機能展開研究會上，曾調查過品質展開的展開項目，以及要求品質的項目數、品質特性（品質要素）的項目數。關於展開項目的調查結果，表示在表 15-16 中，關於要求品質與品質特性（品質要素）的項目數之調查結果，則表示在表 15-17 中。

　　由表 15-16 來看，知各企業雖製作出不同的展開表，但可以理解的是仍以要求品質與品質特性（品質要素）做成的矩陣圖表即狹義的品質表，有 128 件位居第一。並且，由表 15-17 知，以平均來說，要求品質的一次項目約為 7 項目，2 次項目約為 20 項目。

　　3 次項目約為 60 項目。這些數值依業種的不同而有稍許的不同，在 3 次項目中觀察標準差時，以 1 個標準差來想時約為 50 項目，2 個標準差時就變成了大約 160 項，要求品質展開表變得相當的大。品質特性也一樣，以平均來說 1 次項目約為 7 項，2 次項目約 20 項目，3 次項目約為 70 項，以 3 次項目的 2 個標準差來想時，就變成了 150 項目。

▼表 15-16　　各種展開矩陣圖的做成狀況（有效數：174 產品）

要求品質展開	品質特性展開	可靠性展開	機能展開	成本展開	零件展開	部材展開	素材展開	業務展開	技術展開	機構展開	工法展開	工程展開	其他	展開種類
23	128	29	46	22	19	13	10	5	22	7	9	12	13	要求品質展開
	11	16	32	4	38	6	6	1	22	16	11	20	6	品質特性展開
		6	15	2	21	3	3	3	11	7	1	5	5	可靠性展開
			6	7	14	5	1	0	12	11	2	10	1	機能展開
				4	15	5	4	2	4	4	5	5	1	成本展開
					1	5	2	11	5	5	3	1		零件展開
						0	2	1	2	2	2	3	1	部材展開
							0	2	2	0	0	1	0	素材展開
								1	1	0	0	0	0	業務展開
									1	4	3	4	3	技術展開
										0	4	2	0	機構展開
											0	0	1	工法展開
												0	1	工程展開
													0	其他

　　由以上來看，品質表如考慮皆以 3 次項目來製作時，就會有 160×150 的項目而變得非常膨大。從品質保證的立場來說，雖然膨大卻是消除遺漏所不可欠缺的表。可是，在新產品開發的情形裡，於設定企劃品質之際，對於 160 項目之要求品質以 5 級評價法來評價，而後去決定目標想必是過於不合理。對於設定企劃

品質時，有需要將要求品質與品質特性皆以上位的項目製作小的品質表，鎖定目標的重點是有需要的。

▼表 15-17　展開表之各次數之項目數

展開種類＼次數　業種		電氣	機械・精密	輸送	裝置工程	金屬工程	建設	其他製造	服務	平均
要求品質	產品數 n	32	34	32	15	1	21	6	3	144
	1 次 $\bar{x}$	8.6	6.2	7.8	6.3	3.0	5.0	3.8	5.7	6.8
	s	5.5	2.5	5.0	3.3	—	2.3	1.8	3.1	4.0
	2 次 $\bar{x}$	28.0	15.7	22.3	19.3	9.0	17.2	13.2	18.7	20.6
	s	18.3	6.5	15.0	15.5	—	11.7	6.7	10.0	14.3
	3 次 $\bar{x}$	79.2	55.7	79.3	40.1	40.0	51.9	31.7	75.0	63.3
	s	55.8	34.1	67.4	31.1	—	44.9	29.8	41.8	51.1
品質特性	產品數 n	17	31	22	9	1	8	3	1	92
	1 次 $\bar{x}$	7.1	6.5	8.1	5.9	4.0	5.2	4.3	4.0	6.7
	s	3.6	3.3	5.5	5.2	—	3.4	1.5	—	4.2
	2 次 $\bar{x}$	21.9	20.2	29.7	21.1	7.0	15.4	13.7	11.0	21.9
	s	10.9	9.0	18.4	15.4	—	5.8	6.4	—	13.3
	3 次 $\bar{x}$	79.8	72.9	98.2	53.7	35.0	69.4	30.0	105.0	76.6
	s	37.3	33.6	53.7	28.2	—	27.2	10.0	—	41.0

練習事例

在「100 元打火機」的例子中，已經用 1 次項目製作小的品質表。

■要求品質重要度的計算

對於要求品質展開表的各要求品質來說，有需要求出要求品質重要度的指標，以表示顧客要求的程度。求出要求品質重要度的方法，有如下幾種方法。一是由原始資料變換為要求品質時，利用重複次數計算重要度的方法，一是在要求

品質展開表完成時，對新的顧客實施意見調查以求出重要度的方法，另一是在新開發商品的情形中，利用 AHP 的方法。此重要度由於是掌握顧客的要求程度，因之使用來自顧客的資訊來計算是很重要的。

15.24 重要度的想法

要求品質重要度是表示市場對各要求品質之要求程度的一種尺度。基於此意，要反映顧客的原始心聲。掌握此要求的程度，有直接由顧客收集的方法，以及間接由顧客收集的方法。

意見調查是直接向顧客打聽重要度的方法，此時大多讓顧客就要求品質的 2 次項目以 5 級來評價要求的程度。可是，此方法的缺點是讓顧客發覺了顧客未察覺到的項目。

由原始資料變換成要求品質之際，利用重複次數計算重要度的方法雖然是間接地由顧客收集的方法，然而此時卻有偏頗的評價結果。可是，卻可以計算低次要求品質的重要度。

像新開發型商品之情形，對顧客直接調查因為不是良策，所以利用後述的 AHP 方法覺得較好。在此情形裡也可求出低次要求品質的重要度。雖然也有加上虛假的詢問項目，讓顧客不了解調查什麼的調查方法，而此時專門知識是需要的。

此要求品質重要度，有使用 ABC 之記號以 3 級來表現的情形，有使用 1～5 之數值來表現的情形，以及使用計量值以多等級來表現之情形。AHP 雖然是以 9 級來表現，但此數值的範圍也可以變換成 3 級或 5 級。此重要度不需要相當嚴密，以 3 或 5 級來表現就很足夠。

又，此要求品質重要度當然隨時間而改變。一度所調查的結果不能永遠的使用，因之，每隔一定間隔就需要重估。因此，有需要建立體制，使能及時掌握市場要求的變化，並將市場資訊在公司內部儲存起來。

15.25 利用市場調查法來計算

在製作要求品質展開表之時，對要求品質的重要度可使用意見調查法進行調

查。基於讓顧客反映出原始心聲之意，此後述的 AHP 法更爲妥當。調查的項目數雖然取決於要求品質展開表的大小而有不同，而通常是 2 次項目或 1 次項目。項目數一旦變大，回答的人就會不耐煩，回答結果的妥當性也就值得懷疑。因此，求下位的要求品質重要度，實際上是不可能的，下位的要求品質重要度如有需要，可利用其他的方法來求。

意見調查表的評價似乎以 5 級居多。對於希望能明確評價之情形來說，除去「均可」的「3」評價來實施的情形也有。或者考慮到往後的設定企劃品質，同時實施與其他公司相比較之調查的情形也有。

從意見調查的實施結果求出重要度時，通常使用評分的平均值。同時也計算標準差，對於變異也需要注意。將評價結果平均時，當然，中心之值「3」的評價會增多是可以預料的，即使同爲 3 但有的變異卻很大。因此重要度也有考慮使用衆數。又，意見調查的回答者人數少時，除去最大值與最小值之後再使用平均值的方法也有。這些之累計，應與調查對象之屬性有關才行累計。

15.26 利用 AHP 法的計算

利用 AHP 法來設定重要度，是在求機能重要度或在新開發商品中計算要求品質重要度時所使用。關於 AHP 法是對具有階層構造的項目，利用一對來比較各階層中層內各項目，即可求出下位的要求品質重要度。關於 AHP 法的理論背景或詳細情形，請參照相關文獻。

利用此 AHP 法計算重要度的練習，基於時間之關係，有的實施而有的不實施。雖然取決於要求品質展開表的大小，而有的在要求品質的一次項目中實施 AHP，有的在某 1 次項目內的 2 次項目中實施 AHP，以及有的必須在某 2 次項目內的 3 次項目中實施 AHP 的，並且，利用 AHP 法計算重要度時，各層的項目數要差不多一定才行。這是因爲項目數如有差距，那麼重要度會受到項目數之影響，不管用哪一方法求重要度，各層的項目數最好是 4～5，特別是想利用 AHP 計算重要度時，各層的項目數需要先使之一定。利用 AHP 法比較項目，通常在 7 項目之內，最多不要多於 9 項目。

練習事例

(1) 在「100元打火機」中，將要求品質1次項目的AHP例子，表示在圖15-13中。

	確實點著	容易使用	能安心攜帶	能長期使用	良好設計	愛不釋手	幾何平均	比重
確實點著	1	5	5	3	5	7	3.71	0.46
容易使用	1/5	1	1/3	3	5	5	1.38	0.17
能安心攜帶	1/5	3	1	5	1/5	1	0.92	0.11
能長期使用	1/3	1/3	1/5	1	1/3	3	0.53	0.07
良好設計	1/5	1/5	5	3	1	5	1.20	0.15
愛不釋手	1/7	1/5	1	1/3	1/5	1	0.35	0.04
合計							8.09	

▲圖 15-13　要求品質 1 次項目 AHP 之例子

(2) 準備 AHP 表，把要求品質展開表的 1 次要求品質轉記到縱的各欄中。

(3)「確實點著」之項目比「容易使用」之項目更為重要，所以在左方的項目「確實點著」與上方的項目「容易使用」之交叉欄中記入「5」，在左方項目「容易使用」與上方項目「確實點著」的交叉欄中記入「1/5」（參照圖 15-14）。實施一對比較時，首先比較左方的項目與上方的項目，思考何者較為重要。然後，如果左方的項目較為重要，重要的程度為何，使用附表決定數值。此情形是「更為重要」所以用「5」的數字。左方的項目因為重要，所以由左方的項目開始橫向進行，記入 5。

(4)「能安心攜帶」的項目比「容易使用」的項目為重要，所以在左方項目「能安心攜帶」與上方項目「容易使用」之交叉欄中記入「3」，在左方項目「容易使用」與上方項目「能安心攜帶」的交叉欄中記入「1/3」（參照圖 15-14）。

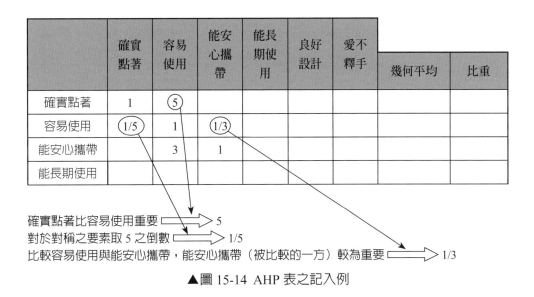

	確實點著	容易使用	能安心攜帶	能長期使用	良好設計	愛不釋手	幾何平均	比重
確實點著	1	⑤						
容易使用	①/5	1	①/3					
能安心攜帶		3	1					
能長期使用								

確實點著比容易使用重要 ⇨ 5
對於對稱之要素取 5 之倒數 ⇨ 1/5
比較容易使用與能安心攜帶，能安心攜帶（被比較的一方）較為重要 ⇨ 1/3

▲圖 15-14　AHP 表之記入例

(5) 對所有的配對，進行一對比較，記入到 AHP 表上。

(6)「確實點著」之項目的幾何平均是 1，5，5，3，5，7 之積的 6 次方 6 次方根，得出 3.71。同樣，求各項目的幾何平均。

(7) 幾何平均的合計是 9.09，「確實點著」之項目比重是 3.71 除 8.09 得出 0.46。同樣，求各項目的比重。

15.27　利用公司內部資訊來計算

　　對要求品質的重要度是隨著時間而改變，縱然一度求出要求品質重要度，也要注意此重要度可以使用到何時。對於想在短時間內開發新產品，而且想企劃出能滿足市場要求的產品之情形，有需要在公司內儲存市場資訊，並保持能及時使用的狀態。一度做成品質表，該時點的資訊即可在品質表中儲存起來。對於其他公司產品的動向與本公司產品有關的資訊，不只是儲存在會議紀錄或個人腦海中，有需要當作公司內部資訊儲存起來，並保持能使用之狀態。並非是要確立實際的方法論，雖然實際實施的狀況有無不得而知，但今後一定會需要的。

15.28　企劃品質設定表的重要度計算

　　要求品質的重要度被記到企劃品質設定表中。在設定企劃品質之際，爲了對本公司的水準與其他公司的水準進行比較，所以要做成一覽表。對於此要求品質重要度，也是要從各種角度求出要求品質重要度進行比較才有意義。

　　在此練習中的重要度是利用意見調查法來求的。若只一組實施練習時，可使用前述的 AHP 法。

> **重點**
>
> 要求品質重要度
>
> (1) 必須反映顧客的原始心聲。
>
> (2) 無法調整顧客的心聲時，可利用 AHP 法或公司內部資訊。
>
> (3) 明確作爲對象的母體，調查代表母體之樣本的意見。
>
> (4) 有偏倚的一部分人的意見，並非是市場的要求，所以不加受理（不只是回答者的意見，未回答者的意見也是很重要）。
>
> (5) 母體設法能區隔，有意識的收集樣本的重要屬性資料。

練習事例

(1) 在「100 元打火機」中，把對要求品質 1 次項目的意見調查表例，表示在圖 15-15。

(2) 在詢問的下線部分記入「100 元打火機」

(3) 在「100 元打火機」中，將要求品質的 1 次項目即「確實點著」、「容易使用」等，記入到基準的項目欄中。

(4) 5 人回答此意見調查的結果，得出如表 15-18。

(5) 由此結果求出眾數與標準差，將眾數當作重要度，轉記到企劃品質設定表的重要度欄中。

詢問當你購買 100 元打火機時，以下哪一項目是你決定購買的判斷基準。在回答欄的尺度上以○記號圈出各項目影響購買動機之程度

基準項目	全無影響　　均可　　　　強烈影響 ─┼──┼──┼──┼──┼─ 　1　　2　　3　　4　　5
①確實點著	
②容易使用	
③能安心攜帶	
④能長期使用	
⑤良好設計	
⑥愛不釋手	
⑦	
⑧	
⑨	
⑩	
⑪	

▲圖 15-15 意見調查表例

▼表 15-18　意見調查例

基準項目	A 氏	B 氏	C 氏	D 氏	E 氏	平均	眾數	重要度
確實點著	5	4	4	5	5	4.6	5	5
容易使用	4	5	5	5	5	4.8	5	5
能安心攜帶	4	4	4	3	3	4.2	3	4
能長期使用	4	3	3	3	5	3.6	3	3
良好設計	4	5	4	2	4	3.8	4	4
愛不釋手	2	3	3	2	3	2.6	3	3

■ 企劃品質的設定

　　企劃品質的設定是考慮顧客對各要求品質的要求程度，亦即重要度、本公司的達成水準、其他公司之達成水準等 3 種資訊在進行的。此時，對於以哪一個要求品質作為銷售重點（sales point）也需要斟酌。

　　企劃品質的設定，也依品質表的大小而異，通常在要求品質的 2 次項目裡實施的居多。在要求品質的 3 次項目裡實施的情形有時雖也見到，但項目數過多時，要透視全體是很困難的，不易採行重點導向，因之應考慮項目數再實施。此處就重要度的計算、與其他公司的比較分析、企劃品質設定的想法加以說明。

15.29　企劃品質的想法

　　從表示顧客要求程度之重要度、與其他公司比較分析之結果，來設定銷售重點與企劃品質。對於重要度高、本公司的達成水準高、其他公司的達成水準低的要求品質，可照樣當作銷售重點活用在銷售戰略上。對於重要度高、本公司的達成水準低、其他公司的達成水準高的要求品質，至少有需要設定與其他同水準的企劃品質，但不能成為銷售重點。對於重要度高、本公司的達成水準低、其他公司之達成水準也低的要求品質，設定高於其他公司水準的企劃品質，即可作為銷售重點。以此種想法為基本來設定企劃品質。此時，如能區分為魅力品質、一元性品質以及當然品質時，即有助於設定銷售重點。

　　其次，在企劃品質中將本公司現狀的達成水準提高至哪一水準，應計算出表

示此尺度的水準提高率（level up rate）。具體例子如下章說明，此水準提高率是以本公司的水準作為分母，企劃品質作為分子來計算的。接著對銷售重點給予比重，並與重要度、水準提高率相乘求出絕對比重，再重新計算出其百分率，即為要求品質比重。

　　企劃品質設定表的項目，在例子裡表示有重要度、比較分析、企劃品質、水準提高率等，在設定企劃品質時追加檢討項目的情形也有。譬如，讓營業的人集合在一起設定企劃品質，也讓設計的人設定，檢討公司內各立場有何不同也是一種方法。並且，現狀中雖然是實現不能，但忽略價格與技術上的條件，試著設定理想狀態中的企劃品質也是有意義的。對於重要度也要引進市場區隔的想法，重要度依顧客的屬性可以認為是不同的，因之有需要按顧客的屬性求出重要度。視需要決定調查企劃品質設定表的項目，然後再設定企劃品質較好。

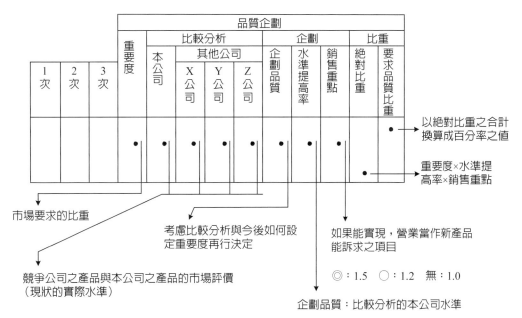

▲圖 15-16　品質企劃的想法

15.30 要求品質的比較分析

其次就滿足要求品質的程度，就本公司產品的現狀、其他公司產品的現狀進行調查、比較分析。此評價也儘可能對顧客實施意見調查較好。對於使用過對象商品的顧客，讓他們評價本公司的產品及其他公司的產品，由公司內的專案小組進行客觀的評價之方法也有，如想求得更客觀性，最好讓顧客來評價。並且，在公司內部儲存市場資訊，並先檢討今後利用資訊的方向也是有需要的。

設定企劃品質的重點之一，是企劃品質與表示市場要求程度之重要度的關聯，對於重要度高的要求品質，企劃品質也設定得高。另一重點是其他公司的充足水準與本公司充足水準之關聯，至少有需要設定同於其他公司水準的企劃品質。銷售重點是在實現企劃品質時，針對比其他公司水準為優、重要度為高的要求品質進行設定。

重點

企劃品質的設定

(1) 對於現狀中本公司的水準比其他公司的水準低之要求品質來說，至少要同於其他公司之水準。

(2) 對於現狀中本公司的充足水準比其他公司高的要求品質來說，維持現狀成為銷售重點。

(3) 並非全以高水準作為目標，重點導向之想法是需要的。

(4) 一面考慮以哪一要求品質作為銷售重點一面來設定企劃品質。

品質要素展開表／要求品質展開表	形狀尺寸	重量	耐久性	著火性	操作性	設計性	話題性	品質企劃									
								比較分析					企劃			比重	
								重要度	本公司	其他公司			企劃品質	水準提高率	銷售重點	絕對比重	要求品質比重
										X公司	Y公司	Z公司					
確實點著			○	◎	○			5	4	5	3	4	5	1.2		6.0	17.1
容易使用	◎	◎				○		5	3	4	3	3	5	1.6	◎	13.0	34.2
能安心攜帶	○	△	◎	○				4	4	4	4	4	4	1.0		4.0	11.4
能長期使用			◎	○	○		△	3	3	3	3	3	3	1.0		3.0	8.5
良好設計	○	○				◎	○	4	3	3	3	3	4	1.3	○	6.2	17.7
愛不釋手		△		△	○		◎	3	3	4	3	4	4	1.3		3.9	11.1

對應關係　　　　　　　　　銷售重點　　◎：1.5　　　　　合計　35.1
◎ 5：強烈對應　　　　　　　　　　　　○：1.2
○ 3：有對應
△ 1：略有對應

▲圖 15-17　企劃品質設定之例子

練習事例

(1) 在「100 元打火機」中，針對各要求品質的企劃品質設定例，表示於圖 15-17 之中。

(2) 對於要求品質的 1 次項目「確實點著」來說，顧客的要求程度是 5 的水準。相對地，本公司的產品是 4 水準，因之未能滿足顧客的要求。而且 X 公司是 5 的水準，因之對於本公司的產品來說，也把企劃品質設定在 5 的水準。對此要求品質而言，即使實現 5 的水準也只是追上 X 公司而已，故決定不作為銷售重點。

(3) 對於「容易使用」來說，顧客的要求程度是 5 的水準。相對地，本公司的產品是 3 的水準，不能滿足顧客的要求。而且，對 X 公司產品的評價是優越的水準，所以對於本公司之產品來說，至少企劃品質要設定在 4 的水準上。在

本例裡，為了能成為重要的銷售重點◎，乃把企劃品質設定在 5 的水準。

(4) 對於「能安心攜帶」、「能長期使用」來說，因為滿足顧客的要求，且與其他公司同水準，因之此次的企劃品質，仍維持現狀。

(5) 對於「良好設計」來說，顧客的要求程度是 4 的水準。相對的，本公司的產品是 3 的水準。所以未滿足顧客的要求。而且，X 公司是 4 的水準，故對本公司產品來說，企劃品質設定在 4 的水準。對於此要求品質而言，即使實現 4 的水準也只是追上 X 公司而已，由於比 Y 公司優越，Z 公司也當作銷售重點，因之暫時當作一般的銷售重點。

(6) 對於「愛不釋手」來說，因滿足顧客的要求，X 公司、Z 公司均為 4 的水準，對於本公司產品來說，企劃品質至少要設定在 4 的水準。

15.31 企劃品質設定表的製作

企劃品質的設定完成後，就要計算水準提高率、絕對比重、要求品質比重。這是在設定重要品質特性之際，為了滿足要求品質，應將本公司的現狀水準提高多少，有需要將此水準提高率加在表示企業目標的企劃品質之中。「水準提高率」是以本公司的水準除企劃品質水準來求的，「絕對比重」是以重要度、水準提高率與銷售重點之積來計算，「要求品質比重」是以絕對比重的百分率來計算。以上整理如下：

1. 計算企劃品質設定表的水準提高率、絕對比重、要求品質比重。

2. 水準提高率是以本公司的水準除企劃品質水準來求的。亦即，以本公司的水準作為分母，以企劃品質水準作為分子相除來求。

3. 絕對比重是以重要度、水準提高率與銷售重點之積來計算。亦即以「重要度」×「水準提高率」×「銷售重點」之乘積來求。但是，銷售重點是◎以 1.5，○以 1.2，無記號以 1.0 來計算。

4. 要求品質比重是以絕對比重的百分率來計算。亦即，求出絕對比重的合計，以絕對比重的合計去除各絕對比重來求。

練習事例

(1) 在「100 元打火機」中，將計算水準提高率、絕對比重、要求品質比重的例子，表示在圖 15-17 中。

(2) 對於要求品質的 1 次項目「確實點著」來說，本公司的水準是 4，企劃品質設定在 5 的水準，所以水準提高率以 5/4 來計算，得出 1.2。

(3) 對其他的要求品質也同樣計算水準提高率。銷售重點的◎以 1.5，○以 1.2，△以 1.0 求出絕對比重（此是經驗法則）。

(4) 絕對比重是以重要度、水準提高率與銷售重點之乘積來求，對於「使用容易」的要求品質，求得 $5 \times 1.6 \times 1.5 = 12.0$。

(5) 同樣，對其他的要求品質也求出絕對比重再求合計。在本例裡，此合計為 35.1。

(6) 要求品質比重是此絕對比重的百分率，對於「容易使用」的要求品質，以（12.0 / 35.1）×100 來計算，得出 34.2%。

15.32 重要要求品質的決定

從企劃品質設定表來看，對要求品質比重高者為了採行重點導向，首先要決定重要要求品質。要求品質比重是讓企業的政策方針反映在顧客所要求的重要度上，以全體 100% 來計算，所以使用此要求品質比重來決定重要要求品質。

在製作企劃品質設定表時，以要求品質的上位層次即 2 次層次或 1 次層次來製作的情形甚多，因之從企劃品質設定表之要求比重高者來決定重要要求品質時，要求品質就會選定上位的要求品質，但要求品質重要度即使是上位的層次也沒有關係。如果，此時需要將焦點放在下位的要求品質時，再回到大的品質表，觀察下位的要求品質項目，從中將覺得特別重要的要求品質，當作重要要求品質即可。

練習事例

在「100 元打火機」中，從企劃品質設定例的圖 15-17，將要求比重為 34.2 出現

較高值之「容易使用」的要求品質，當作重要要求品質。

■比重的變換

將市場的要求即「要求品質」的重要度，變換為技術的管理特性即「品質要素」的重要度，經常使用品質表的對應關係來進行。在品質展開中，展開這句話有 2 個意義，一是以構想圖的三角形所表示的階層構造化之展開，另一是將要求品質重要度變換為品質要素重要度與機能重要度等之展開。

前者的展開是要求品質展開表與品質要素展開表之用語中所使用之展開，後者的展開是在廣義的意義中所使用。比重的變換，以全體的構想圖來說，是將要求品質比重變換為品質要素比重，品質要素比重變換為機能比重，機能比重變換為機構比重，機構比重變換為單元零件比重。亦即，將市場的重要度依序加以展開，最終變換至零件的重要度。像這樣，將市場的要求程度納入企業內能管理的水準，稱為比重（weight）的變換。

15.33　比重變換的想法

品質展開是立足於市場導向（market in）的思想，有需要因應市場的要求採行重點導向。比重變換是使用品質表的對應關係，將市場的要求品質重要度，變換為品質要素重要度。

品質表的對應關係是表示要求品質與品質要素之關係程度，將要求品質重要度乘上附加對應關係之程度，按每一個品質要素予以累計，以計算品質要素重要度。比重的變換可用簡單的乘算與加算來進行，依品質之行、列的對應關係的記號多少而對結果有所影響，故可想出種種的變換方法。

而且，要求品質重要度的求法，有以 5 級得出之情形，也有以計量值之連續量得出之情形。對於品質表的對應關係◎○△的數量化數值來說，有使用 5、3、1 之情形，或使用 4、2、1 之情形，或其他數值的情形。

15.34　品質要素重要度之計算

將要求品質的重要度變換成品質要素的重要度後，再計算品質要素之比重。

將要求品質重要度變換成品質要素重要度的方法，可以考慮獨立配點法與比例配分法。獨立配點法是將要求品質重要度與將◎○△數量化之值相乘，將其值縱向合計再求出品質要素重要度的方法。比例分配法是求出將◎○△數量化之值的和，再將要求品質重要度按◎○△數量化的大小比例分配，將其值縱向合計再求出品質要素重要度的方法。

要求品質的比重以百分率表示時，合計值仍可維持百分率，比例分配法有此優點。◎○△的數量化數值，經常使用◎：5、○：3、△：1 之情形，另外使用 4：2：1 或 3：2：1 的也有。

在獨立配點法中，由於將◎○△與對要求品質的重要度，按每列橫方向相乘，按每行縱方向合計，因之要求品質重要度之合計與品質要素重要度之合計不相一致，品質要素重要度的合計值會較大。因之，有需要重新改成百分率。在比例分配法之情形裡，特別是對要求品質來說，◎○△之數目的均衡，對品質要素重要度的計算結果會有影響。因為是以對應關係的比率來分配要求品質重要度，在橫方向上如◎○△的對應關係有甚多時，縱方向上的重要度就會過小評估，◎○△如只填記 1 個時，要求品質重要度的大小，就只會變換成某個品質要素而已。基於這些之影響有需要計算品質要素重要度。

重點

品質要素重要度的計算方法

(1) 獨立配點法

這是將要求品質重要度與◎○△予以數量化之值相乘求出其積，再縱向合計其值，求出品質要素重要度的方法。

(2) 比例分配法

這是將◎○△數量化之值求出其和，再按◎○△之數量化大小比例分配要求品質重要度，再縱向合計其值，求出品質要素重要度的方法。

練習事例

(1) 在「100 元打火機」中，將使用獨立配點法計算品質要素重要度的例子，表示在圖 15-18 中，使用比例分配法計算品質要素重要度的例子，表示在圖

15-19 中。

(2) 在圖 15-19 的例子中，「確實點著」的要求品質的重要度是「5」，與品質要素之「耐久性」的對應關係為○，所以其積是 $5 \times 3 = 15$，與品質要素的「著火性」的對應關係為◎，其積為 $5 \times 5 = 25$，與「操作性」之對應關係為○，其積為 $5 \times 3 = 15$。

(3) 對其他的要求品質重要度也同樣計算。

(4) 對各品質要素按縱向合計品質表中的數值，對於品質要素的「形狀尺寸」為 $25 + 12 + 12 = 49$，同樣，也計算其他的品質要素重要度。

(5) 在圖 15-18 的例子中，對於與「確實點著」有對應關係之品質要素「耐久性」、「著火性」、「操作性」，因填記有○◎○，所以求得為 $3 + 5 + 3 = 11$，將要求品質的重要度「5」予以分配，於是 $5 \div 11 = 0.45$，對於「耐久性」求得 $0.45 \times 3 = 1.4$，對於「著火性」求得 $0.45 \times 5 = 2.2$，對於「操作性」求得為 $0.45 \times 3 = 1.4$。

(6) 對於各品質要素如縱向合計品質表中之數值時，對於品質要素的「形狀尺寸」得出 $1.9 + 1.0 + 0.9 = 3.8$，同樣可求出其他的品質要素重要度。

品質要素展開表／要求品質展開表	形狀尺寸	重量	耐久性	著火性	操作性	設計性	話題性	要求品質重要度
確實點著			○ /15	◎ /25	○ /15			5
容易使用	◎ /25	◎ /25			○ /15			5
能安心攜帶	○ /12	△ /4	◎ /20	○ /12				4
能長期使用			◎ /15	○ /9	○ /9	△ /3		3
良好設計	○ /12	○ /12				◎ /20	○ /12	4
愛不釋手			△ /3		△ /3	○ /9	◎ /15	3
品質要素重要度	49	41	53	41	42	32	27	

▲圖 15-18　利用獨立配點法求重要度例

要求品質 展開表 ╲ 品質要素 展開表	形狀 尺寸	重量	耐久性	著火性	操作性	設計性	話題性	要求品質 重要度
確實點著			○ /1.4	◎ /2.2	○ /1.4			5
容易使用	◎ /1.9	◎ /1.9			○ /1.2			5
能安心攜帶	○ /1.0	△ /0.3	◎ /1.7	○ /1.0				4
能長期使用			◎ /1.3	○ /0.7	○ /0.7	△ /0.3		3
良好設計	○ /0.9	○ /0.9				◎ /1.3	○ /0.9	4
愛不釋手			△ /0.3		△ /0.3	○ /0.9	◎ /1.5	3
品質要素重要度	3.8	3.1	4.7	3.9	3.6	2.5	2.5	

▲圖 15-19　利用比例分配法求重要度例

15.35　從要求品質比重計算品質要素比重

　　前節所設定的重要品質要素因為加入企業一方的方針，所以要從「要求品質比重」向「品質要素比重」去變換重要度，從這些之值選定重要品質要素較為實際。

　　此處說明使用 15.34 節所表示的獨立配點法求出品質要素比重的方法。

練習事例

(1) 在「100 元打火機」中，將使用獨立配點法計算品質要素比重的例子，說明在圖 15-20 中。

(2) 在圖 15-20 的例子中，「確實點著」此要求品質的比重為 17.1，與品質要素的「耐久性」的對應關係為○，所以其積為 17.1×3 = 51.3，與品質要素之「著火性」的對應關係為◎，其積為 17.1×5 = 85.5，與品質要素之「操作性」之對應關係為○，其積為 17.1×3 = 51.3。

(3) 對其他的要求品質比重也同樣計算。

(4) 就各品質要素將品質表中的數值縱向合計，對於品質要素求的「形狀尺寸」

得出為 171.0 + 34.2 + 53.1 = 258.3，同樣計算其他的品質要素比重。

品質要素展開表 / 要求品質展開表	形狀尺寸	重量	耐久性	著火性	操作性	設計性	話題性	要求品質比重
確實點著			○ /51.3	◎ /85.5	○ /51.3			17.1
容易使用	◎ /171	◎ /171			○ /102.6			34.2
能安心攜帶	○ /34.2	△ /11.4	◎ /57.0	○ /34.2				11.4
能長期使用			◎ /42.5	○ /25.5	○ /25.5	△ /8.5		8.5
良好設計	○ /53.1	○ /53.1				◎ /88.5	○ /53.1	17.7
愛不釋手			△ /11.1		△ /11.1	○ /33.3	◎ /55.5	11.1
品質要素比重	258.3	235.5	161.9	196.1	190.5	130.3	108.6	

▲圖 15-20　要求品質比重利用獨立配點法計算例

15.36　品質要素重要度與品質要素比重之比較

　　將表示顧客要求程度的重要度所變成的「品質要素重要度」，與將企業的方針反映在顧客的要求重要度上的要求比重所變換成的「品質要素比重」，按其值的大小順序排列，以柏拉圖（Pareto）的方式來製作表，進行品質要素重要度與品質要素比重的比較是有意義的。由此比較，來考察重要度的順位不同的品質要素是什麼？以及何者是位於上位的品質要素？即可進行顧客的「要求」與企業的「方針」相比較。

　　為了將原先「product out」取向的開發設計，改變成「market in」取向的開發設計，有需要一面查核各階段是否吻合顧客的要求一面進行步驟。品質展開是由公司內部的人來實施的活動，所以經常留意此比較的態度是非常重要的。

　　在此練習中，未實施此比較，而在公司內部實施時務必要實施此步驟。

15.37 上位項目比重向下位項目比重之變換

一般來說，品質表由於非常膨大，因之可以進行製作如 15.23 所表示的小型品質表，然而在此種情形中，雖求出要求品質的上位項目的重要度，但該項目的下位項目的重要度卻未求出。譬如，以同為 2 次項目來製作小型的品質表之情形中，要求品質的 2 次項目的重要度雖然求出，但 3 次項目的重要度卻未求出。要求品質的重要度，畢竟是要從顧客來收集的。在決定重要要求品質的時點中，再度對下位項目的要求品質實施意見調查，即可求出下位項目的要求品質重要度。對於無法再度調查的情形，雖可想到使用 AHP 法，但關於要求品質重要度最好利用顧客調查。

對於品質要素重要度來說，使用小的品質表雖可從上位的要求品質重要度變換為上位的品質要素重要度，但卻無法求出下位項目的品質要素重要度。以想法來說，在同為上位的小型品質表中設定重要要求品質，將與該要求品質有關聯的品質要素當作重要品質要素，由該上位品質要素變換為下位的品質要素重要度的方法目前還來確立。因此，製作小型的品質表觀察全體，實際設定設計品質時，回到大的品質表從低次的重要要求品質的要求品質重要度，選定與該要求品質有關聯之品質要素，即可求出品質要素重要度。

■ 設計品質的設定

為了從要求品質展開表與企劃品質設定表來實現所企劃的品質，可使用品質表將要求品質變換為品質要素（或者品質特性）。甚且，將要求品質重要度變換為品質要素重要度。然後就品質要素進行尺度化，即可設定企劃目標值或目標規格值亦即品質特性的設計品質。不管對象商品是產品也好或服務也好，測量是否滿足要求品質的尺度是需要的，並且有需要決定以該尺度的多少值為目標。此目標即為設計品質。

15.38 設計品質的想法

作為對象產品的品質目標，像企劃目標值或目標規格值等即為設計品質。在設定此設計品質的情形裡，如同對要求品質實施比較分析一樣，對品質要素也要

進行比較分析。基於從要求品質比重所變換的品質要素比重，對各品質要素調查其他競爭公司現狀的特性值，並與本公司現狀的特性值比較之後，再設定設計品質。其他競爭公司的品質特性值未儲存在公司內部的情況甚多，至少要調查大約品質要素比重的上位 5 次項目，設法能夠進行分析是有需要的。

調查其他競爭公司的品質特性值，直到品質要素的低次層次為止是有困難且不可能的。如果能夠將本公司以及包含競爭公司的所有品質特性值當作公司內部資訊加以體系化並且加以儲存起來，即可好好活用該資訊。對於此種資訊未加以儲存的情形，有需要採行重點導向，並選定出重要的品質要素。重點導向的想法有 3 種方法，一是將表示顧客要求程度的重要度變換為品質要素重要度後，把上位項目的品質要素當作重要品質要素採行重點導向之想法。第二是對新產品加入方針之後的重要度即要求品質重要度，變換為品質要素比重之後，將位於上位項目的品質要素當作重要品質要素採取重點導向之想法。第三是，與比重高的要求品質有關聯的品質要素（在品質表中記有對應關係的◎○△），當作重要品質要素採行重點導向之想法。

15.39　由重要要求品質抽出重要品質要素

此處是就第一種想法，亦即將表示顧客要求程度的重要度變換為品質要素重要度之後，把上位項目的品質要素當作重要品質要素採行重點導向之想法加以說明。利用 15.34 節的圖 15-18 所說明的重要度的變換，求出品質要素的重要度，將此品質要素重要度值大的項目當作重要品質要素。

為了設定企劃品質，在製作出小的品質表的情形裡，所選定的品質要素會成為層次高的上位品質要素，此時再回到大的品質表，觀察低次的品質要素項目，從中選定覺得特別重要的品質要素。

練習事例

在「100 元打火機」中，從計算品質要素重要度的圖 15-18 的例子，將品質要素重要度為 53 之高值的「耐久性」品質要素，當作重要品質要素。

15.40　設計品質設定表的製作

　　為了設定設計品質，對現有產品有需要調查本公司與其他公司的現狀。此想法與設定要求品質的企劃品質時，比較分析其他公司是相同的，以設計品質設定表的項目來說，也可並記現狀中本公司的類似產品進行檢討。由於僅能掌握品質表上所表示之品質特性的數個項目，大多數的特性實際上不得而知的情形居多。設計者的腦海中儲存資訊的情形比比皆是，但能讓別人看得見而以公司內部資訊來儲存的情形很少。這些資訊儲存在設計品質設定表之中，即可設定設計品質，對於現狀未能掌握的品質特性活用營業的力量進行調查也是有需要的。並且，實際購買其他公司的產品，進行調查分析，掌握其他公司品質特性的動向，並儲存在設計品質設定表是有需要的。

　　在練習中，記入所假想之其他公司的品質特性值是有困難的，因之無法實施，但各企業在實際進行時卻是需要的。

15.41　設計品質的設定

　　設定設計品質即為設定對象產品的品質目標。為了設定此設計品質需要進行比較分析，首先，將與要求比重高的要求品質有關聯的品質要素，當作重要品質要素採行重點導向。如果選定了重要品質要素，對此品質要素比較本公司現狀的特性值與競爭公司現狀之特性值的調查結果之後，再設定設計品質。其他競爭公司的品質特性未在公司內儲存的情形甚多，可購買其他公司產品，至少要調查品質要素比重上位約 5 個項目，有需要設法使之能比較分析。

　　要求品質的比較分析，通常以上位的層次來實施的情形居多，所以在決定了重要品質要素之時，有需要從大的品質表抽出下位的品質要素再決定設計品質。本書雖未提及，然而在設定了設計品質之後，可從零件展開表抽出與重要品質要素有密切關聯的零件，對此零件去設定零件特性的設計值。

練習事例

(1) 選定品質要素比重值大的品質要素即「形狀尺寸」與「重量」。

(2) 在所選定的品質要素之中，「形狀尺寸」的低次品質要素有「閥徑」、「高度」、「寬度」、「厚度」、「橢圓長徑」、「橢圓短徑」、「長短徑比率」。

(3) 在這些品質要素之中，「高度」認爲特別重要。

(4) 以現狀所能收集到的資訊爲基礎，與其他公司進行比較分析。此結果表示在圖 15-21 之中。在現狀中僅能得到「形狀尺寸」、「重量」之值，因之今後有需要實施調查。

(5) 爲了滿足「容易使用」之要求品質，認爲「形狀尺寸」有需要設定在 55mm 左右，所以設定品質當作 55mm。

	形狀尺寸	重量	耐久性	著火性	操作性	設計性	話題性	品質企劃									
								重要度	比較分析				企劃			比重	
									本公司	其他公司			企劃品質	水準提高率	銷售重點	絕對比重	要求品質比重
										X公司	Y公司	Z公司					
確實點著			○	◎	○			5	4	5	3	4	5	1.2		6.0	17.1
容易使用	◎	◎			○			5	3	4	3	3	5	1.6	◎	13.0	34.2
能安心攜帶	○	△	◎	○				4	4	4	4	4	4	1.0		4.0	11.4
能長期使用			◎	○	○	△		3	3	3	3	3	3	1.0		3.0	8.5
良好設計	○	○				◎	○	4	3	4	2	3	4	1.3	○	6.2	17.7
愛不釋手			△		△	○	◎	3	3	4	3	4	4	1.3		3.9	11.1
重要度	258.3	235.5	161.9	196.1	190.5	130.3	108.6							合計		35.1	
比較分析 本公司	72	14															
比較分析 其他公司 X公司	73	18															
比較分析 其他公司 Y公司	82	21															
比較分析 其他公司 Z公司	73	9															
設計品質	55	5															

對應關係

◎ 5：強烈對應

○ 3：有對應

△ 1：略有對應

銷售重點 ◎：1.5 ○：1.2

▲圖 15-21　品質要素包含其他公司比較的品質表例

15.42 設計品質設定後的進行方法

由於設計品質設定之後的進行方法，依對象的商品或業種而有不同，因之沒有一定的進行方法，在機械裝配產品的情形中是展開產品的機能，思考能滿足該機能的機構（mechanism），再進行機構的展開。就各零件製作 FMEA（failure mode and effect analysis），並展開製作產品的加工方法，再將它們做成能結合 QC 工程表的 QA 表，以謀求品質保證。

在服務業的情形中，是展開提供服務的業務，思考提供服務的過程，製作業務手冊，以謀求品質保證。在建設業中，有需要在較早的時點中製作「工法展開」與「部材展開」。這些之進行方法各有不同，各業種、業態或對象商品要如何去展開，各企業有需要自己去思考構想。

第16章 品質機能展開中的其他展開法

■ 綜合的品質展開

在品質展開之中，也統合「技術」、「成本」、「可靠性」等形式所表示的展開，稱之為「綜合的品質展開」。品質表製作之後的展開，與固有技術有關，在未擁有固有技術的狀況下去進行品質展開是不合適的，如果全無技術上的知識時，重新選定主題之後再製作品質表，然後，再去進行綜合的品質展開。

16.1 機能展開表的製作

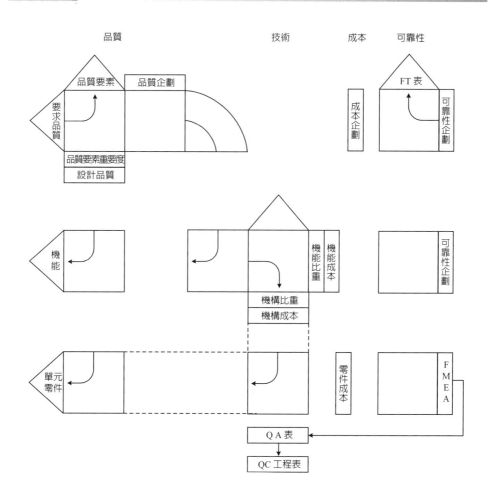

　　顧客購買商品，不管商品是有形的產品或是無形的服務，所要求的是該商品的「機能」。市場中的商品呈現飽和狀態，大部分的顧客多少擁有 1 個以上的商品，顧客對商品不只是要求新而特別的機能，然而期待該商品的感性面而採取購買行動的當然也有。可是，顧客對於商品可以認為首先要求的是它的「基本機能」，亦即該商品的存在理由。

　　為了從新產品的開發與設計階段起進行品質保證，將商品原來應具備的機能與對商品所要求的機能加以展開，事先查明如何才能實現所需機能是有需要的。實際的產品是藉著將所需的機能以某種的機構組合來實現之後才提供給顧客的，而將產品本身的機能與實現該機能的機構加上關聯，事先掌握更是有其需要的。

　　其次，實現該機能的機構以現狀所考慮的機構是否足夠，從技術面來考察，即有可能在早期預先檢討瓶頸的技術。在品質展開中，有組織的取出此瓶頸技術稱為「技術展開」，將整個流程以流程圖來表示，即如圖 16-1 所示。

　　與技術展開有關聯的一些表，除了「品質表」（要求品質展開表與品質要素展開表的二元素）之外，有「機能展開表」、「機構展開表」、「單元、零件展開表」等。另外，經由機能的展開，檢討所需機能與不需要機能的 VA 分析也是有所幫助的。此處，由於與機能展開表的製作有關，因之就機能表現、機能比重的計算方法等也一併說明。

 Tea Break

　　赤尾洋二與水野滋於 1972 年，將其累積之品管經驗於日本 *Standardization and Quality Control* 期刊登出 "Development of New Products and Quality Assurance A System for Quality Deployment" 一文，正式出現「品質展開」一詞。

　　1978 年，赤尾洋二與水野滋共同編著了 QFD 的日文書，*Quality Function Deployment: A Company-wide Quality Approach*。

　　Glenn Mazur 於 1994 年將該書翻譯成英文書 *QFD: The Customer-Driven Approach to Quality Planning and Deployment*，成為 QFD 聖經。

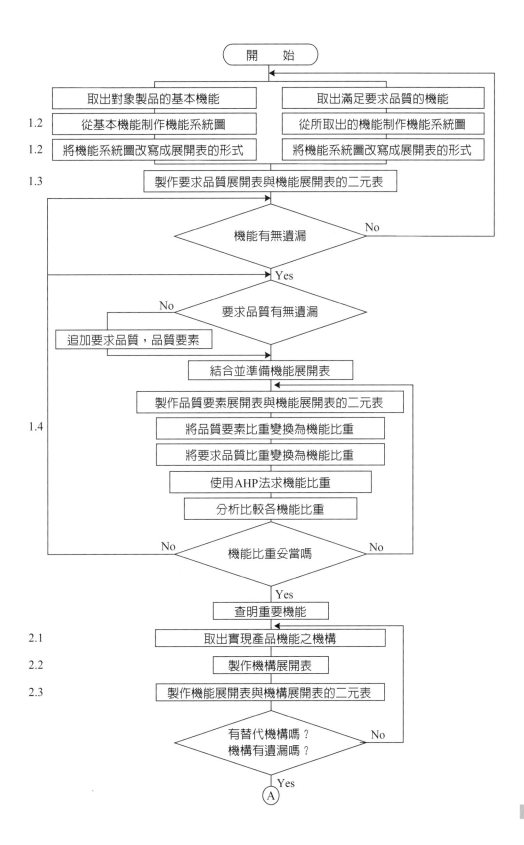

開　始

取出對象製品的基本機能　　　　取出滿足要求品質的機能

1.2　從基本機能制作機能系統圖　　　從所取出的機能制作機能系統圖

1.2　將機能系統圖改寫成展開表的形式　　將機能系統圖改寫成展開表的形式

1.3　製作要求品質展開表與機能展開表的二元表

機能有無遺漏　　No

Yes

No　　要求品質有無遺漏

追加要求品質，品質要素

結合並準備機能展開表

製作品質要素展開表與機能展開表的二元表

1.4　將品質要素比重變換為機能比重

將要求品質比重變換為機能比重

使用AHP法求機能比重

分析比較各機能比重

No　　機能比重妥當嗎　　No

Yes

查明重要機能

2.1　取出實現產品機能之機構

2.2　製作機構展開表

2.3　製作機能展開表與機構展開表的二元表

有替代機構嗎？
機構有遺漏嗎？　　No

Yes

Ⓐ

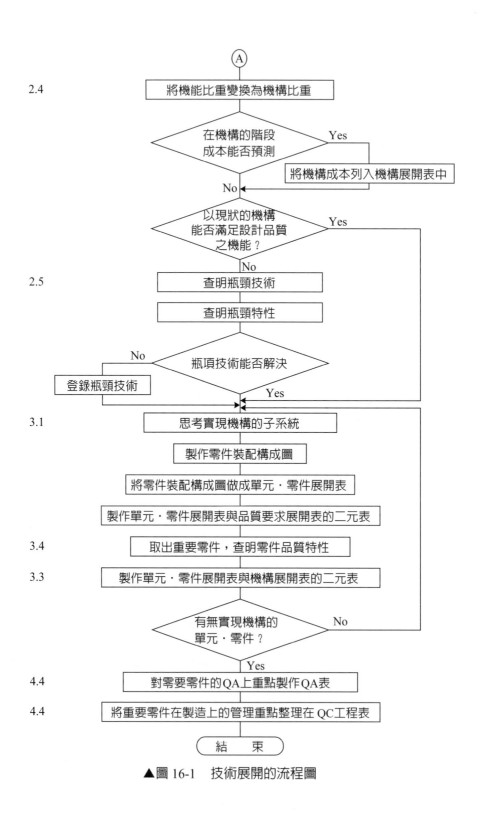

▲圖 16-1　技術展開的流程圖

16.1.1 機能表現

如 VA 或 VA 的領域中所提到的，機能表現可以用名詞與動詞來表現。亦即，像「傳達資訊」一般，以「△△＋○○」之方式來表現。「○○」的部分爲名詞，「△△」的部分爲動詞。

實施機能展開時，「既存改良型商品」與「新開發商品」的機能取出方法可以認爲是不同的。對既存改良型的情形來說，將現存的過去商品的構成零件加以展開，考慮該構成零件的機能是什麼而後展開是有可行的。從構成零件的機能來展開較爲實際，機能的取出也較爲容易。可是，考慮改良時，利用與過去的商品不同的機構也有產生新產品的時候，在名詞的部分只記述實際的零件名稱，恐會阻礙發想。

以 100 元打火機的例子來說，是要表現成「保持瓦斯」此種機能呢？或是表現成「保持燃料」呢？如採取前者的表現時，瓦斯打火機就變回原點了。相對的，如採取後者的表現時，那麼燃料即使是瓦斯或是木材或是新的可燃物均可。點火方式也有使用銼子或打火石的方式，當然也有電子著火的方式。從構成零件的展開來展開機能時，就會變成使用銼子或打火石的名稱。基於此意，有意於新產品開發而實施品質展開時，名詞的部分儘可能當作一般名詞這是要注意的地方。

對於新開發型商品的情形來說，因爲過去沒有此類商品，因之展開構成零件是不可能的，將開發何種商品之構想一面實現化，一面去檢討要具有何種的機能，以何種的機構去實現就變得極爲需要了。

對於機能表現與機能定義，不妨參照有關的文獻，而所記述的是將機能以目的與手段的系列來定義的進行方式。此時，手段畢竟可以想成是產品應具備的機能，並有展開成方案的可能性。亦即，會有做出方案型系統圖的可能性。譬如，「將材質改成樹脂」之表現，因爲是以名詞與動詞來表現，所以想成機能表現附情形也有，而此表現即爲方案之表現。在 VA 或 VE 的教材中也可見到方案與機能混在一起之例子，將機能以系統圖來展開時，儲可能採取機能表現，需注意的是將產品應具備的機能加以展開。爲了實現作爲的之機能，考察何種之機能是需要的，利用此方式去展開機能的系列是值得推薦的方式。

16.1.2 機能系統圖的製作

　　作為對象的商品是從選定應具備之基本機能開始的。這是考慮該商品作為商品所存在之意義，亦即考慮其基本的機能。基於此意，此即選定必要條件的機能。另一方面，取出滿足要求品質的機能也是需要的，不要忘了從要求品質去取出機能。從此二方向取出機能，即有可能製作出必要且充分的機能系統圖。

　　從要求品質取出機能時，有需要事先明確區別是「要求機能」或是「要求品質」。在要求品質之中混雜要求機能之情形經常可見。以顧客的要求來說有機能的追加要求，而將此當作要求品質來處理。譬如，想在手錶追加計算機的機能，而將此種「能計算」之項目列入手錶的要求品質展開表之中的情形也有。對象商品是「紳士用手錶」或是「附加計算機能的紳士用手錶」呢？在實施品質展開的階段中必須事先使之明確。對於將前者當作主題提出之情形來說，機能要求暫且不論，先製作要求品質展開表，已清楚應附加之機能時再限定對象商品，再度展開要求品質，並有需要製作機能系統圖。

　　此事從原始資料取出要求項目，向要求變換時也是應該要注意的地方，將顧客的要求當作原始資料收集時，會收集到種種的要求。在品質展開中首先要做的事情是資料的分類、層別，對於要求的是機能呢？或要求的是品質的提高呢？也要明確加以區分。

　　當完成機能系統圖時，就要將它做成機能展開表，而機能展開表的記述方式如圖 16-2 所示，並非只是機能項目的最下位機能與其他項目保持對應，與上位機能的對應也要明確，以如此的方式來製作展開表是需要的。

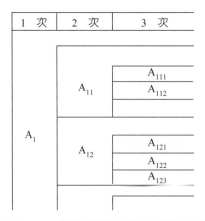

▲圖 16-2　機能展開表的記述概念圖

重點

機能表現、機能取出與機能展開表

(1) 機能表現是以名詞與動詞來表現。

(2) 基本機能的取出方法有以下 3 種方法。

　　① 從以往的產品，以及構成零件的機能來取出。

　　② 從機能展開的方法，思考現有產品具備的機能而後取出機能。

　　③ 從實現要求品質的創意取出機能。

(3) 取出機能時思考主體為何。

(4) 基本機能是產品最低必須具有的機能。

(5) 思考基本機能，為達成此基本機能思考一系列所需的具體機能。

(6) 為了獲得用戶的滿足，並不只是達成基本機能，也有需要去滿足用戶的要求品質。

(7) 將機能系統圖做成機能展開表時，要能與上位機能保持對應來做成展開表。

(8) 將重點放在新產品開發時，避免在機能上具體的表現零件名稱，最好是抽象性的表現。

(9) 在新產品開發方面為了滿足要求品質，當提出創意（idea）時，有以機能來實現顧客要求之情形，以及以機能以外來實現的情形。此外，對於此兩種方法各有 2 種實現方法：

　　① 以機能實現時

　　　•追加新機能。

　　　•提高現狀機能的達成水準。

　　② 以機能以外實現時

　　　•當想要使要求品質滿足時檢討會發生何種的不當。

　　　•提高感性的一面。

(10) 從技術上的立場決定機能的重要度也是很重要的。此方法是使用 AHP 法。然後將此結果與從要求品質重要度所求出的機能重要使進行比較分析也是很重要的。

練習事例

(1) 在選定 100 元打火機的基本機能時，也有將「發出熱度」當作機能表現的意見，而所謂的 100 元瓦斯打火機燃料也是限定於丁烷瓦斯，基本機能乃當作「發出火炎」。

(2) 為了「發出火焰」依序取出所需的機能，並做成機能系統圖。

(3) 從基本機能做成機能系統圖的例子如圖 16-3 所示。

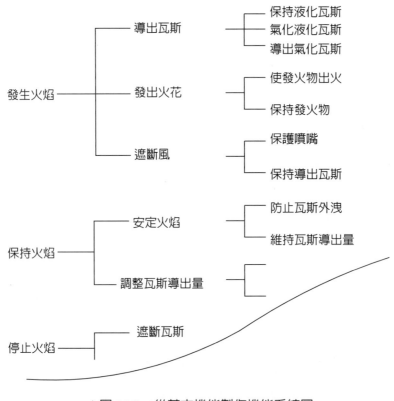

▲圖 16-3　從基本機能製作機能系統圖

(4) 使用原始資料變換表取出滿足要求品質之機能。

(5) 將寫在原始資料變換表的機能欄中的機能，轉記在標籤上後製作機能系統圖。

(6) 從要求品質所取出之機能，其機能系統圖如圖 16-4 所示。

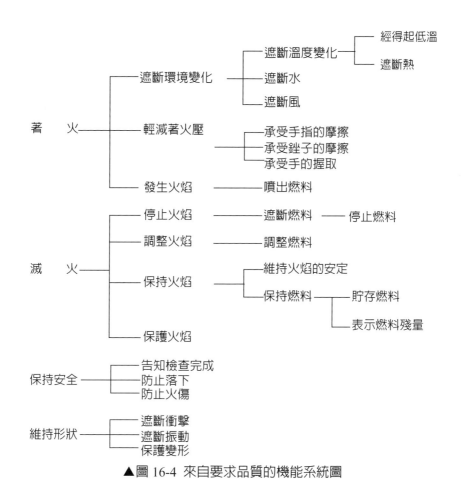

▲圖 16-4　來自要求品質的機能系統圖

(7) 從基本機能得來的機能系統圖，是展開產品未來的機能，從要求品質取出的
　　機能所得來的機能系統圖，則是在產品使用狀態下的機能也加以展開。

16.1.3 要求品質展開表與機能展開表的矩陣化

　　從基本機能展開機能時，對產品而言會變成只是所需機能的展開，因之有需
要追加從品質取出的機能。此可與要求品質展開表做成矩陣，加上對應關係即可
檢核機能。此即檢核機能與要求品質是否有對應關係，即可確認機能是否有遺
漏。

　　可是，藉由產品的機能使其全部滿足要求品質是不可能的。能以機能實現的
部分，以及有需要利用機能以外來滿足要求的部分，必須使之明確。藉著將要求
品質展開表與機能展開表的矩陣化，即可區分此兩者。

　　將要求品質展開表與機能展開表（機能系統圖）以矩陣的方式作成二元表，以記號◎，○，△加上對應關係。記號◎是表示有強烈對應，○表示有對應，△表示有對應的可能性。此時，如前述要求品質並非只是與下位機能取得對應，與上位機能的對應也要能明確之下來做成展開表。

練習事例

(1) 把從基本機能所展開的機能系統圖改寫成展開表的形式，其中的一部分如圖16-5所示。

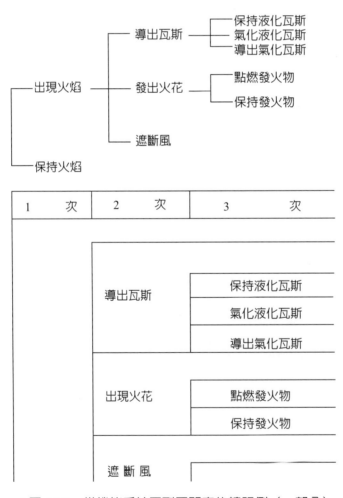

▲圖 16-5　從機能系統圖到展開表的轉記例（一部分）

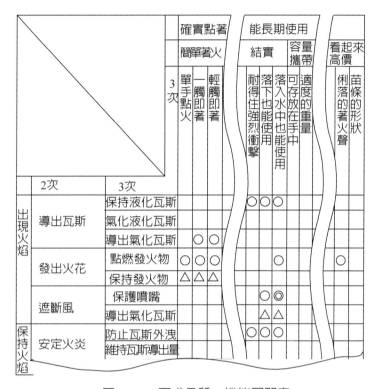

▲圖 16-6　要求品質 ＊ 機能展開表

(2) 把從基本機能所展開的機能展開表與要求品質展開表做成二元表。加上對應關係之後的表，將其中的一部分如圖 16-6 所示。

(3) 從此二元表知，與要求品質的「收藏在手中」相對應之機能並不存在。對此要求品質知有需要考慮以機能以外來滿足要求的方法。對此要求品質在設定設計品質時是有需要考慮的。

(4) 從基本機能所展開的機能系統圖與從要求品質所展開之機能系統圖相結合做成機能展開表。其中一部分如圖 16-7 所示。

(5) 不充分的要求品質與品質要素是無法取出的。

(6) 在要求品質的一次項目中，「容易使用」的項目是重要要求品質，此要求品質的下位的 3 次項目即「安定火焰」的要求品質，被取出當作重要要求品質，對此要求品質而言，「導出一定量的液化瓦斯」之機能，被取出當作重要機能。

(7) 在如圖 16-6 所示的一般展開表中，與上位機能未能取得對應，應做成如圖 16-5 所示的展開表。

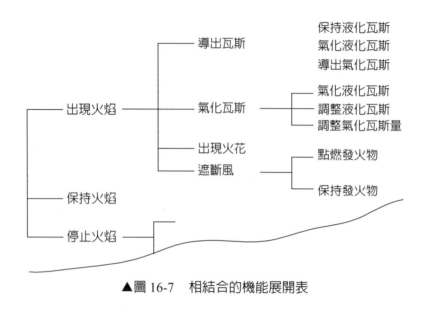

▲圖 16-7　相結合的機能展開表

16.1.4 機能展開表與品質要素展開表的矩陣化

　　將機能展開表與品質要素展開表做成矩陣，藉由對應關係的檢核，即可使實現重要設計品質之機能明確。開發魅力商品時，將未附加在現狀商品的機能利用追加的方法也有，而提升現狀機能的達成水準來提高顧客滿足度的方法也有。提升品質特性的水準，連帶的會使機能的達成水準提高的情形是會有的，因之針對重要的品質特性進行檢討是非常重要的。

　　將品質要素展開表配置在上方，機能展開表配置在左側，以二元表的形式來製作「品質要素 * 機能展開表」。接著將各品質要素與機能之關聯性使用◎○△的記號記入矩陣中。使用將此對應關係表現成數量化之值與品質要素比重，即可求出機能比重。機能比重如後述使用「要求品質 * 機能展開表」也可求出。

　　使用「品質要素 * 機能展開表」也可取出重要機能。此結果，應該與使用「要求品質 * 機能展開表」所取出的重要機能相一致，而不一致時需要檢討為何不一致。在品質展開中製作各種的二元表，藉著從各種角度來檢核以防止遺漏。

　　在 100 元打火機的例子裡，重要品質特性「高度尺寸」的設計品質雖然設定為 55mm，而對於此品質特性可以取出「導出一定量的液化瓦斯」之機能當作重要機能。此結果與從「要求品質 * 機能展開表」所得到的重要機能相一致。另

外，要求比重高的「容易使用」之 1 次要求品質，與「操作性」之 1 次品質要素也有關係。在此「操作性」的 3 次項目之中有「火焰安定性」的品質特性，此特性也與「導出一定量的液化瓦斯」之機能有關聯。雖如後述，但爲了達成「高度尺寸」的設計品質 55mm，有需要確保「火焰安定性」，並且掌握品質特性之間的關聯也是非常重要的。

16.1.5 機能比重的求出

使用要求品質比重計算機能比重，如此即可明白何者的機能是重要的機能。關於此可使用「要求品質＊機能展開表」。使用要求品質與機能的對應關係，將要求品質比重與對應關係數值化之值相乘，按各機能別求合計時即可求出機能比重。此與將要求品質重要度變換爲品質要素重要度的步驟是同樣的方法，請參照「品質展開法」的比重變換。

但是，機能展開表由於與上位機能的對應關係也能掌握，所以從要求品質比重所變換的機能比重，不管對上位機能的比重，或對下位機能的比重，所有的比重均可求出。各階層的機能可利用後面的機構來實現，而實現機能的機構，實際上則是單元或是單一零件、或是一個素材。請注意此事，並充分掌握機能比重是那一層次的比重加以活用是有需要的。

此機能比重是表示在滿足要求品質面上那個機能是較重要的。亦即，站在顧客的立場思考時，可以顯示出哪一個機能是較重要的，而站在與顧客相反的立場即提供者（企業）一方的立場時，認爲重要的機能與比重也許是不相同的。站在提供者一方的立場，儘可能客觀的求出機能比重的方法，建議可使用 AHP 看看。在後面將會敘述的成本展開中，雖說明有使用此機能比重的方法，由於與成本展開也有關聯，因之求出兩者的機能比重之後，進行分析比較是有需要的。

從要求品質比重所求出的機能比重，與利用 AHP 法（從技術面來看）所求的機能比重有需要進行比較分析，以決定最終的機能比重。雖無具體的方法，但可製作如圖 16-8 所示的比較分析圖，比較兩者並以企業一方的立場來決定。重要的是比較及檢討顧客的要求與企業一方之想法的差異。

計算機能比重的目的，是爲了滿足顧客的要求選定重要的機能，或者爲實現設計品質選定重要機能。並且，在後述的成本展開中也可利用。在前者的意義裡，也有考慮與重要的設計品質有強烈對應關係的機能當作重要機能來選定。

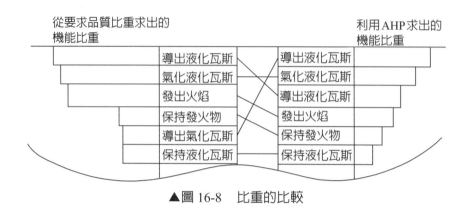

▲圖 16-8　比重的比較

16.2　機構展開表的製作

即使查明商品應具備的機能，但在實際的產品中如何具體實現其機能是無法明確決定的。因此，思考具體實現機能的機構，而後製作機構展開表。接著將機能展開表與機構展開表做成矩陣形式，將實現要求品質之機能，以現狀所考慮的機構是否能達成，從技術上進行檢討。

如果利用以往技術能充分滿足設計品質時，即可順利的向生產準備進行移轉。反之，利用以往的技術無法滿足設計品質時，當作瓶頸技術取出，在思考解決方法之同時，也要重估設計品質。如果是設計品質的充足為優先的話，就要傾注全力於瓶頸技術的解決。

機能展開表與機構展開表的矩陣表即為「機能 * 機構展開表」，在取出技術上的瓶頸是非常需要的表，有需要將與技術有關的技術標準等諸表列入機構展開表中。基於此意，建議將開發中成為技術種子（seeds）之項目加以整理，並製作技術展開表，再與機構展開表取成矩陣。

另外，對於機構展開表來說，可在機構層次中考慮權衡關係（trade-off），將所考慮的機構排列在展開表之中，使之能夠檢討以哪一個機構即可實現機能也是有需要的。

16.2.1 機構的取出

所謂思考機構即為思考幾個實現對象機能的機構（mechanism）。思考作為

對象的機能能以何種的機構來實現。在 100 元打火機的點火方面，就是思考發生火焰的機構。對於火柴的情形來說是藉著將火藥抹在砂紙上以磨擦熱發出火焰，然後去思考此機構。透過思考機構，即有可能產生出利用新的構成來實現的方法。

　　機能展開表與機構展開表的各項目的表現，相當類似或有可能相同。機構表現可以在機能表現的名詞與動詞兩語中附上機構之用語來表現。譬如，「傳達資訊」之表現是機能表現，將「機構」附在傳達資訊之後面，即可以「傳達資訊機構」作為機構表現。像這樣，從機能去思考機構表現時，機能與機構即可在一對一的對應之下製作出「機能 * 機構展開表」。

　　機能與機構形成一對一之對應情形也許存在，但此時機能比重就會照樣變成機構比重，變換比重的意義就會消失。在展開機構時，思考產品所需的基本機構，對基本機構所需的下位機構，以及實現產品的實際單元做某種程度的思考之後再去展開是有需要的，此與在機能展開中將上位機能想成目的，並去思考達成目的的下位機能之連鎖（chain）是相同的想法。

　　在展開機構的階段中，也有思考新的機構而此與實現某機能的現狀機構是不同的。譬如，印刷機的「印字機構」，有以扣針壓住色帶來印字的機構，以熱溶解色帶來複印之機構，以及以噴墨印字的機構等，不管採用哪一機構，對品質面、成本面、可靠性都會有影響。像此種情形，有需要在機構展開之中，把在權衡（trade-off）狀態下所考慮的機構予以並記，再檢討採用那一機構。然後在採用之機構決定之後，再去展開下位的機構。

　　另外，機構的表現也需要設法使用一般名詞。在展開下位機構的過程中，實際的單元或零件也要做某種程度的思考，雖然實際的單元名稱或零件名稱有可能用於機構表現，但是儘可能為了不阻礙發想，需注意使用一般名詞來表現機構。

16.2.2 機構展開表的製作

　　思考對象產品所需的基本機構，從基本機構有系統的來展開機構，而後製作機構展開表。機構展開表並非將產品應具有的機能，直接向零件或單元去變換，而是維繫機能與零件之間的一種表。具體上對於所生產的零件或單元，有需要儲存零件製造技術與裝配製造技術，而引進機構的想法後，藉著在機構層次儲存技術，即能進行有泛用性的技術儲存，且可提高開發效率。理解此事就會感到需要

製作機構展開表。

　　機構的表現設法使用一般名詞，再去思考實現產品機能的機構。下位機構如未能在腦海中浮現出實際的零件或單元時，就無法表現，因之固有技術顯得甚為需要。另外，對於實現機能的機構可以想出幾個時，先將這些並列記述，在下期開發時即可有效的活用此資訊。基於此意，技術資料與機構展開有關聯，事先儲存起來是非常重要的。

> **重點**
>
> (1) 思考實現產品機能的機構。
> (2) 機構表現設法使用一般名詞。
> (3) 機構展開從上位的基本機構展開。
> (4) 在展開下位機構的過程中，某種程度的思考實際的單元或零件是有需要的。
> (5) 被認為有權衡（trade-off）關係之機構需事先予以並記。
> (6) 與機構展開表比較後，最好把將來所需的技術種子（seeds）資訊事先加以整理。

練習事例

(1) 以 100 元打火機的所需基本機構來說，可以想到有「瓦斯保持機構」、「起火機構」、「瓦斯導出機構」等。

(2) 以「瓦斯導出機構」和下位機構來說，可能想到有「瓦斯壓力調整機構」、「瓦斯閉鎖機構」等。

(3) 將基本機構當作 1 次項目整理在機構展開表中，即如圖 16-9 所示。

(4) 成本在機構的階段中未能掌握，有需要實施成本展開。

(5) 以起火機構的起火方法來說，除以往的方法以外，有使用電子的方法以及使用電池的方法、化學的方法等，向 3 次加以展開。

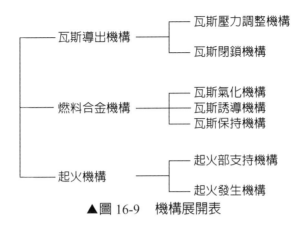

▲圖 16-9　機構展開表

16.2.3 機能展開表與機構展開表的矩陣化

　　如前述，機能與機構的表現因為有類似的可能性，因之在製作機能展開表與機構展開表的矩陣時，只會一對一的加上對應關係。以一個機構來實現一個機能之方式來構成產品時，機能展開表與機構展開表就會變成一對一的關係。可是一般來說，與一個機能有關之機構有好幾個，而一個機構同時也有好幾個機能。越是單純的機構發揮幾個機能的情形甚多。因此，機能與機構的對應關係，實現所要求的品質之機能以現狀的機構在技術上能否滿足，是有需要加以檢討的。

練習事例

(1) 將機能展開表配置在左方，機構展開表配置在上方，以形成二元素的方式製作「機能＊機構展開表」。

(2) 將機能與機構的對應關係使用◎，○，△之記號記入到表中。

(3) 將以上結果的一部分表示在圖 16-10 中。

16.2.4 機構比重的計算

　　使用機能比重計算機構比重，以表示出那機構是重要的機構。對於此可使用「機能＊機構展開表」。使用機能與機構的對應關係，將對應關係數量化之值與機能比重之積求出，並按各機構別求出合計，即可求得機構比重。

機能展開表 ＼ 機構展開表	瓦斯壓力調整機構	瓦斯閉鎖機構	瓦斯氣化機構	瓦斯誘導機構	瓦斯保持機構	起火部支持機構	起火發生機構	遮風機構
發出火焰	○		○	○	○	○	○	○
導出瓦斯	○		○	○	○			
保持液化瓦斯					◎			
導出液化瓦斯	○				△			
氣化液化瓦斯			○	○				
分離液化與氣化瓦斯				○				
防止氣化瓦斯外洩				○				
導出氣化瓦斯	△		△	○				
流出氣化瓦斯			○	○				
調整氣化瓦斯壓力			○					
將氣化瓦斯與空氣混合			○					
調整氣化瓦斯								
火花								△
發出火焰						△	◎	
點燃發火物						△	△	
保持發火物						○	△	
遮斷風								◎
保持火焰								△
停止火焰		◎		△				
停止燃料		◎		△				
閉鎖瓦斯		◎		△				
表示燃料餘量					◎			

▲圖 16-10　機能 * 機構展開表

　　但是，機能展開表因為與上位機能也是保持對應關係的表，所以機能比重對上位機能之比重，與對下位機能之比重的所有的比重均可求出。注意此事之後並充分掌握機能比重是哪一層次的比重再進行變換是有需要的。

　　另外，機構展開表對於實現機能的機構可以想出幾個之情形來說，因為這些都是並記著，所以對此事也需要注意。為了滿足要求品質，換句話說，為了實現設計品質以實現重要機能之機構來說應採用哪一機構，從技術的立場檢討，而後選定現狀水準中最適切的機構。然後對所選定的機構計算出它的比重。

　　計算機構比重的目的，在於選定何者是最重要的機構。基於此意，此有從比重的變換所得到的結果來選定重要機構的想法，以及將與重要機能有強烈對應關係的機構當作重要機構來選定的想法。在鎖定重點時，對兩種想法均可嘗試，檢討有無差異也是非常需要的。

16.2.5 N. E（瓶頸工程）的檢討

　　為實現產品的品質特性而向機能變換，以及為結合固有技術而向機構進行變換。接著為了滿足顧客的要求，哪一機構要如何改良才好？有無這方面的技術呢？也要進行檢討。以現狀的固有技術無法實現時，將此當作瓶頸技術加以登錄，而後設法去解決。此處所說的登錄，對於瓶頸技術的解決需要全公司的協力體制，將所取出的瓶頸技術集中在一個地點，建立能得到全員協力的體制，而後去登錄之意思。登錄之同時，要配合開發日程，製訂解決瓶頸的日程計畫，並優先去實行是非常重要的。

　　關於瓶頸技術來說，像設法降低成本時阻害成本降低之技術上的「成本降低技術」，對於要維持一定的品質時，阻害品質維持的「品質維持技術」，以及在品質維持技術之中，阻害工程能力提高的「工程能力提高技術」等有許許多多。瓶頸技術的表現與機能表現相同，要查明對象與作用，將「技術」附在這些用語的後面來表現即可。成本降低技術即為降低成本的技術，成本是對象而降低是作用。

　　在瓶頸技術無法解決時，明示那一個品質特性無法滿足顧客的要求是有需要的。將這些品質特性稱為「瓶頸特性」，成為瓶頸之技術與成為瓶頸之品質特性有需要明確區分。

　　瓶頸技術之取出是固有技術的領域，在固有技術未加整理的狀況裡取出瓶頸

技術是不可能的。只在腦海中思考改善，並使其實現是有可能的，而它是「個有技術」，並不是有組織的活動。畢竟品質展開是有組織的活動，並非每個人以個人的水準進行產品改良，而是需要以組織的力量去設法解決。

對於瓶頸技術的解決是需要創意的，為了提出好的創意有需要學習「發想法」與「問題解決手法」。關於發想法已想出有種的方法，譬如像表 16-1 所表示的歐斯本的查檢表〔7〕是非常有名的。KJ 法也是發想法，其他像 NM 法、形態分析法、屬性列舉法、希望點列舉法、擬物化法、針卡（pin card）法等有許許多多的發想法。腦力激盪法也是有名的方法，也有向參加者隱藏主題進行腦力激盪的高登法，此外 635 法也是很有名的。關於發想法問題解決法請參考相關文獻。

以檢討所提出的創意的方法來說，已提案有審查樹形圖法（reviewed dendrogram）。這是針對所想的創意，在得到同意的解答以前，重複質問（question）與解答（answer），並將審查創意之過程整理在表上。將此 Q&A 的重複情形整理在表上，即可謀求資訊的視覺化、共有化。

同樣的方法有 PDPC 法。此為新 QC 七工具（N7）的一種，在目標達成為止的過程中可於事前檢討所預想的問題點與其解決對策，並確實的記述達成目標之決策過程。

▼表 16-1　歐斯本的查檢表

1.　轉為他用？（Put to other uses?） 　　在現狀下新的用途是？改造後其他的用途是？
2.　能不能應用嗎？（Adapt?） 　　其他有無與此相似？無法暗示其他創意嗎？ 　　過去有無類似的？無法模仿嗎？無法模仿誰嗎？
3.　修正了的話？（Modify?） 　　新的方法是？意義、顏色、動向、味道、樣式、型式等無法改變嗎？ 　　其他的變化？
4.　擴大的話？（Magnify?） 　　不能增加嗎？時間是？次數是？更強？更高？更長？更厚？ 　　附加價值是？不能增加材料嗎？複製是？倍加是？誇張是？

5.　縮小的話？（Minify?）

不能減少嗎？更小？濃縮？小型化？更低？更短？更輕？省略是？

流線型？不能分割嗎？

6.　（更換）的話？（Substitute?）

誰可替代呢？用什麼來代用呢？其他的構成要素？其他的素材？其他的製造工程？其他的動力？其他的場所？其他的探討方式？其他的腔調？

7.　重新排列的話？（Rearrange?）

更換要素的話？其他的模型是？其他的布置是？其他的順序是？

原因與結果更換的話？改變基礎的話？改變計畫的話？

8.　相反的話？（Reverse?）

正與負更換的話？相反會如何？朝後如何？上下顛倒如何？相反的功能是？

換鞋的話？旋轉桌子的話？

9.　結合的話？（Combine?）

品名、合金、備齊商品、非樣品如何？組合目的的話？組合單元的話？組合創意的話？

重　點

(1) 早期發掘、解決瓶頸技術是技術展開的關鍵。

(2) 針對機構重要度高的機構去進行重點設計。

(3) 檢討瓶頸技術的解決方案可使用審查樹形圖法（reviewed dendrogram）。

(4) 並非對機能零件與零件單位儲存技術標準，藉著在機構展開表中儲存技術，即使物品改變也可儲存技術。

練習事例

(1) 針對「導出一定量的液化瓦斯」，取出「瓦斯氣化機構」當作重要機構。

(2)「導出一定量的液化瓦斯」之機能與要求品質的「火焰安定」有關聯，並與品質特性的「火焰安定性」有關聯。

(3) 對品質特性的「高度尺寸」來說，為了實現設計品質 55mm，需要縮短貯槽本體的長度與蕊心的長度，如在火焰的安定性上有問題。

(4) 對於此解決來說，「瓦斯氣化機構」有很深的關聯，取出火焰安定技術當作瓶頸技術。

16.3　單元・零件展開表的製作

就對象製品來說，像構成該產品的子系統、構成子系統的單元、構成單元的零件那樣，以零件・單元、子系統等的單位去製作產品的零件裝配構成圖，並製作單元・零件展開表。由於零件是部分品，對單元雖然也可以使用零件的用語，但此處以單一材質加以製造，不能細分化的層次者則當作零件。

對於機械・裝配產品此種既存改良型的產品，配備有許多有關既有產品的零件裝配構成圖。從此零件裝配構成圖將該零件名與單元名表示成系統圖的形式，再做成展開表時即可完成「單元・零件展開表」。即使是新產品開發的情形，只要沒有大幅的機構變更，從零件裝配構成圖加以若干的修改，即可做成展開表。

對新開發型產品的情形來說，有需要一面思考機構是以何種零件去構成的，一面思考新的零件名再去製作零件裝配構成圖。機構的變更若與以往的機構完全不同時，有需要思考新的構成零件。

就這些構成零件或構成單元的各品質特性，在現狀擁有的技術下，設計品質可滿足到什麼程度呢？需進行檢討。接著，為了實現所檢討的產品的設計品質，需查明在製造現場中應重點管理的品質特性是什麼。是故，製作「單元・零件展開表」與「機構展開表」的二元表或與「品質要素展開表」製作二元表，並去檢討是有需要的。

16.3.1 單元・零件的展開

為了確保最終產品的設計品質，就對象產品的裝配零件構成進行檢討，在製造工程中取出應重點管理的零件與其品質特性是目的所在，如果是既存的產品，分解該產品即可調查單元是由何種零件所構成，子系統是以何種單元所構成，產品是以何種子系統所構成。就此結果，將零件以草圖來表示，並以圖形表示如何裝配者即為「零件裝配構成圖」。此如果是有裝配過塑膠模型（plastic model）經驗的人應該是可以想像出來的。

就此零件裝配構成圖的零件或單元，以其名稱表示構成者即為「單元・零

件展開表」。此單元‧零件展開表雖依產品大小而異，但也有相當大的。此時以產品構成的上位項目製作展開表，在子系統或單元的層次選定重要部分，對該部分再詳細的製作展開表並去檢討。將所做成的「單元‧零件展開表」與「品質要素展開表」一起製作二元表，掌握最終產品的品質特性與單元‧零件之關連，即可鎖定重點的單元或零件。此有使用「單元‧零件展開表」將品質要素比重藉比例分配法進行變換，來選定重點的單元或零件，以及將無法確保設計品質的關聯單元或零件當作重點來選定的方法。

　　如果選定了重點的單元或零件時，調查該單元或零件的機能、品質特性、工程能力、現狀成本等，以資料庫（data base）儲存在表中。雖對調查項目加以種種考慮，然而現狀的製造現場中的規格值與工程能力是一定需要的。姑且不論是在公司內加工或是在公司外加工，為了確保最終產品的設計品質，不知道現狀的產品的加工精度就去進行檢討是不可能的，這是最低限度所需要的資訊。

　　其次，對於作為重點所選定的單元或零件的品質特性，就其品質特性是機能特性或是保安特性進行檢討。所謂機能特性是該特性無法滿足公差時，產品的機能即無法發揮的特性，在機能上是很重要的品質特性。另外，所謂保安特性是該特性無法滿足公差時，對人命會有所影響的特性，在保安上是非常重要的特性。如果取出這些機能特性與保安特性時，將這些圖示在圖面上，即可向製造傳達設計的意圖。

重點

(1) 由於單元‧零件展開表相當膨大是可以預料的，因之一般以 3 次的單元層次製作展開表，就重要的構成單元製作單元展開表。

(2) 關於工程能力若是已知者則記入數值，若是未知者則以 A B C 之等級記入。

(3) 取出機能特性與保安特性。

(4) 查明機能特性與保安特性，藉著在圖面上指示即可將設計的意圖傳達給製造，並當作 Q A 上的重點。

練習事例

(1) 將 100 元打火機的零件裝配構成圖表示在圖 16-11 之中。

(2) 使用圖 16-11 的零件裝配構成圖中的各零件名稱以及組合零件而成單元的名稱，以系統圖的方式加以整理者即為圖 16-12。將此圖改寫成展開表的形式，做成「單元·零件展開表」。

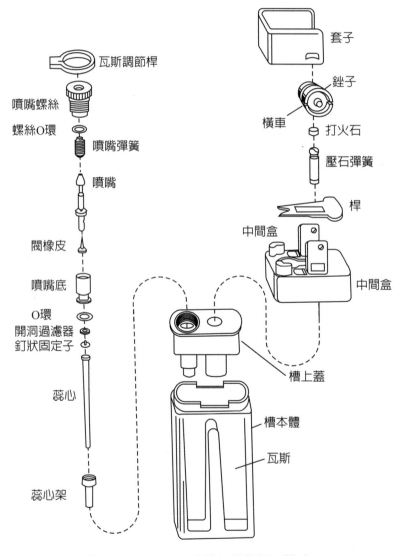

▲圖 16-11　100 元打火機的零件裝配構成圖

(3) 將「品質要素展開表」與「單元・零件展開表」做成矩陣圖，其中的一部分如圖 16-13 所示。此即爲「品質要素＊單元 ・ 零件展開表」。

(4) 在「品質要素＊單元・零件展開表」中，與最終產品的重要品質特性之一的「高度尺寸」有關聯的零件，知有「貯槽本體」的「蕊心」。

(5) 零件的「蕊心」是爲了實現「導出一定量的液化瓦斯」之機能，是與品質特性的「火焰安定性」或要求品質的「火焰安定」有關聯之零件。

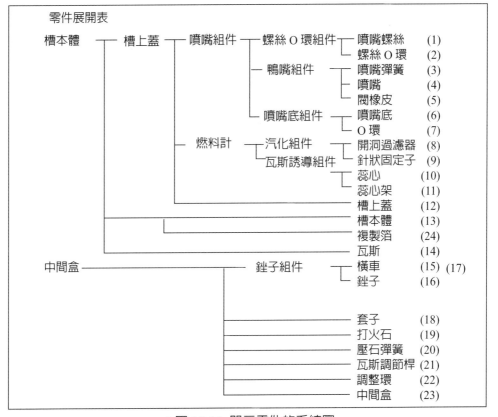

▲圖 16-12　單元零件的系統圖

(6) 調查過去的資料之結果，蕊心是單一素材的成形品。對於蕊長、蕊徑等的品質特性來說，知工程能力也是充分的。

(7) 蕊心雖非保安特性也非機能特性，爲了實現設計品質的 55mm 有需要縮短，對於縮短之後的火焰安定性來說，如還未能獲得確定。

品質要素展開表 ＼ 單元・零件展開表	閥徑	高度	寬度	厚度	橢圓長徑	橢圓短徑	長短徑比率	桿重量	起火部重量	盒重量	瓦斯充量抵抗	著火時氣化量	火焰高度調整範圍	火焰安定性	閥調整摩擦係數	盒表面摩擦係數	著火壓力	瓦斯閉鎖壓力	使用色數	色線上升率
噴嘴螺絲		○	◎	◎				△	△	△										
螺絲 O 環																△	○			
噴嘴彈簧																	◎	○		
噴嘴																	△			
閥橡皮																	△			
噴嘴底																	△			
O 環																	△	○		
開洞過濾器												◎		△						
釘狀固定子												○	◎	◎						
蕊心		○										○	◎					○		
蕊心架													○					○		
槽上蓋					○	○	◎			○								△		
槽本體		○	○	○	◎	◎	○			◎	△	△						△		
複製箔（標籤）																◎			○	◎
瓦斯											○	○								
橫車			○						○										△	○
銼子			○						○										△	
套子																				
打火石																	○			
壓石彈簧																	◎			
桿								◎												
瓦斯調整桿	△	◎	◎	◎	○	○	○				◎		◎							
中間盒						○	○	○	○	◎										

▲圖 16-13　品質要素＊單元・零件展開表

16.3.2 機構與單元・零件的關聯檢討

　　機能與機構與單元・零件有密切的關係，此有從機構去思考單元・零件之情形，以及從既有產品的零件展開去思考機構的情形。對於既存改良型的產品，在某種程度下可以獨立製作「機構展開表」與「單元・零件展開表」。可是，對於需要以新機構實現機能之情形與新開發型產品之情形來說，就要從機構去思考單元・零件。100 元打火機的點火機構是由銼子、橫車、打火石、彈簧等零件的組合所構成的，而使用壓電子來思考點火時，就變成由其他的零件所構成的了。

　　談到產品的改良，可以想到把目前構成機構的零件的品質水準提高，也可想到以其他的手段實現機構。並非從產品的機能直接向零件或單元去變換，其間藉著思考機構即可得到改良的方向或新創意的契機。

　　「機構＊單元・零件展開表」與後述的成本展開有關。機構由於是以抽象層次高的用語來表現，因之將機構的用語附在子系統或單元的名稱土來表現的情形甚多。因此，「機構本單元・零件展開表」之對應關係有呈現集團化之傾向。

　　此「機構＊單元・零件展開表」可用於確認實現機構的單元、零件是否存在，或選定重要的單元・零件，或檢討零件層次的成本。

16.3.3 機構展開表與單元・零件展開表的矩陣化

　　將「機構展開表」與「單元・零件展開表」組合成二元表製作「機構＊單元・零件展開表」，就構成機構的零件進行檢討。使用「機構＊單元・零件展開表」將機構比重向單元・零件比重變換，即可取出重要的單元・零件。此時從「品質要素＊單元・零件展開表」所得到的單元・零件比重與之相比較是有需要的。另一方面，從與重要要求品質有強烈對應關係的品質要素選定重要品質特性，然後選定與重要品質特性有強烈對應關係的機能作為重要機能，再選定與重要機能有強烈對應關係的機構作為重要機構，按如此步驟即可選定重要零件。

　　所選定之重要零件的哪一個品質特性與最終產品的重要品質特性有關聯呢？應進行檢討，且有需要將 QA 的重點傳達給零件製造階段或裝配製造階段。

練習事例

(1) 將 100 元打火機中的「機構＊單元·零件展開表」的一部分，表示在圖 16-14 中。

機構展開表 ╲ 單元·零件展開表	瓦斯壓力調整機構	閉鎖機構	氣化機構	誘導機構	保持機構	起火部支持機構	起火機構	起火發生機構	遮風機構
噴嘴螺絲				○					
螺絲 O 環				○					
噴嘴彈簧				○					
噴嘴				○					
閥橡皮				○					
噴嘴底				○					
O 環				○					
開洞過濾器			◎						
釘狀固定子			△						
蕊心			◎						
蕊心架			△						
槽上蓋					○				
槽本體					○				
複製箔（標籤）					△				
瓦斯					△				
橫車							○		
銼子							○	○	
套子									○
打火石							○	○	
壓石彈簧						○			
桿	△	○							
瓦斯調整桿	○								
中間盒						○	○		

▲圖 16-14　機構·單元·零件展開表

(2) 從「機能 * 機構展開表」選定「瓦斯氣化機構」當作重要機構，與此機構有關聯的單元是「燃料計」單元，再將下位零件的「釘狀固定子」、「蕊心」當作重要零件取出。

(3) 蕊心的品質特性有「蕊長」、「蕊徑」。

(4) 從使用「品質要素 * 單元‧零件展開表」所檢討的結果，也是「蕊心」爲重要零件，「蕊長」、「蕊徑」當作品質特性提出，所得結果是一致的。

16.3.4 零件機能‧零件特性的檢討

　　針對所取出的重要單元或重要零件，查明其機能，並檢討以現狀的製造技術能將重要品質特性製造到何種程度的水準。因之，現狀的製造技術水準的資訊有需要在公司內部儲存。此技術的儲存並非零件別的工程能力，掌握加工單位的工程能力是有需要的。譬如，考慮某零件的直徑時，儘管能掌握該零件直徑的工程能力，而當零件的直徑改變時，工程能力就無法掌握。如能以加工條件單位來掌握時，即使直徑有改變也能以高準確度估計工程能力。不限於工程能力，技術資料以其他也能使用的形式事先儲存起來是非常重要的。

　　如取出重要的單元或零件時，在製造該重要零件時有需要將應重點管理的項目向製造傳達，此手段可利用下節的「QA 表」或「QC 工程表」。此時取出重要零件的重要品質特性進行檢討是有需要的。並且，要思考重要零件的機能與零件品質特性，即使在零件品質特性之中還要就特別重要之品質特性的規格值與工程能力指數調查過去的資料。然後將調查結果整理成一覽表，配備在單元‧零件展開表之中。

　　重要零件雖可從前述的「機構展開表」與「單元‧零件展開表」的二元表中取出，也可以從「品質要素展開表」與「單元‧零件展開表」的二元表中取出。製作此「品質要素 * 單元‧零件展開表」，透過檢討即可掌握零件層次的品質特性要如何決定才能滿足最終產品的品質特性。

　　在「單元‧零件展開表」中雖展開了單元或零件的名稱，但除了這些名稱之外，將它的品質特性或機能加上關聯是非常重要的。譬如，思考螺帽此零件時，零件名稱雖然是螺帽，但螺帽的品質特性可以想到「軸徑」或「長度尺寸」，以及機能是「支持零件」。此外，對軸徑的工程能力來說，如以衝壓機（header punch）製造時，Cp 爲 1.2，以車床加工時 Cp 爲 1.42。有需要將這些資訊按單

元、零件名稱別對應著展開表事先配備好。

16.4　QA 表・QC 工程表的活用

有關對象商品的市場資訊，可利用要求品質來加以整理，掌握市場的要求品質之後即可設定企劃品質，利用品質表將市場的世界變換成技術的世界，並設定可實現企劃品質的設計品質。接著對於可否確保設計品質來說，藉著展開產品的機能、機構、單元、零件並從技術面檢討，即可在滿足顧客的要求上取出重要的單元或零件的品質特性，為了將經過這些過程所獲得貴重資訊傳達給製造，可使用 QA 表，根據此 QA 表在進入正式生產以前即有可能事先備妥 QC 工程表。

以往 QC 工程表是為了保證製造階段中的產品品質而所使用的表，但這並非是在製造階段中才製作，而是在還沒生產物品之前即事先備妥，才能進行確實的品質保證。

16.4.1 QA 表、QC 工程表的概要

QA 表是為了達成要求品質，將品質保證上的重點從設計向製造傳達的表。以往設計者的意見是以圖面傳達給製造現場，而在製造現場裡對於該規格值為何需要，何處是重要的部位等，未加記述的情形甚多。因此，不單是將公差傳達給現場，當無法實現所設定之公差時對最終產品之影響等，有需要明確傳達給製造現場，為此可使用 QA 表。

應該網羅在 QA 表上的項目，可以想到的有品質特性、品質特性的允許值、品質特性的期待值、達成容許值的所需理由、對上位系統的影響、與最終產品品質特性之關聯、開發的目的、開發品的變更部位、變更時要注意的地方與要求品質之關聯等。實際上依對象產品之不同或企業的實情，為了能容易使用可追加項目或改良，因而使用著各式各樣的 QA 表。

QC 工程表也可稱為 QC 工程圖、管理工程圖、工程保證項目一覽表等，而這是將製造工程與各工程中的管理項目、管理方法所整理成的一覽表。QC 工程表上明示著 QA 上的管理點、誰負責該管理點、何時、如何抽樣、以何種方法測量、使用哪一種管理資料來管理、有異常時要如何處置等。

16.4.2 工法展開

像機械、裝配產品之情形，將如何製造對象產品之加工方法加以展開即爲工法展開。工法不僅影響產品的品質，對製造成本或生產力也是有所影響的。了解多少製造物品之做法呢？這在企業活動的所有層面上是有幫助的，有需要將此知識以工法展開表儲存起來。

譬如，考察 A 物質與 B 物質的接合時，可考慮如圖 16.15 的方法。以接合的方法來說，有①在 A 與 B 之間使用接著劑來接合，②藉著壓力壓住 A 與 B 來接合，③將某種東西貼在 A 與 B 之間使用接著劑接合，④將 A 與 B 相摩擦使之融合來接合，⑤以螺絲與螺帽將 A 與 B 接合，⑥將 A 與 B 對齊後藉著包覆周圍來接合，⑦將 A 的一部分溶解後再接合 B 的方法等。使用其中之任一種方法時，可獲得多少的接合強度，對品質特性有多少的影響，哪種方法的成本較低廉，哪種方法最快完成等之資訊有需要事先加以整理。

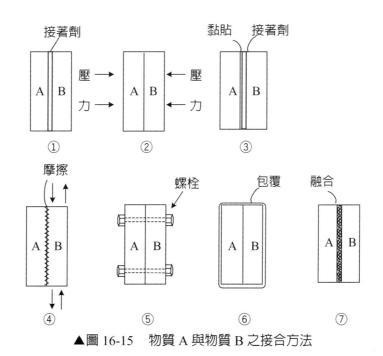

▲圖 16-15　物質 A 與物質 B 之接合方法

關於將工法展開定位在何處來使用，在現狀的綜合品質展開中並未明記，但將機構向實際的單元・零件展開的階段中被認爲是需要的。在建築業中進行品質

展開時，有需要在早期進行工法展開，在設計建築物時與工法的關聯就顯得極爲重要。由於工法展開是做法的展開，依對象產品之不同，工法展開當然也就不同，而考察人所進行的作業（切削、黏上、彎曲、壓倒等），展開種種的方法也是很有意義的。

16.4.3 重要工程的取出

　　爲了確保產品品質，重要零件的品質特性是要在哪一製造工程中製造出來，進行檢討之後有需要列入 QC 工程表之中。管制的特性有構成產品之單體零件的品質特性，以及由單體零件所構成之單元的品質特性。另外，也有與製造單體零件之條件有關聯的特性，以及與裝配單元時之條件有關聯的特性。譬如，考慮單體零件的螺帽時，有螺帽之「直徑」的品質特性，以及與直徑之品質特性有關聯之條件如「切削速度」之特性。「直徑」之品質特性可當作零件的品質特性取出，而「切削速度」等是在前述的工法決定之後才找出的特性。此事對裝配零件也是相同。

　　如對象產品的重要單元或重要零件取出來的話，在製造工程之中的哪一工程是重要工程？要進行檢討。關於哪一工程是重要的呢？可利用固有技術來鎖定。此時，也有人建議利用「保證網」。這是列舉品質、生產力、安全等的應保證項目與可能發生之問題，按製造工程順序檢核與保證項目之關聯。接著，如何設法使之不發生問題呢？如何去發現問題呢？如何設法使之不流到其他的工程呢？如何設法使其他工程的問題不要流進來呢？到現場去實際進行評價。將此程序由製造與技術一起實際去巡迴製造現場以提供保證的一種想法。

　　將製造階段所利用的保證網事前配妥，一俟進入生產的階段之後即可活用保證網並加以管理。不管是 QC 工程表或是保證網，在生產階段中活用當然是需要的，然而在進入生產階段以前即應備妥好，事前找出問題點謀求解決是非常重要的。

16.4.4 QA 表・QC 工程表的製作

　　爲了確保設計品質將品質保證的重點向生產準備以後的過程傳達而製作了 QA 表，並可將記載在 QA 表上的資訊列在 QC 工程表之中。QA 表是由設計者製作，在設計圖之中對 QA 上的重點特性（機能特性與保安特性等）也可用記號

來表示。QC 工程表是以製造爲中心來製作的，對於 QA 表上所記載的事項如能
與設計交換意見再來製作更佳。如未能與設計充分商討時，QA 表也許會讓人感
到不需要，而儲存資訊保持能以肉眼來觀察之方式是很重要的。

練習事例

〈設計的立場：**QA** 表的製作〉

(1) 在 100 元打火機中舉出「蕊心」作爲重要零件，蕊心的重要部位可想到「蕊
長」。

(2) 對打火機的高度尺寸而言，設計品質爲 55mm，爲了實現設計品質有需要縮
短蕊心。

(3) 蕊長與產品的火焰安定性有關，有需要從現狀的 49mm ± 0.5mm 縮短 19mm。

(4) 此外，有人認爲需要將精度當作 ± 0.2mm。

(5) 如無法實現以上事項，火焰即有可能不安定，這些之資訊整理在 QA 表上之
結果，即如圖 16-16 所示。

NO	部品名	部位名稱 （該當部位）	品質特性	許容值	期待值	區分	製品品質 特性	容許值達成的 必要理由
1.	蕊心	蕊長	蕊長	30 mm ±0.2 mm	30.0 mm		火焰 安定性	實現安定高度 尺寸 55 mm，並 且確保火焰的 安定

▲圖 16-16　100 元打火機的 QA 表

〈製造的立場：**QC** 工程表的製作〉

(1) 在 100 元打火機中，重要零件「蕊心」的製造工程，只是素材成形的單純工
程。

(2) 可是，蕊徑與蕊長是重要的品質特性，有需要重點式的管理。

(3) 將此特性的管理方法整理在 QC 工程表上，即如圖 16-17 所示。

(4) 儲存與成形技術有關的技術標準，技術標準的號碼也當作 QC 工程表的關聯

資料予以記入。

(5) 另外，蕊長的特性雖然不會嚴重到無法發揮產品機能，但卻是重要的特性，當作「準機能特性」以 A 之記號來表示。

管理 NO.	品名： 品號：11416	蕊心　　QC 工程表		廠長	設計	技術	
製定年月日　43 年 5 月 5 日				張 三	李 四	王 五	
改訂年月日　43 年 11 月 5 日							
改訂年月日　　年　　月　　日							

工程		保證特性			管理方法						關聯 標準	備註
記號 NO.	工程名	品質 特性	規格值	重要度	擔當 者名	時期 時間·間隔	場所	測量方法 測量器具	記錄	處置 方法		
	成形	蕊長	30.0 ± 0.2	A	李六	1/5		游標尺	查檢表	向圈長 報告	E-23	
		蕊徑		B	"	1/5		測微器	"	"		

▲圖 16-17　100 元打火機蕊心的 QC 工程表

16.5　可靠性展開

　　由於技術的進步、需求的多樣化、產品也就越形高性能化、複雜化，甚至到了不允許發生一些故障、要求高可靠性那樣的地步。可是，高性能且複雜化的產品一旦發生故障，其影響甚大，對社會或經濟均會蒙受甚大的損失。因此，使用者對產品的可靠性要求轉為強烈，對廠商而言可靠性保證越形重要。基於此種背景，廠商面對可靠度的確保而實施著種種的探討。

　　對可靠性展開來說，大略可以想到兩種探討方式。其一是對要求品質設定可靠性企劃，對實現要求品質之機能也考慮可靠性企劃，再結合可靠性設計的一種探討方式。這可以想成是利用正面的品質導向所進行的可靠性展開。另一者是著眼於負面的品質亦即故障，防止機能受損的探討方式。在此演習中是以兼顧兩者的方式，而實際在各企業中實施時，於查明目的之後從能達成目的之方向進行檢討，再行實施。

　　此處將可靠性展開的流程圖表示在圖 16-18 之中。既要利用要求品質的展開來確保品質的正面，也要從故障的一面檢討品質的負面。此外，對於要求品質能維持何種程度之期間，考慮此一層面也是有需要的。一般談到可靠性，像「耐久

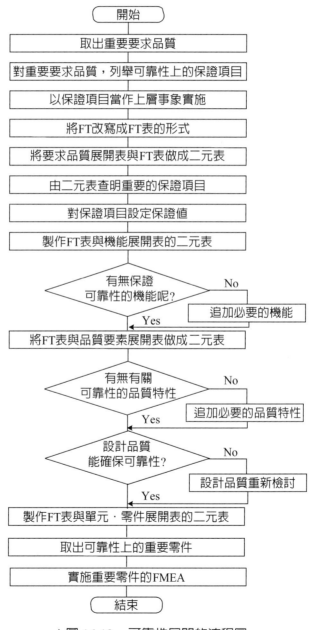

▲圖 16-18　可靠性展開的流程圖

性」、「維護性」、「設計可靠性」等，將產品的機能停止與否以壽命或故障來掌握。

亦即，對象產品的機能從操縱到停止操縱爲止之期間以壽命來掌握，而機能停止以故障來掌握，至故障維修爲止之期間則以修復時間來掌握。

可靠性是在時間的經過中對顧客的要求提供保證，保證要求事項能以多少期間來實現。亦即，企劃所要求的品質能以多少的期間來實現，或企劃所要求的機能能以多少的期間來實現，即爲「可靠性企劃」，確實確保此企劃即爲「可靠性保證」。

16.5.1 FTA 與 FMEA

將故障視爲對象可分成幾個類型，當作故障型態（mode），將其發生構造以邏輯記號表示者，即爲 FT 圖。所謂故障型態乃是表示故障的狀態，是將故障屬於何種狀態簡潔加以表現者。故障的狀態是能觀測的，將故障狀態當作故障型態如能事先儲存資訊的話，將這些透過邏輯上、物理上、化學上、機械上、電氣上的檢討，即可估計發生的結構。對於既存改良型產品的情形來說，過去所儲存的有關不良的資訊應該有所儲備，在設計的早期階段透過此資訊的活用，即可從設計階段考慮可靠性的確保。

FMEA（Failure Mode and Effect Analysis）是解析故障型態的影響，是爲了能在事先預測故障而實施者。從實施此 FMEA 的結果所取出的重大故障型態，再以 FTA（Fault Tree Analysis）來解析的步驟也有所考慮，而在品質展開中，將 FMEA 認爲是在製作單元、零件展開之時期中實施的。系統的機能如向子系統、單元、零件展開完成時，FMEA 被認爲較易推測出可能發生的故障型態。

FNEA 雖被考慮應用在設計的 FMEA、工程的 FMEA、零件的 FMEA 等種種場面裡，但在品質展開中，機能展開表的製作，或單元‧零件展開表等的準備由於有所進行，所以與零件的 FMEA 相結合被認爲是有效的。工程的 FMEA 最好能實施，而在品質展開中對應單元‧零件展開表可考慮儲存零件的 FMEA。

▼表 16-2　FTA 所使用之記號

No.	記號	名稱	說明
1		事象 event	因為高層事象以及基本事象等組合所發生的各個事象（中間事象）
2		基本事象 basic event	無法再展開的基本性事象或發生機率能單獨獲得之最低層次的基本性事象
3		不展開事項 undevelopped event	表示因情報不足，技術內容不明無法再展開之事象，但因作業的進行而不能再解析時，再繼續展開
4		通常（房形）事象 normal house event	表示平常發生之事象，譬如，對火災解析時，「空氣的存在」即相當於此
5	IN	移形記號 transfer symbol	表示向 FT 塗上的有關部分，移行或聯絡，從三角形頂上畫線是表示移行到該處
5	OUT	移形記號 transfer symbol	與上同，由三角形的旁邊畫線是表示由該處移行
6	出力／入力	AND 閘 "AND" gate	只在所有的輸入事象共存時輸出事象才發生，邏輯積
7	出力／入力	OR 閘 "OR" gate	輸入事象中至少有一個存在時，輸出事象即發生，邏輯積
8	出力／條件／入力	限制閘 "INHIBIT" gate	就輸出事象而言，只在盒子所表示的零件滿足時，輸出事象才發生條件機率

（出處：鈴木順二郎，他，FMEA・FAT 實施法，日科技連出版社）

16.5.2 FT 表的製作

就製造的產品來說，在連圖面也沒有的狀況中是無法取出故障型態的，對於既有改良型產品的情形，在構想設計完成之時點，如活用以往的資訊，即可某種程度的預測故障型態。在這些故障型態之中，將特別認為重要的當作高層事象（top event），實施 FTA，並製作 FT 表。

在演習中，列舉要求品質重要度較高的重要要求品質，從可靠性一面檢討應保證的項目，將它的不良當作高層事象實施FTA。此FTA的結果，基於與單元・零件展開表的關係，即可與 FMEA 相結合。

重 點

(1) 可靠性是對構成基本機能的品質特性在時間的經過中進行保證。
(2) 從保證項目所展開之 FT 圖是表示產品的系統，其構成零件的可靠性能否保證產品的可靠性呢？能以定量加以表示。
(3) FT 表與機能展開表所做成的矩陣，即為保證可靠性特性的一種保證手段之展開，可查明以何種機能進行保證。

練習事例

(1) 在 100 元打火機的要求品質之中，要求品質比重較高的重要要求品質在 1 次項目中是「容易使用」。對此重要要求品質的 3 次項目來說，有「火焰安定」，舉出了此要求品質。
(2) 火焰不安定是指火焰猛然出現，或火焰不順暢的狀態，點燃別人香菸時，變成不安定材料。
(3) 以應保證的項目來說，所想到的有「火焰的長度」、「火焰的安定性」，將火飛的狀況即「火焰不安定」當作高層事象。
(4) 將「火焰不安定」當作高層事象實施 FTA，將所做成的 FT 圖表示在圖 16-19 中。
(5) 將此 FT 圖改寫成 FT 表，即如圖 16-20。

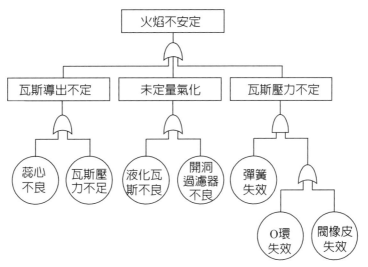

▲圖 16-19　「火焰不安定」FT 圖

火焰不安定					
瓦斯導出不定		未定量氣化		瓦斯壓力不定	
蕊心不良	瓦斯壓力不足	液化瓦斯不良	開洞過濾器不良	彈簧失效	O環失效	閥橡皮失效

▲圖 16-20　「火焰不安定」的 FT 表

16.5.3 FT 表與要求品質展開表的矩陣化

　　關於產品的故障型態如儲存有過去的資訊時，將 FT 圖改成 FT 表的形式再

與要求品質展開表製作二元表，即可掌握故障型態與要求品質之關聯。亦即，藉著將負面的品質與正面的品質做成二元表，為了在設計的早期階段抑止負面的品質要進行此確認。

在要求品質展開表與 FT 表的二元表中，將要求品質比重變換成故障型態的比重，如此即有可能取出重要的故障型態。可是，從可靠性一面來看對要求品質應保證多長期間此之觀點，設定可靠性企劃也是很重要的。對於此情形就變成了在實施 FMEA 之後才利用 FT 表來進行檢討。

品質要素展開表或機能展開表與 FT 表做成二元表即可掌握對故障型態有影響之品質要素或機能。關於品質要素展開表應與 FT 表做成二元表呢？或是機能展開表應與 FT 表做成二元表呢？這取決於與實施品質展開之目的有關。製作二元表因為不是品質展開的目的，有需要事先考慮所需要的表。

FT 表與單元・零件展開表作成二元表，結合零件的 FMEA 也可取出故障型態。可是如果不能將列舉的零件作某種程度限定的話，FT 表會變得很大是可以預料的。對於既存改良型的產品來說，將 FT 表定位在最上位是可能的，而將開發當作目的實施品質展開時，從與單元・零件展開表之對應取出故障型態，還不如在零件已展開的階段直接結合 FMEA 想來更為實際。

16.5.4 零件 FM 表的製作與零件的 FMEA

對象產品的機構已決定，在製作單元・零件展開表的階段中，即可與解析故障型態及影響的 FMEA 相結合。FMEA 是在最初查明對象零件的機能，再列舉有可能使該機能停止的故障型態。將此故障型態（FM）群組化後，做成展開表的形式者稱為 FM 表。

關於 FM 表的製作，請在企業中實際實施可靠性展開時去進行，此處從 FM 表與各展開表製作二元表，並結合 FMEA 的情形以演習來說明。

練習事例

(1) 在演習中，取出了「火焰不安定」的故障型態，決定將「火焰的安定性」保證在 10 秒間。

(2) 從與機能展開表的二元表知，與火焰的安定有關係的機能有「導出氣化瓦斯」

之機能，此機能的達成水準即為問題所在。

(3) 從與品質要素展開表的二元表知，在品質要素的 1 次項目「操作性」的 3 次項目之中有「火焰安定性」，已確認此品質特性在可靠性是重要的特性。

(4) 從與單元‧零件展開表的二元表知，瓦斯誘導管的下位零件「蕊心」、「蕊心固定器」，與汽化管的下位零件「開洞之過濾器」、「釘狀固定子」等，均是與火焰的安定有關的零件，「蕊心」雖非保安零件卻是重要的零件。

(5) 就「蕊心」實施 FMEA 的結果，將其中的一部分表示在圖 16-21 中。

(6) 實際上，不使用「蕊心」利用使火焰安定的方法解決了此問題，想法則如以上所示。

NO.	名稱	機能	故障隱形	估計故障原因	故障的影響	檢知法	故障等級	對策案
	蕊心	誘導液化瓦斯	蕊心不良	長度不足	火焰的不安定		A	
				蕊頭形狀不良				
				與蕊心架的嵌合不良				
				素材不良				

▲圖 16-21　蕊心的 FMEA

16.5.5 利用 FMEA 檢討

可靠性展開與子系統展開有密切的關係，從子系統展開所得到的機能特性與保安特性，與從可靠性展開所得到的故障型態，從此兩者之關聯去進行周密的保證是很重要的。

關於 FMEA 按如下步驟進行。

1. 查明構成零件的任務（機能）。

2. 對構成零件可能發生之不當當作故障型態取出。

3. 也檢核環境與使用條件。

4. 估計故障型態的發生原因。

5. 記述故障發生時對上位系統的影響。

6. 列舉故障型態的檢知方法。

7. 調查故障型態的發生次數。

8. 從對上位系統的影響、檢知的難易度、發生次數來設定重點項目。

9. 就重點項目決定對策案。

FMEA 是否成功取決於如何配備故障型態一覽表而定。FMEA 因為要花時間，所以對一切實施是有困難的。對於零件的 FMEA 來說，就所有的零件實施也是有困難的，所以採行重點做法是非常重要的。相反的，為了實施確實的品質保證，像要求品質、品質要素、機能等與故障型態之關係，從所有角度去檢討是有需要的。可是，一開始檢討所有事項是不可能的，所以實施品質展開，在所做成的各展開表之中去儲存資訊，即可及早發現需要加以檢討或未加以檢討的地方。

16.6 成本展開

利用品質展開可以實現並確保產品的品質、可靠性以期符合顧客的要求，但實際上只是如此，是無法滿足真正的顧客要求。因之將成本附加在產品的品質、可靠性之中的活動是需要的。成本展開的流程圖如圖 16-22 所示。

一般的企業，大多在品質企劃設定之前，從與競爭公司之間的關係來決定售價。想要開發的產品其目標利潤一旦決定時，目標成本即隨之決定。對於所設計的產品若所估出的成本與目標成本有甚大差異時，就不易確保目標利潤。為了克服此事，在以往的成本展開中，可訂定成本降低（CR: cost reduction）計畫，並在產品企劃階段加以檢討。

成本降低的探討方法有 VA（價值分析）或 VE（價值工程），這些都是先查明產品的機能，找出滿足該機能而成本最小的材料或工法。此探討方法是從零件或材料的成本降低開始，最近並向新產品開發的上游工程擴大其適用範圍。雖考慮產品機能的重要性，卻是「重視機能的成本導向」的探討方法。

在品質展開中的成本展開，所考慮的方法有按要求品質分配目標成本求出要求品質成本再考慮成本降低；以及與 VA、VE 同樣按機能的比重分配目標成本再考慮成本降低。在針對品質考慮成本的意義裡，即可視為「重視品質的成本導向」的探討方法。

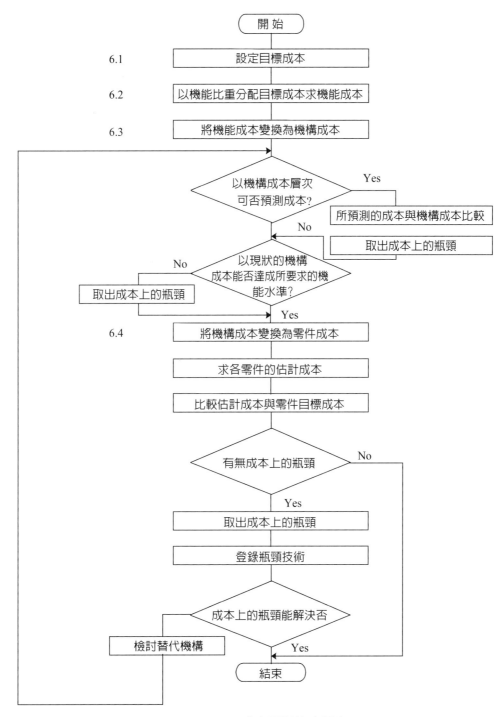

▲圖 16-22　成本展開的流程表

按要求品質比重分配目標成本，將要求品質成本使用比例分配法變換成品質要素成本，即可將品質要素成本變換為機能成本，如考慮到變換過程的誤差時，那麼在求出機能比重的時候，即將目標成本分配似乎較合乎實際。此機能比重若是從要求品質比重來求得，又加上技術上的考慮時，即可求出更實際的機能成本。此事與單是對機能分配成本的方法相比，即可視為「重視品質的成本導向」的一種做法。

16.6.1 目標成本的設定

一般目標成本是從反映中、長期計畫的經營企劃階段中所決定的目標利潤來求出，在成本設定中是定位在最上游工程。設定目標成本的方法，可大略分為二種。

$$目標成本 = 目標售價 \times（1 - 適用利潤率）\qquad ①式$$

$$目標成本 = 目標售價 - 目標利潤 \qquad ②式$$

①式是從銷售價格、銷售數量等求出目標售價，斟酌長期計畫、商品戰略、事業戰略等之後，再乘上所決定的適用利潤率以決定目標成本的方法。相對的，②式是從目標售價減去目標利潤的想法。

在目標售價乘上適用利潤率得出目標成本之意義中，①、②式都是相同的。可是，①式可反映出對各產品群要提出多少利潤的政策。另外，②式是將應確保的目標利潤當作必達目標採取事先已決定的立場。②式可以改寫成③式。

$$目標成本 + 目標利潤 = 售價 \qquad ③式$$

此③式僅僅是對目標成本加上目標利潤以決定售價的方法。雖然在式子上是相同的，但在基本的想法上卻有相當的不同。售價並非能由企業一方所決定，而是基於與競手公司之關聯及市場要求所決定的，應在確保所需利潤的前提下來決定目標成本。在品質展開中的成本展開，是將目標成本限定在製造成本進行展開。另外，製造成本是以表 16-3 所表示的內容作為對象。關於如何掌握製造成

本的內容，各企業有所小同，必須以符合各企業心力式去進行展開。

▼表 16-3　製造成本的內容

材料費	經費
直接材料費	直接經費
原材料費（素材費）	模具費
購入零件費	外包加工費
間接材料費	間接經費
燃料費	折舊
補助材料費等	電力費等
勞務費	
直接另務費	
薪資	
工資	
間接另務費	
作業員獎金	
福利費等	

　　此處的成本是指某品質水準有所要求時，為了製造出所要求的品質水準，透過固有技術、工法技術所產出的結果。在品質展開中的成本想法是與技術具有強烈的關係。因之不只是從上位展開成本，有需要連同技術一起去展開。

　　另外，成本有在開發的上游工程即企劃、設計階段中加以決定的，以及在製造階段中加以決定的，但據說成本的七成是在企劃、設計階段中加以決定的。此事從成本的構成來想也好，或從實施改善的自由度來想也好，被認為是理所當然的。這說明不止是計算成本而已，在企劃、設計階段即檢討成本，並視為融入產品之中的活動是很重要的。

　　另外，在本練習事例中是舉出 100 元打火機，假定目標售價為 100 元，適用利潤率為 75%，月產 100 萬個。因之目標成本即為

目標售價 × (1 − 適用利潤率) = 100 × (1 − 0.75) = 15 元。

　　此處，實際上該產品是要花費流通方面的費用，實際的適用利潤率並非是 75%。

16.6.2 機能成本的計算

　　為了檢討能否以目標成本製造對象產品，應先求出機能成本，查明應以多少來實現機能，以 16.5 節所說明的過程將所求得的機能比重在合計為 1 之下加以變換，乘上目標成本即可求出機能成本。機能比重因可求出上位機能比重與下位機能比重，所以在相同次數的機能比重其合計為 1 的情形下計算機能比重之後，再求出機能成本是有需要的。另外，機能比重以技術的立場來求比重也是有需要的。

重點

(1) 企劃成本是透過市場的狀況、競爭公司的價格、銷售數量利潤等諸因素之分析來設定的。

(2) 將要求品質成本變換為機能成本時，可使用「要求品質 * 機能展開表」，如果使用獨立配點法時，機能成本的合計與企劃成本不一致，故使用比例分配法。

(3) 比例分配法是就對象行（或列）的對應關係即◎，○，△，以◎：5，○：3，△：1 來合計，使此合計與對象行的比重或成本保持一致的分配方法。

(4) 即使零件目標成本與現狀的估計成本發生甚大差異，也不一定可以降低估計成本。這是因為市場要求的強度不一定可說會反映在成本上，關於成本展開的方法，需注意現在也是在檢討中。

(5) 對於機能重要度並非是從市場的要求來進行變換，利用 AHP 法等在公司內部檢討的情形也有，此值的比較分析也是很重要的。

練習事例

(1) 100 元打火機的目標成本是 15 元。

(2) 將品質要素比重按比例分配求各機能的比重。對於「導出液化瓦斯」之機能比重是 7.2，以比重的合計除各機能的比重換成百分率的機能比重是

機能比重 = 7.2 / 115.9 = 0.0621

此處的品質要素比重是從要求品質比重求得（參照第 15 章的「品質展開法」）

(3) 使用 AHP，從技術的立場所求出的機能比重，就「導出液化瓦斯」之機能來說是 0.124。

(4) 從要求品質所求出的機能比重 0.0621，而從技術上的立場所求出的機能比重是 0.124。「導出液化瓦斯」之機能是重要的機能，在重視技術上立場的比重下，修正機能比重設為 0.124。

(5) 將各修正機能比重合計得 3.548，以此合計值除各修正機能比重，所得之值乘上目標成本算出機能成本。因之「導出液化瓦斯」之機能其機能成本是

$$機能成本 = (0.124/3.548) \times 15 \ 元 = 0.524 \ 元$$

將以上的結果的一部分表示在圖 16-23 中。

16.6.3 向機構成本變換

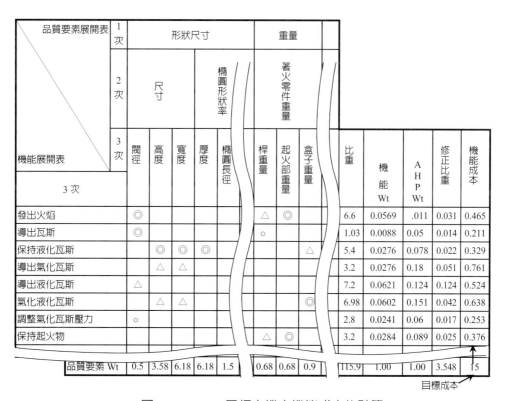

▲圖 16-23　100 元打火機中機能成本的計算

即使求出機能成本，而實現機能之機構成本如果無法求出的話，就無法決定要採用哪一個機構。實現機能之機構只有一個的情形也有，而實際上應可想出數個機構。並且，藉由思考機構並從機構零件圖來估計成本即有可能。

因此，將機能比重向現狀所考慮的機構比重去展開，再求出機構成本。將機能比重利用比例分配法變換成機構比重，然後乘上目標成本即可求出機構成本，另外，也可將機能成本用比例分配法直接求機構成本。

將機能比重變換為機構比重時，對於已考慮有替代機構有所考慮的情形來說，實現目標成本選擇最適機構為主要目的，對於機構已大致決定之情形來說，瓶頸成本的取出即為主要目的。實現機能的機構可以想出幾個來，相反的某機構也可實現幾個機能。有需要考慮這些的目的與狀況，再計算機構成本並進行檢討。

對於某機構可實現幾個機能之情形來說，並不僅是將機能比重變換為機構比重，分配比重也是需要的。此時活用 AHP 來分配比重是可行的，AHP 法在品質展開的各種場面中均能夠應用。

在本演習中正進行著成本降低活動，對於機構來說以大致決定的情形為例來說明。

練習事例

(1) 在 100 元打火機的「機能 * 機構展開表」中，利用比例分配法將修正機能成本變換為機構成本之結果，將其中的一部分說明在圖 16-24 之中。
(2) 對於「導出液化瓦斯」之機能來說，與「瓦斯誘導機構」、「瓦斯氣化機構」是有關聯的。「瓦斯誘導機構」的機構成本求得為 0.131，「瓦斯氣化機構」的機構比重求得為 0.107。
(3) 藉由目標成本乘上機構比重即可求出機構成本。「瓦斯誘導機構」的機構比重為 0.131，目標成本寫 15 元，所以求得

瓦斯誘導機構成本 = 0.131×15 = 1.97（元）

瓦斯氣化機構成本 = 0.107×15 = 1.61（元）

16.6.4 零件成本的展開

　　將機能變換爲機構時，實現機構的零件需要有哪有些呢？想來可做某種程度的想像。將機構成本變換爲零件成本一事，是求出實際製造之零件成本，對於能否符合顧客的要求來製造產品呢？應從零件成本進行檢討。

　　因此，使用「機構＊單元・零件展開表」，將機構比重向零件比重變換，再將零件比重乘上目標成本即可求出零件成本。所求出的零件成本是爲了實現整個產品的目標成本而按零件所分配的零件目標成本。就此零件目標成本來說，與從過去的實績所檢討的估計成本相比較，即可取出瓶頸成本。

練習事例

(1) 在 100 元打火機中使用「機構＊單元・零件展開表」，將機構比重變換爲零件比重之結果，其中的一部分表示在圖 16-24 中。

(2)「瓦斯誘導機構」與噴嘴螺絲、螺絲 O 環等零件有關連，「瓦斯氣化機構」則與釘狀固定子、蕊心、蕊心架等之零件有關。

(3) 瓦斯氣化機構成本是 1.60 元，以比例分配法將此分配到各零件求出各零件成本爲

$$開洞過濾器成本 \quad = 1.6 \times (5/10) = 0.80 （元）$$
$$釘狀固定子成本 \quad = 1.6 \times (1/10) = 0.16 （元）$$
$$蕊心成本 \quad = 1.6 \times (3/10) = 0.48 （元）$$
$$蕊心架成本 \quad = 1.6 \times (1/10) = 0.16 （元）$$

(4) 從過去的實績估計各零件的成本時，開洞過濾器的成本爲 0.4 元，釘狀固定子爲 0.2 元，蕊心爲 0.8 元，蕊心架爲 0.2 元，由此知蕊心的估計成本與零件目標成本有甚大的差異。

(5) 在進行機能展開、機構展開之過程中，如蕊心的零件特性是很重要的。並且爲了實現「高度尺寸」的設計品質 55mm，有需要縮短「蕊心」的長度，此蕊長與產品品質特性的「火焰安定性」有關，另外，從成本展開知，「蕊心的成本」是瓶頸成本。

　　基於以上的分析，不安裝蕊心而使火焰安定作爲目標來設計產品就顯得極爲需要。

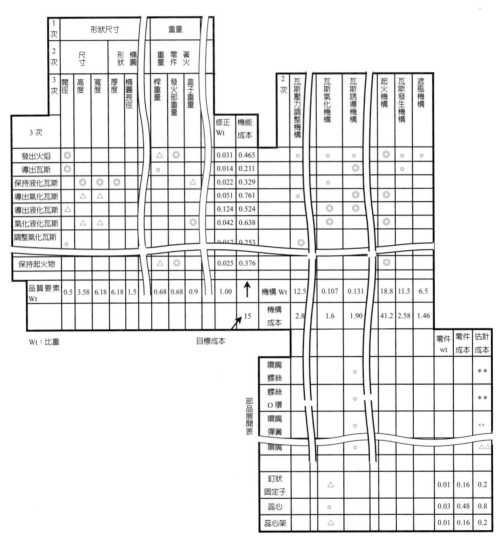

▲圖 16-24　從機能成本至零件成本的成本展開

附 表

附 -1　常態分配表（單邊）

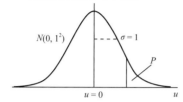

$N(0, 1^2)$　$\sigma = 1$　P　$u = 0$　u

由 u 求單邊機率 P 之表

u	0.00	0.01	0.02	0.03	0.04	0.05	0.06	0.07	0.08	0.09
0.0	0.500	0.496	0.492	0.488	0.484	0.480	0.476	0.472	0.468	0.464
0.1	0.460	0.456	0.452	0.448	0.444	0.440	0.436	0 433	0.429	0.425
0.2	0.421	0.417	0.413	0.409	0.405	0.401	0.397	0.394	0.390	0.386
0.3	0.382	0.378	0.374	0.371	0.367	0.363	0.359	0.356	0.352	0.348
0.4	0.345	0.341	0.337	0.334	0.330	0.326	0.323	0.31 9	0.316	0.312
0.5	0.309	0.305	0.302	0.298	0.295	0.291	0.288	0.284	0.281	0.278
0.6	0.274	0.271	0.268	0.264	0.261	0.258	0.255	0.251	0.248	0.245
0.7	0.242	0.239	0.236	0.233	0.230	0.227	0.224	0.221	0.218	0.215
0.8	0.212	0.209	0.206	0.203	0.200	0.198	0.195	0.192	0.189	0.187
0.9	0.184	0.181	0.179	0.176	0.174	0.171	0.169	0.166	0.164	0.161
1.0	0.159	0.156	0.154	0.152	0.149	0.147	0.145	0.142	0.140	0.138
1.1	0.136	0.133	0.131	0.129	0.127	0.125	0.123	0.121	0.119	0.117
1.2	0.115	0.113	0.111	0.109	0.107	0.106	0.104	0.102	0.100	0.099
1.3	0.097	0.095	0.093	0.092	0.090	0.089	0.087	0.085	0.084	0.082
1.4	0.081	0.079	0.078	0.076	0.075	0.074	0.072	0.071	0.069	0.068
1.5	0.067	0 066	0.064	0.063	0.062	0.061	0.059	0.058	0.057	0.056
1.6	0.055	0.054	0.053	0.052	0.051	0.049	0.048	0.047	0.046	0.046
1.7	0.045	0.044	0.043	0.042	0.041	0.040	0.039	0 038	0.038	0.037
1.8	0.036	0.035	0.034	0.034	0.033	0.032	0.031	0.031	0.030	0.029
1.9	0.029	0.028	0.027	0.027	0.026	0.026	0.025	0.024	0.024	0.023
2.0	0.023	0.022	0.022	0.021	0.021	0.020	0.020	0.019	0.019	0.018
2.1	0.0179	0.0174	0.0170	0.0166	0.0162	0.0158	0.0154	0.0150	0.0146	0.0143
2.2	0.0139	0.0136	0.0132	0.0129	0.0125	0.0122	0.0119	0.0116	0.0113	0.0110
2.3	0.0107	0.0104	0.0102	0.0099	0.0096	0.0094	0.0091	0.0089	0.0087	0.0084
2.4	0.0082	0.0080	0.0078	0.0075	0.0073	0.0071	0.0069	0.0068	0.0066	0.0064
2.5	0.0062	0.0060	0.0059	0.0057	0.0055	0.0054	0.0052	0.0051	0.0049	0.0048
2.6	0.0047	0.0045	0.0044	0.0043	0.0041	0.0040	0.0039	0.0038	0.0037	0.0036
2.7	0.0035	0.0034	0.0033	0.0032	0.0031	0.0030	0.0029	0.028	0.0027	0.0026
2.8	0.00256	0.00248	0.00240	0.00233	0.00226	0.00219	0.00212	0.00205	0.00199	0.00193
2.9	0.00187	0.00181	0.00175	0.00169	0.00164	0.00159	0.00154	0.00149	0.00144	0.0019
3.0	0.00135	0.00131	0.00126	0.00122	0.00118	0 00114	0.00111	0.00107	0.00104	0.00100

附 -2　常態分配表（雙邊）

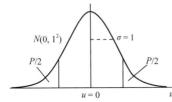

由 u 求雙邊機率 P 之表

u	0.00	0.01	0.02	0.03	0.04	0.05	0.06	0.07	0.08	0.09
0.0	1.000	0.992	0.984	0.976	0.968	0.960	0.952	0.944	0.936	0.928
0.1	0.920	0.912	0.904	0.897	0.889	0.881	0.873	0.865	0.857	0.849
0.2	0.841	0.834	0.826	0.818	0.810	0.803	0.795	0.787	0.779	0.772
0.3	0.764	0.757	0.749	0.741	0.734	0.726	0.719	0.711	0.704	0.697
0.4	0.689	0.682	0.674	0.667	0.660	0.653	0.646	0.638	0.631	0.624
0.5	0.617	0.610	0.603	0.596	0.589	0.582	0.575	0.569	0.562	0.555
0.6	0.549	0.542	0.535	0.529	0.522	0.516	0.509	0.503	0.497	0.490
0.7	0.484	0.478	0.472	0.465	0.459	0.453	0.447	0.441	0.435	0.430
0.8	0.424	0.418	0.412	0.407	0.401	0.395	0.390	0.384	0.379	0.373
0.9	0.368	0.363	0.358	0.352	0.347	0.342	0.337	0.332	0.327	0.322
1.0	0.317	0.312	0.308	0.303	0.298	0.294	0.20.9	0.285	0.280	0.276
1.1	0.271	0.267	0.263	0.258	0.254	0.250	0.246	0.242	0.238	0.234
1.2	0.230	0.226	0.222	0.219	0.215	0.211	0.208	0.204	0.201	0.197
1.3	0.194	0.190	0.187	0.184	0.180	0.177	0.174	0.171	0.168	0.165
1.4	0.162	0.159	0.156	0.153	0.150	0.147	0.144	0.142	0.139	0.136
1.5	0.134	0.131	0.129	0.126	0.124	0.121	0.119	0.116	0.114	0.112
1.6	0.110	0.107	0.105	0.103	0.101	0.099	0.097	0.095	0.093	0.091
1.7	0.089	0.087	0.085	0.084	0.082	0.080	0.078	0.077	0.075	0.073
1.8	0.072	0.070	0.069	0.067	0.066	0.064	0.063	0.061	0.060	0.059
1.9	0.057	0.056	0.055	0.054	0.052	0.051	0.050	0.049	0.048	0.047
2.0	0.046	0.044	0.043	0.042	0.041	0.040	0.039	0.038	0.038	0.037
2.1	0.0357	0.0349	0.0340	0.0332	0.0324	0.0316	0.0308	0.0300	0.0293	0.0285
2.2	0.0278	0.0271	0.0264	0.0257	0.0251	0.0244	0.0238	0.0232	0.0226	0.0220
2.3	0.0214	0.0209	0.0203	0.0198	0.0193	0.0188	0.0183	0.0178	0.0173	0.0168
2.4	0.0164	0.0160	0.0155	0.0151	0.0147	0.0143	0.0139	0.0135	0.0131	0.0128
2.5	0.0124	0.0121	0.0117	0.0114	0.0111	0.0108	0.0105	0.0102	0.0099	0.0096
2.6	0.0093	0.0091	0.0088	0.0085	0.0083	0.0080	0.0070	0.0076	0.0074	0.0071
2.7	0.0069	0.0067	0.0065	0.0063	0.0061	0.0060	0.0058	0.0056	0.0054	0.0053
2.8	0.00511	0.00495	0.00480	0.00465	0.00451	0.00437	0.00424	0.00410	0.00398	0.00385
2.9	0.00373	0.00361	0.00350	0.00339	0.00328	0.00318	0.00308	0.00298	0.00280	0.00279
3.0	0.00270	0.00261	0.00253	0.00245	0.00237	0.00229	0.00221	0.00214	0.00207	0.00200

附 -3　χ^2 分配表

由自由度 $f = n - 1$ 與上側機率 P 求
$\chi^2(f, P)$ 之表

f \ P	.995	.99	.975	.95	.05	.025	.01	.005
1	3.93E-05	1.57E-04	9.82E-04	0.00	3.84	5.02	6.63	7.88
2	0.01	0.02	0.05	0.10	5.99	7.38	9.21	10.60
3	0.07	0.11	0.22	0.35	7.81	9.35	11.34	12.84
4	0.21	0.30	0.48	0.71	9.49	11.14	13.28	14.86
5	0.41	0.55	0.83	1.15	11.07	12.83	15.09	16.75
6	0.68	0.87	1.24	1.64	12.59	14.45	16.81	18.55
7	0.99	1.24	1.69	2.17	14.07	16.01	18.48	20.28
8	1.34	1.65	2.18	2.73	15.51	17.53	20.09	21.95
9	1.73	2.09	2.70	3.33	16.92	19.02	21.67	23.59
10	2.16	2.56	3.25	3.94	18.31	20.48	23.21	25.19
11	2.60	3.05	3.82	4.57	19.68	21.92	24.72	26.76
12	3.07	3.57	4.40	5.23	21.03	23.34	26.22	28.30
13	3.57	4.11	5.01	5.89	22.36	24.74	27.69	29.82
14	4.07	4.66	5.63	6.57	23.68	26.12	29.14	31.32
15	4.60	5.23	6.26	7.26	25.00	27.49	30.58	32.80
16	5.14	5.81	6.91	7.96	26.30	28.85	32.00	34.27
17	5.70	6.41	7.56	8.67	27.59	30.19	33.41	35.72
18	6.26	7.01	8.23	9.39	28.87	31.53	34.81	37.16
19	6.84	7.63	8.91	10.12	30.14	32.85	36.19	38.58
20	7.43	8.26	9.59	10.85	31.41	34.17	37.57	40.00
21	8.03	8.90	10.28	11.59	32.67	35.48	38.93	41.40
22	8.64	9.54	10.98	12.34	33.92	36.78	40.29	42.80
23	9.26	10.20	11.69	13.09	35.17	38.08	41.64	44.18
24	9.89	10.86	12.40	13.85	36.42	39.36	42.98	45.56
25	10.52	11.52	13.12	14.61	37.65	40.65	44.31	46.93
26	11.16	12.20	13.84	15.38	38.89	41.92	45.64	48.29
27	11.81	12.88	14.57	16.15	40.11	43.19	46.96	49.64
28	12.46	13.56	15.31	16.93	41.34	44.46	48.28	50.99
29	13.12	14.26	16.05	17.71	42.56	45.72	49.59	52.34
30	13.79	14.95	16.79	18.49	43.77	46.98	50.89	53.67
40	20.71	22.16	24.43	26.51	55.76	59.34	63.69	66.77
50	27.99	29.71	32.36	34.76	67.50	71.42	76.15	79.49
60	35.53	37.48	40.48	43.19	79.08	83.30	88.38	91.95
70	43.28	45.44	48.76	51.74	90.53	95.02	100.43	104.21
80	51.17	53.54	57.15	60.39	101.88	106.63	112.33	116.32
90	59.20	61.75	65.65	69.13	113.15	118.14	124.12	128.30
100	67.33	70.06	74.22	77.93	124.34	129.56	135.81	140.17
∞	−2.58	−2.33	−1.96	−1.64	1.65	1.96	2.33	2.58

附 -4　F 分配表

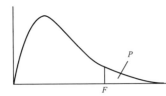

由分子自由度 f_1 與分母自由度 f_2
對上側機率 5%, 2.5%, 1% 求 F 值之表
上段 5%, 中段 2.5%, 下段 1%

P \ f	1	2	3	4	5	6	7	8	9	10	20	40
1	161.45	199.50	215.71	224.58	230.16	233.99	236.77	238.88	240.54	241.68	248.01	251.14
	647.79	799.50	864.16	899.58	921.85	937.11	948.22	956.66	963.28	968.63	993.10	1005.60
	4052.18	4999.50	5403.35	5624.58	5763.65	5858.99	5928.36	5981.07	6022.47	6055.85	6208.73	6286.78
2	18.51	19.00	19.16	19.25	19.30	19.33	19.35	19.37	19.38	19.40	19.45	19.47
	38.51	39.00	39.17	39.25	39.30	39.33	39.36	39.37	39.39	39.40	39.45	39.47
	98.50	99.00	99.17	99.25	99.30	99.33	99.36	99.37	99.39	99.40	99.45	99.47
3	10.13	9.55	9.28	9.12	9.01	8.94	8.89	8.85	8.81	8.79	8.66	8.59
	17.44	16.04	15.44	15.10	14.88	14.73	14.62	14.54	14.47	14.42	14.17	14.04
	34.12	30.82	29.46	28.71	28.24	27.91	27.67	27.49	27.35	27.23	26.69	26.41
4	7.71	6.94	6.59	6.39	6.26	6.16	6.09	6.04	6.00	9.96	5.80	5.72
	12.22	10.65	9.98	9.60	9.36	9.20	9.07	8.98	8.90	8.84	8.56	8.41
	21.20	18.00	16.69	15.98	15.52	15.21	14.98	14.80	14.66	14.55	14.02	13.75
5	6.61	5.79	5.41	5.19	5.05	4.95	4.88	4.82	4.77	4.74	4.58	4.46
	10.01	8.43	7.76	7.39	7.15	6.98	6.85	6.76	6.68	6.62	6.33	6.18
	16.26	13.27	12.06	11.39	10.97	10.67	10.46	10.29	10.16	10.05	9.55	9.29
6	5.99	5.14	4.76	4.53	4.39	4.28	4.21	4.15	4.10	4.06	3.87	3.77
	8.81	7.26	6.60	6.23	5.99	5.82	5.70	5.60	5.52	5.46	5.17	5.01
	13.75	10.92	9.78	9.15	8.75	8.47	8.26	8.10	7.98	7.87	7.40	7.14
7	5.59	4.74	4.35	4.12	3.97	3.87	3.79	3.73	3.68	3.64	3.44	3.34
	8.07	6.54	5.89	5.52	5.29	5.12	4.99	4.90	4.82	4.76	4.47	4.31
	12.25	9.55	8.45	7.85	7.46	7.19	6.99	6.84	6.72	6.62	6.16	5.91
8	5.32	4.46	4.07	3.84	3.69	3.58	3.50	3.44	3.39	3.35	3.15	3.04
	7.57	6.06	5.42	5.05	4.82	4.05	4.53	4.43	4.36	4.30	4.00	3.84
	11.26	8.65	7.59	7.01	6.63	6.37	6.18	6.03	5.91	5.81	5.36	5.12
9	5.12	4.26	3.86	3.63	3.48	3.37	3.29	3.23	3.18	3.14	2.94	2.83
	7.21	5.71	5.08	4.72	4.48	4.32	4.20	4.10	4.03	3.96	3.67	3.51
	10.56	8.02	6.99	6.42	6.06	5.80	5.61	5.47	5.35	5.26	4.81	4.57
10	7.96	4.10	3.71	3.48	3.33	3.22	3.14	3.07	3.02	2.98	2.77	2.66
	6.98	5.46	4.83	4.47	4.24	4.07	3.95	3.85	3.78	3.72	3.42	3.20
	10.04	7.56	6.55	5.99	5.64	5.39	5.20	5.06	4.94	4.41	4.17	4.17
12	4.75	3.89	3.49	3.26	3.11	3.00	2.91	2.85	2.80	2.75	2.54	2.43
	6.55	5.10	4.47	4.12	3.89	3.73	3.61	3.51	3.44	3.37	3.07	2.91
	9.33	6.93	5.95	5.41	5.06	4.82	4.64	4.50	4.39	4.30	3.86	3.62
14	4.60	3.74	3.34	3.11	2.96	2.85	2.76	2.70	2.65	2.60	2.39	2.27
	6.30	4.86	4.24	3.89	3.66	3.50	3.38	3.29	3.21	3.15	2.84	2.67
	8.86	6.51	5.56	5.04	4.69	4.46	4.28	4.14	4.03	3.94	3.51	3.27
16	4.49	3.63	3.24	3.01	2.85	2.74	2.66	2.59	2.54	2.49	2.28	2.15
	6.12	4.69	4.08	3.73	3.50	3.34	3.22	3.12	3.05	2.99	2.68	2.51
	8.53	6.23	5.29	4.77	4.44	4.20	4.03	3.89	3.78	3.69	3.26	3.02
18	4.41	3.55	3.16	2.93	2.77	2.65	2.58	2.51	2.46	2.41	2.19	2.06
	5.98	4.56	3.95	3.61	3.38	3.22	3.10	3.01	2.93	2.87	2.56	2.38
	8.29	6.01	5.09	4.58	4.25	4.01	3.84	3.71	3.60	3.51	3.08	2.84
20	4.35	3.49	3.10	2.87	2.71	2.60	2.51	2.45	2.39	2.35	2.12	1.99
	5.87	4.46	3.86	3.51	3.29	3.13	3.01	2.91	2.84	2.77	2.46	2.29
	8.10	5.85	4.94	4.43	4.10	3.87	3.70	3.59	3.46	3.37	2.94	2.69
40	4.08	3.23	2.84	2.61	2.45	2.34	2.25	2.18	2.12	2.08	1.84	1.69
	5.42	4.05	3.46	3.13	2.90	2.74	2.62	2.53	2.45	2.39	2.07	1.88
	7.31	5.18	4.31	3.83	3.51	3.29	3.12	2.99	2.89	2.80	2.37	2.11
60	4.00	3.15	2.76	2.53	2.37	2.25	2.17	2.10	2.04	1.99	1.75	1.59
	5.29	3.93	3.34	3.01	2.79	2.63	2.51	2.41	2.33	2.27	1.94	1.74
	7.08	4.98	4.13	3.65	3.34	3.12	2.95	2.82	2.72	2.63	2.20	1.94
∞	3.84	3.00	2.60	2.37	2.21	2.10	2.01	1.94	1.88	1.83	1.57	1.39
	5.02	3.69	3.12	2.79	2.57	2.41	2.29	2.19	2.11	2.05	1.71	1.48
	6.63	4.61	3.78	3.32	3.02	2.80	2.64	2.51	2.41	2.32	1.88	1.59

附 -5　t 分配表（雙邊）

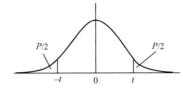

由自由度 $f = n - 1$ 與雙邊機率求
$t(f, P)$ 之表

f \ P	.20	.10	.05	.02	.01	.001
1	3.078	6.314	12.706	31.821	63.657	636.619
2	1.886	2.920	4.303	6.965	9.925	31.599
3	1.638	2.353	3.182	4.541	5.841	12.924
4	1.533	2.132	2.776	3.747	4.604	8.610
5	1.476	2.015	2.571	3.365	4.032	6.869
6	1.440	1.943	2.447	3.143	3.707	5.959
7	1.415	1.895	2.365	2.998	3.499	5.408
8	1.397	1.860	2.306	2.896	3.355	5.041
9	1.383	1.833	2.262	2.821	3.250	4.781
10	1.372	1.812	2.228	2.764	3.169	4.587
11	1.363	1.796	2.201	2.718	3.106	4.437
12	1.356	1.782	2.179	2.681	3.055	4.318
13	1.350	1.771	2.160	2.650	3.012	4.221
14	1.345	1.761	2.145	2.624	2.977	4.140
15	1.341	1.753	2.131	2.602	2.947	4.073
16	1.337	1.746	2.120	2.583	2.927	4.015
17	1.333	1.740	2.110	2.567	2.898	3.965
18	1.330	1.734	2.101	2.552	2.878	3.922
19	1.328	1.729	2.093	2.539	2.861	3.883
20	1.325	1.725	2.086	2.528	2.845	3.850
21	1.323	1.721	2.080	2.518	2.831	3819
22	1.321	1.717	2.074	2.508	2.819	3.792
23	1.319	1.714	2.069	2.500	2.807	3.768
24	1.318	1.711	2.064	2.492	2.797	3.745
25	1.316	1.708	2.060	2.485	2.787	3.725
26	1.315	1.706	2.056	2.479	2.779	3.707
27	1.314	1.703	2.052	2473	2.771	3.690
28	1.313	1.701	2.048	2.467	2.763	3.674
29	1.311	1.699	2.045	2.462	2.756	3.659
30	1.310	1.697	2.042	2.457	2.750	3.646
40	1.303	1.684	2.021	2.423	2.704	3.551
60	1.296	1.671	2.000	2.390	2.660	3.460
80	1.292	1.664	1.990	2.374	2.639	3.416
100	1.290	1.660	1.984	2.364	2.626	3.390
120	1.289	1.658	1.980	2.358	2.617	3.373
∞	1.282	1.645	1.960	2.326	2.576	3.291

附 -6　直交表 L_4

$L_4\ (2^3)$

No. ＼ 行號	1	2	3
1	1	1	1
2	1	2	2
3	2	1	2
4	2	2	1
成分	a	b	a
			b

線點圖

(1)

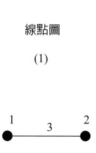

附 -7　直交表 L_8

$L_8\ (2^7)$

No. ＼ 行號	1	2	3	4	5	6	7
1	1	1	1	1	1	1	1
2	1	1	1	2	2	2	2
3	1	2	2	1	1	2	2
4	1	2	2	2	2	1	1
5	2	1	2	1	2	1	2
6	2	1	2	2	1	2	1
7	2	2	1	1	2	2	1
8	2	2	1	2	1	1	2
成分	a	b	a	c	a	b	a
		b			c	c	b
							c

線點圖

(1)

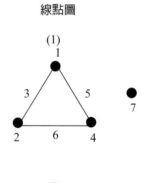

(2)

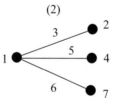

附 -8　直交表 L_8

L_{16} (2^{15})

行號 No.	1	2	3	4	5	6	7	8	9	10	11	12	13	14	15
1	1	1	1	1	1	1	1	1	1	1	1	1	1	1	1
2	1	1	1	1	1	1	1	2	2	2	2	2	2	2	2
3	1	1	1	2	2	2	2	1	1	1	1	2	2	2	2
4	1	1	1	2	2	2	2	2	2	2	2	1	1	1	1
5	1	2	2	1	1	2	2	1	1	2	2	1	1	2	2
6	1	2	2	1	1	2	2	2	2	1	1	2	2	1	1
7	1	2	2	2	2	1	1	1	1	2	2	2	2	1	1
8	1	2	2	2	2	1	1	2	2	1	1	1	1	2	2
9	2	1	2	1	2	1	2	1	2	1	2	1	2	1	2
10	2	1	2	1	2	1	2	2	1	2	1	2	1	2	1
11	2	1	2	2	1	2	1	1	2	1	2	2	1	2	1
12	2	1	2	2	1	2	1	2	1	2	1	1	2	1	2
13	2	2	1	1	2	2	1	1	2	2	1	1	2	2	1
14	2	2	1	1	2	2	1	2	1	1	2	2	1	1	2
15	2	2	1	2	1	1	2	1	2	2	1	2	1	1	2
16	2	2	1	2	1	1	2	2	1	1	2	1	2	2	1
成分	a	b	a b	c	a c	b c	a b c	d	a d	b d	a b d	c d	a c d	b c d	a b c d

線點圖

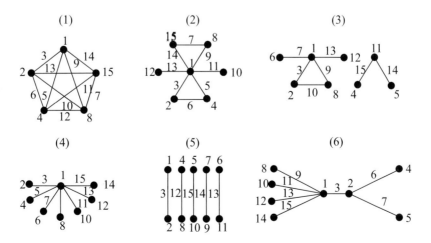

附-9　直交表 L_9

$L_9 (3^4)$

No. \ 行號	1	2	3	4
1	1	1	1	1
2	1	2	2	2
3	1	3	3	3
4	2	1	2	3
5	2	2	3	1
6	2	3	1	2
7	3	1	3	2
8	3	2	1	3
9	3	3	2	1
成分	a	b	a b	a b^2

線點圖

(1)

附-10　直交表 L_{18}

$L_{18} (2^1 \times 3^7)$

No. \ 行號	1	2	3	4	5	6	7	8
1	1	1	1	1	1	1	1	1
2	1	1	2	2	2	2	2	2
3	1	1	3	3	3	3	3	3
4	1	2	1	1	2	2	3	3
5	1	2	2	2	3	3	1	1
6	1	2	3	3	1	1	2	2
7	1	3	1	2	1	3	2	3
8	1	3	2	3	2	1	3	1
9	1	3	3	1	3	2	1	2
10	2	1	1	3	3	2	2	1
11	2	1	2	1	1	3	3	2
12	2	1	3	2	2	1	1	3
13	2	2	1	2	3	1	3	2
14	2	2	2	3	1	2	1	3
15	2	2	3	1	2	3	2	1
16	2	3	1	3	2	3	1	2
17	2	3	2	1	3	1	2	3
18	2	3	3	2	1	2	3	1

（註）3 水準間的交互作用均等地被分配到其他的行

附 -11　直交表 L_{27}

$L_{27}\,(3^{13})$

行號 No.	1	2	3	4	5	6	7	8	9	10	11	12	13
1	1	1	1	1	1	1	1	1	1	1	1	1	1
2	1	1	1	1	2	2	2	2	2	2	2	2	2
3	1	1	1	1	3	3	3	3	3	3	3	3	3
4	1	2	2	2	1	1	1	2	2	2	3	3	3
5	1	2	2	2	2	2	2	3	3	3	1	1	1
6	1	2	2	2	3	3	3	1	1	1	2	2	2
7	1	3	3	3	1	1	1	3	3	3	2	2	2
8	1	3	3	3	2	2	2	1	1	1	3	3	3
9	1	3	3	3	3	3	3	2	2	2	1	1	1
10	2	1	2	3	1	2	3	1	2	3	1	2	3
11	2	1	2	3	2	3	1	2	3	1	2	3	1
12	2	1	2	3	3	1	2	3	1	2	3	1	2
13	2	2	3	1	1	2	3	2	3	1	3	1	2
14	2	2	3	1	2	3	1	3	1	2	1	2	3
15	2	2	3	1	3	1	2	1	2	3	2	3	1
16	2	3	1	2	1	2	3	3	1	2	2	3	1
17	2	3	1	2	2	3	1	1	2	3	3	1	2
18	2	3	1	2	3	1	2	2	3	1	1	2	3
19	3	1	3	2	1	3	2	1	3	2	1	3	2
20	3	1	3	2	2	1	3	2	1	3	2	1	3
21	3	1	3	2	3	2	1	3	2	1	3	2	1
22	3	2	1	3	1	3	2	2	1	3	3	2	1
23	3	2	1	3	2	1	3	3	2	1	1	3	2
24	3	2	1	3	3	2	1	1	3	2	2	1	3
25	3	3	2	1	1	3	2	3	2	1	2	1	3
26	3	3	2	1	2	1	3	1	3	2	3	2	1
27	3	3	2	1	3	2	1	2	1	3	1	3	2
成分	a	b	a	a	c	a	a	b	a	a	b	a	a
			b	b²		c	c²	c	b	b²	c²	b²	b
									c	c²		c	c²

線點圖
(1)

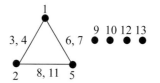

(2)

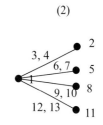

附 -12　直交表 L_{36}

L_{36} $(2^{11} \times 3^{12})$

行號 No.	1	2	3	4	5	6	7	8	9	10	11	12	13	14	15	16	17	18	19	20	21	22	23
1	1	1	1	1	1	1	1	1	1	1	1	1	1	1	1	1	1	1	1	1	1	1	1
2	1	1	1	1	1	1	1	1	1	1	1	2	2	2	2	2	2	2	2	2	2	2	2
3	1	1	1	1	1	1	1	1	1	1	1	3	3	3	3	3	3	3	3	3	3	3	3
4	1	1	1	1	1	2	2	2	2	2	2	1	1	1	2	2	2	2	2	3	3	3	3
5	1	1	1	1	1	2	2	2	2	2	2	2	2	2	3	3	3	3	1	1	1	1	1
6	1	1	1	1	1	2	2	2	2	2	2	3	3	3	1	1	1	1	2	2	2	2	2
7	1	1	2	2	2	1	1	1	2	2	2	1	1	2	3	1	2	3	3	1	2	2	3
8	1	1	2	2	2	1	1	1	2	2	2	2	2	3	1	2	3	1	1	2	3	3	1
9	1	1	2	2	2	1	1	1	2	2	2	3	3	1	2	3	1	2	2	3	1	1	2
10	1	2	1	2	2	1	2	2	1	1	2	1	1	3	2	1	3	2	3	2	1	3	2
11	1	2	1	2	2	1	2	2	1	1	2	2	2	1	3	2	1	3	1	3	2	1	3
12	1	2	1	2	2	1	2	2	1	1	2	3	3	2	1	3	2	1	2	1	3	2	1
13	1	2	2	1	2	2	1	2	1	2	1	1	2	3	1	3	2	1	3	3	2	1	2
14	1	2	2	1	2	2	1	2	1	2	1	2	3	1	2	1	3	2	1	1	3	2	3
15	1	2	2	1	2	2	1	2	1	2	1	3	1	2	3	2	1	3	2	2	1	3	1
16	1	2	2	2	1	2	2	1	2	1	1	1	2	3	2	1	1	3	2	3	3	2	1
17	1	2	2	2	1	2	2	1	2	1	1	2	3	1	3	2	2	1	3	1	1	3	2
18	1	2	2	2	1	2	2	1	2	1	1	3	1	2	1	3	3	2	1	2	2	1	3
19	2	1	2	2	1	1	2	2	1	2	1	1	2	1	3	3	3	1	2	2	1	2	3
20	2	1	2	2	1	1	2	2	1	2	1	2	3	2	1	1	1	2	3	3	2	3	1
21	2	1	2	2	1	1	2	2	1	2	1	3	1	3	2	2	2	3	1	1	3	1	2
22	2	1	2	1	2	2	2	1	1	1	2	1	2	2	3	3	1	2	1	1	3	3	2
23	2	1	2	1	2	2	2	1	1	1	2	2	3	3	1	1	2	3	2	2	1	1	3
24	2	1	2	1	2	2	2	1	1	1	2	3	1	1	2	2	3	1	3	3	2	2	1
25	2	1	1	2	2	2	1	2	2	1	1	1	3	2	1	2	3	3	1	3	1	2	2
26	2	1	1	2	2	2	1	2	2	1	1	2	1	3	2	3	1	1	2	1	2	3	3
27	2	1	1	2	2	2	1	2	2	1	1	3	2	1	3	1	2	2	3	2	3	1	1
28	2	2	2	1	1	1	1	2	2	1	2	1	3	2	2	2	1	1	3	2	3	1	3
29	2	2	2	1	1	1	1	2	2	1	2	2	1	3	3	3	2	2	1	3	1	2	1
30	2	2	2	1	1	1	1	2	2	1	2	3	2	1	1	1	3	3	2	1	2	3	2
31	2	2	1	2	1	2	1	1	1	1	2	1	3	3	3	2	3	2	2	1	1	1	1
32	2	2	1	2	1	2	1	1	1	1	2	2	1	1	1	3	1	3	3	2	3	2	2
33	2	2	1	2	1	2	1	1	1	1	2	3	2	2	2	1	2	1	1	3	1	3	3
34	2	2	1	1	2	1	2	1	2	2	1	1	3	3	2	3	2	3	1	2	2	3	1
35	2	2	1	1	2	1	2	1	2	2	1	2	1	1	3	1	3	1	2	3	3	1	2
36	2	2	1	1	2	1	2	1	2	2	1	3	2	2	1	2	1	2	3	1	1	2	3

附 -13　直交表 L_8

L_8（4×2^4）

原來的行號	123	4	5	6	7
No.　　行號	1	2	3	4	5
1	1	1	1	1	1
2	1	2	2	2	2
3	2	1	1	2	2
4	2	2	2	1	1
5	3	1	2	1	2
6	3	2	1	2	1
7	3	1	2	2	1
8	4	2	1	1	2

線點圖

(1)

1　2　3　4　5

附 -14　直交表 L_{16}

L_{16}（8×2^8）

原來的行號	1～7	8	9	10	11	12	13	14	15
No.　　行號	1	2	3	4	5	6	7	8	9
1	1	1	1	1	1	1	1	1	1
2	1	2	2	2	2	2	2	2	2
3	2	1	1	1	1	2	2	2	2
4	2	2	2	2	2	1	1	1	1
5	3	1	1	2	2	1	1	2	2
6	3	2	2	1	1	2	2	1	1
7	4	1	1	2	2	2	2	1	1
8	4	2	2	1	1	1	1	2	2
9	5	1	2	1	2	1	2	1	2
10	5	2	1	2	1	2	1	2	1
11	6	1	2	1	2	2	1	2	1
12	6	2	1	2	1	1	2	1	2
13	7	1	2	2	1	1	2	2	1
14	7	2	1	1	2	2	1	1	2
15	8	1	2	2	1	2	1	1	2
16	8	2	1	1	2	1	2	2	1

附-15　直交表 L_{18}

L_{18}（$6^1 \times 3^6$）

原來的行號	12	3	4	5	6	7	8
No.　行號	1	2	3	4	5	6	7
1	1	1	1	1	1	1	1
2	1	2	2	2	2	2	2
3	1	3	3	3	3	3	3
4	2	1	1	2	2	3	3
5	2	2	2	3	3	1	1
6	2	3	3	1	1	2	2
7	3	1	2	1	3	2	3
8	3	2	3	2	1	3	1
9	3	3	1	3	2	1	2
10	4	1	3	3	2	2	1
11	4	2	1	1	3	3	2
12	4	3	2	2	1	1	3
13	5	1	2	3	1	3	2
14	5	2	3	1	2	1	3
15	5	3	1	2	3	2	1
16	6	1	3	2	3	1	2
17	6	2	1	3	1	2	3
18	6	3	2	1	2	3	1

參考文獻

1. 粕谷茂（2006），*図解これで使える TRIZ/USIT*，日本能率協會マネジメントセンター

2. 山田郁夫等（2000），*図解 TRIZ——革新的技術開発の技法*，日本實業出版社

3. Darrell Mann 等（2004）：中川徹監訳，*TRIZ 實務と効用 (1)——體系的技術革新*，（株）創造開発イニシアチブ

4. Darrell Mann 等（2005）：中川徹監訳，*TRIZ 實務と効用 (2)——新版矛盾マトリックス*，（株）創造開発イニシアチブ

5. 高橋誠（1992），*問題解決手法の知識*，日経文庫

6. 星野匡（1989），*発想法入門*，日本経済新聞社

7. 今野勤等（2005），*QFD、TRIZ、タグチメッソドによる開発・設計の効率化*，日科技連出版社

8. 蕭詠今（2006），*創意快閃 TRIZ 大思維*，台海文化傳播事業有限公司

9. 葉繼豪（1999），*創意研發與創新思維執行力*，品質學會

10. 水野滋、赤尾洋二（1989），*品質機能展開*，日科技連出版社

11. 赤尾洋二、小野道照、大藤正（1988），*品質展開入門*，日科技連出版社

12. 赤尾洋二、小野道照、大藤正（1990），*品質展開法 (1)*，日科技連出版社

13. 赤尾洋二、小野道照、大藤正（1992），*品質展開法 (2)*，日科技連出版社

14. 赤尾洋二、吉澤正（1998），*実践的 QFD の活用*，日科技連出版社

15. 田口玄一（1988），*品質工學講座 1・開發設計階段的品質工學*，日本規格協會

16. 田口玄一（1989），*品質工學講座 2・製造階段的品質工學*，日本規格協會

17. 田口玄一（1988），*品質工學講座 3・品質評價的 SN 比*，日本規格協會

18. 田口玄一（1988），*品質工學講座 4・品質設計的實驗計畫法*，日本規格協會

19. 田口玄一（2002），*品質工學應用講座・MT 系統中的技術開發*，日本規格協會

20. 田口玄一（2005），*研究開發的戰略・MT 系統中的技術開發*，日本規格協會

21. 田口玄一（1999），*品質工學的數理・品質評價的 SN 比*，日本規格協會
22. 奈良敢也（2005），*利用模擬傳動軸系統的最適化*，品質工程學會
23. 奈良敢也（2001），*利用機能性評價小型 DC 馬達的最適化*，品質工程學會
24. 田口玄一（1976），*實驗計畫法（上）*，丸善
25. 田口玄一（1976），*實驗計畫法（下）*，丸善
26. 田口玄一（1979），*實驗計畫法*，日本規格協會
27. 岡本眞一（1999），*コンジョイント分析──SPSS によるマ‐ケティングリサ‐チ*，ナカニシヤ出版
28. 神田範明（2010），*ヒットを生む商品企画七つ道具*，日科技連出版社
29. 森典彦，田中英夫，井上勝雄編（2004），*ラフ集合と感性──データからの知識獲得と推論*，海文堂出版
30. 三浦克己（1987），*クリエイティブエンジニア（創造性工程師）*，日經 BP
31. 中川徹（1997），*TRIZ 網頁*，USIT 應用事例
32. 粕谷茂（2002），*プロエンジニア（專業工程師）*，テクノ
33. 日比野省三（2004），*超思考法「パパ・ママ」創造理論「異種結婚」で大ヒット商品をつくる*，講談社
34. 松岡由幸等（2006），*製品開発のための統計解析学*，共立出版
35. 高木芳德（2014），李雅茹譯，*創意不足？用 TRIZ40 則發明原理幫您解決！不用再羨慕日本人的創意！*，五南圖書
36. 神田範明監修（2009），*商品企画のための統計分析*，オーム社

國家圖書館出版品預行編目資料

新產品開發與分析法／陳耀茂作.--初版. --臺
北市：五南圖書出版股份有限公司, 2022.11
　面；　公分

ISBN 978-626-343-438-7（平裝）

1.CST: 商品 2.CST: 研發

496.1　　　　　　　　　111016105

5BL3

新產品開發與分析法

作　　者 — 陳耀茂（270）

發 行 人 — 楊榮川

總 經 理 — 楊士清

總 編 輯 — 楊秀麗

副總編輯 — 王正華

責任編輯 — 張維文

封面設計 — 王麗娟

出 版 者 — 五南圖書出版股份有限公司

地　　址：106台北市大安區和平東路二段339號4樓

電　　話：(02)2705-5066　　傳　真：(02)2706-6100

網　　址：https://www.wunan.com.tw

電子郵件：wunan@wunan.com.tw

劃撥帳號：01068953

戶　　名：五南圖書出版股份有限公司

法律顧問　林勝安律師事務所　林勝安律師

出版日期　2022年11月初版一刷

定　　價　新臺幣700元